數位邏輯電路實習

周靜娟、鄭光欽、黃孝祖、吳明瑞　編著

全華圖書股份有限公司　印行

國家圖書館出版品預行編目資料

數位邏輯電路實習 / 周靜娟等編著. -- 四版. --
新北市 : 全華圖書, 2020.06
面 ; 公分
ISBN 978-986-503-408-5(平裝)

1. 積體電路 2.實驗

448.62034 109006837

數位邏輯電路實習

作者 / 周靜娟、鄭光欽、黃孝祖、吳明瑞

發行人 / 陳本源

執行編輯 / 江昱玟

出版者 / 全華圖書股份有限公司

郵政帳號 / 0100836-1 號

圖書編號 / 0544803

四版三刷 / 2024 年 09 月

定價 / 新台幣 380 元

ISBN / 978-986-503-408-5(平裝)

全華圖書 / www.chwa.com.tw

全華網路書店 Open Tech / www.opentech.com.tw

若您對書籍內容、排版印刷有任何問題，歡迎來信指導 book@chwa.com.tw

臺北總公司(北區營業處)
地址：23671 新北市土城區忠義路 21 號
電話：(02) 2262-5666
傳真：(02) 6637-3695、6637-3696

南區營業處
地址：80769 高雄市三民區應安街 12 號
電話：(07) 381-1377
傳真：(07) 862-5562

中區營業處
地址：40256 臺中市南區樹義一巷 26 號
電話：(04) 2261-8485
傳真：(04) 3600-9806(高中職)
(04) 3601-8600(大專)

編者序

筆者在教授科大之數位邏輯電路實習時，有感於學生來源不同，有的是來自高工或高職本科系，有的卻是來自普通高中或非本科系，程度差異相當大，也因此在教材的選擇上大傷腦筋。有鑑於此，筆者將數年來任教的經驗，用淺顯易懂、循序漸進的方式，針對數位邏輯電路實習課程重新整理與編排，希望能讓讀者更加容易學會相關的知識，並藉由實習內容加以驗證，使讀者對數位邏輯電路有更深入的了解，進而增進本身在邏輯電路設計的能力。本書內容從簡單的數位 IC 特性介紹開始，使讀者了解各種不同的 IC 特性。接著說明各種基本邏輯閘及組合邏輯電路，以培養讀者組合邏輯設計與應用的能力。進而介紹編碼器、解碼器、多工器、比較器、顯示器及振盪電路，使讀者具備進入序向邏輯電路的基礎。最後介紹正反器及各種數位IC的應用，使讀者在分頻器、移位紀錄器及計數器的設計上能得心應手。附錄提供乙級技術士術科考題之解析，作爲本書的一個實務應用，希望對讀者有所幫助。本書之編著，乃得力於全華圖書陳本源總經理之鼎力相助，在此特別致上敬意。儘管本書編校再三，相信疏漏仍難避免，更祈諸位先進不吝指正，感恩。

編者　周靜娟、鄭光欽
黃孝祖、吳明瑞
謹誌

編輯部序

「系統編輯」是我們的編輯方針，我們所提供給您的，絕不只是一本書，而是關於這門學問的所有知識，它們由淺入深，循序漸進。

本書作者以其多年的教學經驗，編寫這本適合技術學院的「數位邏輯電路實習」教材。本書從基礎的數位 IC 特性介紹、基本邏輯閘及組合邏輯電路，以培養讀者組合邏輯設計與應用的能力。接著介紹顯示電路、多工器、比較器及振盪電路，使讀者具備組合邏輯的基礎，進而介紹正反器及各種序向數位IC的應用，期能使讀者學會數位邏輯電路設計。每章末附實習項目，讀者可從做中學，將理論與實際相結合。另有「問題與討論」可幫助讀者思考並靈活應用。本書適合科大、私大電子、電機系「數位邏輯實習」、「數位邏輯設計與實習」課程使用。

同時，爲了使您能有系統且循序漸進研習相關方面的叢書，我們以流程圖方式，列出各有關圖書的閱讀順序，以減少您研習此門學問的摸索時間，並能對這門學問有完整的知識。若您在這方面有任何問題，歡迎來函連繫，我們將竭誠爲您服務。

相關叢書介紹

書號：06415
書名：乙級數位電子學術科解析(使用 VHDL)(附範例光碟)
編著：林澄雄

書號：06052
書名：電腦輔助電路設計－活用 PSpice A/D －基礎與應用(附試用版與範例光碟)
編著：陳淳杰

書號：06510
書名：乙級數位電子術科解析(使用 Verilog)
編著：張元庭

書號：06395
書名：FPGA 系統設計實務入門－使用 Verilog HDL:Intel/Altera Quartus 版
編著：林銘波

書號：06425
書名：FPGA 可程式化邏輯設計實習：使用 Verilog HDL 與 Xilinx Vivado(附範例光碟)
編著：宋啓嘉

書號：10542
書名：零基礎學 FPGA 設計－理解硬體程式編輯概念
大陸：杜 勇.葉濰銘

流程圖

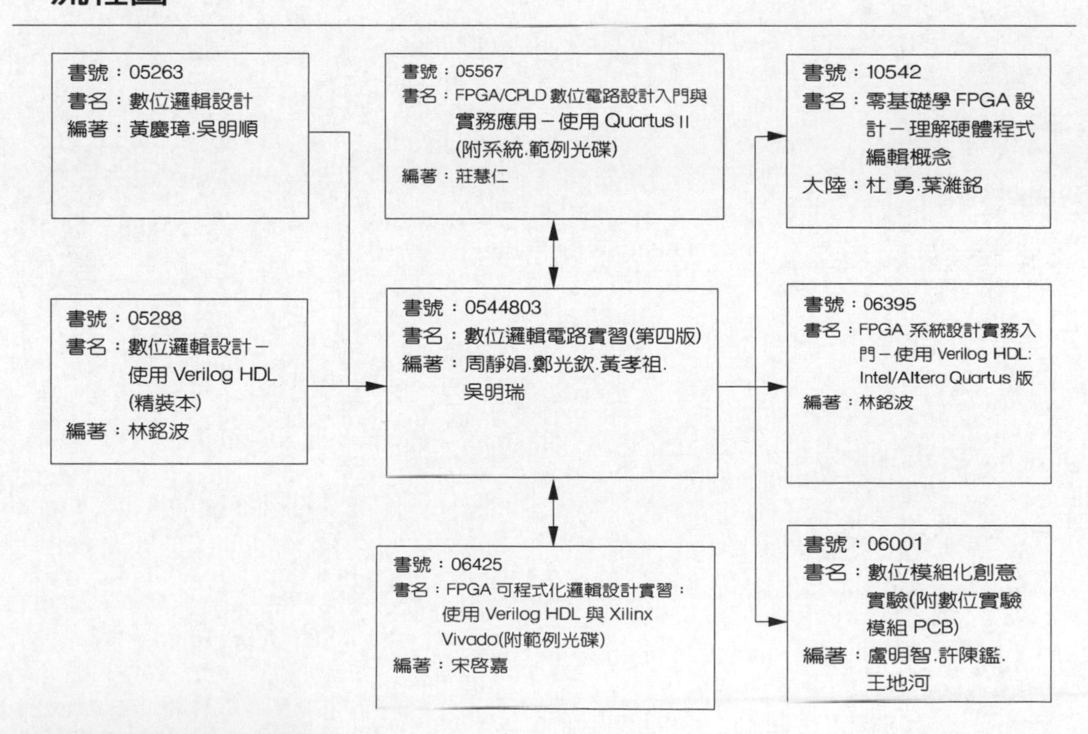

目錄 CONTENTS

10 章　計數器

附　錄

CHAPTER 1

數位 IC 特性之認識

一 實習目的

1、瞭解 TTL IC 的特性

2、瞭解 CMOS IC 的特性

3、瞭解 TTL 與 CMOS 之介接技術

二 相關知識

數位電路是用來執行二進制布林函數所有運算的電路，它是組成電子計算機的基本電路，若將這些數位電路IC化，即成爲數位IC。數位電路恰好可由電晶體、FET 等元件構成，它僅工作在飽和(saturation)導通(ON)，及截止(OFF)斷路二種狀態中，這也是數位電路與線性放大電路最大的差別。

數位電路所處理的信號只有高電位和低電位兩種狀態，而類比電路則處理各種連續變化的電壓或電流，數位電路能執行邏輯運算所以又稱爲邏輯電路，通常以"1"和"0"兩個符號來代表信號中的兩個狀態，這兩種狀態剛好可以用來代表二進制系統的1與0。

由於電子元件製造技術的突破，加上大量的生產使得價格低廉的數位積體電路(digital integrated circuits)充斥市場，所以現在一談到數位電路便自然而然的想到用IC做成的數位電路。

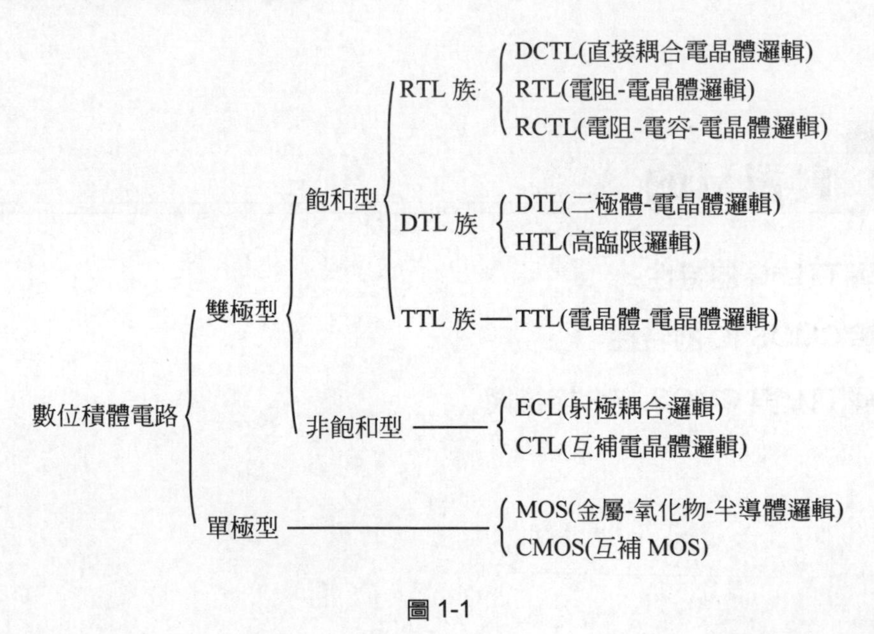

圖 1-1

構成積體電路內部的主動元件，可分成兩大類，一爲雙載子型(bipolar)，另一則爲單載子型(unipolar)。所謂雙載子型即是主動元件內部信號(電流)的傳遞是以電子(electron)及電洞(hole)這兩種當作載子(carrier)來傳送，電晶體(BJT)

就是此種元件。而單載子就是傳送信號僅有一種載子，可爲電子，也可爲電洞，視所用製程而定，但兩者不同時存在。若以電子爲載子的，稱爲 n-FET 或 n-MOS，以電洞爲載子的，稱爲p-FET或p-MOS，若將n-MOS及p-MOS組成一個元件則稱爲C-MOS(Complementary Metal-Oxide-Semiconductor)。

數位IC種類很多，由圖 1-1 中可知，在雙極型的數位IC中，其中又以電晶體的工作狀態而分爲兩類，其一是飽和型，另一是非飽和型。飽和型是工作於飽和區與截止區的兩種狀態，故輸出的邏輯電壓變化較大，且受儲存電荷的影響，以致交換速度較爲緩慢，但耗電小。非飽和型數位IC，由於工作在不飽和狀態，它是工作於截止區與工作區的兩種狀態，所以交換速度迅速，耗電也較飽和型多些。

雖然數位IC的種類很多，但是實際上使用的還是以TTL(transistor-transistor logic)與CMOS(complementary metal-oxide-silicon)來得最普遍。

(一) TTL IC

IC因內部容量的多寡又被分爲下列幾種：

小型積體電路(SSI) ：零件數在 100 個以下；邏輯閘數在 12 個以下。
中型積體電路(MSI) ：零件數在 100～1000 個之間；邏輯閘數在 12～100 個之間。
大型積體電路(LSI) ：零件數在1000～10000個之間；邏輯閘數在數百個。
超大型積體電路(VLSI)：零件數在 10000～100000 個之間；邏輯閘數在數千個。
特大型積體電路(ULSI)：零件數在100000個以上；邏輯閘數在10000個以上。

TTL主要的特點在輸入部分採用"多射極"(multi-emitter)的方式，因此在生產上只需要在基底擴散一個集極區，然後在集極區中再擴散一個基極區，最後在基極區中擴散數片射極區，程序簡單，而在輸出端則採用提升(pull-up)電晶體以提高電流增益，因此提供更快的工作頻率以及更好的扇出。

在 TTL 系列中所使用的電源是直流 5 伏特，而輸入、輸出狀態爲"0"或"1"時的電壓則如表 1-1 所示。($V_{OH} > V_{IH}$，$V_{IL} > V_{OL}$)

表 1-1

邏輯狀態	輸入電壓	輸出電壓
0	0.8V 以下	0.4V 以下
1	2.0V 以上	2.4V 以上

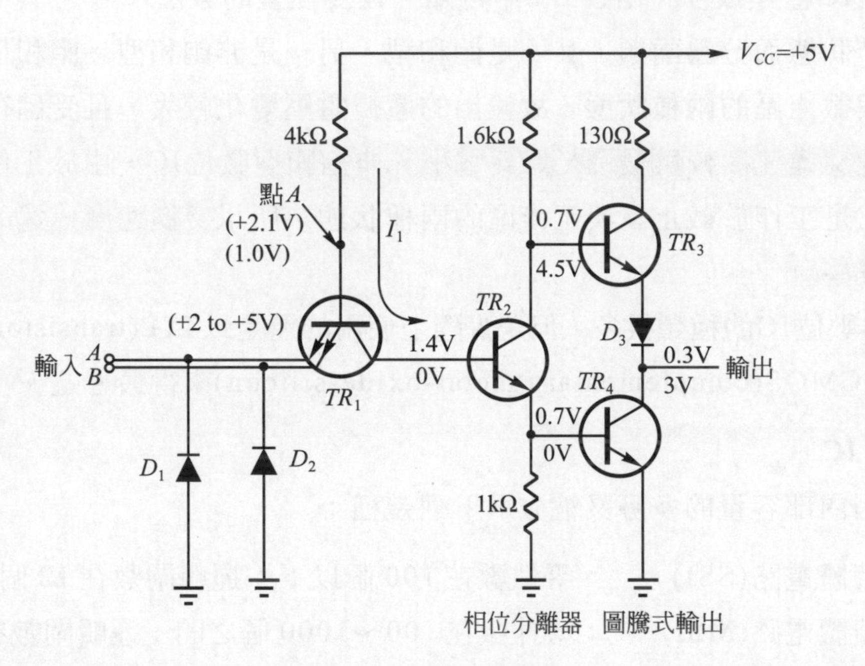

圖 1-2 TTL NAND 閘

(二) 基本 TTL 閘

圖 1.2 所示為最基本的二輸入 TTL NAND閘的電路圖，輸入端A及B為多射極電晶體的一個射極，此為TTL的特性，亦即所有TTL族的輸入均使用此類型的多射極電晶體。

圖 1-2 中的輸入 TR_1為一多射極電晶體；輸出狀態是由相位分離電晶體TR_2決定，TR_2推動所謂圖騰式(totem-pole)的輸出電晶體，圖中有兩組數字，代表相關的點在兩個狀態下的電壓。

當輸入A、B兩者皆為高電位(high level)時，輸入電晶體 TR_1的 BE 沒有獲得順向偏壓時的各點電壓(如圖中上面的數字所表示)，電路動作情形如下：

(1) 電流I_1流經 4kΩ的電阻，及 TR_1的 BC，TR_2的 BE 而構成迴路。

(2) A點的電壓為3個P-N接合順向壓降的和，當每個P-N接合壓降為0.7V時，A點電壓則為2.1V。

(3) 流經TR_2的電流，使TR_2飽和，V_{CE2}大約0.3V，TR_3不能獲得足夠的順向偏壓而截止。

(4) 流經TR_2的電流流入TR_4的基極，造成TR_4的飽和。此時，流經TR_4的電流並不是由TR_3所供給的(TR_3截止)，而是由外接的負載流入的(多射極電晶體TTL閘的輸入)。

(5) 所以當A、B兩輸入端都處於高電位時，輸出端則處於低電位(low level)，而完成了NAND閘的作用。

若輸入A或B為低電位，或是A及B兩者都為低電位，輸入電晶體TR_1的BE獲得順向偏壓時的各點電壓(如圖中下面的數字所表示)，其電路的動作情形如下：

(1) 電流流經4kΩ的電阻，TR_1的BE至低電位的輸入端而構成電路。

(2) A點的電壓大約1V(TR_1的$V_{BE}=0.7V$，加上TTL輸出端低電位時飽和電晶體的$V_{CE(sat)}=0.2V$)。

(3) 此時TR_2沒有順向電流I_{B2}，故TR_2處於截止狀態。

(4) TR_2的截止使TR_4無法獲得順向偏壓而截止。

(5) TR_2的截止使TR_2之集極電壓很高，造成TR_3的飽和導電，輸出端被提升到高電位。

(6) 因此任何一個輸入或兩個輸入同時是低電位時，輸出為高電位，完成NANDgate的作用。

圖1-2中，當任何一輸入端為低電位時，TR_1的BE為順向偏壓，在此情形下，NPN電晶體就需要大量電流流入集極去，此電流方向與TR_2的順向I_{B2}相反，故I_{C1}只有TR_2的基極逆向電流。當輸入端由高電位轉變為低電位，即TR_2由飽和轉變為截止。TR_1的CE則提供了一低阻抗路徑，可將TR_2的基極儲存電荷很快的放電，因而大為降低儲存時間，增進交換速度，此為TTL電路的優點。圖1-2輸入端的箝位二極體，將輸入端的負電壓限制在0.7V左右，使TTL不受到損壞。

在TTL的輸出端，TR_3及TR_4組成了所謂的圖騰柱(totem-pole)或主動提升(active pull-up)輸出。其目的爲提供一個低推動源阻抗。對於輸出爲邏輯1狀態時，TR_3成爲一個射極隨耦器推動電流到各負荷去。當輸出爲邏輯0時，由各負荷來的電流僅流過TR_4的低飽和電阻。

1. 54/74系列

54系列數位1C爲美國 Texas instruments(簡稱 TI)廠在1964年從TTL數位1C中發展出來的標準產品，定名爲半導體網路(semiconductor network)54系列，簡稱SN54系列，SN54系列數位1C原設計是考慮供應軍事上的需要，因此在體積、功率損耗、可靠性等特性要求上表現均非常卓越，隨後該廠將此種電路發展爲 SN74 系列，而成爲低價的工業品。目前廣泛被採用的SN74系列數位1C，歐、美、日等國已有很多廠家同時生產，而且品種很多。雖然廠家不同，但編號相同的54/74系列數位IC是可以互相代換的。

表 1-2

54/74 系列	工作溫度範圍	工作電壓(標準 5V)
54	－55℃～125℃	4.5V～5.5V
74	0℃～70℃	4.75V～5.25V

2. TTL邏輯閘種類

目前，SN54/74TTL數位1C已發展成較重要的7個大類(如表1-3)，標準型(SN54/74編號)；高速型(SN54H/74H編號)；低功率型(SN54L/74L編號)；蕭特基(schottky)TTL(SN54S/74S 編號)；低功率蕭特基 TTL(SN54LS/74LS 編號)；高級蕭特基(74AS 編號)；高級低功率蕭特基(74ACS編號)。雖然有各種的54/74數位1C可供選擇，但標準型與低功率蕭特基TTL目前用的較普遍。

(1) 標準型TTL是最廣泛使用，最低廉的TTL，種類很多而且許多廠商都有生產，產品可以交互使用，典型閘的平均傳播延遲時間爲10ns，每閘消耗功率約爲10mW，扇出數是10，圖1-3爲四種54/74系列雙輸入反及閘的構成電路。

⑵ 低功率 TTL 節省了功率但降低了速度，它在編號上多加個 L，除了電路內所有的電阻值都加大外，74L00 系與 7400 系的功能完全相同。典型閘的功率消耗約為 1mW，平均傳播延遲時間 33ns。低功率TTL gate 扇出數還是 10，但是一個低功率TTL gate只能推動一個標準型TTL gate。

⑶ 高速率 TTL 提高了速度但也增加了功率消耗，除了電路內各電阻值變小，以及 TR_3以達靈頓對替代外，74H00 系與 7400 的電路結構、功能是相同。典型 gate 的功率消耗約為 23mW，平均傳播延遲約 6ns。74H00 系的扇出數仍然是10 但衹能推動 7 個標準型 TTL。

⑷ schottky(蕭特基)TTL是TTL的改進，有較快的速度，而所需的功率消耗並不大。這種 TTL 是在電晶體的 BC 間並接一個 Schottky 二極體，如圖1-4 所示，此種二極體導電壓降約 0.3V，當 TR 的V_{CE}降至 0.4V 以下時，schottky diode 開始導電順向電流I_B由 schottky diode 旁路，於是V_{CE}電壓被限制在 0.4V 以上，電晶體不會發生飽和，而使交換速度提高。74S00 系典型閘的功率消耗約為 19mW，平均傳播延遲約 3ns，扇出數為 10。

⑸ 低功率schottky TTL是目前廣受歡迎採用的TTL。大體上，此種電路型式與圖1-3(d)極為相似，只不過TR_1、TR_2集極電阻及TR_5、TR_6集極電阻的數值較高，使得流經線路的電流減小，降低消耗功率，此種TTL在編號加上 LS，例如 74LS00。通常延遲時間為 10ns，每一 gate 的消耗功率僅 2mW，用在正反器工作頻率可達 35MHz，扇出數為 10。

用那一族TTL的選擇：雖然有不同的TTL可供選擇，但標準型TTL與 74LS 是目前最廣泛應用的邏輯系。而且，以整體而言，此類常是最好的選擇。74LS 及 74S 大致已取代 74H，74L 已漸被 74LS 與 CMOS 所取代。除非有特別的速度問題，才考慮選擇 74S，如果消耗功率為重要因素時，CMOS 是首先列入考慮的對象。

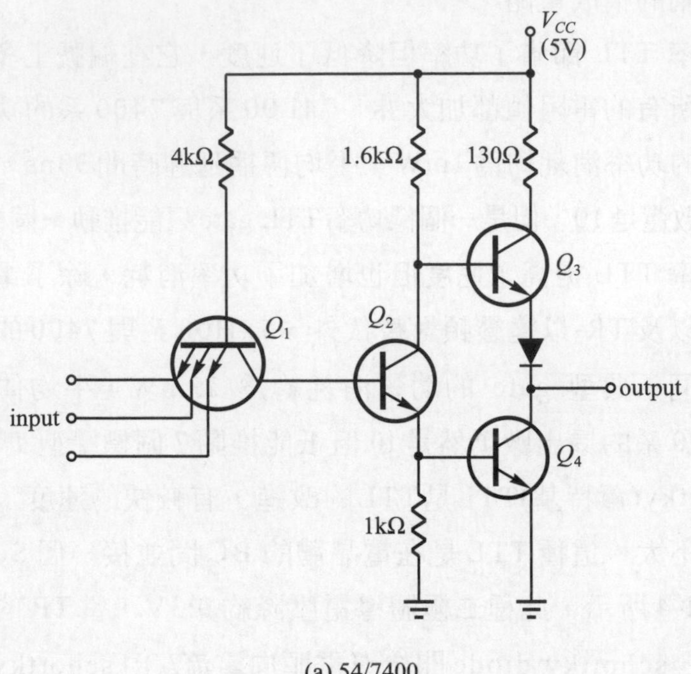

(a) 54/7400

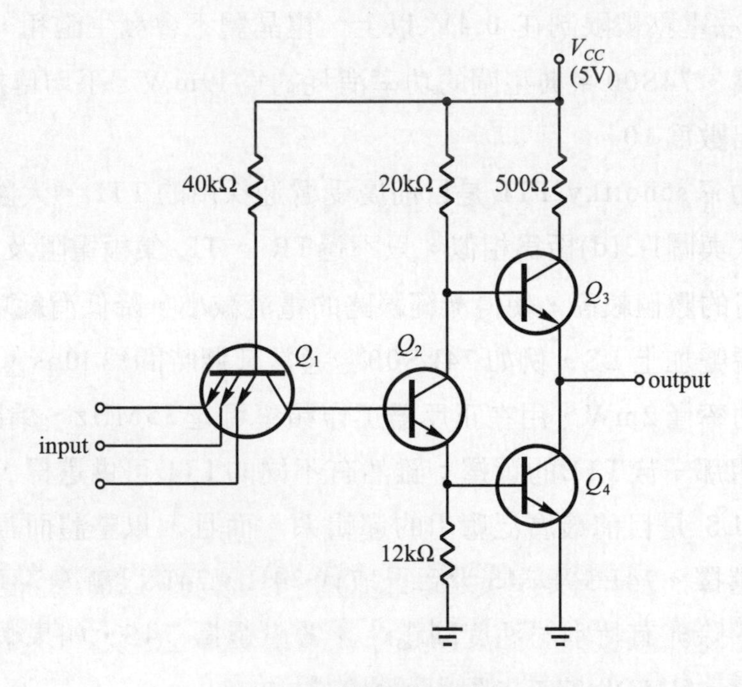

(b) 54H/74H00

圖 1-3　四種 54/74 系列基本閘的構成電路

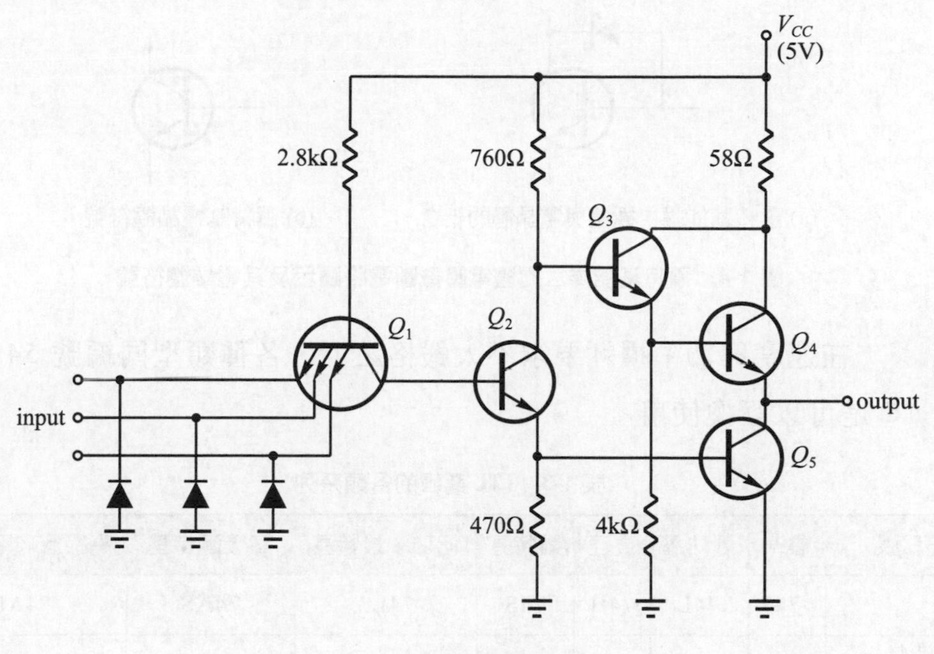

(c) 54L/74L00

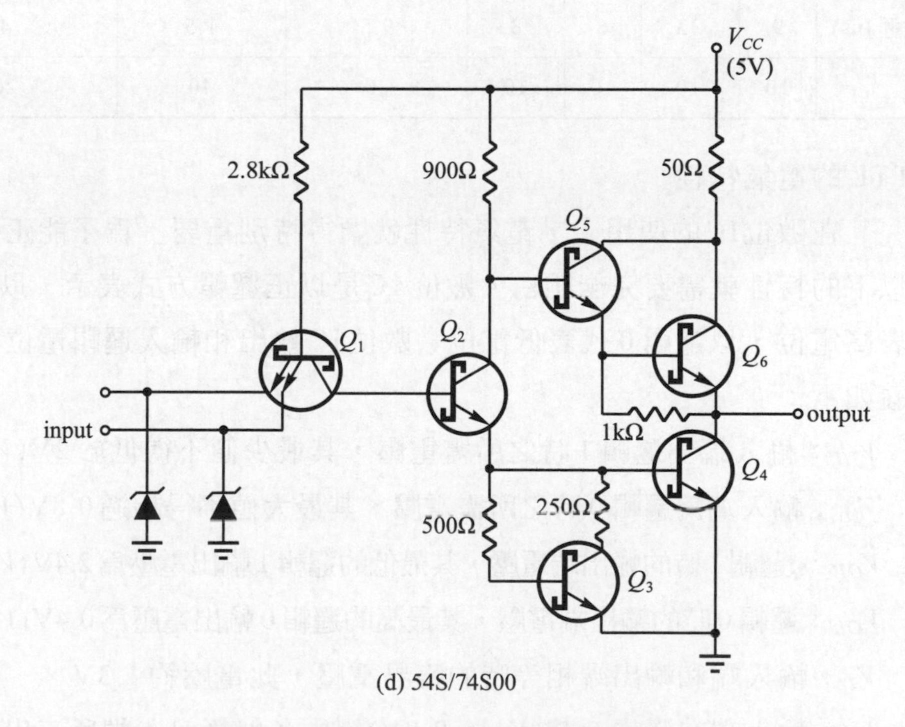

(d) 54S/74S00

圖 1-3　四種 54/74 系列基本閘的構成電路 (續)

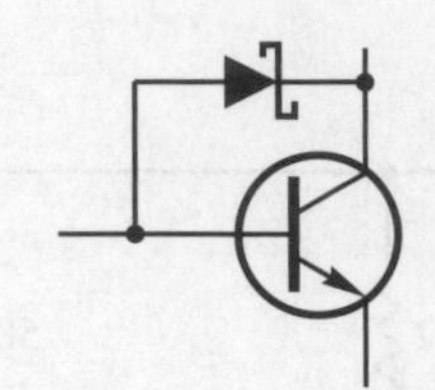

(a) 蕭特基能障二極體與電晶體的結合

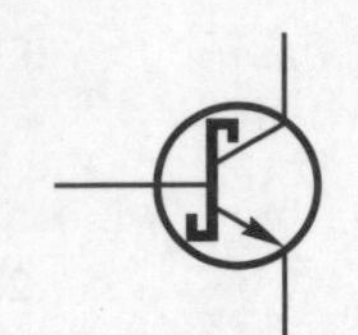

(b) 蕭特基電晶體符號

圖 1-4　蕭特基能障二極體電壓截斷電路圖示及其電晶體符號

在速度與功率損耗要求不太嚴格之下，各種類型同編號 54/74 數位 1C 是可以互換使用。

表 1-3　TTL 邏輯的各類系列

TTL 族	標準	低功率	高速	蕭特基	低功率蕭特基	高級蕭特基	高級低功率蕭特基
字首	74	74L	74H	74S	74LS	74AS	74ALS
功率消耗	10	1	22	19	2	10	1
傳遞延遲 (ns)	9	33	6	3	9.5	1.5	4
扇出	10	10	10	10	20	40	20

3. TTL 的電氣特性

在數位IC的使用上，電氣特性就顯得特別重要，爲了能正確使用，以下的特性就需要完全明白。數位 1C是以正邏輯方式表示，以邏輯 1 代表高電位，以邏輯 0 代表低電位。數位 IC 輸出和輸入邏輯電位與電流定義如下：

(1) V_{IH}：輸入端爲邏輯 1 時之所需電壓，其最少值不得低於 2V($V_{IH(\mathrm{min})}$)。

(2) V_{IL}：輸入端爲邏輯 0 時之所需電壓，其最大值不得超過 0.8V($V_{IL(\mathrm{max})}$)。

(3) V_{OH}：:邏輯 1 時的輸出端電壓，其最低的邏輯 1 輸出電壓爲 2.4V($V_{OH(\mathrm{min})}$)。

(4) V_{OL}：邏輯 0 時的輸出端電壓，其最高的邏輯 0 輸出電壓爲 0.4V($V_{OL(\mathrm{max})}$)。

(5) V_T：輸入端和輸出端相等時的臨界電壓，此電壓約 1.3V。

(6) I_{IL}：輸入端在邏輯 0 時($V_{IL} = 0.8$V)經由多射極輸入端所流出的電流，其最大值爲 − 1.6mA。(電流方向以流進爲正，流出爲負)。

(7) I_{IH}：輸入端在邏輯 1 時($V_{IH}=2.0V$)，輸入端所流進的逆向電流，其最大值爲 40μA。(電流方向以流進爲正，流出爲負)。

(8) I_{OL}：輸出端在邏輯 0 時($V_{OL}=0.4V$)，輸出端所容許流進的電流，其值不得低於 16mA。(此時輸出配對TR下方電晶體所能承受的最小電流)。

(9) I_{OH}：輸出端在邏輯 1 時($V_{OH}=2.4V$)，輸出端所流出的電流，其值不得低於－400μA。

(10) I_{OS}：當輸出端在邏輯 1 時，把輸出端對地短路，其短路電流範圍爲－18mA～－55mA。

表 1-4 所示爲 54/74 標準型 TTL 在最差情況下的輸入-輸出情形。

表 1.4　54/74 標準型 TTL 在最差情況下的輸入／輸出情形

高邏輯狀態	低邏輯狀態
V_{IH}：必須高於 2V	V_{IL}：不得超過 0.8V
I_{IH}：不得超過 40μA	I_{IL}：最少 1.6mA
V_{OH}：必須高於 2.4V	V_{OL}：不得超過 0.4V
I_{OH}：最少 400μA	I_{OL}：最少 16mA

4.　54/74 系的扇出

同類的 54/74 數位 1C 可以直接互相連接，但是需注意前一級邏輯閘推動下一級時，前一級的輸出電流必須大於後一級的輸入電流。例如$I_{IL} \leqq I_{OL}$，$I_{IH} \leqq I_{OH}$。在前一級同時要推動一個以上的下一級時必須先算最多能推動幾級，即所謂的扇出(fan-out)數。因爲扇出是一個數位IC的輸出端子，同時接到多個數位IC的輸入端時，由於並聯成分流關係，輸出端將會依所接的數目而分流因此造成電位下降，但是V_{OH}是不能低於 2.4V ($V_{OH(\min)}$)，所以輸出端所接的最大數目必須有限制。

圖 1-5 中的NAND gate其扇出數$I_{OL}/I_{IL}=10$。($I_{OH}/I_{IH}=400\mu A/40\mu A=10$)。表 1-5 是 54/74 系中各類在低電位狀態的電流限制。若前一級及後一級的類型不同，則I_{OL}/I_{IL}算出的數目與I_{OH}/I_{IH}算出的數目會有不同，那麼就應該選擇數目小的數，以確保$V_{OH}>V_{IH}$，$V_{IL}>V_{OL}$的條件成立。

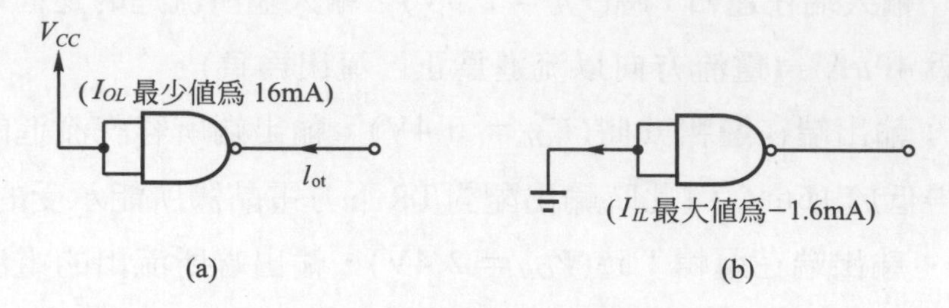

圖 1-5　標準型 TTL NAND gate 的扇出

表 1-5

TTL 支族	I_{OL}(最小值)	I_{IL}(最大值)
標準型	16mA	1.6mA
低功率型	3.6mA	0.18mA
高速度型	20mA	2.0mA
蕭特基 TTL	20mA	2.0mA

5.　雜訊邊限(noise margin)

邏輯電位的關係前面已經談過了，也就是$V_{OH} > V_{IH}$，$V_{IL} > V_{OL}$，就數位IC而言，V_{IH}是使用者所不能改變的，因此V_{OH}的變化就顯得重要多了。但V_{OH}常因使用電源的穩定與否、扇出數的大小及外來的干擾而產生變化。尤其前面也已說明，若扇出數太大時，將造成V_{OH}下降或V_{OL}上升，最後處於「不明狀況」。若一般數位 IC 的扇出數固定，V_{OH}的值幾乎是固定的，且$V_{OH} > V_{IH}$，但外來的干擾也會使得V_{OH}改變，若因爲干擾而造成V_{OH}比原來的高，則$V_{OH} > V_{IH}$的條件依然成立。若干擾而造成V_{OH}比原來的低，低於$V_{IH(\text{min})}$或更低於$V_{IL(\text{max})}$，則會造成邏輯處於「不明狀況」或由邏輯 1 變爲邏輯 0。因此在邏輯 1 的時候，V_{OH}不能低於V_{IH}，此時我們定邏輯 1 的雜訊邊限爲Δ1，且

$$\Delta 1 = V_{OH} - V_{IH}$$

相同的情形也發生在邏輯 0 的狀況，V_{OL}也會受到干擾，若因爲干擾而造成V_{OL}比原來的低，則$V_{IL} > V_{OL}$的條件依然成立。若干擾而造成V_{OL}

比原來的高，高於V_{IL}或更高於V_{IH}，則會造成邏輯處於「不明狀況」或由邏輯 0 變爲邏輯 1。所以在邏輯 0 的時候，V_{OL}不能高於V_{IL}，此時我們定邏輯 0 的雜訊邊限爲Δ0，且

$$\Delta 0 = V_{IL} - V_{OL}$$

在TTL中V_{OH}爲2.4V，而V_{IH}爲2V，此兩值之間還有0.4V(400mV)，如果兩個gate間的傳輸線受到雜波的干擾，那麼就可承受振幅400mV的雜訊脈波。$V_{IL} - V_{OL}$亦是0.4V。圖 1-6 是 TTL 的輸入、輸出的移轉特性曲線，在圖中如果輸入電壓不在0.8V和1.4V區域內，則gate輸出一定爲邏輯 1 或邏輯 0，但由於轉移曲線受到溫度(圖 1-6 爲T= 35℃的轉移曲線)，V_{cc}電壓和扇出的影響，也就是說如果情況改變，0.8V和1.4V之間的電壓不再是一個正確的限定值。

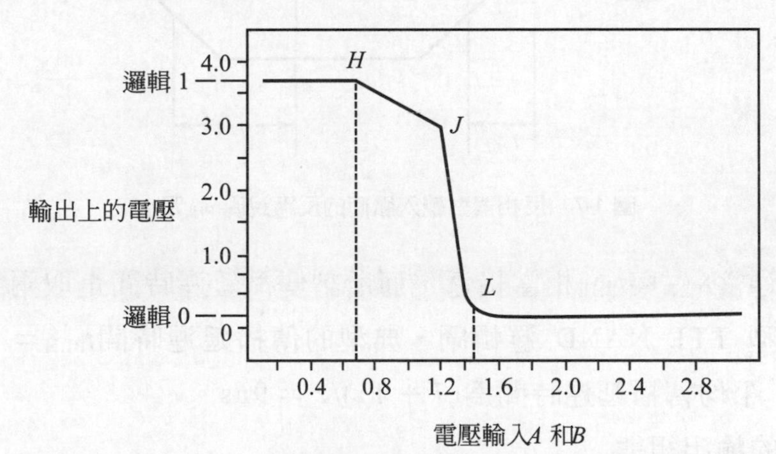

注意：圖上所示爲 35°C；V_{CC}=5V，fan-out =10

圖 1-6　TTL 轉換曲線

設計邏輯電路時，扇出數最好不要太大，若一定要使用時，則可用緩衝器(buffer)以增加驅動能力，或外加電晶體來使用，才不至於造成V_{OH}下降或V_{OL}上升的情況。因爲V_{OH}大時，Δ1 就大，V_{OL}較小時，相對的Δ0 就較大。若遭受到嚴重的干擾，也可以選擇具有高雜訊邊限的邏輯電路(HTL)。

6. 傳播延遲時間(propagation delay time)

在NOT gate或NAND gate輸入端加一方波，觀察輸出端的波形，並測量輸入端完成50％的準位轉換與輸出端亦完成50％的準位轉換時，兩者之間的時間差，用奈秒(ns)表示傳播時間。圖1-7所示爲兩種傳播延遲時間。

t_{PLH}：輸出由邏輯0轉換至邏輯1的延遲時間。

t_{PHL}：輸出由邏輯1轉換至邏輯0的延遲時間。

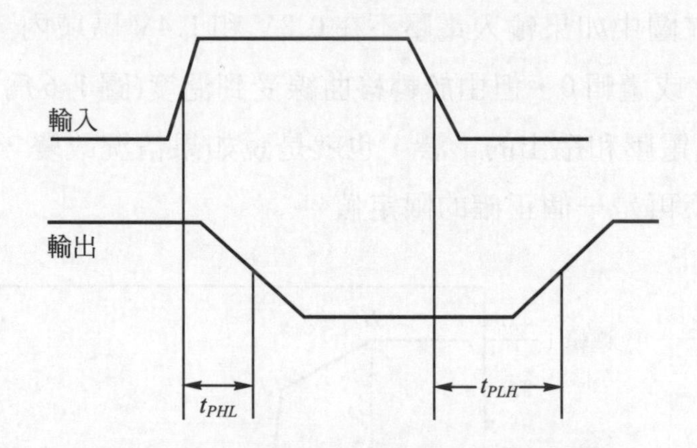

圖1-7　反相器對輸入脈衝的反應說明t_{PHL}及t_{PLH}

通常t_{PLH}與t_{PHL}相當接近，而所謂傳播延遲時間是取兩者的平均值。標準型 TTL NAND 邏輯閘，典型的傳播延遲時間t_{PLH} = 11ns，t_{PHL} = 7ns，平均傳播延遲時間爲(7 + 11)/2 = 9ns。

7. TTL的輸出組態

⑴ 圖騰式(Totem pole)

如圖 1-8 所示，稱爲圖騰式輸出，因爲電晶體Q_4是坐在Q_3上而稱之，一般所使用的IC大都是此類型輸出組態。在電路上加上二極體的目的是爲了在輸出路徑上提供一個二極體壓降，以使Q_3飽和時可確保Q_4是截止的。也就是說，在正常的使用情形下，圖騰式的輸出不是 0 就是 1，不應該有其他的狀況出現。

圖騰式的IC是不允許將兩個輸出用線接在一起的，因為假設其中一個邏輯閘為高電位而另一邏輯閘為低電位，此時高電位輸出的Q_4和低電位輸出的Q_3將由V_{CC}連接到地，因此流過Q_4和Q_3的電流很大，足以燒毀電路內的電晶體，有些TTL則是為了承受過大電流而設計，但低電位閘的集極電流可能大到足以將電晶體送至主動作用區，並在接點上產生一個大於0.8V的輸出電壓，而這個信號並不是TTL閘的有效信號。

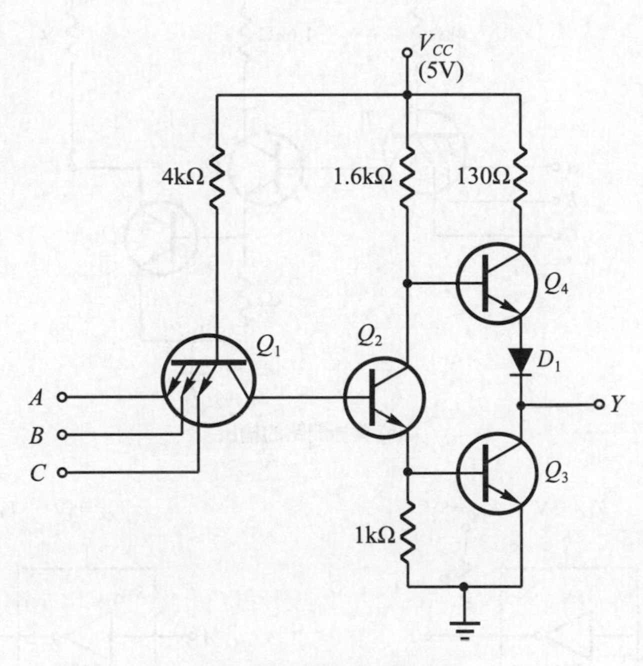

圖 1-8　圖騰式的輸出

⑵　集極開路(open collector)

如圖 1-9(a)所示，稱為集極開路輸出，TTL 閘的輸出是由Q_3的集極開路取出，它的輸出只有 0 及空接兩種，至於輸出為 1 的情況則是需要外接一提昇電阻將輸出挽升(pull up)至高電位。

一般集極開路的數位IC，它的輸出電流I_{OL}比圖騰式的I_{OL}大很多，所以可以用來驅動較大電流的負載。IC 型號不同，V_{DD}可達 15V 甚至30V，可用來當做準位轉換的介面電路如圖 1-9(b)所示。例如把(0V～5V)系統轉換為(0V～15V)。另將集極開路的輸出用導線連接，其結果有如

AND的功能，我們稱之為「wire AND」如圖 1-9(c)。簡單的說，就是將原來個別輸出的函數做AND運算，例如，G_1 = AB、G_2 = CD 做wire AND 運算$Y_2 = ABCD$。又$G_a = \overline{A}$、$G_b = \overline{B}$，wire AND 運算$Y = \overline{A} \cdot \overline{B} = \overline{A + B}$而變成一個NOR的功能，而它也常用於匯流排系統的結構中。

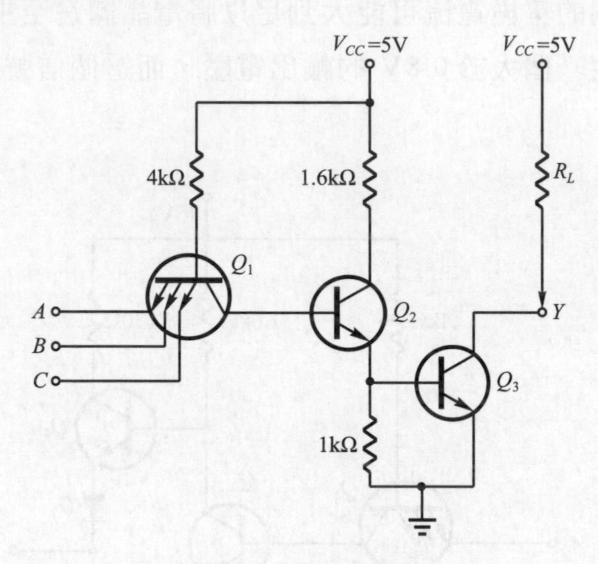

(a) 集極開路的輸出

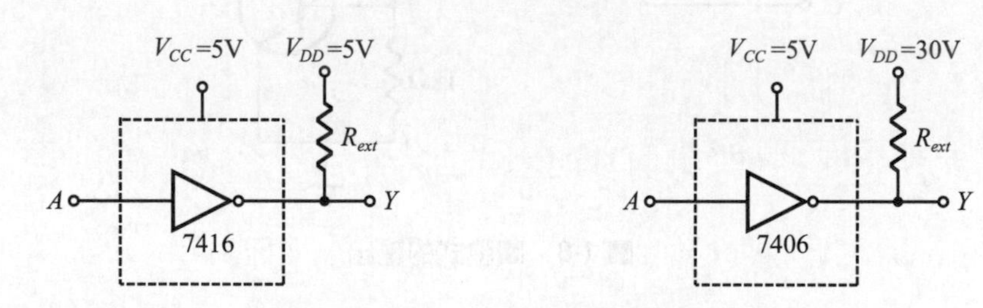

(b) 集極開路可做準位的轉換

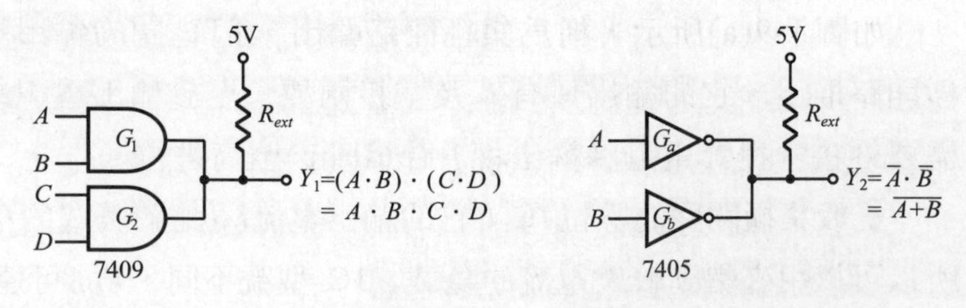

(c) 集極開路的 IC 可做線及閘

圖 1-9

(3) 三態(tri-state)

如前面所述，兩個圖騰式的輸出無法像集極開路輸出那樣的做wire AND的功能，但有一特殊的圖騰式閘可允許做 wire AND，以便做爲共用匯流排系統之用，當圖騰式輸出有此特質，即稱爲三態(three state or tri-state)。

三態的輸出除了原有的 0 與 1 狀態，當圖騰式的兩個電晶體均爲截止時，即爲第三態，此時它的輸出狀況爲高阻抗狀態，它允許許多三態輸出直接用導線連接在一起，它可取代匯流排中所使用的集極開路。

如圖 1-10 所示，可以看出三態除了輸入和輸出接腳外還必須多一支控制接腳 C。圖 1-11 爲三態閘使用說明。

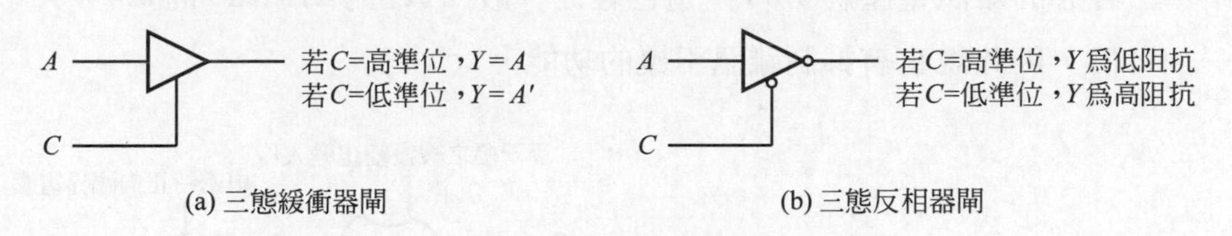

圖 1-10　三態邏輯閘

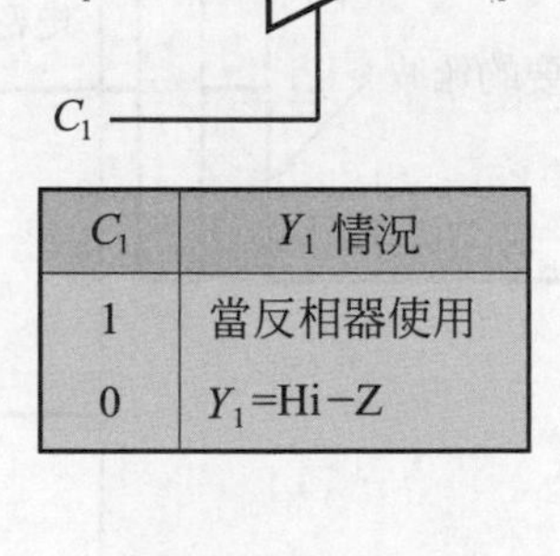

C_1	Y_1 情況
1	當反相器使用
0	Y_1=Hi−Z

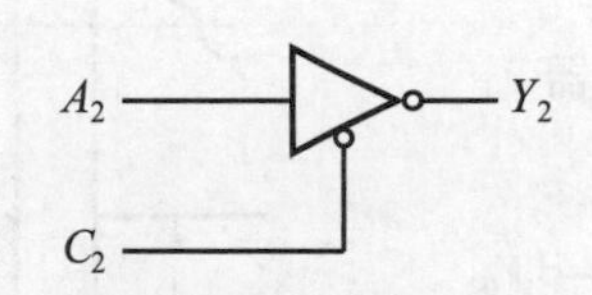

C_2	Y_2 情況
0	當反相器使用
1	Y_2=Hi−Z

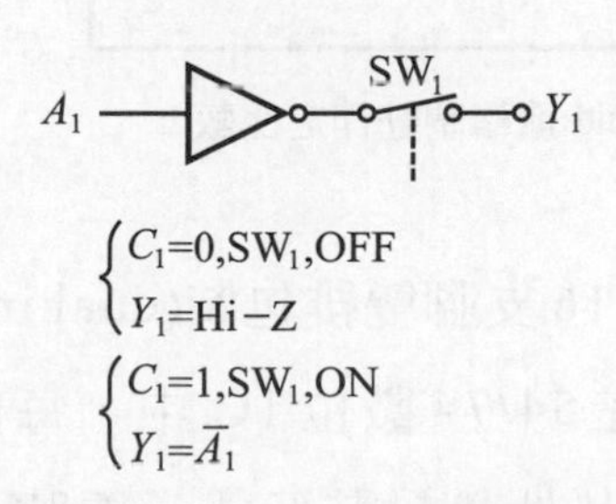

$\begin{cases} C_1=0, SW_1, OFF \\ Y_1=Hi-Z \end{cases}$

$\begin{cases} C_1=1, SW_1, ON \\ Y_1=\bar{A}_1 \end{cases}$

A_2 — SW_2 — Y_2

$\begin{cases} C_2=0, SW_2, ON \\ Y_2=\bar{A}_2 \end{cases}$

$\begin{cases} C_2=1, SW_2, OFF \\ Y_2=Hi-Z \end{cases}$

圖 1-11　三態輸出的使用說明

8. 具有史密特觸發輸入的數位IC

具有史密特觸發輸入的數位IC通常用來克服雜訊的干擾，或是輸入信號變化較慢的情況。如圖 1-12 所示，7404 與 7414 都是反相器，但 7414的反相器符號中多了一個「磁滯曲線」的符號，它代表具有史密特觸發的功能。其功能的意思是當輸入信號電壓上升到大於V_{T+}還要大時，輸出才有變化。而當輸入信號電壓下降至比V_{T-}還要小時，輸出才有變化。換句話說，當輸入的電壓值介於V_{T+}～V_{T-}之間，史密特觸發輸入的數位IC並不會受到干擾。

一般史密特觸發輸入的數位IC，其V_{T+}≒1.7V，V_{T-}≒0.9V，則所能容忍的雜訊電壓約0.8V，這已經比一般 TTL 的Δ1和Δ0的0.4V 大了一倍，因此說它有抑制雜訊干擾的功能。

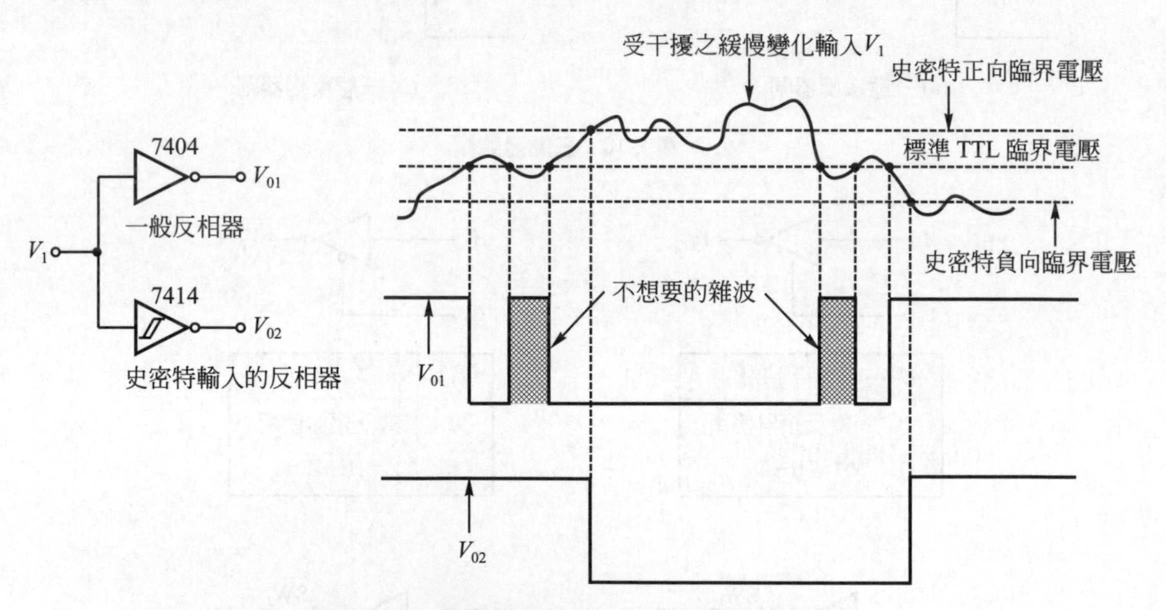

圖 1-12　一般邏輯閘與 schmitt 邏輯閘動作之比較

9. 54/741C的包裝

目前TTL數位IC都是採用14和16支腳雙排包裝(dual in-line package 簡稱 DIP)，外型如圖 1-13 所示。在 54/74 數位 1C 中，每個編號的尾部均有一個英文字母，這個字母代表其外殼封裝形式，編號相同，雖然外殼封裝不同，但其功用是相同。尾部英文字 N 表用塑膠封裝，J 代表陶瓷封裝。陶瓷封裝的熱阻較低於塑膠封裝。

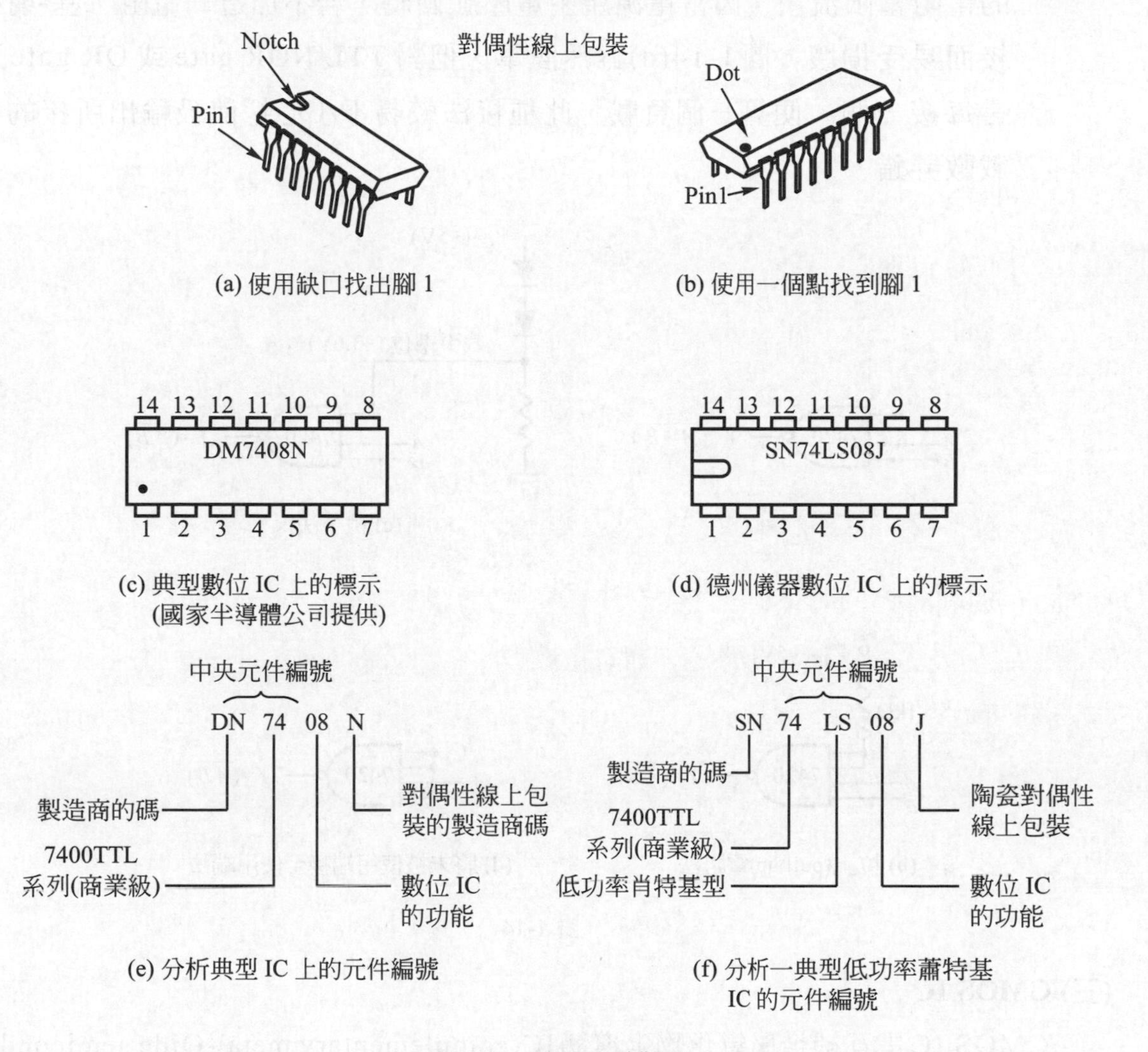

圖 1-13 TTL IC 外觀圖

10. 未使用接腳的處理

當TTL電路的輸入端不與任何其他電路連接時，此輸入端爲開路狀態，由基本TTL電路可以得知，不接的輸入端可視爲邏輯1的輸入。

在某些情況下，TTL NAND gate的輸入端並未全部利用到，我們將這些輸入端置於空著不接的情況，並不影響到TTL NAND gate 的邏輯函數，但是這些空接的輸入端往往會受雜散信號的影響而產生錯誤動作，因此，最好能將圖 1-14(a)的電路改用圖(b)(c)(d)的接法。圖 1-14(b)中的電阻當限流用，因當電源產生電壓脈衝時，若不加這一電阻，基-射極接面易受損壞。圖 1-14(d)雖然簡單，但對 TTL NOR gate 或 OR gate 而言每接一個，便算一個負載，此種接法較易不小心把前級輸出所接的負載數弄錯。

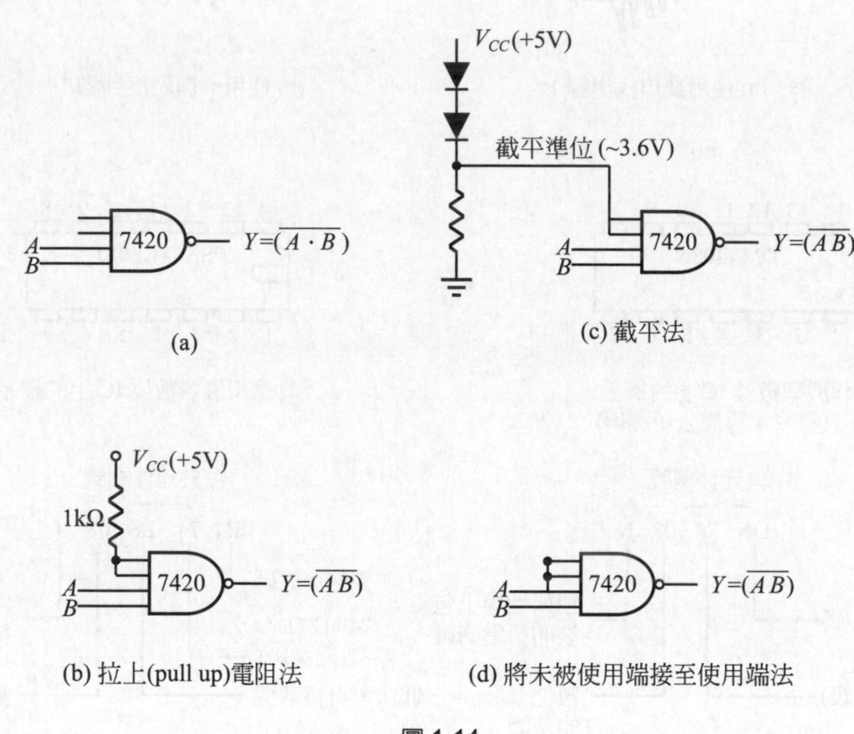

圖 1-14

(三) CMOS IC

CMOS IC是互補金屬氧化物半導體IC(complementary metal-Oide semiconductor IC)的簡稱，它是由N通道MOS與P通道MOS組合而成的一種優良產品，此種IC在1967年3月間首先由RCA展出，1971年大量推出CMOS IC。

近年來，數字鐘、電子錶、微電腦等都廣泛的使用CMOS IC作主要元件，CMOS IC目前已發展成一種足以壓倒TTL元件的邏輯族。

圖 1-15 所示為CMOS IC結構剖面圖，在CMOS中源極與基片是反向偏壓的；洩極與基片也同樣是反向偏壓。因此電源電壓如果加得太大或閘極電壓加

得太大都會引發崩潰(breakdown)現象。一般 CMOS IC 的低電流接合面崩落(low current junction avalanche)點的崩潰電壓約在25伏到35伏之間，因此最大工作電源電壓一般定在18伏，稍早的CMOS IC則定在15伏。CMOS IC的最低電源電壓為3伏，以配合IC中個別P通道及N通道電晶體的臨界電壓，而使其能在3伏的電源電壓下仍能正確地以邏輯狀態工作。以CMOS IC兩大廠家的編號為例，摩托羅拉(motorola)編號後跟著AL表示是陶瓷包裝，工作溫度範圍為－55℃～＋125℃，工作電壓範圍為＋3V～＋18V；而RCA則以AD來表示同樣的工作溫度與工作電源電壓範圍。一般商用的CMOS IC工作溫度範圍為－40℃～＋85℃。

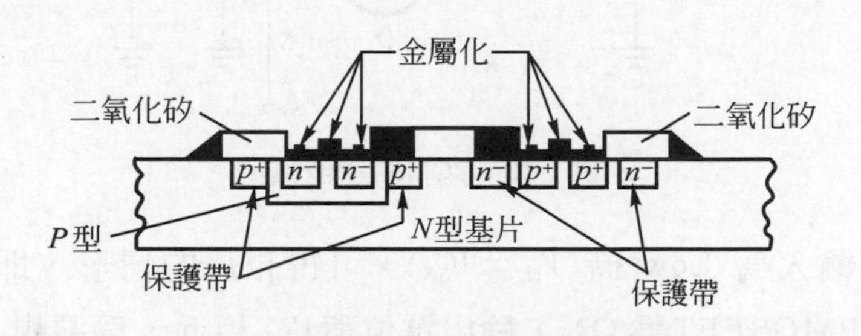

圖 1-15　COMS IC 半導體結構剖面圖

1. CMOS基本電路

CMOS電路係將P通道MOSFET與N通道MOSFET在同一基質上製作，使得二者特性可以互補，並且具有小的功率消耗與大的雜訊界限的優點。在討論例題前，先複習MOS電晶體特性：

(1) n-channel MOS當其閘-源極電壓為正時，會導通。

(2) p-channel MOS當其閘-源極電壓為負時，會導通。

(3) 若閘-源極電壓為零時，n-channel及p-channel MOS都會截止。

現在讓我們來看一種CMOS的基本電路—CMOS反相器。CMOS反相器電路如圖1-16所示，驅動級是N型通道的電晶體Q_1，而P型通道的電晶體Q_2是用來當作負載　，這兩個MOSFET是在汲極端串聯在一起，輸出則由節點D取出，而輸入是加在共同閘極G上，二個電晶體的閘極被連結在一起。

當輸入為High時，NMOSFET為ON，PMOSFET由於G、S之間沒有獲得足以導電的偏壓而OFF，此時輸出電位自然與V_{SS}電位相近，為邏輯0。

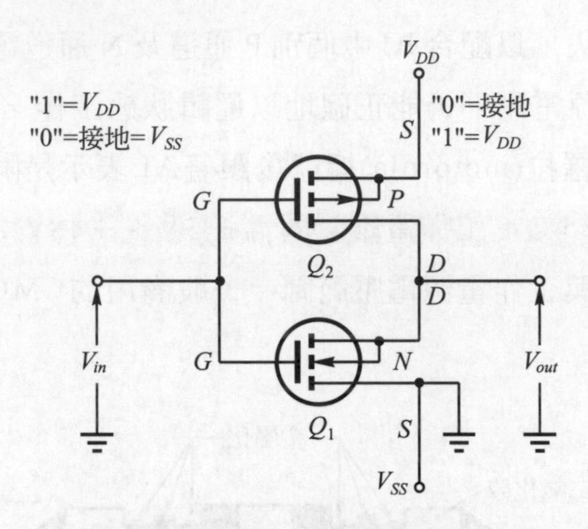

圖 1-16　COMS 反相器電路

當輸入為 Low 時($V_{in} = V_{SS}$)，可得相反的情形，即 NMOSFET 為 OFF，PMOSFET為ON，輸出電位與V_{DD}相近，為邏輯1。

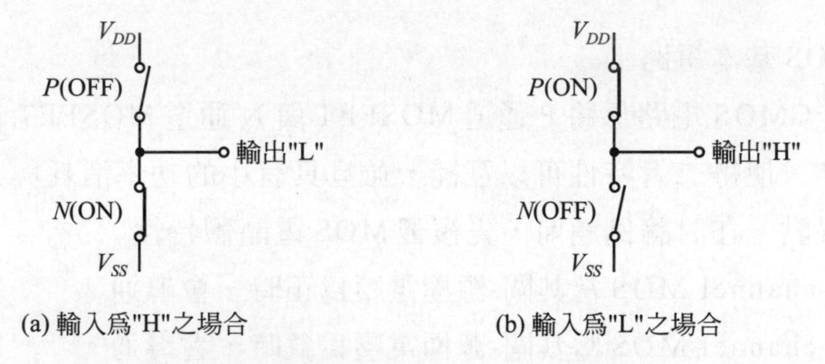

圖 1-17　C-MOS 反相器之等值開關電路

在圖1-17由輸出端往內看：

(1) 圖1-17(a)中輸出端與V_{ss}之間，存在NMOSFET導通內阻，而非完全短路。

(2) 圖 1-17(b)也是一樣。$V_{DD} = 5V$、$V_{ss} = 0$ 的 MOSFET 導通電阻大約在500Ω左右。

(3) 在不接負載時，圖 1-17(a)的$V_{out} = V_{ss}$，圖 1-17(b)的$V_{out} = V_{DD}$。

(4) 如果在輸出端接上負載有電流流動，圖 1-17(a)的V_{out}會上升，圖 1-17(b)的V_{out}會下降，此種情形在 TTL 亦是如此。

圖 1-18(a)表示CMOS NOT gate輸入在High或Low的靜止狀態下，必有一FET為OFF，因此從V_{DD}流往V_{ss}之電流等於零，也就是輸入為靜止狀態下，所消耗的功率($V_{DD}\times I_{DD}$)等於零，僅有少量的漏電消耗。

但是當輸入電壓由"H"→"L"或由"L"→"H"時，PMOSFET、NMOSFET分別在瞬間為 ON，於是有電流對輸出端的雜散電容充放電，如圖 1-18(b)所示，所以在動態工作時，功率消耗不再是零。當輸入由"H"→"L"及"L"→"H"時亦會發生瞬間 P、N 兩 MOSFET 同時為 ON 的情形，如圖 1-18(c)所示。

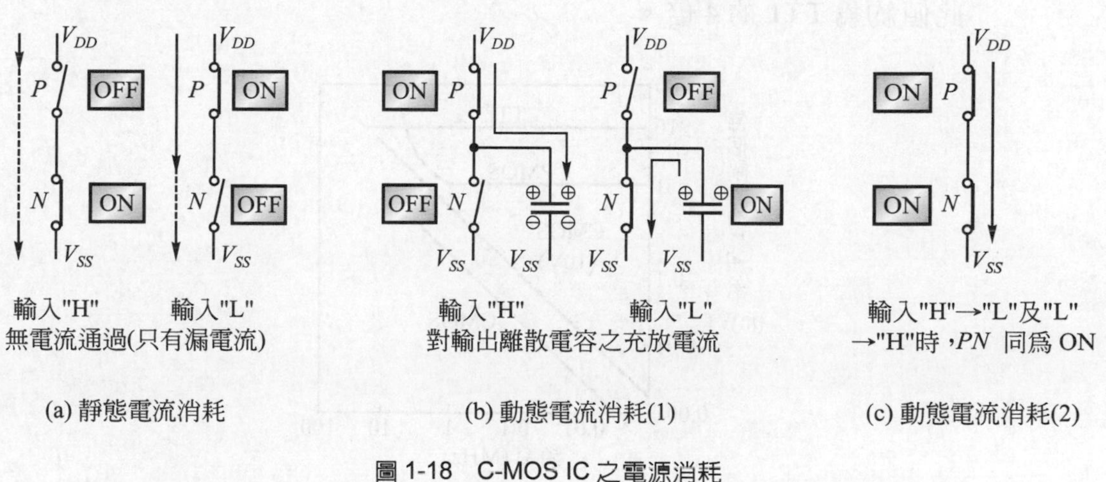

圖 1-18　C-MOS IC 之電源消耗

2. CMOS 特性

(1) 由於 CMOS 沒有穩定的直流迴路，因此直流功率消耗非常小，這是 CMOS 的最大優點。圖 1-19 表示 CMOS 的功率消耗與動作頻率的關係，此項優點在高頻時漸漸消失。

(2) 集積度高，在單位面積(平方毫米)上所聚積的元件數目稱為集積密度，用以表示元件密集的程度。CMOS IC 除了功率消耗以外，元件間也不用隔離，故其集積度遠大於雙極性元件 TTL。

(3) 具有很高的輸入阻抗，但由於氧化膜的存在，輸入端存有大約 5pF 的電容與高輸入阻抗($10^{12}\sim10^{15}\Omega$)構成並聯。

(4) 工作電壓範圍廣，可從 3V～18V，CMOS之所以能保證較廣的工作電壓範圍，是因為 P-MOS、N-MOS 為對稱製作。即使V_{DD}變化，其臨界電壓仍保持乃V_{DD}的值，如圖 1-20 所示。閘極經特別處理之 CMOS IC，則具有 1.1V～3V的動作範圍，適用於水銀電池動作之電子錶等電子器材。

(5) 雜訊界限大：圖 1-21 表示電壓＝5V時TTL與CMOS的轉移特性曲線，CMOS的$V_{OH}-V_{OL}$值接近於V_{DD}值。圖 1-22 表示 TTL 與 CMOS 的雜訊容許界限比較圖。一般 CMOS 雜訊界限值(V_{OH}-V_{IH})約工作電壓的 30%，即$V_{IL}=0.3V_{DD}$，$V_{IH}=0.7V_{DD}$。

$V_{DD}=5$V時，$V_{OH}=4.99$V，$V_{OL}=0.01$V，$V_{IL}=1.5$V，$V_{IH}=3.5$V，$V_{OH}-V_{IL}=1.49$V。$V_{DD}=5$V時，雜訊界限值等於 5V 30%＝1.5V，此值約為 TTL 的 4 倍。

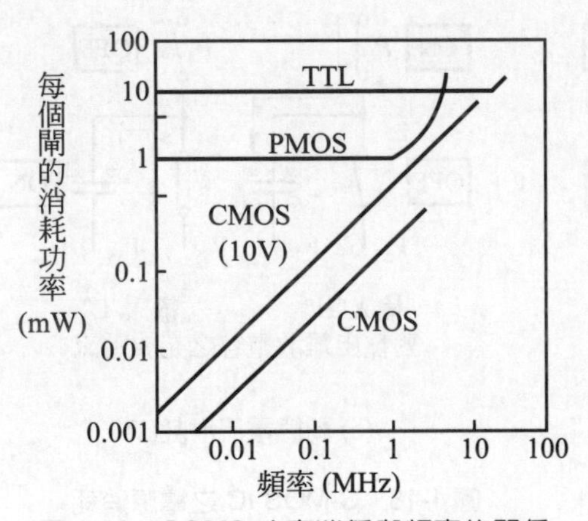

圖 1-19　COMS 功率消耗與頻率的關係

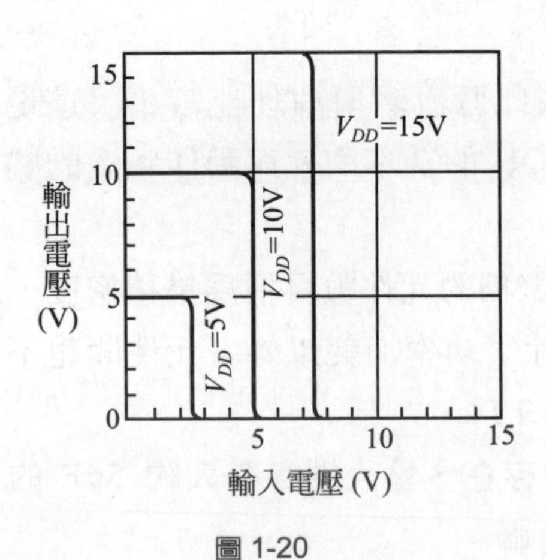

圖 1-20

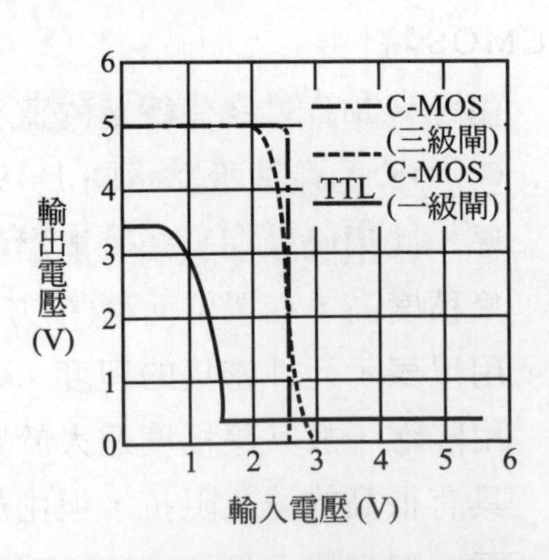

圖 1-21　C-MOS 與 TTL 之輸入輸出轉移特性曲線

表 1-6

電流 / 電壓	I_{OH}	I_{IH}	I_{OL}	I_{IL}
$V_{DD}=5V$	－1.0mA	1μA 以下	0.36mA	－1.0μA 以下
$V_{DD}=10V$	－2.6mA	1μA 以下	2.0mA	－1.0μA 以下
$V_{DD}=15V$	－4.0mA	1μA 以下	3.2mA	－1.0μA 以下

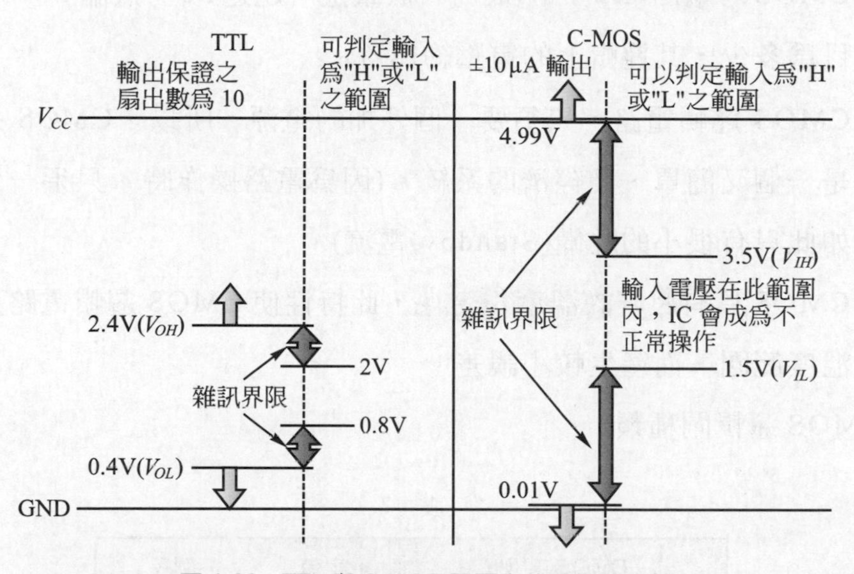

圖 1-22　TTL 與 C-MOS 電壓之雜訊界限比較

(6)① CMOS 頻率特性目前仍不如 TTL，由於存有輸入電容，故工作頻率受到輸出端所接負載數目的影響，扇出數增加一個，則t_{pd}約增加 3ns。

② CMOS 的輸入端浮接時，它的邏輯狀態無法確定，因此沒用到的 CMOS 輸入端不能浮接，須依照邏輯函數的性質將不用的輸入端接於V_{DD}或V_{ss}(接地)。

③ CMOS IC gate輸入端存有小電容量，其介質擊穿電壓約 80V 左右，所以任何靜電放電的電壓值高於介質擊穿電壓時，將使 gate 氧化膜受到破壞，造成漏電極高的輸入端。雖然目前的CMOS IC都有輸入保護電路以防靜電損壞，但仍儘量使其少受靜電影響為佳。另在使

用 CMOS IC 時應先接妥電路再接上電源，不可先接上電源再將 IC 插上。

(7) 每一個CMOS閘電路的傳播延遲爲50ns左右，所以，它能夠允許一個10MHz脈波速率的操作。因此，CMOS的邏輯電路，比MOS的邏輯電路擁有較快的動作速率。但是，比起TTL邏輯電路，CMOS邏輯電路則要慢些。

(8) CMOS的扇出(fan Out)很高，數量上可超過50。無論CMOS的扇出數目爲多少，其邏輯上的電壓約爲V_{DD}。

(9) CMOS邏輯電路，只須要一個外加的電源，所以，CMOS選輯電路將是一個又簡單、又經濟的系統。(因爲電路操作時，只須一外加電源，如此只有很小的駐備(Standby)電流)。

(10) CMOS具有良好的溫度穩定性，此特性使CMOS邏輯電路適用於多種溫度範圍，而產生較小誤差。

3. CMOS邏輯閘種類

表 1-7

CMOS 系列	字首	例子
原始 CMOS	40	4009
接腳可與 TTL 匹配	74C	74C04
快速且接腳可與 TTL 匹配	74HC	74HC04
快速且電氣可與 TTL 匹配	74HCT	74HCT04

74HC系列的操作速率比74C系列快。74HCT是在電氣特性可與TTL系列匹配，此即表示74HCT IC可直接與TTL IC連接，無須使用介面電路。

4. CMOS 和 TTL 的電氣特性比較

表 1-8　CMOS 和 TTL 的電氣特性比較

種類型號／電氣特性	CMOS		TTL				
	74HC	4000	74	74LS	74ALS	74S	74AS
最大輸入電流I_{IL}(mA) 在$V_{IL}=0.4V$	±0.001	− 0.001	− 1.6	− 0.4	− 2.0	− 0.1	− 0.5
最小輸出電流I_{OL}(mA) 在$V_{OL}=0.4V$	4	1.6	16	8	20	8	20
靜態功率損耗 mW/閘	2.5×10^{-6}	10^{-3}	10	2	19	1	8.5
100kHz 時的功率損耗 mW/閘	0.17	0.1	10	2	19	1	8.5
傳遞延遲時間(ns) 在$C_L=15PF$時	8	50	10	10	3	4	1.5
最高操作頻率(MHz) 在$C_L=15PF$時	40	12	35	40	125	70	200

5. 使用 CMOS 應注意事項

CMOS 的輸入端阻抗近乎無限大，而阻隔輸入與基片間的二氧化矽薄膜則非常之薄(約 1000Å，$1Å=10^{-10}m$)，很容易被高電壓所打穿，因此在積體電路中閘極之前都有保護二極體以使閘極電壓介於電源電壓V_{DD}與地電位V_{SS}之間。如圖 1-23 所示。其中R_S值爲 1.5kΩ。儘管如此，處理不當仍可能產生嚴重的高壓而將CMOS的輸入端破壞！例如，一個人在打臘的地板上行走都可產生 4 到 15kV 的高電壓，人體的電容量約在 300pF，因此，由此高壓所蓄積的電荷一旦經由 CMOS 的輸入端作瞬時的放電，此保護電路極可能因而被燒燬而破壞及於 CMOS 的閘極。

因此除了在CMOS的輸入端加上保護電路之外，處理上也應小心謹慎以避免無意間的損壞。以下是一些避免損壞所應採取的注意事項：

(1) 所有 CMOS 元件必須儲存或裝在不會產生靜電的物質上或容器中。CMOS元件切勿置於一般泡綿塑膠器皿中，原則上在使用時才將CMOS自其原始容器中取出。

(2) 要扳直 IC 腳或用手悍接在印刷電路板上時，請用有接地端的工具。

(3) 所有低輸出阻抗的儀器(如函數產生器等)請勿在 CMOS 電源加上之前即送出信號，要關機也應在CMOS電源加上時爲之，請勿在CMOS電源關掉後再關儀器電源。

(4) 當電源加上時，切勿自測試插座上拔下或插入 CMOS 元件。同時並請留意電源有無突波?在確定無突波後才可進行CMOS元件的測試工作。

(5) 在進行功能測試(functional testing)或參數測試(parametric testing)之前請再次檢查並確定測試儀器的極性沒有接反。

(6) 使用電壓勿超過資料上所載最大電壓。

(7) 沒有用到的輸入腳請務必接到邏輯 1 或邏輯 0 的電位，切勿讓其空接。

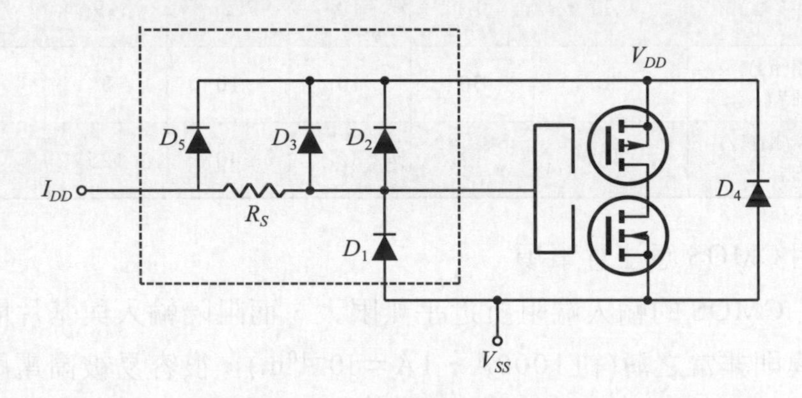

圖 1-23　CMOS 輸入端的保護電路

(四) CMOS 與 TTL 的介接技術

CMOS 和 TTL 最大的不同乃在於邏輯 1 和邏輯 0 的輸入電壓位準的差別，同時其輸入、輸出阻抗也不相同。我們可從表 1-9 中看出二者輸入特性的不同。

表 1-9　TTL 與 CMOS 輸入特性比較

特性	TTL 值	CMOS 值 (當V_{DD} = 5V，V_{ss} = 0 時)
V_{IH}	2.0V	1.5～3.5V
V_{IL}	< 0.8V	< 0.7V
I_{IH}	< 40μA	+ 10pA(典型值)
I_{IL}	<− 1.6mA	− 10pA(典型值)

由於CMOS積體電路的電源電壓以及信號電壓可高達15伏或18伏，而TTL者則僅限於5伏，因此除了CMOS積體電路與TTL積體電路同樣使用5伏電源之外，信號電壓在兩族類間傳遞必需有適當的電壓轉換以配合不同電源系統的信號處理。

表 1-10

IC 類別		TTL	CMOS
電源電壓		$V_{CC}=5V$	$V_{DD}=3\sim18V$
輸入	高電壓範圍	2.0～5V	$0.7\ V_{DD}\sim V_{DD}$
	模糊範圍	0.8～2V	$0.3\ V_{DD}\sim0.7\ V_{DD}$
	低電壓範圍	0～0.8V	$0\sim0.3V_{DD}$
輸出	高電壓範圍	2.4～5V	$0.95\ V_{DD}$
	模糊範圍	0.4～2.4V	$0.1\sim0.95\ V_{DD}$
	低電壓範圍	0～0.4V	0.1V

1. TTL驅動CMOS的方式

⑴ 使用能和TTL匹配的74HCT系列IC。

⑵ 提升TTL的V_{OH}，以符合$V_{OH(TTL)}>V_{IH(CMOS)}$條件。

圖1-24中TTL IC去驅動CMOS IC，首先，須滿足下述四個條件，其中N為TTL的扇出數目。

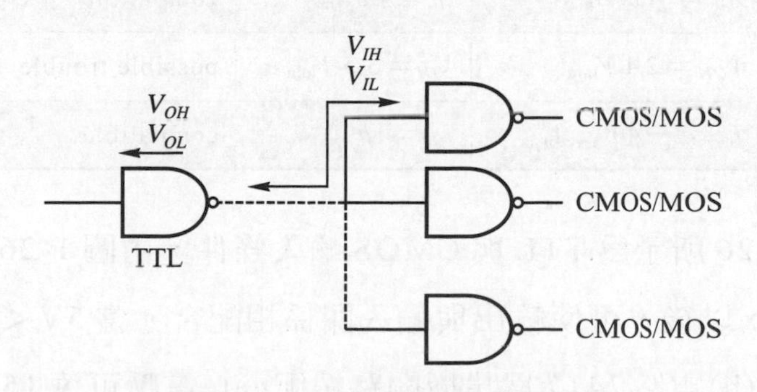

圖 1-24 TTL 驅動 N 個 CMOS/MOS

$V_{OL(\text{TTL})} \leq V_{IL(\text{CMOS})}$

$V_{OH(\text{TTL})} > V_{IH(\text{CMOS})}$

$I_{OL(\text{TTL})} < -NI_{IL(\text{CMOS})}$

$-I_{OH(\text{TTL})} \geq NI_{IH(\text{CMOS})}$

由表1-11中可知CMOS的輸入電流極微，所以只須考慮的是電壓値的問題，且$V_{OL(\text{TTL})} < V_{IL(\text{CMOS})}$也沒有問題，爲了滿足$V_{OH(\text{TTL})} > V_{IH(\text{CMOS})}$的要求，勢必要將$V_{OH(\text{TTL})}$提高至3.5V以上。圖1-25(a)所示電路外加一提升電阻Rx可達此目的。而Rx的大小，則由考慮當輸出爲0時，需符合$V_{OL(\text{TTL})} < V_{IL(\text{CM0S})}$條件而得到。其公式如下：

$$I_{OL(\text{TTL})} = I_{R_x} + NI_{IL(\text{CM0S})}$$

$$I_{\text{Rx}} = I_{OL(\text{TTL})} - NI_{IL(\text{CM0S})}$$

$$I_{\text{Rx}} = \frac{V_{CC} - V_{OL(\text{TTL})}}{R_x}$$

$$R_{x(\min)} = \frac{V_{CC} - V_{OL(\text{TTL})}}{I_{OL(\text{TTL})} - NI_{IL(\text{CMOS})}}$$

表1-11　TTL-to-COMOS ($V_{CC} = V_{DD}$) = + 5V)

TTL output	CMOS input	Notes
$V_{OL} = 0.4\ V_{\max}$	$V_{IL} = 1.5\ V_{\max}$	compatible
$I_{OL} = 16\text{m}\ A_{\max}$	$I_{IL} = 1\mu\ A_{\max}$	compatible
$V_{OH} = 2.4\ V_{\min}$	$V_{IH} = 3.5\ V_{\min}$	possible trouble
$I_{OH} = -\ 400\mu\ A_{\max}$	$I_{IH} = 1\mu\ A_{\max}$	compatible

圖1-26所示爲TTL與CMOS輸入條件，由圖1-26(b)，可知加入提升電阻Rx以後，可使輸出與輸入關係相配合。當$5\text{V} < V_{DD} \leqq 15\text{V}$時可採用圖1-25(b)電路7417爲集極開路緩衝gate電壓可達15V，$I_O = 40\text{mA}$。

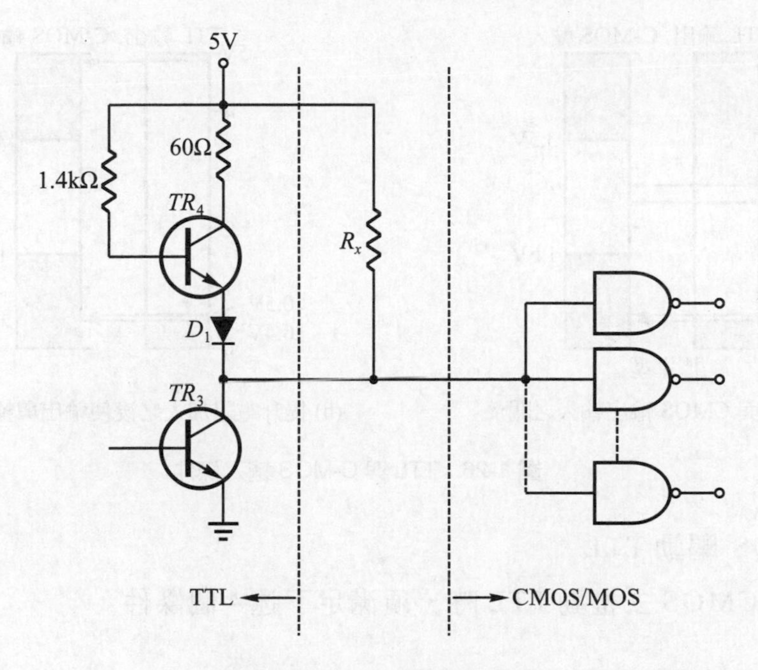

(a) TTL 與 CMOS 電源開是 5V

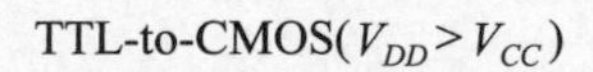

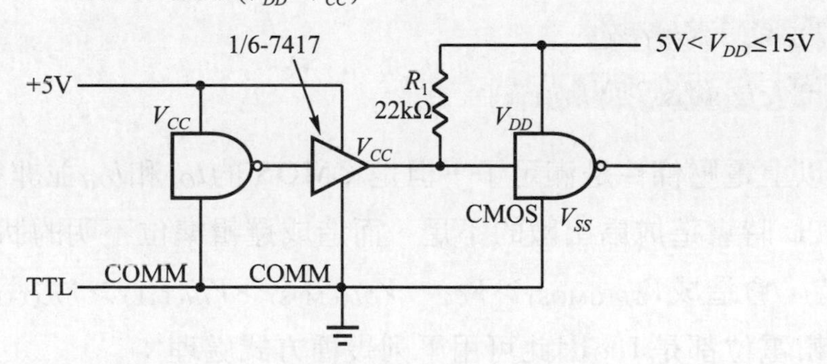

(b) 5V< V_{DD} <15V TTL 輸出

圖 1-25

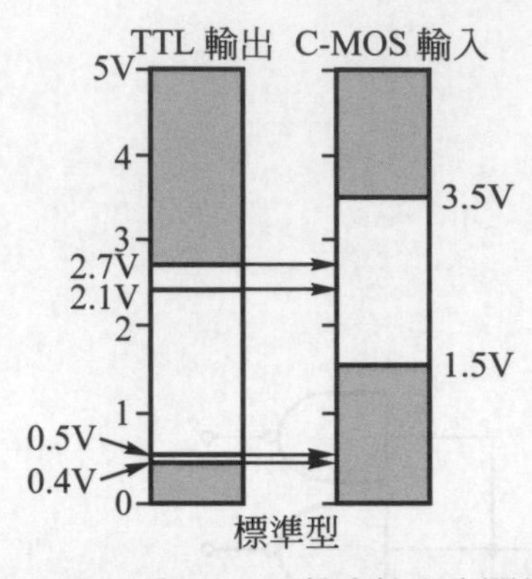

(a) TTL 與 CMOS 輸出輸入之關係

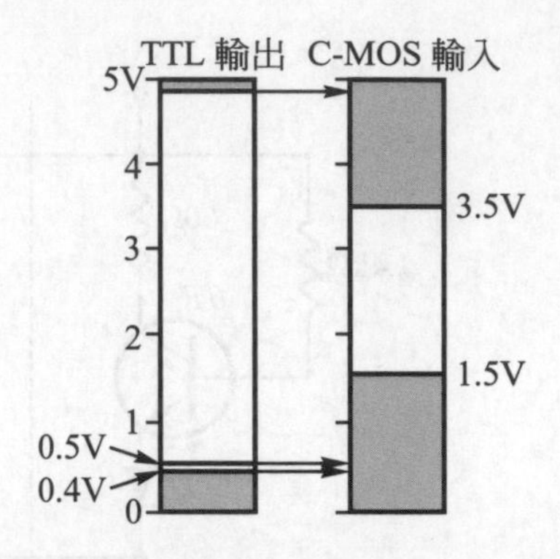

(b) 提升電阻加入之後使輸出與輸入關係配合

圖 1-26　TTL 與 C-MOS 輸入條件

2. CMOS 驅動 TTL

CMOS 去推動 TTL 時，須滿足下述 4 個條件：

$V_{OL(\text{CMOS})} \leq V_{IL(\text{TTL})}$

$V_{OH(\text{CMOS})} > V_{IH(\text{TTL})}$

$I_{OL} < -NI_{IL(\text{TTL})}$

$-I_{OH(\text{CMOS})} > NI_{IH(\text{TTL})}$

以上電壓條件是滿足了，但是 CMOS 的I_{OL}和I_{OH}並非很大，因此驅動 TTL 時會造成扇出數的不足，而造成邏輯準位不明的狀況。如$V_{DD} >$ 5V 時，會造成$V_{OH(\text{CMOS})} > V_{CC}$，$V_{OL(\text{CM0S})} > V_{IH(\text{TTL})} > V_{IL(\text{TTL})}$，使得 TTL 的邏輯電位都是 1。因此可用下列幾種方式處理：

(1) $V_{DD} = V_{CC} = 5\text{V}$

CMOS的I_{OL}在$V_{DD} = 5\text{V}$時，只能保證到 0.36mA，而 TTL 的I_{IL}可達 1.6mA。所以不能驅動 TTL，此時可用具有較大電流輸出的 CMOS 緩衝器(buffer)，以提高電流扇出能力。如圖 1-27。

(2) $V_{DD} > V_{CC}$

圖 1-28 所示為 CMOS 輸出與 TTL 輸入關係。若增加V_{DD}到 15V，CMOS 輸出內阻降低 CMOS 的I_{OL}可達 1.6mA ($V_{OL} \leq 0.8$)，但是V_{OH}會超

過TTL輸入電壓之額定值。因此介面的目的除了提升電流扇出功能外，主要是把CMOS的輸出V_{OH}及V_{OL}轉換成TTL的準位。可用圖1-29來完成。

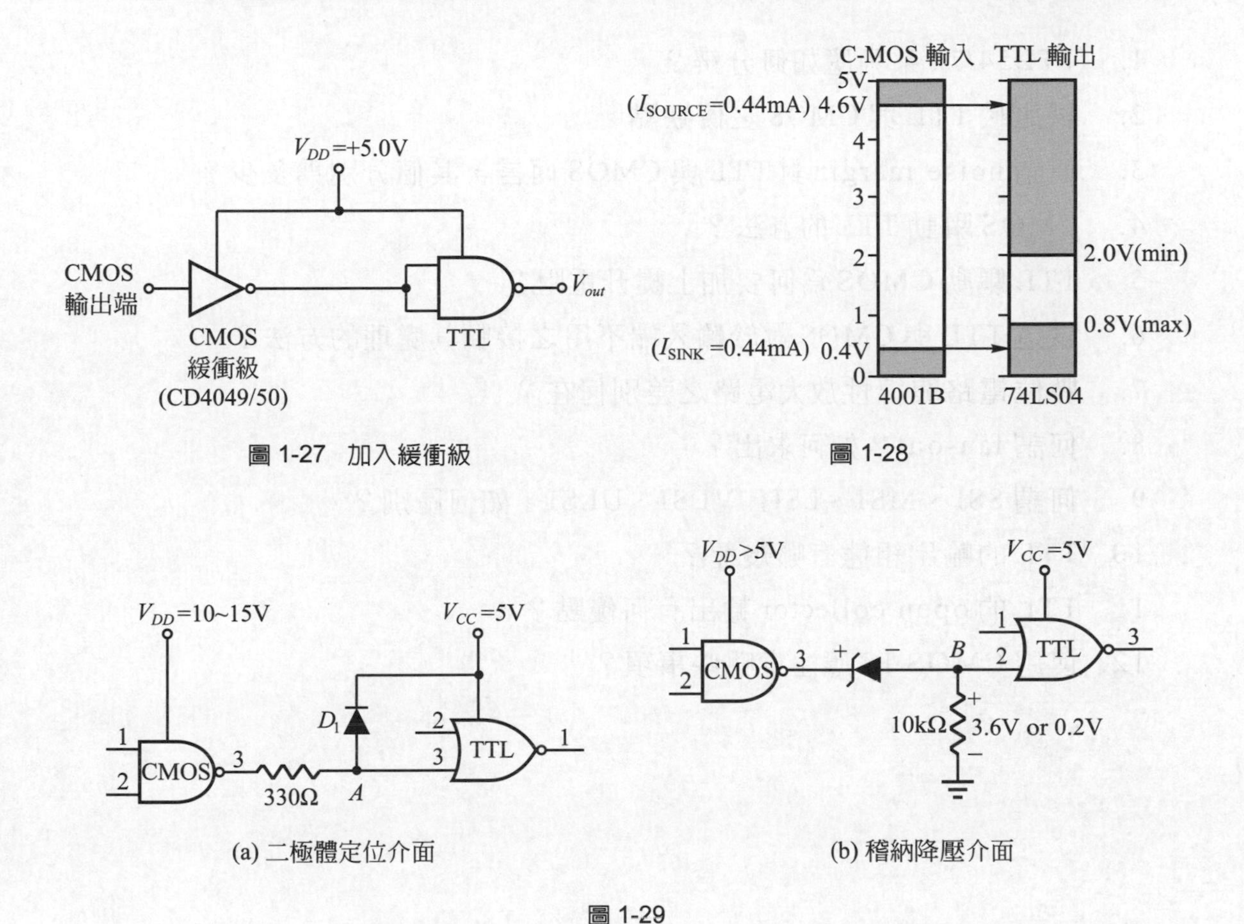

圖 1-27　加入緩衝級

圖 1-28

(a) 二極體定位介面

(b) 稽納降壓介面

圖 1-29

圖1-30是利用並聯1kΩ電阻，可使CMOS的輸出阻抗降低，以助TTL電流的流出。

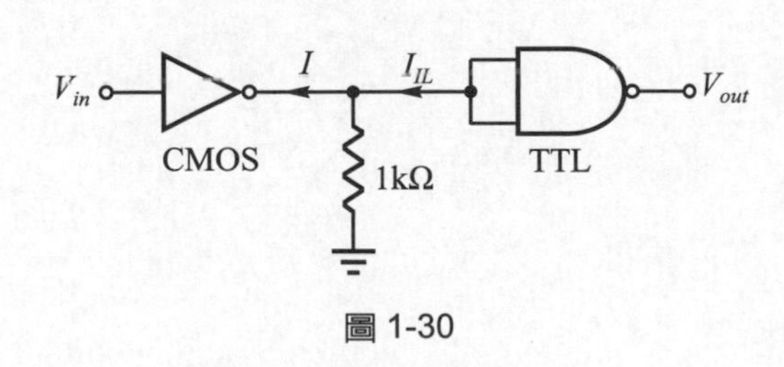

圖 1-30

三 問題與討論

1. TTL54/74系列應如何分辨？
2. 試比較TTL與CMOS之優缺點。
3. 何謂noise margin對TTL與CMOS而言，其值分別爲多少？
4. CMOS驅動TTL的方法？
5. TTL驅動CMOS爲何要加上提升電阻？
6. 試述TTL與CMOS對於輸入端不用之接腳其處理的方法？
7. 數位電路與線性放大電路之差別何在？
8. 何謂fan-out？如何求出？
9. 何謂SSI、MSI、LSI、VLSI、ULSI，如何區別？
10. TTL的輸出組態有哪幾種？
11. TTL的open collector輸出有何優點？
12. 使用CMOS IC應注意哪些事項？

基本邏輯閘

一 實習目的

1、瞭解基本邏輯閘及其真值表及使用方法

2、基本邏輯閘應用

二 相關知識

邏輯的概念在日常生活中隨時可見，如開關電燈，就是一種最簡單的邏輯狀況，因爲電燈不是開就是關，沒有所謂的半開半關的情形發生。有時我們也以「眞」和「假」來代表事情的正反兩面，這也是邏輯的表現。以電子的觀點來看，我們可以說，開電燈叫邏輯 1，關電燈叫邏輯 0。以事情的眞假來說，我們可以把眞的事情，叫邏輯 1，把假的事情，叫邏輯 0。而在電路中通常我們是以 1 和 0 代表電路的導通或不導通。

在電子電路中，通常我們所能測量得到的不外乎是電壓、電阻、電流，何以選擇電壓值來表示邏輯 1 或邏輯 0？最主要的原因是，除了電路導通不導通是電壓準位變化的結果外，測量電壓的方便性也是電阻、電流所不能比的，因爲測量電壓只要將電錶直接跨上就可。不像測量電阻時必須將電源關閉或是測量電流時必須將線路切斷而與電錶串聯，那樣的不方便。

我們通常以高電位代表 1，低電位代表 0，這種表示法稱爲「正邏輯」，若以低電位代表 1，高電位代表 0，這種表示法稱爲「負邏輯」。書上各項實驗若無特別說明，均視爲正邏輯。

至於邏輯閘是構成數位電路的基本元件，對小型IC而言，其內部包含數個可獨立操作的邏輯閘，每一個邏輯閘皆可完成所指定的輸入與輸出關係。數位電路中最常見的邏輯運算大致可分爲下列四大類型：

⑴ 基本邏輯運算－及閘(AND gate)、或閘(OR gate)、反閘(NOT gate)。

⑵ 萬用邏輯閘－反及閘(NAND gate)、反或閘(NOR gate)。

⑶ 位元比較邏輯運算－X-OR、X-NOR。

⑷ 非反相緩衝/驅動器

以上的邏輯閘皆能執行包含所有可能之輸入/輸出的二元邏輯關係，通常用列表的方式來描述這些邏輯關係，則稱之爲眞值表(truth table)。

1. 及閘(AND gate)

有兩個或兩個以上的輸入、一個輸出，其電路的設計是：所有輸入皆爲邏輯 1，則輸出爲邏輯 1；若輸入有一個以上爲邏輯 0，則輸出爲邏輯 0。及閘的功能相當於一組串聯連接的開關，若有一個開關為「off」(邏輯 0)，則電路不導通而成為開路狀態(邏輯 0)；若所有的開關皆為「on」(邏輯 1)，則電路為導通狀態(邏輯 1)。圖 2-1 為其電路符號、眞值表及等效電路。

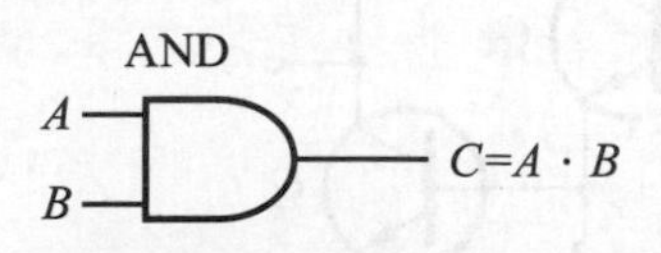

A	B	C
0	0	0
0	1	0
1	0	0
1	1	1

(a) 2-輸入的 AND 邏輯方程式，符號及眞值表

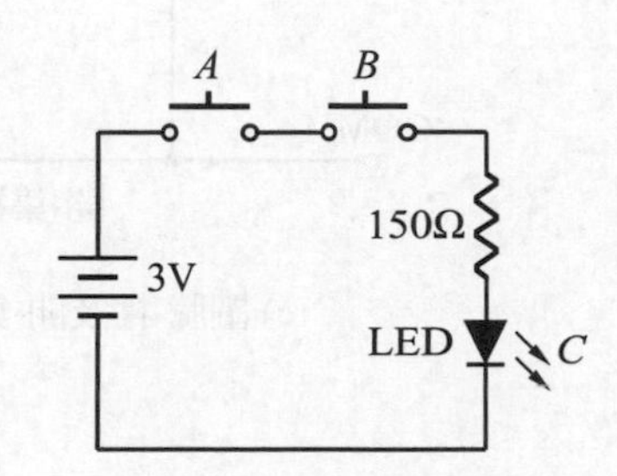

(b) 其開關等效電路

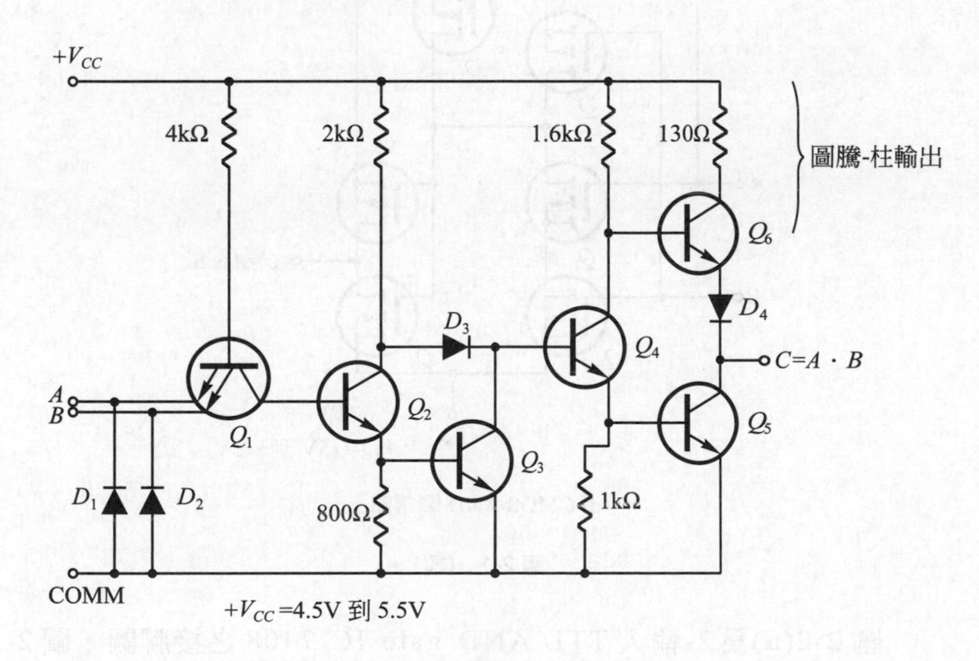

圖 2-1

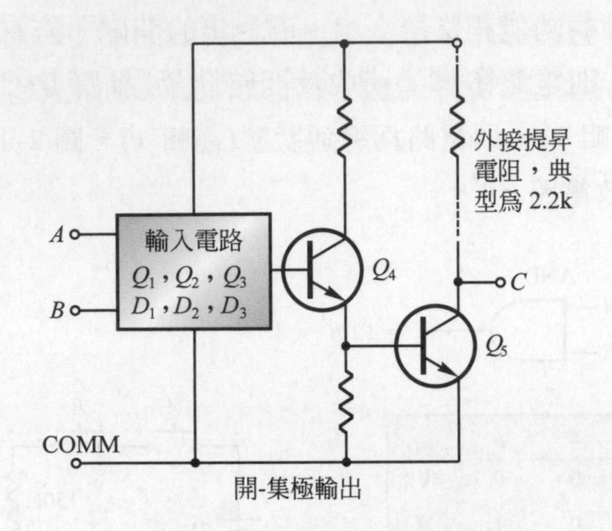

(c) 圖騰-柱及開-集極 TTL AND 電路

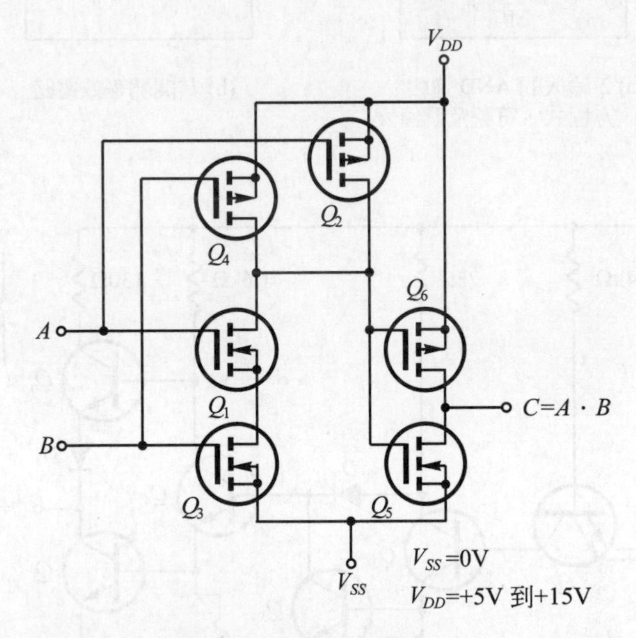

(d) CMOS AND 閘電路

圖 2-1 （續）

圖 2-2(a)為 2-輸入 TTL AND gate IC 7408 之接腳圖，圖 2-2(b)為 2-輸入 CMOS AND gate IC 4081 之接腳圖。

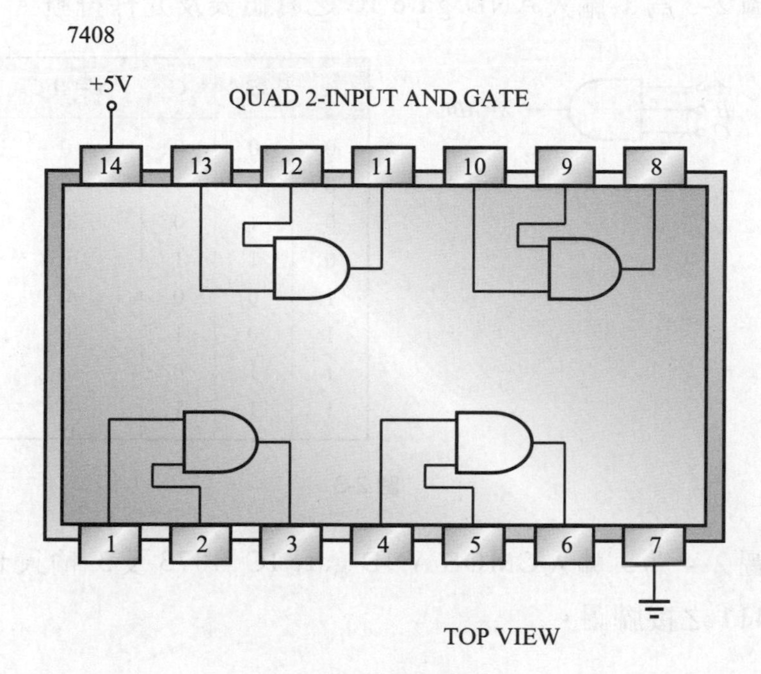

(a) 2-輸入 AND 閘(TTL)

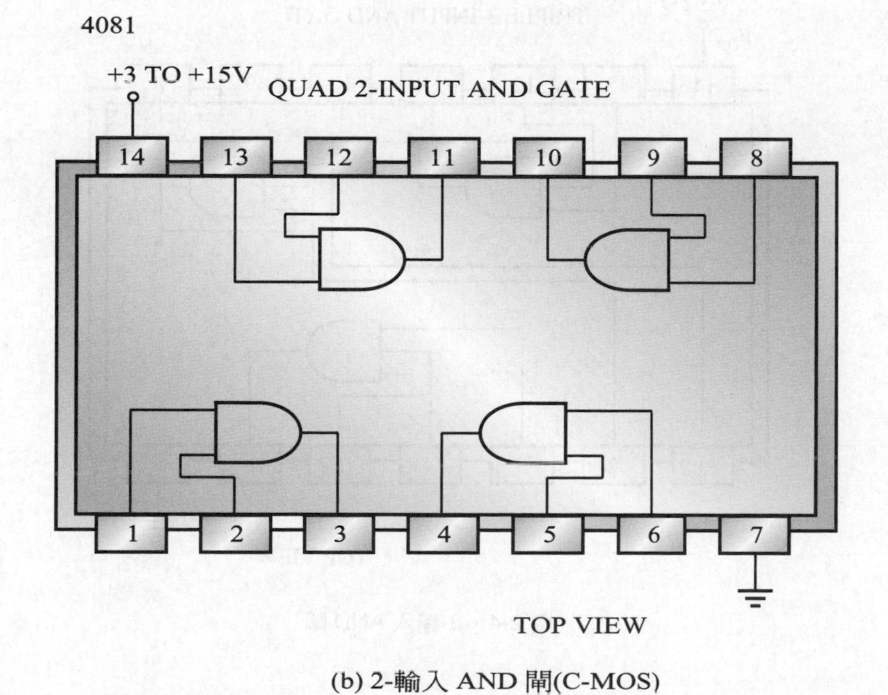

(b) 2-輸入 AND 閘(C-MOS)

圖 2-2

圖 2-3 為 3-輸入 AND gate IC 之眞值表及元件符號。

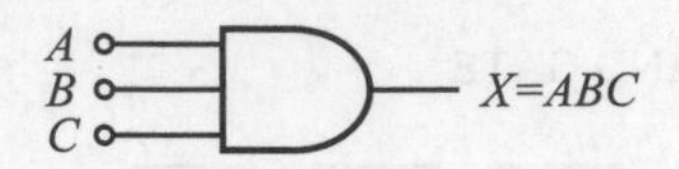

A	B	C	X=ABC
0	0	0	0
0	0	1	0
0	1	0	0
0	1	1	0
1	0	0	0
1	0	1	0
1	1	0	0
1	1	1	1

圖 2-3

圖 2-4 為 3-輸入CMOS AND gate IC 4073 及 3-輸入TTL AND gate IC 7411 之接腳圖。

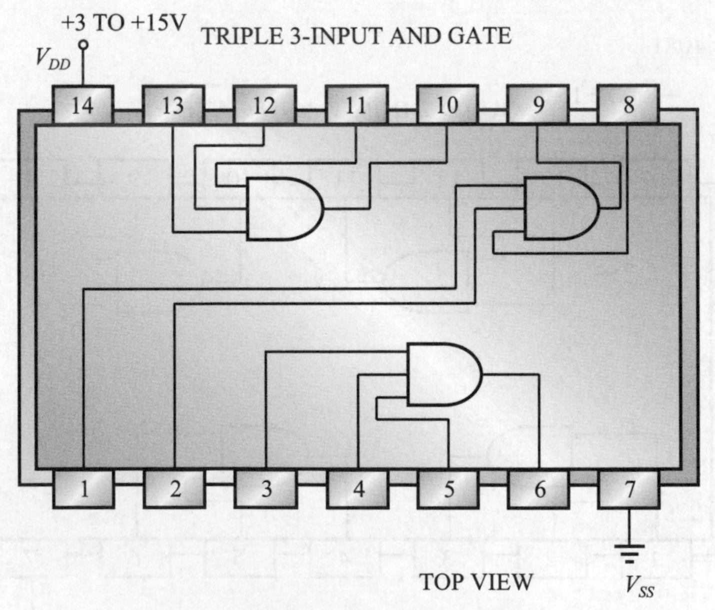

圖 2-4 3-輸入 AND 閘

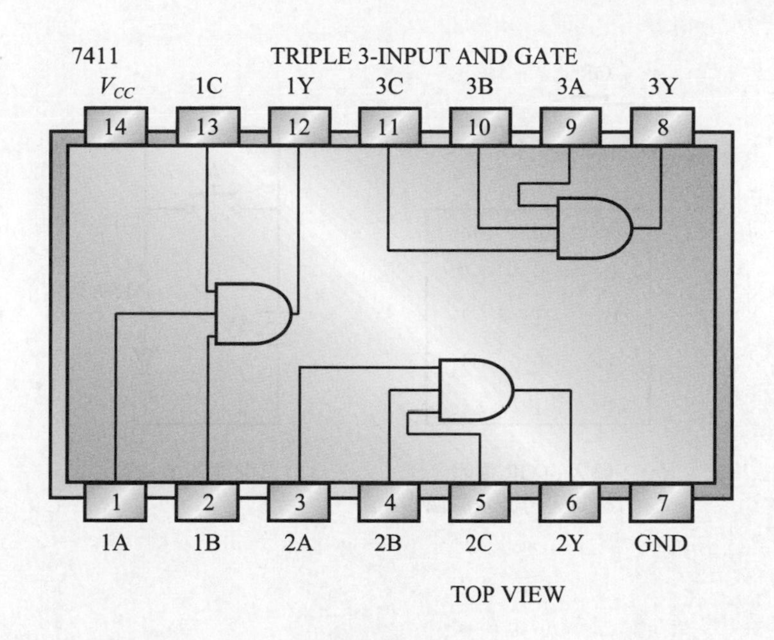

圖 2-4 (續)

可執行及閘(AND gate)功能的 IC 元件

TTL IC		CMOS IC	
7408	四個 2-輸入 AND 閘	CD4073	三個 3-輸入 AND 閘
7409	四個 2-輸入 AND 閘(o.c)	CD4081B	四個 2-輸入 AND 閘
7411	三個 3-輸入 AND 閘	CD4082	二個 4-輸入 AND 閘
7415	三個 3-輸入 AND 閘(o.c)		
7421	二個 4-輸入 AND 閘		

2. 或閘(OR gate)

有兩個或兩個以上的輸入、一個輸出，其電路的設計是：所有輸入皆為邏輯 0，則輸出為邏輯 0；若輸入有一個以上為邏輯 1，則輸出為邏輯 1。或閘的功能相當於一組並聯連接的開關，若有一個以上的開關為「on」(邏輯 1)，則電路導通而成為通路狀態(邏輯 1)；若所有的開關皆為「off」(邏輯 0)，則電路不導通而成為開路狀態(邏輯 0)。圖 2-5 為其電路符號、眞值表及等效電路。

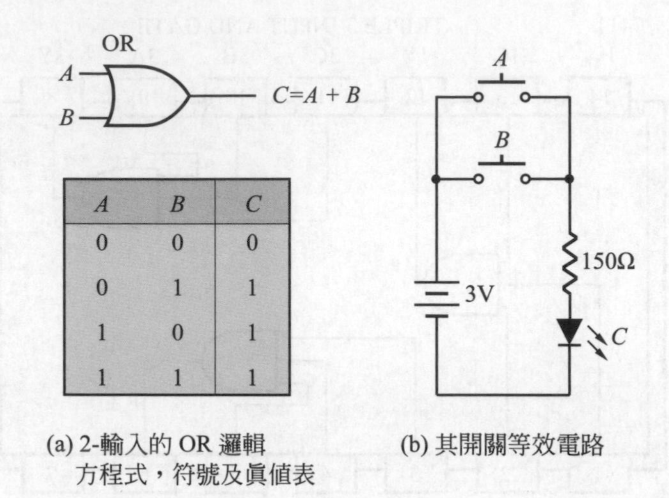

A	B	C
0	0	0
0	1	1
1	0	1
1	1	1

(a) 2-輸入的 OR 邏輯方程式，符號及真值表　(b) 其開關等效電路

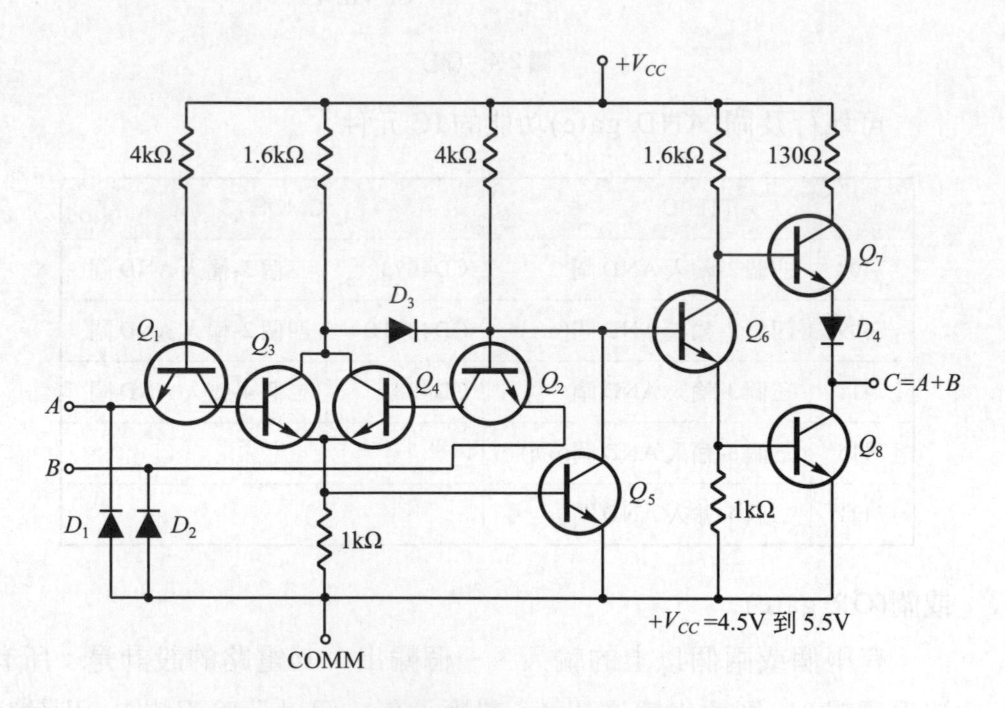

(c) 具圖騰-柱輸出的 TTL OR 電路

圖 2-5

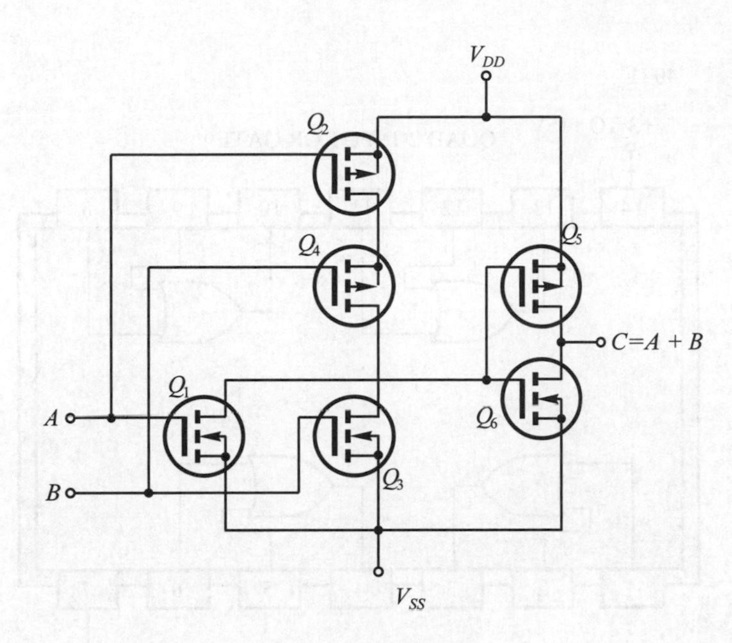

(d) CMOS OR 閘電路

圖 2-5 (續)

圖 2-6(a)爲 2-輸入 TTL OR gate IC 7432 之接腳圖，圖 2-6(b)爲 2-輸入 CMOS OR gate IC 4071 之接腳圖。

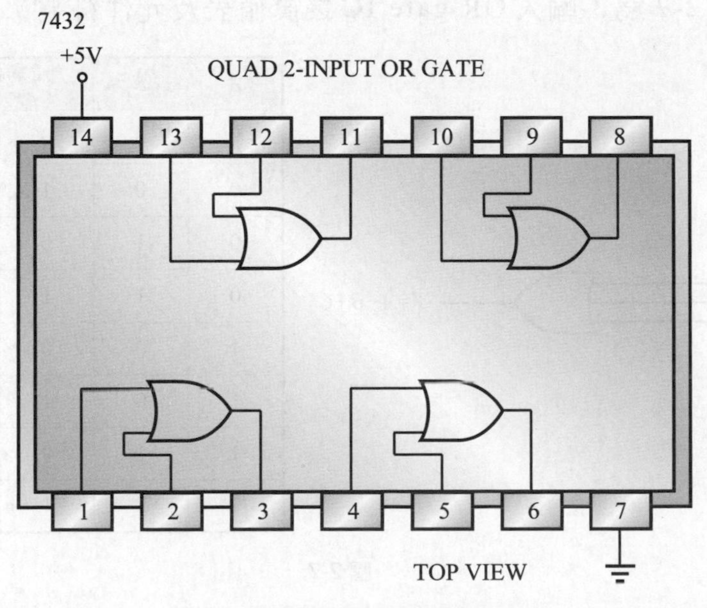

(a) 2-輸入 OR 閘四個

圖 2-6

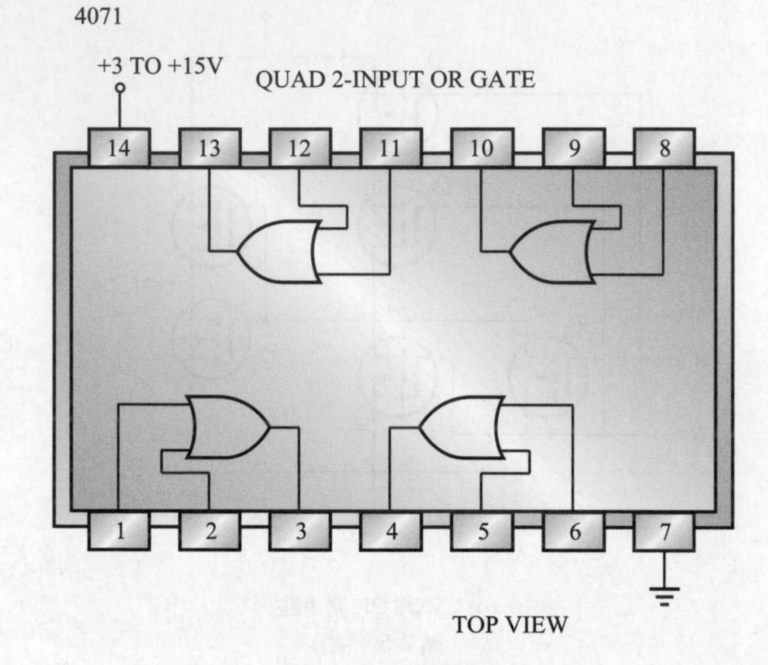

(b) 2-輸入 OR 閘四個

圖 2-6 (續)

圖 2-7 爲 3-輸入 OR gate IC 之眞值表及元件符號。

A
B
C
$Y=A+B+C$

A	B	C	Y
0	0	0	0
0	0	1	1
0	1	0	1
0	1	1	1
1	0	0	1
1	0	1	1
1	1	0	1
1	1	1	1

圖 2-7

圖 2-8 爲 3-輸入 CMOS OR gate IC 4075 之接腳圖。

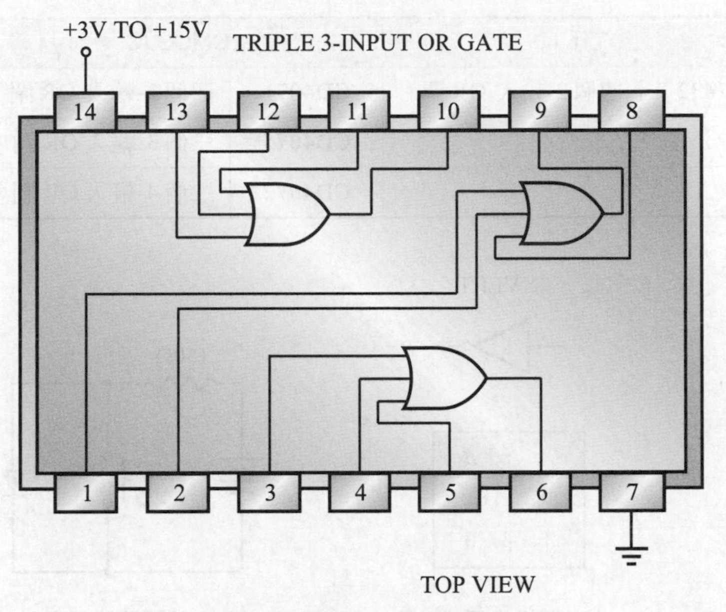

圖 2-8　3-輸入 OR 閘三個

圖 2-9 爲 4-輸入 CMOS OR gate IC　4072 之接腳圖。

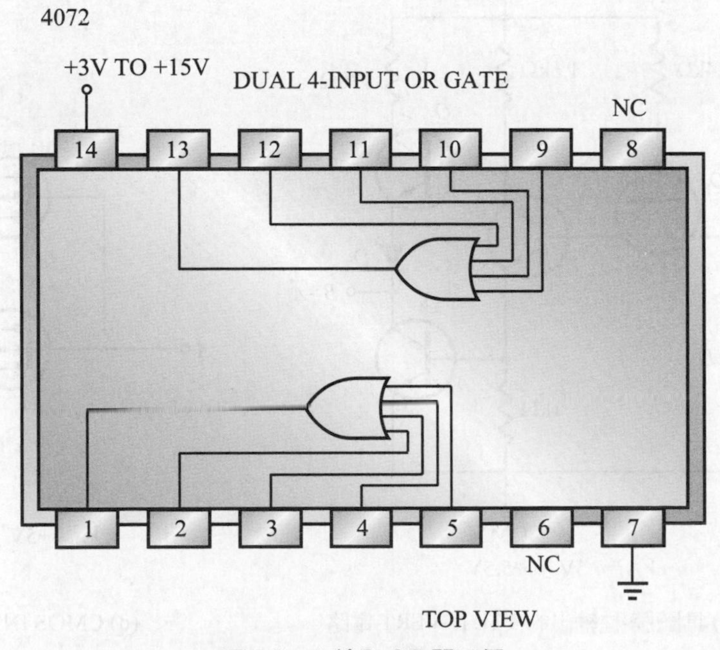

圖 2-9　4-輸入 OR 閘二個

可執行及閘(OR gate)功能的IC元件

TTL IC		CMOS IC	
7432	四個2-輸入OR閘	CD4071	四個2-輸入OR閘
		CD4075	三個3-輸入OR閘
		CD4072	二個4-輸入OR閘

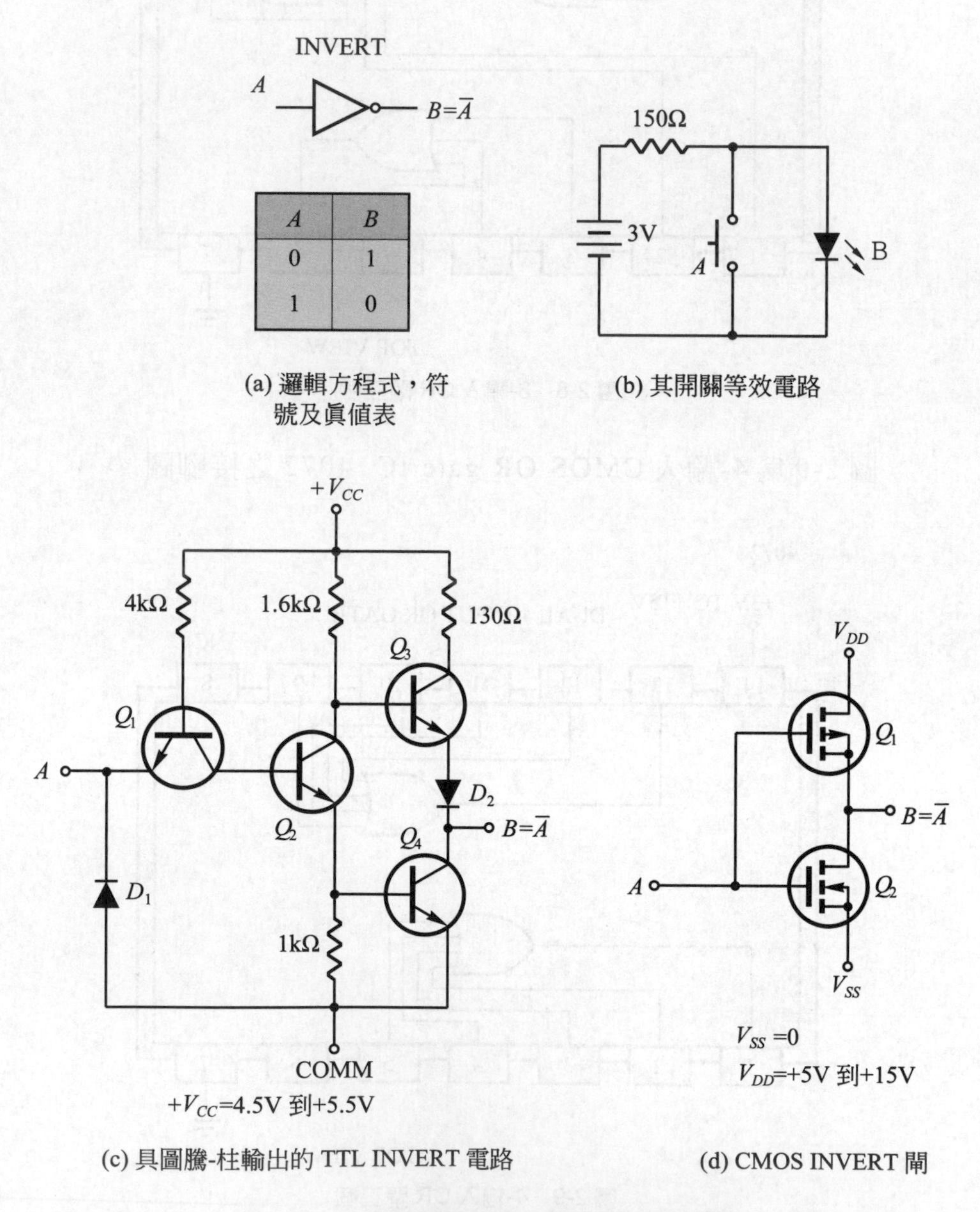

(a) 邏輯方程式，符號及真值表

(b) 其開關等效電路

(c) 具圖騰-柱輸出的 TTL INVERT 電路

(d) CMOS INVERT 閘

圖 2-10 反閘其電路符號、真值表及等效電路

3. 反閘(NOT gate)

只有一個輸入、一個輸出，其電路的設計是：它被設計爲輸出邏輯是輸入邏輯的反相。所以又稱爲反相器(invert)。圖 2-10 爲其電路符號、眞值表及等效電路。

圖 2-11(a)爲TTL NOT gate IC 7404 之接腳圖，圖 2-11(b)爲CMOS NOT gate IC 4069 之接腳圖。

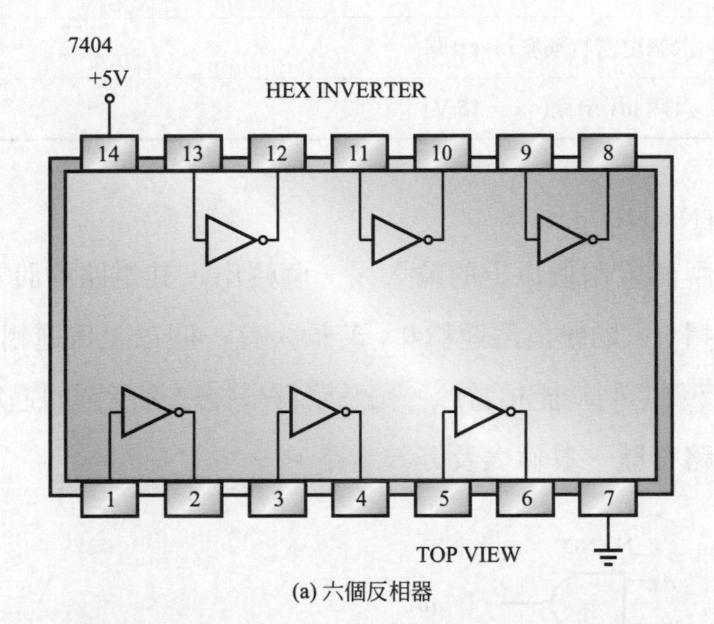

(a) 六個反相器

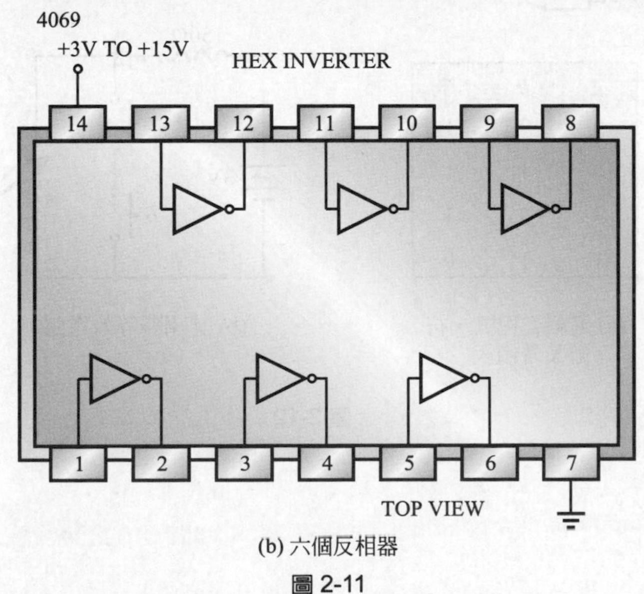

(b) 六個反相器

圖 2-11

可執行及閘(NOT gate)功能的IC元件

TTL IC		CMOS IC	
7404	六個 invert 閘	CD4009	六個 invert 閘
7405	六個 invert 閘(o.c)	CD4049	六個 invert 與 TTL 推動器
7406	六個 invert 閘(o.c，30V)	CD4069	似 4049，低功率，無法推動 TTL
7414	六個史密特觸發invert閘		
7416	六個 invert閘(o.c，15 V)		

4. 反及閘(NAND gate)

有兩個或兩個以上的輸入、一個輸出，其電路的設計是：所有輸入皆爲邏輯 1，則輸出爲邏輯 0；若輸入有一個以上爲邏輯 0，則輸出爲邏輯 1。反及閘的功能相當於一個及閘再串接一個反閘的運算功能。圖 2-12 爲其電路符號、眞值表及等效電路。

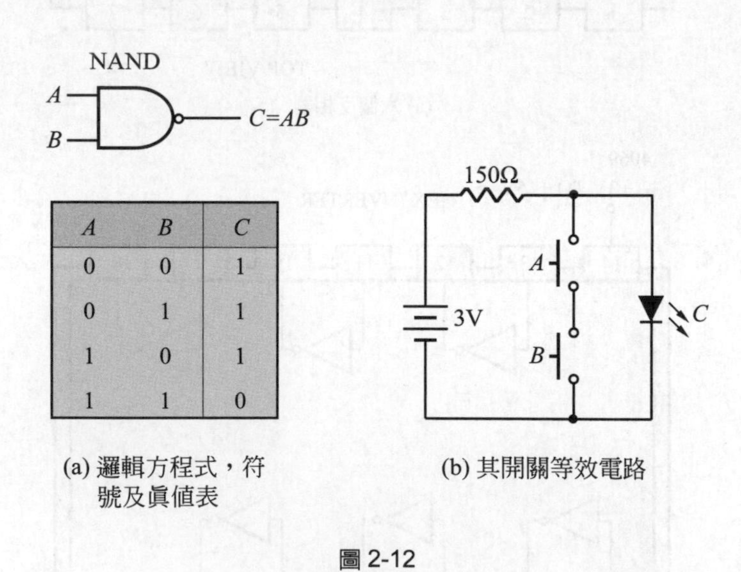

A	B	C
0	0	1
0	1	1
1	0	1
1	1	0

(a) 邏輯方程式，符號及眞值表

(b) 其開關等效電路

圖 2-12

(c) 具圖騰-柱輸出的 TTL NAND 電路

(d) CMOS NAND 閘

圖 2-12 (續)

圖 2-13(a)為 2-輸入 TTL NAND gate IC 7400 之接腳圖，圖 2-13(b)為 2-輸入 CMOS NAND gate IC 4011 之接腳圖。

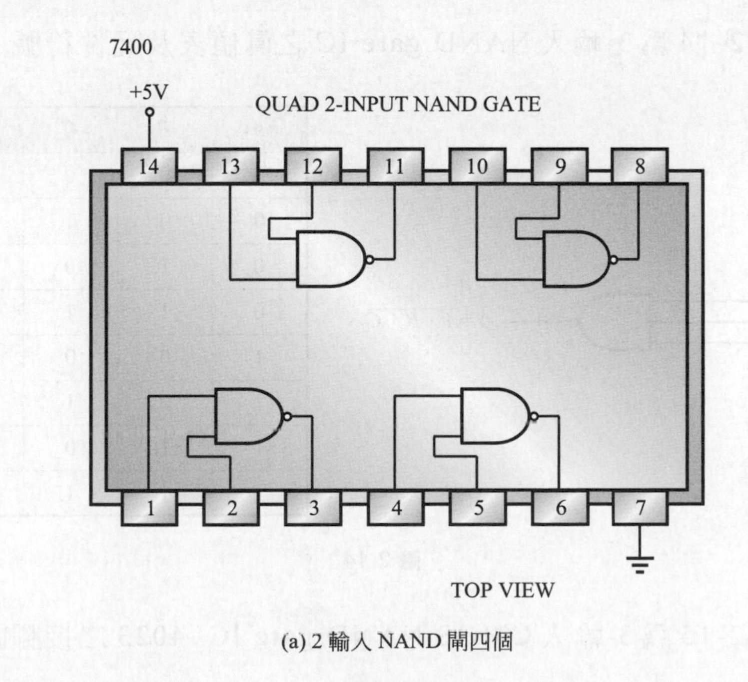

(a) 2 輸入 NAND 閘四個

圖 2-13

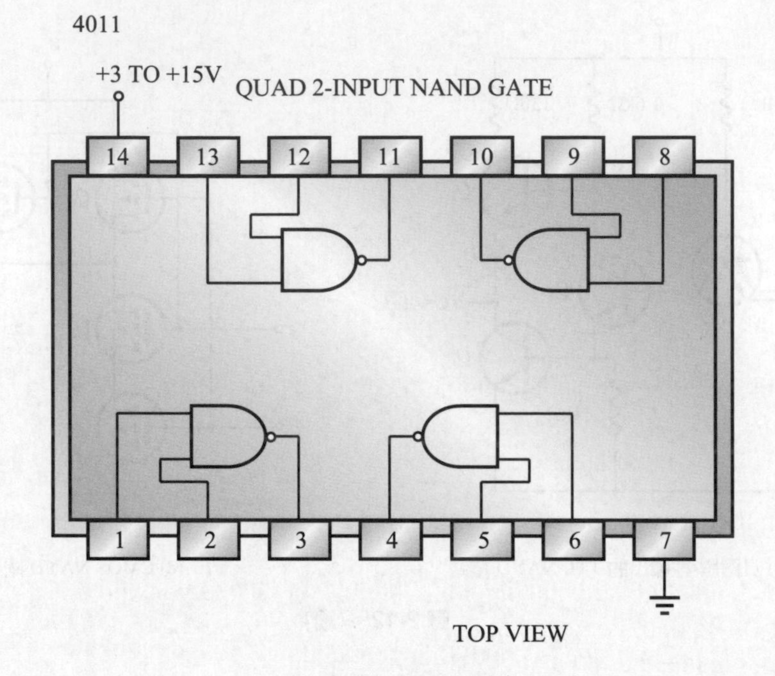

(b) 2-輸入 NAND 閘四個

圖 2-13 (續)

圖 2-14 爲 3-輸入 NAND gate IC 之眞值表及元件符號。

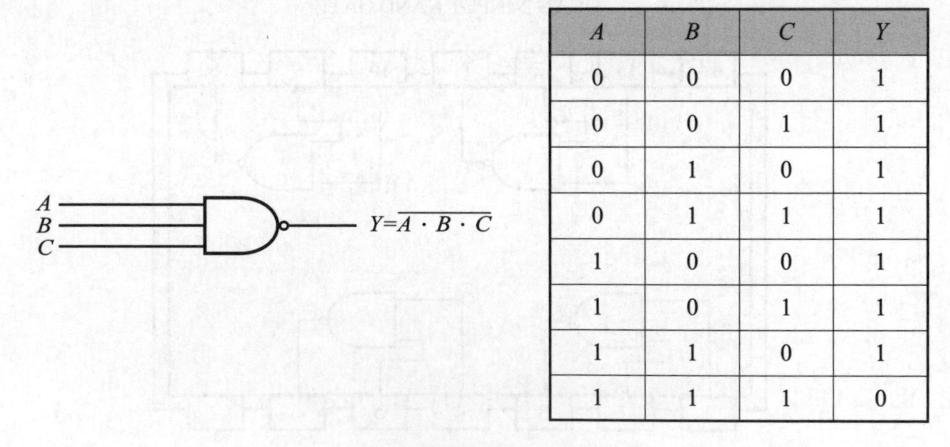

A	*B*	*C*	*Y*
0	0	0	1
0	0	1	1
0	1	0	1
0	1	1	1
1	0	0	1
1	0	1	1
1	1	0	1
1	1	1	0

圖 2-14

圖 2-15 爲 3-輸入 CMOS NAND gate IC 4023 之接腳圖。

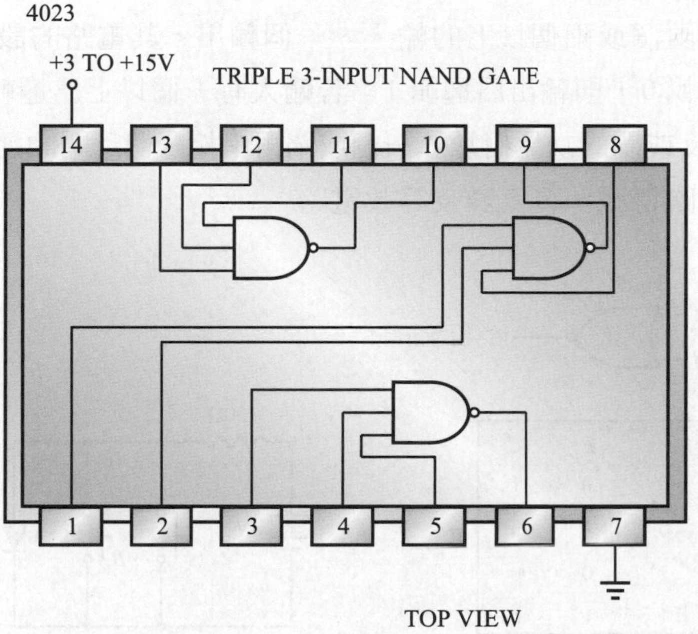

4023
+3 TO +15V
TRIPLE 3-INPUT NAND GATE
14 13 12 11 10 9 8
1 2 3 4 5 6 7
TOP VIEW

圖 2-15　3-輸入 NAND 閘三個

可執行反及閘(NAND gate)功能的 IC 元件

TTL IC		CMOS IC	
7400	四個 2 輸入 NAND 閘	4011	四個2輸入NAND閘
7401	四個 2 輸入 NAND 閘(o.c)	4012	二個4輸入NAND閘
7403	四個 2 輸入NAND閘(o.c)，似 7401。	4023	三個3輸入NAND閘
7412	三個 3 輸入 NAND 閘(o.c)	4068	一個8輸入NAND閘
7413	二個 4 輸入 NAND 閘(史密特)		
7420	二個 4 輸入 NAND 閘		
7422	二個 4 輸入 NAND 閘(o.c)		
7437	四個 2 輸入 NAND 閘(buffers)		
7440	二個 4 輸入 NAND 閘(buffers)		

5. 反或閘(NOR gate)

有兩個或兩個以上的輸入、一個輸出，其電路的設計是：所有輸入皆為邏輯 0，則輸出為邏輯 1；若輸入有一個以上為邏輯 1，則輸出為邏輯 0。反或閘的功能相當於一個或閘再串接一個反閘的運算功能。圖 2-16 為其電路符號、真值表及等效電路。

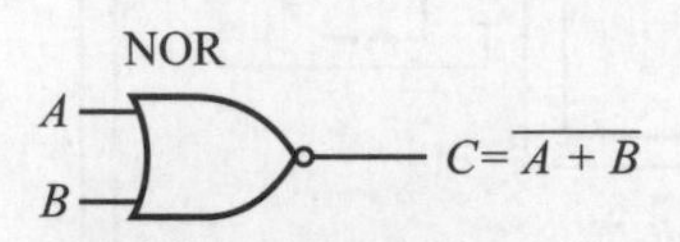

A	*B*	*C*
0	0	1
0	1	0
1	0	0
1	1	0

(a) 邏輯方程式，符號及真值表

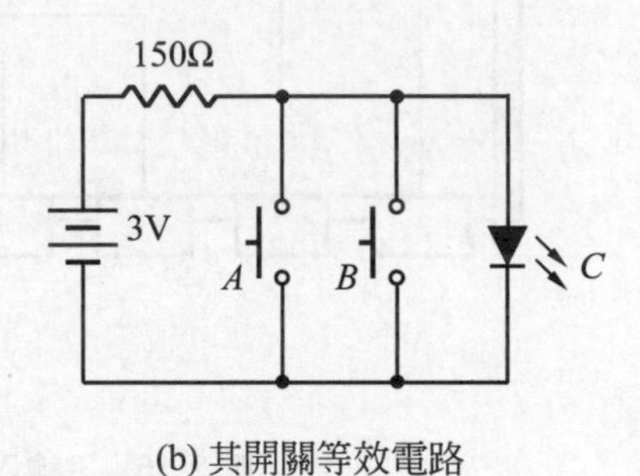

(b) 其開關等效電路

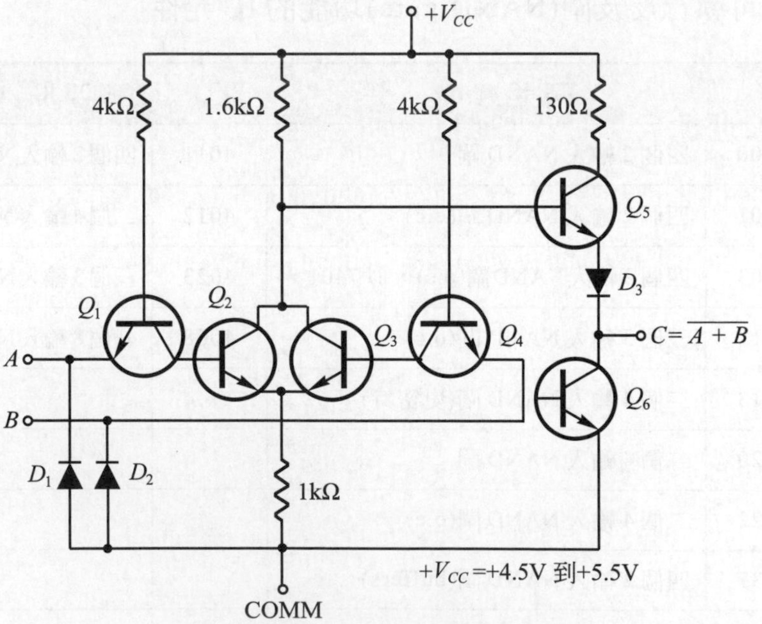

(c) 具圖騰-柱輸出的 TTL NOR 電路

圖 2-16

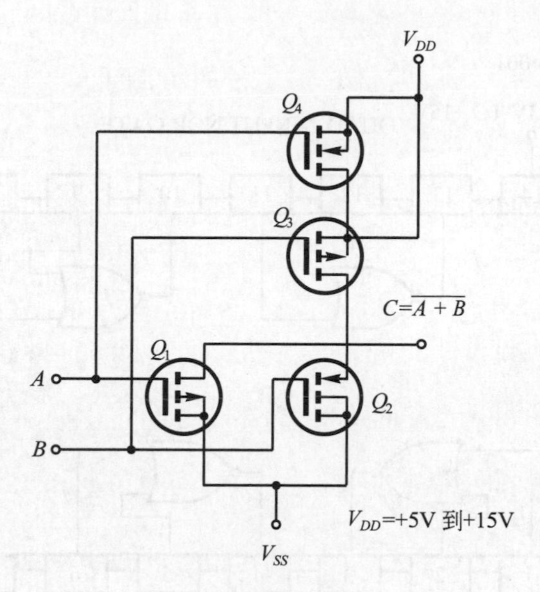

(d) CMOS NOR 閘

圖 2-16 (續)

圖 2-17(a)為 2-輸入 TTL NOR gate IC 7402 之接腳圖，圖 2-17(b) 為 2-輸入 CMOS NOR gate IC 4001 之接腳圖。

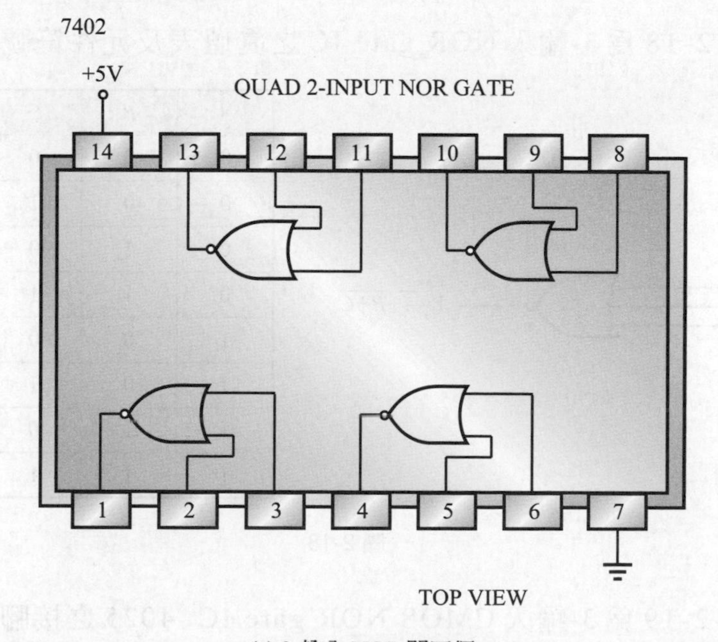

(a) 2-輸入 NOR 閘四個

圖 2-17

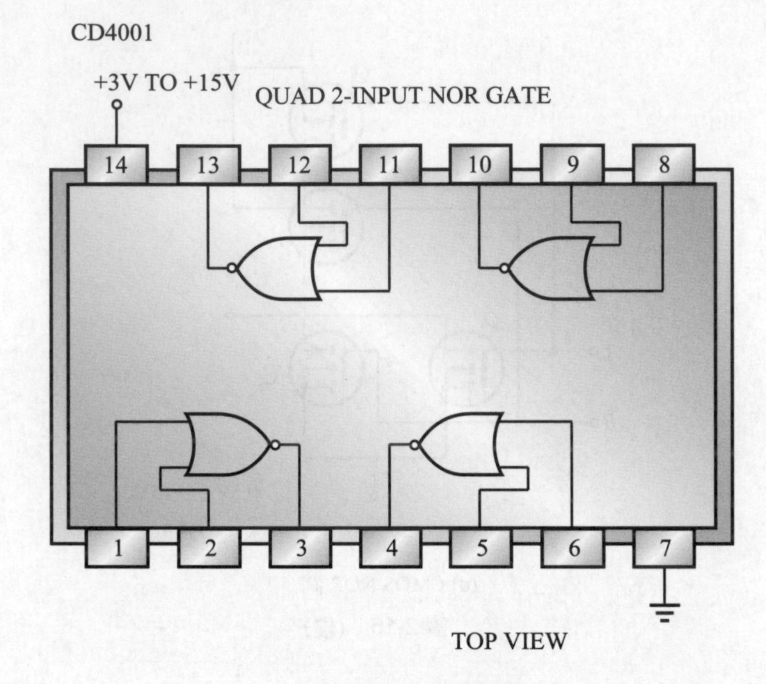

(b) 2-輸入 NOR 閘四個

圖 2-17 (續)

圖 2-18 爲 3-輸入 NOR gate IC 之眞值表及元件符號。

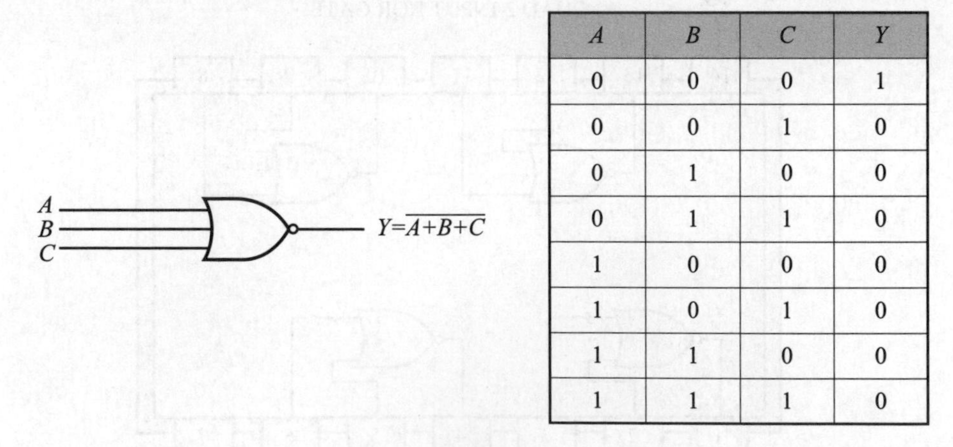

A	B	C	Y
0	0	0	1
0	0	1	0
0	1	0	0
0	1	1	0
1	0	0	0
1	0	1	0
1	1	0	0
1	1	1	0

圖 2-18

圖 2-19 爲 3-輸入 CMOS NOR gate IC 4025 之接腳圖。

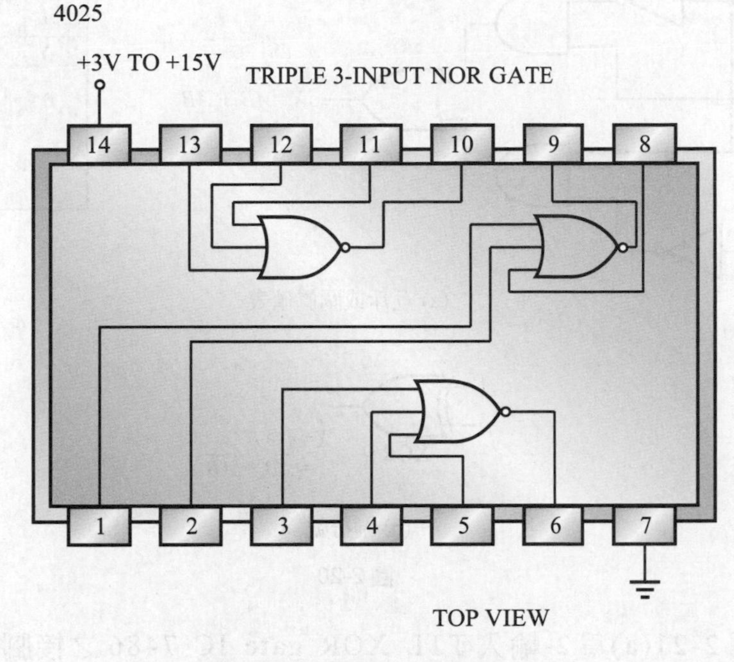

圖 2-19　3-輸入 NOR 閘三個

可執行反或閘(NOR gate)功能的 IC 元件

TTL IC		CMOS IC	
7402	四個 2 輸入 NOR 閘	CD4001	四個 2 輸入 NOR 閘
		CD4025	三個 3 輸入 NOR 閘
		CD4002	二個 4 輸入 NOR 閘
		CD4078	一個 8 輸入 NOR 閘

6. 互斥或閘(Exclusive OR gate，XOR gate)

通常用於數位電路中，判別兩個位元是否相等的比較運算。它有兩個輸入、一個輸出，其電路的設計是：當兩輸入相同時(同爲 0 或 1)，則輸出爲邏輯 0；若輸入不相等時，則輸出爲邏輯 1。它又稱爲半加法器。圖 2-20 爲其電路符號、眞值表。

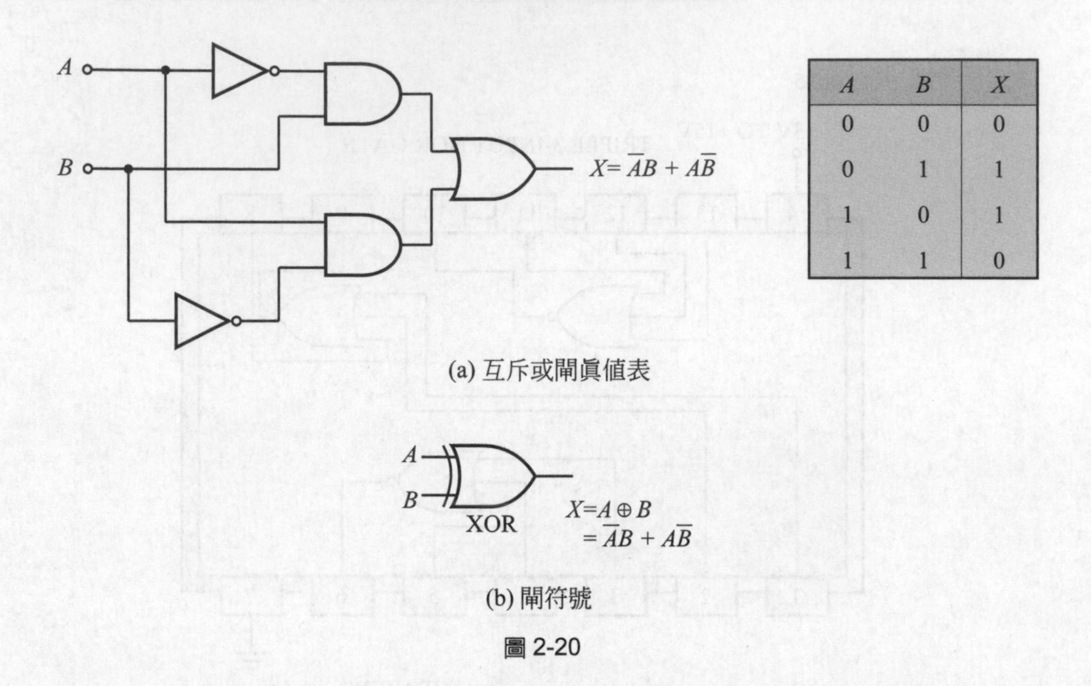

(a) 互斥或閘眞值表

(b) 閘符號

圖 2-20

圖 2-21(a)爲 2-輸入 TTL XOR gate IC 7486 之接腳圖，圖 2-21(b)爲 2-輸入 CMOS XOR gate IC 4070 之接腳圖。

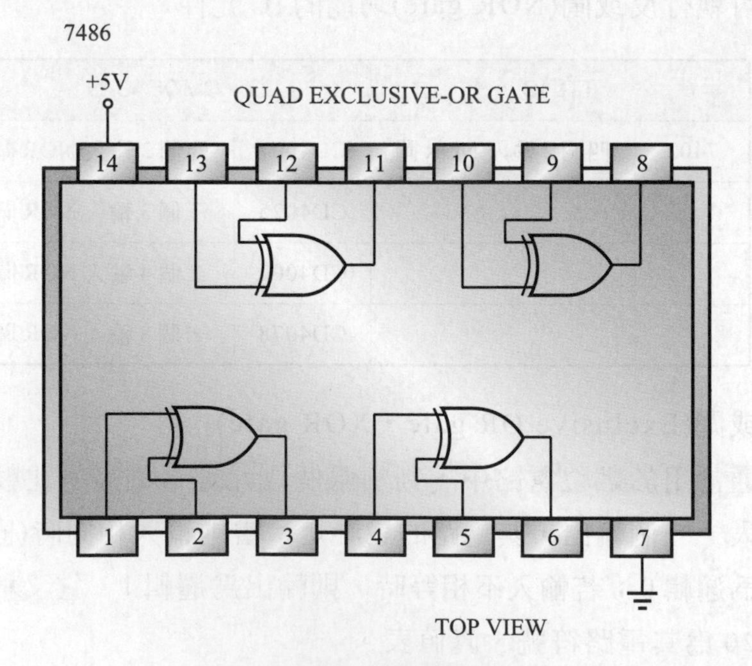

(a) 2-輸入 XOR 閘四個

圖 2-21

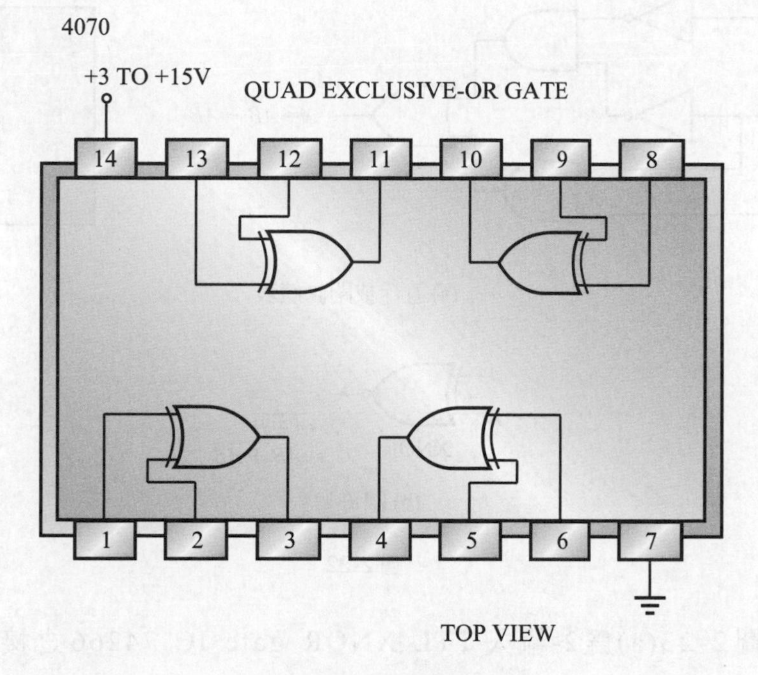

(b) 2-輸入 NOR 閘四個

圖 2-21 (續)

可執行互斥或閘(XOR gate)功能的 IC 元件

TTL IC		CMOS IC	
7486	四個 2 輸入 XOR 閘	4030	四個 2 輸入 XOR 閘
74135	四個 2 輸入 XOR/XNOR 閘	4070	四個 2 輸入 XOR 閘
74136	四個 2 輸入 XOR 閘(o.c)		

7. 互斥反或閘(Exclusive NOR gate，XNOR gate)

通常用於數位電路中，判別兩個位元是否相等的比較運算。它有兩個輸入、一個輸出，其電路的設計是：當兩輸入相同時(同爲 0 或 1)，則輸出爲邏輯 1；若輸入不相等時，則輸出爲邏輯 0。圖 2-22 爲其電路符號、眞值表。

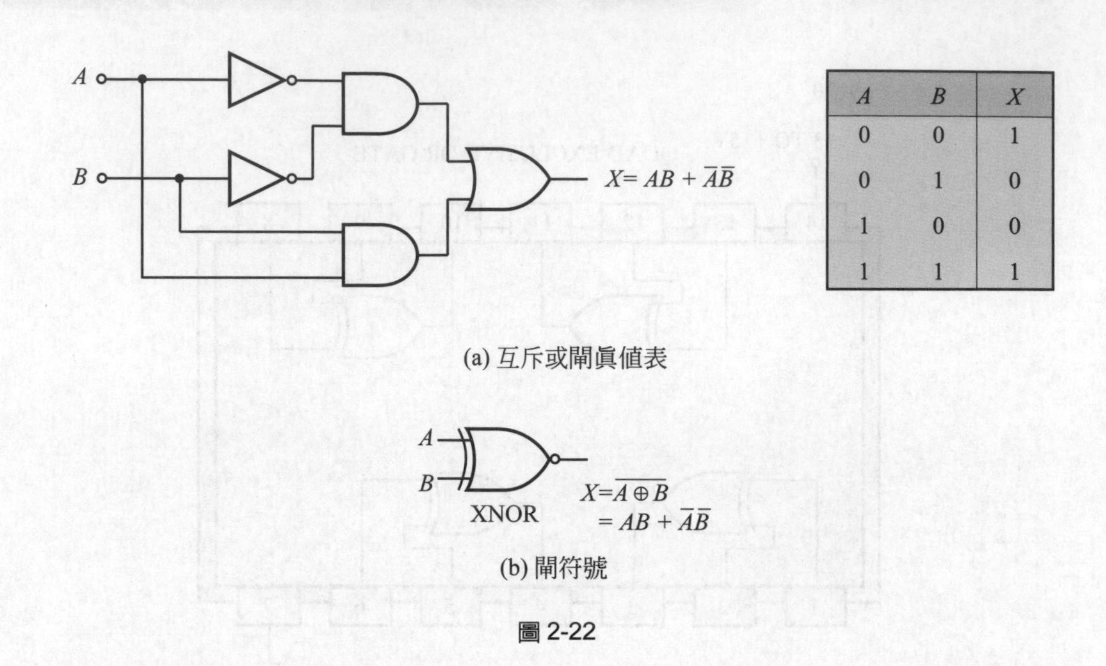

A	B	X
0	0	1
0	1	0
1	0	0
1	1	1

(a) 互斥或閘眞值表

(b) 閘符號

圖 2-22

圖 2-23(a)爲 2-輸入 TTL XNOR gate IC 74266 之接腳圖，圖 2-23 (b)爲 2-輸入 CMOS XNOR gate IC 4077 之接腳圖。

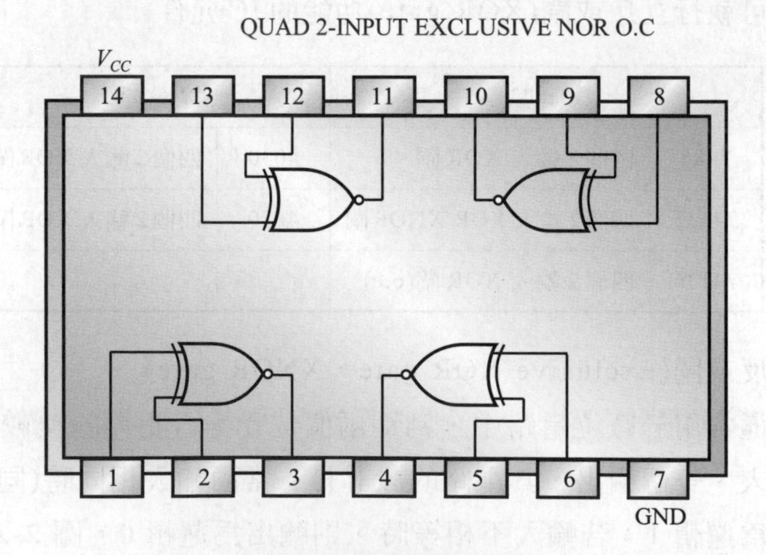

(a) 2-輸入 XNOR 閘(O.C)四個

圖 2-23

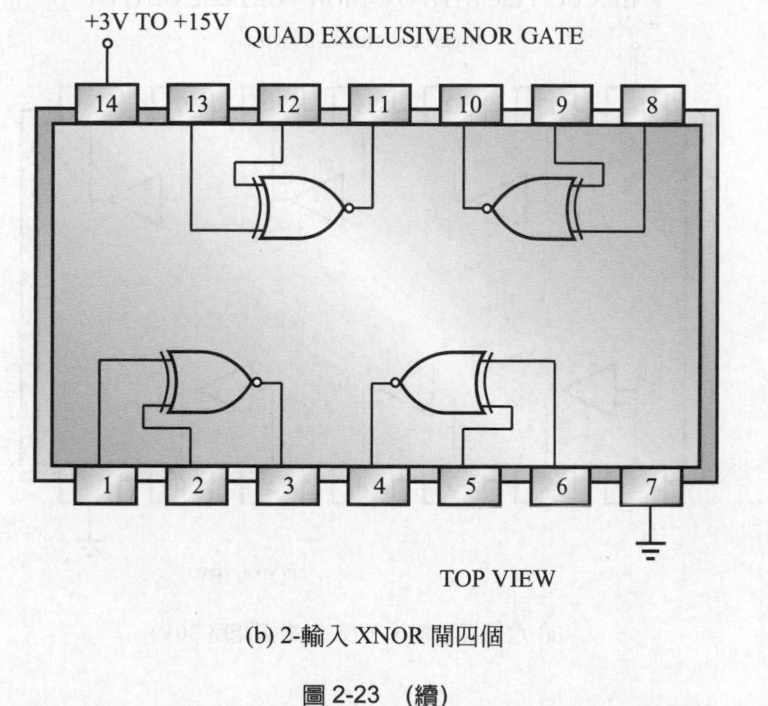

(b) 2-輸入 XNOR 閘四個

圖 2-23 (續)

8. 非反相緩衝器／推動器(noninverting buffer/driver)

只有一個輸入、一個輸出，其電路的設計是：它被設計為輸出邏輯等於輸入邏輯。雖然邏輯狀態沒有改變，但常用來做為信號的緩衝、隔離或是增加線路的推動能力(voltage translator、電流推動)。圖 2-24 為其電路符號、眞值表及等效電路。

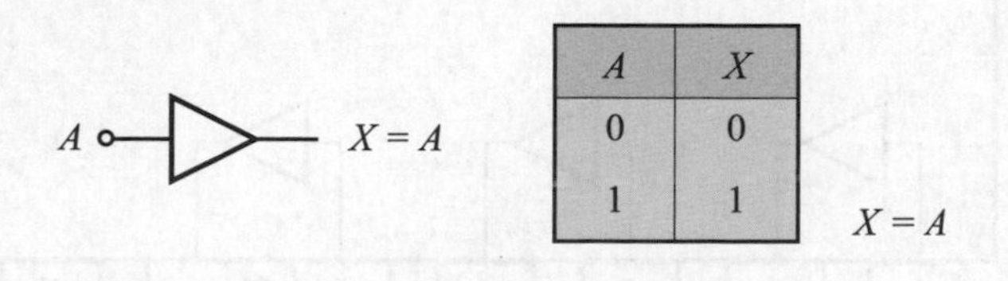

A	X
0	0
1	1

$X = A$

圖 2-24

圖 2-25(a)為TTL noninverting buffer/driver gate IC 7407 之接腳圖，圖 2-25(b)為TTL noninverting buffer/driver gate IC 7417 之接腳圖，2-25(c)為 CMOS noninverting buffer/driver gate IC 4050 之接腳圖。

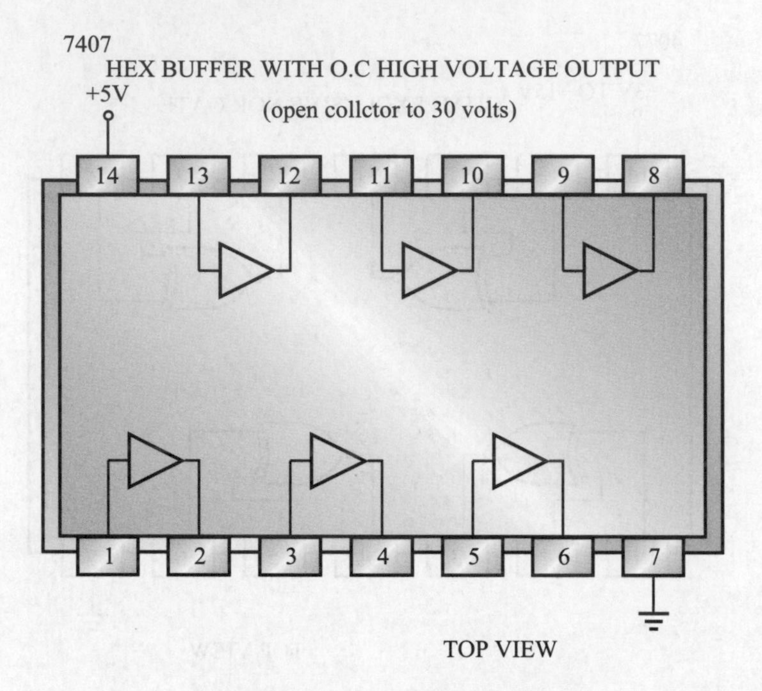

(a) 六個推動器，不反相(集極開路 30V)

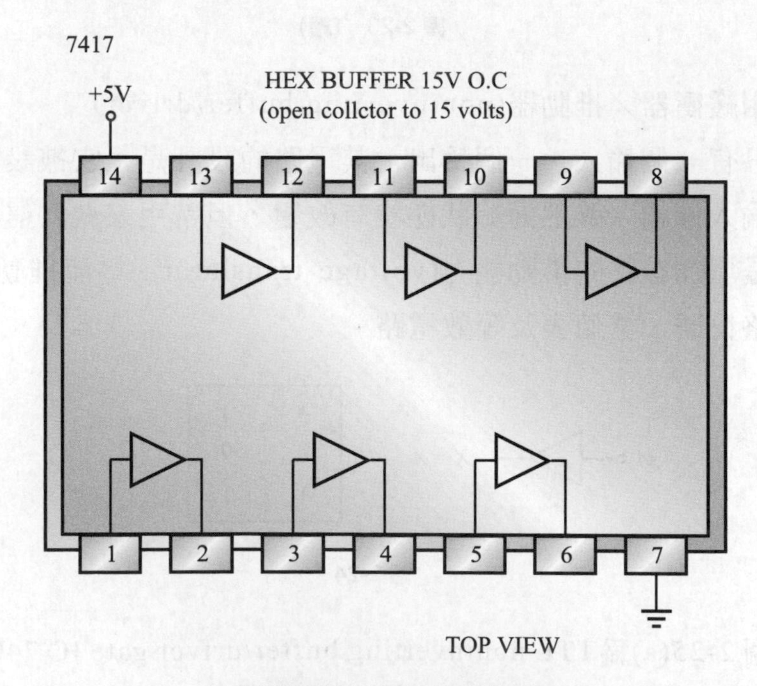

(b) 六個推動器，不反相(集極開路 15V)

圖 2-25

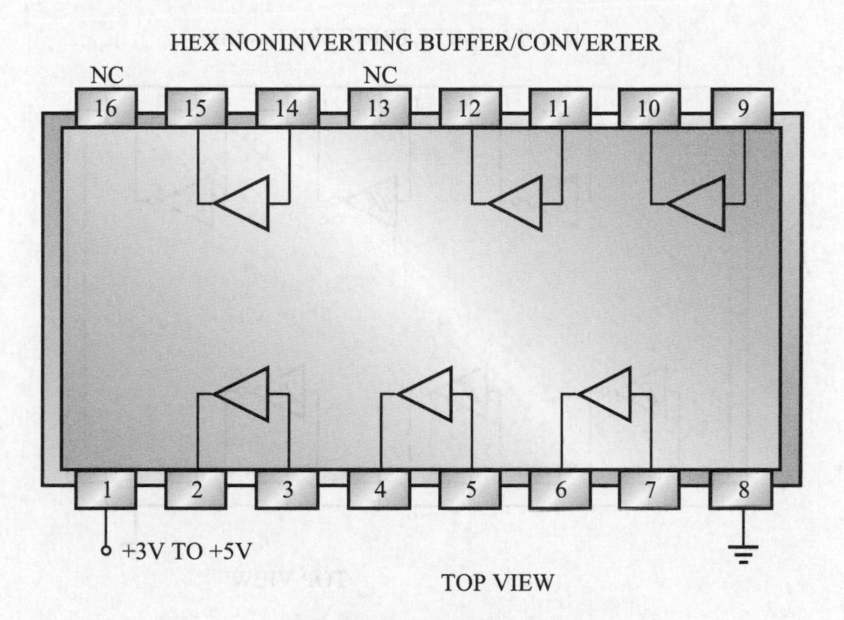

(c) 六個非反相緩衝器與 TTL 推動器

圖 2-25 (續)

9. 史密特觸發邏輯閘(schmitt trigger)

史密特觸發邏輯閘是一特殊的邏輯閘，史密特觸發器的特性是當輸入電壓上升至高於某一正的臨界位準(positive threshold)或下降至某一負的臨界位準(negative threshold)時，才能觸發使得輸出轉態，此兩臨界點電壓的差異即稱爲磁滯現象。此種邏輯因其有較大的磁滯，因此有較能容忍雜訊的干擾。

圖 2-26 即爲一個具有史密特觸發輸入的反相器邏輯閘元件。

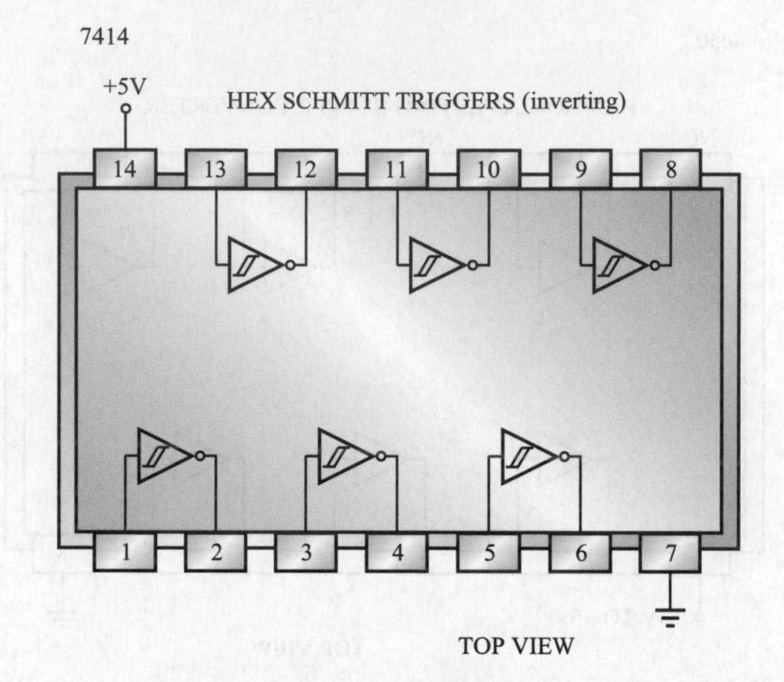

(a) 六個史密特觸發器(反相)

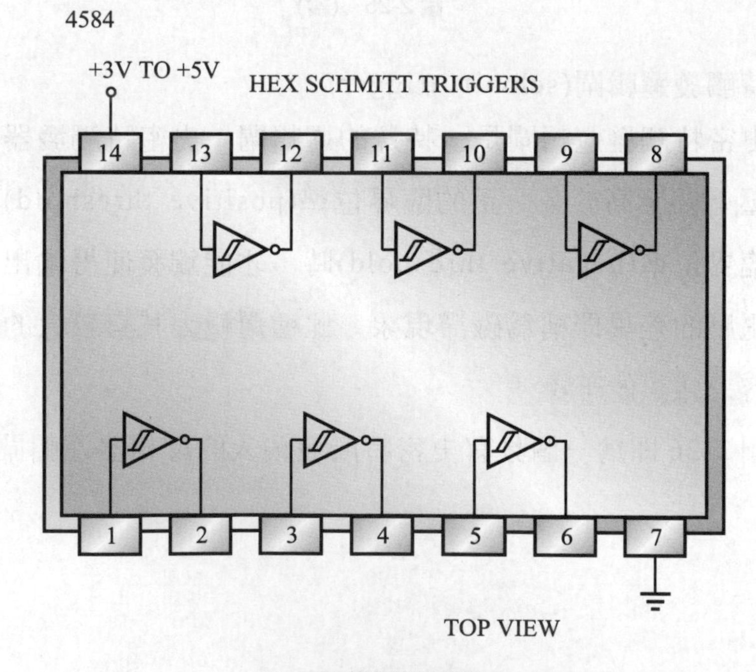

(b) 六個史密特觸發器

圖 2-26

具有史密特觸發輸入的邏輯閘元件

TTL IC		CMOS IC	
7413	二個 4 輸入 NAND 閘	4584	六個反相器
7414	六個反相器		
74132	四個 2 輸入 NAND 閘		

10. 開路集極閘(open-collector gates)與 wire AND gate

圖 2-27 的輸出結果和圖 2-28 得輸出結果是相同的。圖 2-28 的線路即為「wire AND」，但輸出組態若為圖騰式的則不可做為 wire AND，只能用輸出組態為開路集極閘來完成，只要外接一個提昇電阻就可以將所有的輸出連接在一起，如圖 2-29 所示，圖中畫成虛線的 AND 閘，就是代表「wire AND」，而提昇電阻的大小則是根據所推動的負載數目而定，通常為 1kΩ。

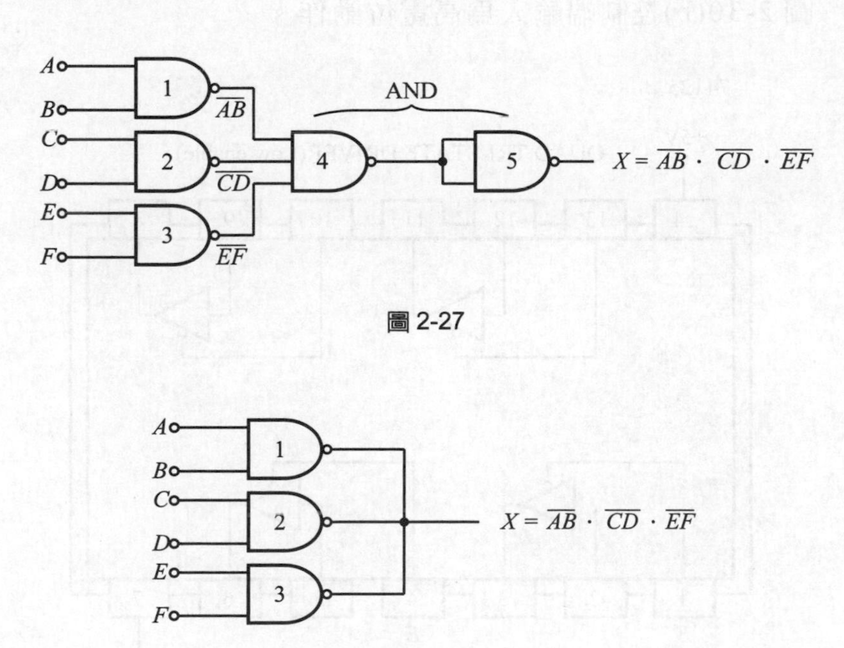

圖 2-27

圖 2-28

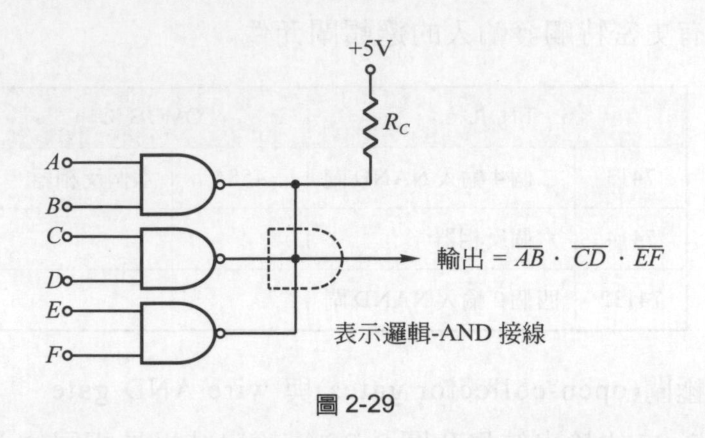

圖 2-29

11. 三態輸出邏輯閘(Tri-state TTL)

圖 2-30(a)為三態緩衝器，當控制端輸入為邏輯 0 時，則相當於一般的 buffer，若控制端輸入為邏輯 1 時，則其輸出可視為浮接(floating)狀態，即輸出端至V_{CC}至地之間存在著高阻抗。此三態邏輯閘通常被使用在記憶體內、移位暫存器、多工器等，主要是為並聯而設計。

圖 2-30(b)控制端輸入為高電位動作。

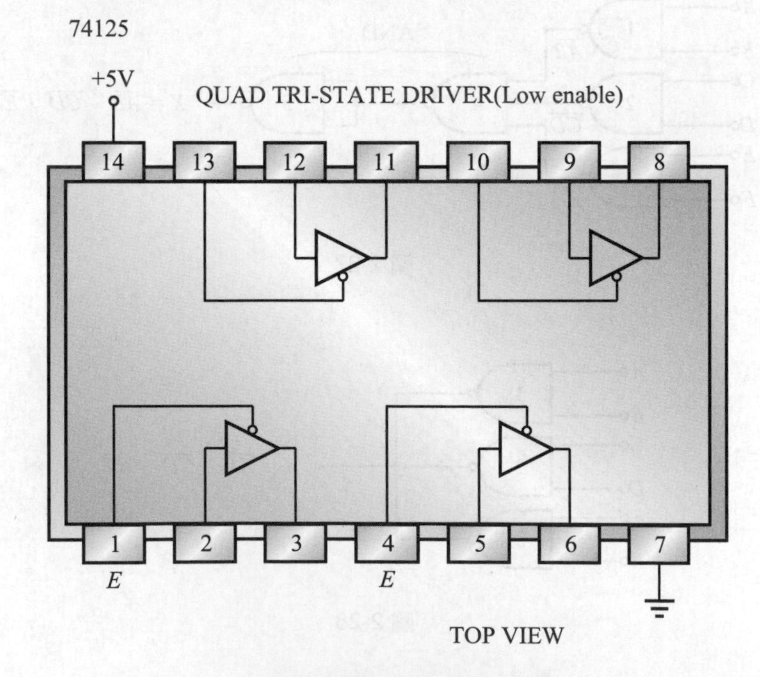

(a) 三態推動器四個(E 低電位啓用)

圖 2-30

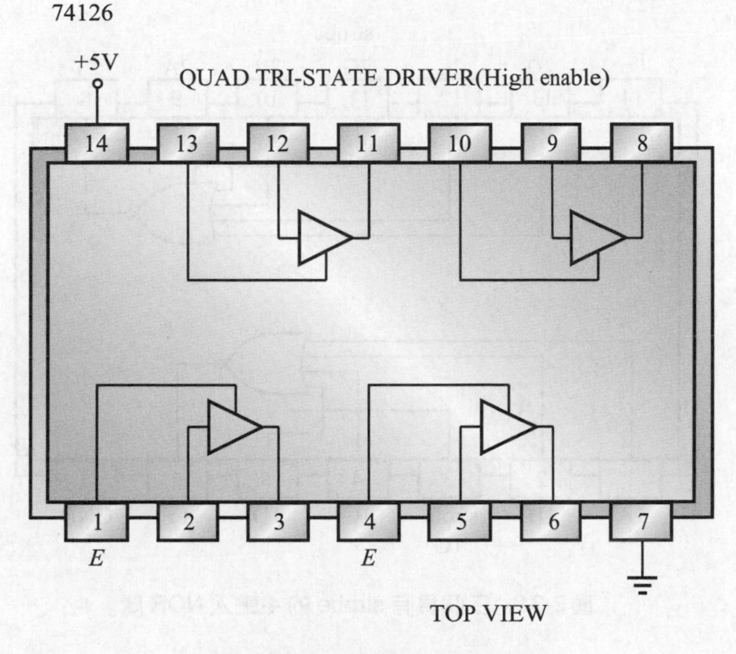

(b) 三態推動器四個(E 高電位啓用)

圖 2-30 (續)

12. 致能閘(strobe)或可擴充閘(expanded)

致能閘它多了一個 strobe 輸入，當 strobe 為邏輯 1 時，該閘和普通的邏輯閘相同，若 strobe 為邏輯 0 時，則該閘輸出為一特定的準位，不管輸入是否改變。圖 2-31 為 7425(兩組 4-輸入 NOR gate)，當 strobe 為邏輯 1 時，它是 NOR gate 功能，若 strobe 為邏輯 0 時，輸出保持在 1 的狀況。

Expandable 可擴充邏輯閘，此類 IC 多了一個額外的輸入端，以便接受額外的輸入資料，它和Expander閘相配合，可產生特殊函數的輸出。

而 Expander 邏輯閘，則多了一個額外的輸出端，此輸出端接到 Expandable 邏輯閘的額外的輸入端，以形成眞正的輸入擴展。

例如：圖 2-32，7423 具有Expandable的 4-輸入NOR gate 在此 NOR gate 上多了一條$\overline{X}$輸入端，圖 2-33，7460 具有 Expander 的 4-輸入 AND gate，在此 AND gate 上多了一條$\overline{X}$輸出端。

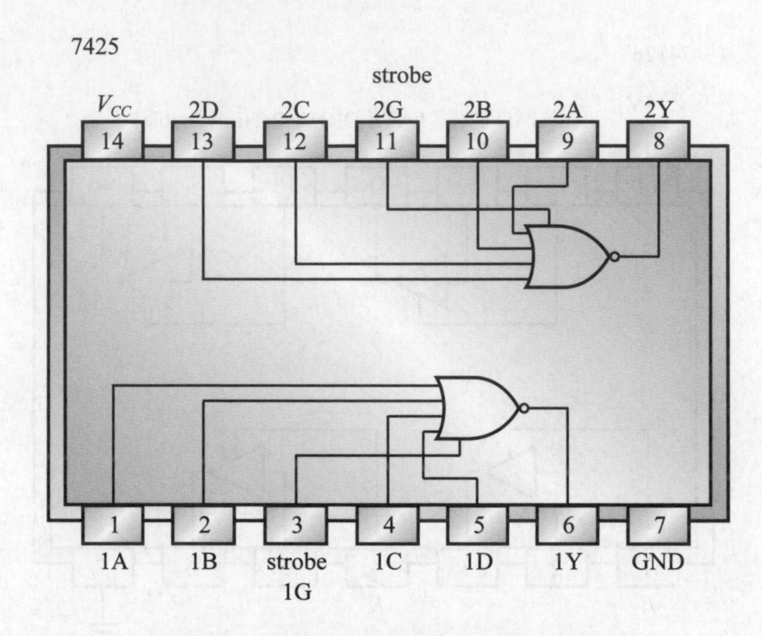

圖 2-31　二個具有 strobe 的 4-輸入 NOR 閘

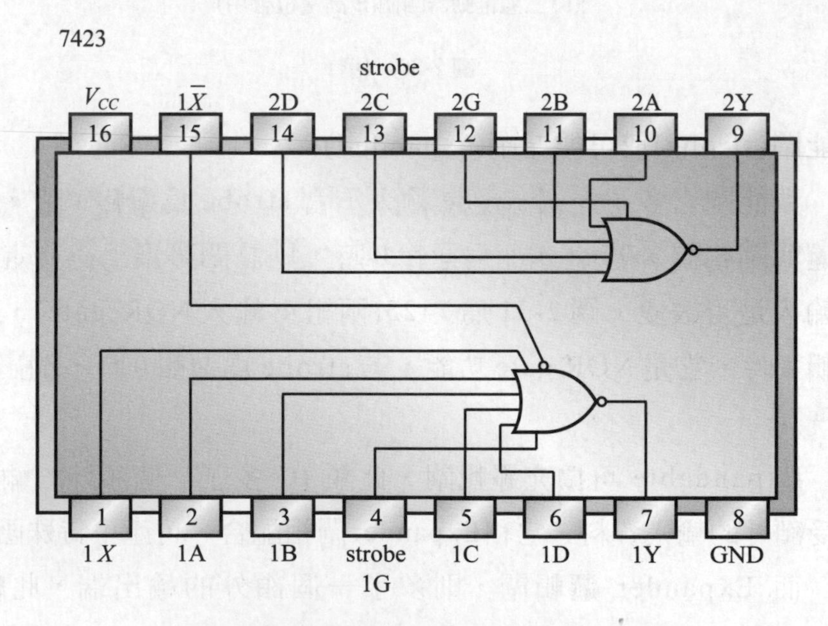

圖 2-32　二個具有 strobe 的 4-輸入可擴充邏輯閘

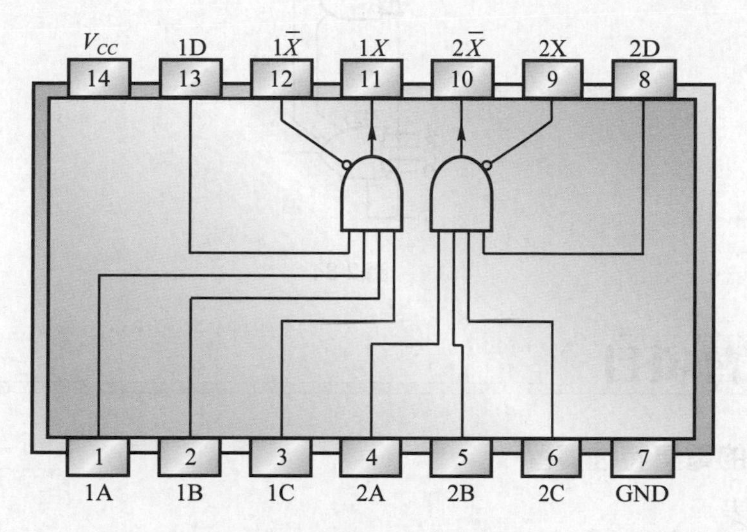

(a) 二個 4-輸入的 Expander

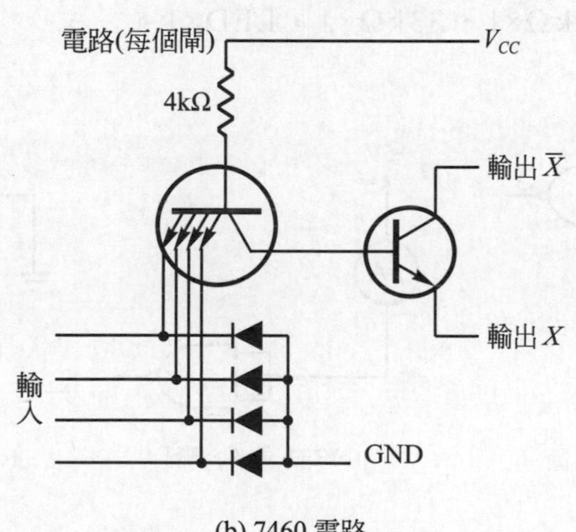

(b) 7460 電路

圖 2-33

7423 的輸出Y為：$Y=\overline{G(A+B+C+D)+\overline{X}}$，若將 7423 與 7460 相連接，則7423的輸出Y為：$Y=\overline{G(A+B+C+D)+EFGH}$，其中$EFGH$為7460的輸入。

圖 2-34 的接法，可得輸出Y為：$Y=\overline{G(A+B+C+D+EF)}$

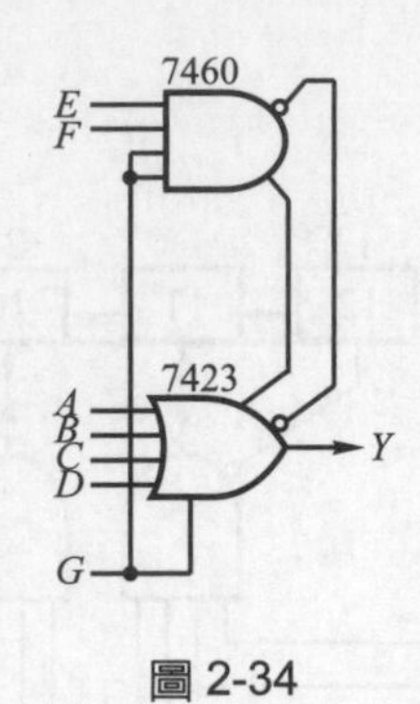

圖 2-34

三 實習項目

(一) TTL IC 的電氣特性實習

1. 材料表

7400×1，74LS00×1，7404×1，V_R 10kΩ×1，100Ω×1，510Ω×1，4.7kΩ×1，10kΩ×1，33kΩ×1，LED×1。

2. 電路圖

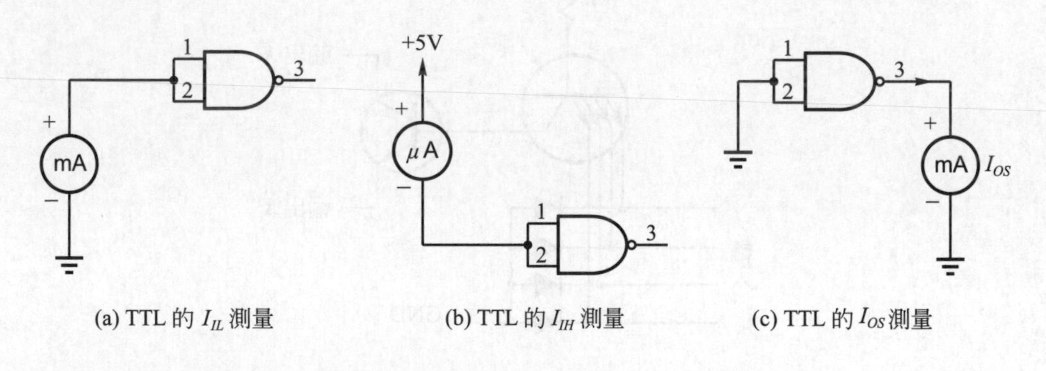

(a) TTL 的 I_{IL} 測量 (b) TTL 的 I_{IH} 測量 (c) TTL 的 I_{OS} 測量

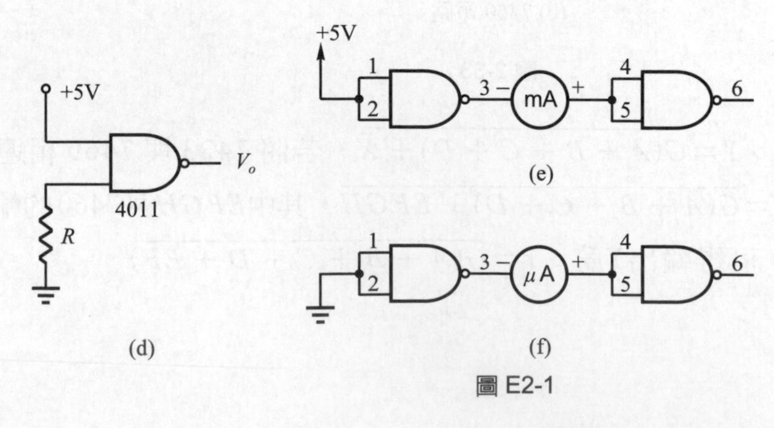

(d) (e) (f)

圖 E2-1

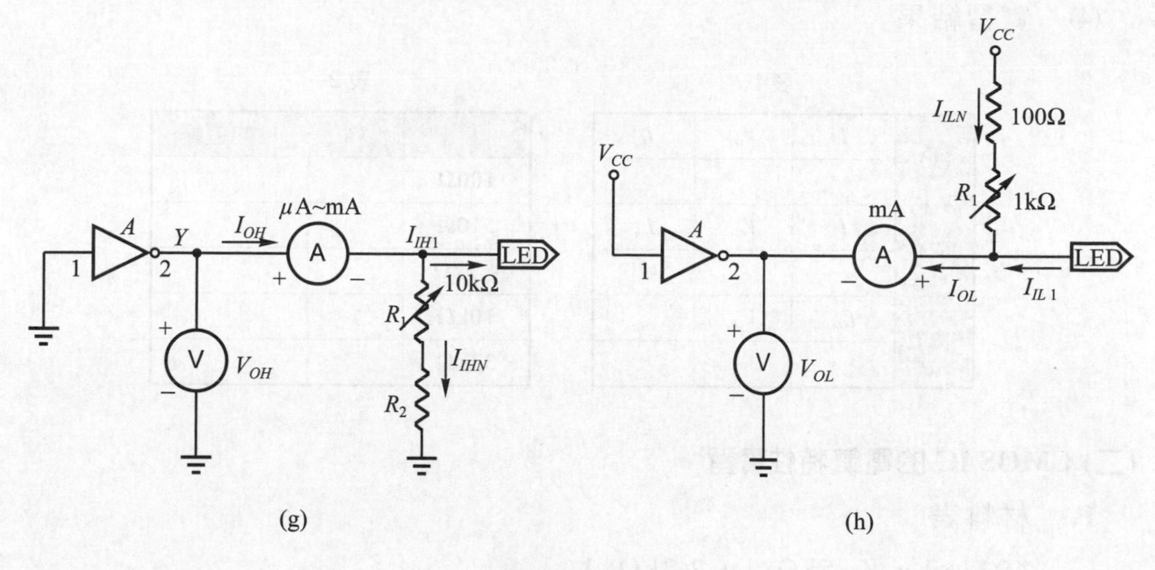

圖 E2-1 (續)

3. 實習步驟

⑴ 依圖 E2-1(a)接好電路，並將 IC 接上電源，使用數位電表測量電流I，同時測量輸出電壓，計算 7400 的I_{IL}，紀錄於表 1 中。(I_{IL} = I/2)

⑵ 依圖 E2-1(b)接好電路，並將 IC 接上電源，使用數位電表測量電流I，同時測量輸出電壓，計算 7400 的I_{IH}，紀錄於表 1 中。(I_{IH} = I/2)

⑶ 依圖E2-1(c)接好電路，並將IC接上電源，使用數位電表測量輸出電流I_{SO}，紀錄於表 1 中。

⑷ 依圖 E2-1(d)接好電路，並將 IC 接上電源，改變電阻值，使用數位電表測量輸出電壓，並紀錄於表 2 中。

⑸ 依圖 E2-1(e)接好電路，並將 IC 接上電源，使用數位電表測量電流I，若I_{OL}以 16mA 計，此電路的扇出為多少？

⑹ 依圖 E2-1(f)接好電路，並將 IC 接上電源，使用數位電表測量電流I，若I_{OH}以 − 400μA 計，此電路的扇出為多少？

⑺ 依圖E2-1(g)接好電路，調整R_1，並記錄I_{OH}及V_{OH}，看它們之間的變化情形。

⑻ 依圖 E2-1(h)接好電路，調整R_1，並記錄I_{OL}及V_{OL}，看它們之間的變化情形。

(4) 實習結果

表 1

(1)	I	V_O	I_{IL}
(2)	I	V_O	I_{IH}
(3)	I_{OS}	V_O	

表 2

	V_O	V_O的邏輯
100Ω		
510Ω		
4.7kΩ		
10kΩ		
33kΩ		

(二) CMOS IC 的電氣特性實習

1. 材料表

4011×1，V_R 5kΩ×1，2.2kΩ×1

2. 電路圖

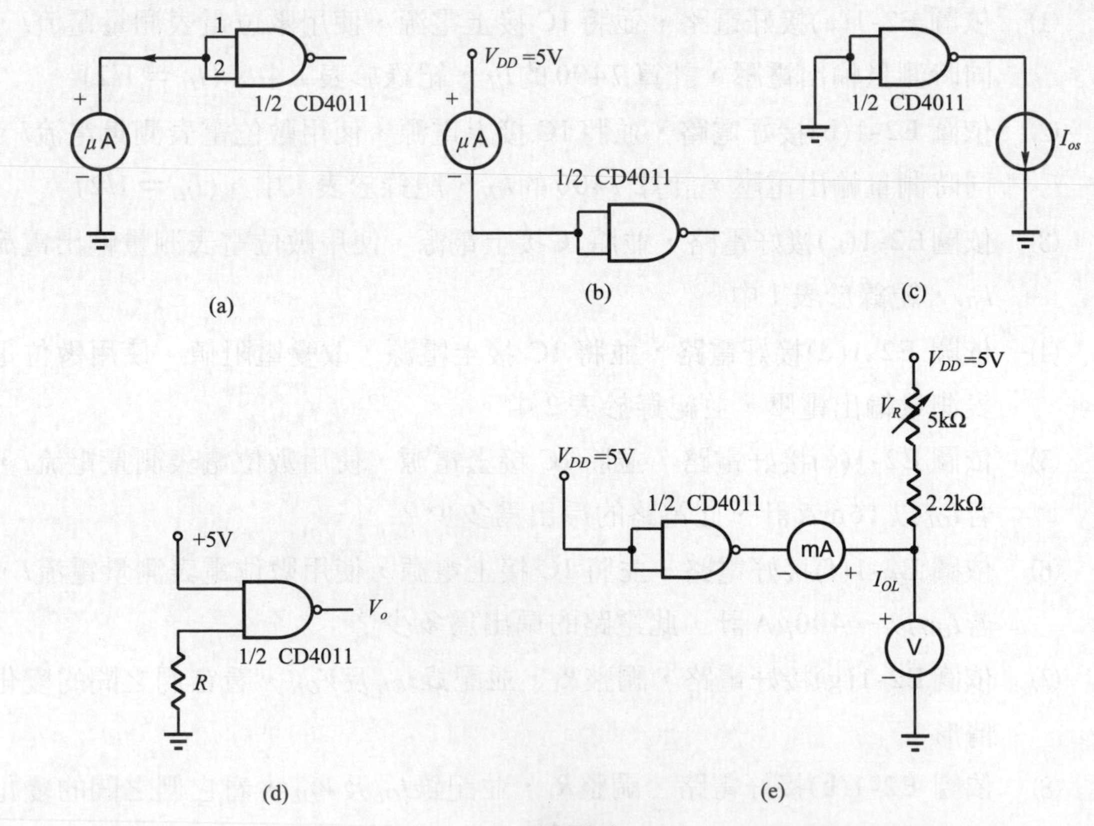

圖 E2-2

3. 實習步驟

⑴ 依圖 E2-2(a)接好電路，並將 IC 接上電源，使用數位電表測量電流I，同時測量輸出電壓，計算 4011 的I_{IL}，紀錄於表 1 中。(I_{IL} = I/2)

⑵ 依圖 E2-2(b)接好電路，並將 IC 接上電源，使用數位電表測量電流I，同時測量輸出電壓，計算 4011 的I_{IH}，紀錄於表 1 中。(I_{IH} = I/2)

⑶ 依圖E2-2(c)接好電路，並將IC接上電源，使用數位電表測量輸出電流I_{OS}，紀錄於表 1 中。

⑷ 依圖 E2-2(d)接好電路，並將 IC 接上電源，改變電阻值，使用數位電表測量輸出電壓，並紀錄於表 2 中。

⑸ 依圖 E2-2(e)接好電路，調整 VR，使輸出電壓為 0.8V，用數位電表測量電流I_{OL}，並記錄I_{OL}及V_{OL}，看它們之間的變化情形。

4. 實習結果

表 1

(1)	I	V_o	I_{IL}
(2)	I	V_o	I_{IH}
(3)	I_{OS}	V_o	

表 2

	V_o	V_o的邏輯
100Ω		
510Ω		
4.7kΩ		
10kΩ		
33kΩ		

(三) TTL 轉移曲線

1. 材料表

74LS00×1，V_R 5kΩ×1

2. 電路圖

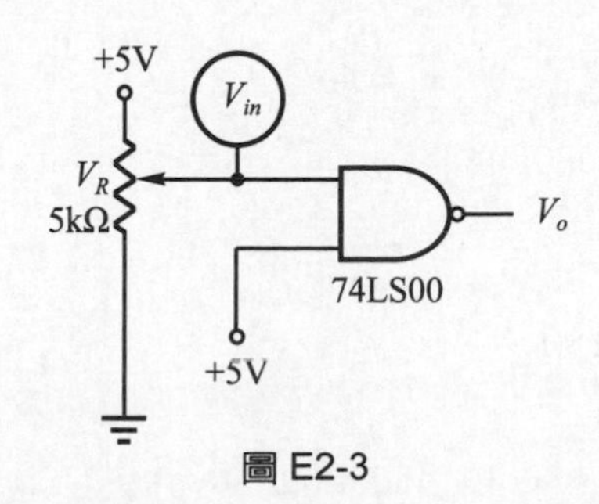

圖 E2-3

3. 實習步驟

(1) 依圖E2-3接好電路，並將IC接上電源，調整V_R，使V_{in}變化如表所示，並將輸出電壓填入表中。

(2) 將表中之結果繪製TTL轉移曲線。

4. 實習結果

V_{in}由小變大	V_{in}	0	0.5	1	1.5	2	2.5	3	3.5	4	4.5	5
	V_o											
V_{in}由大變小	V_{in}	5	4.5	4	3.5	3	2.5	2	1.5	1	0.5	0
	V_o											

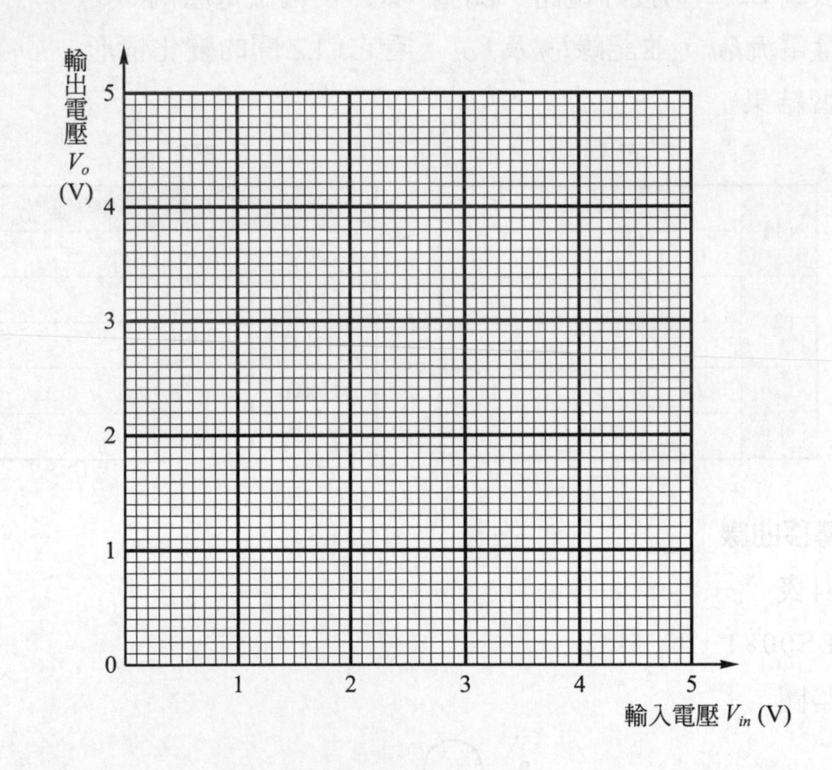

(四) CMOS轉移曲線

1. 材料表

4011×1，V_R 10kΩ×1

2. 電路圖

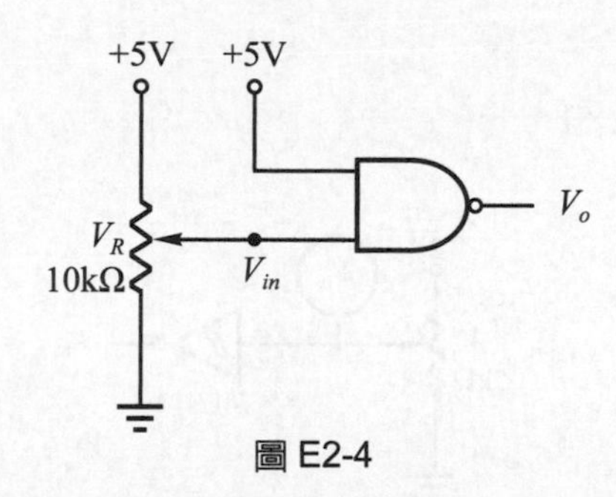

圖 E2-4

3. 實習步驟

(1) 依圖E2-4接好電路，並將IC接上電源，調整V_R，使V_{in}變化如表所示，並將輸出電壓填入表中。

(2) 將表中之結果繪製CMOS轉移曲線。

4. 實習結果

V_{in}由小變大	V_{in}	0	0.5	1	1.5	2	2.5	3	3.5	4	4.5	5
	V_o											
V_{in}由大變小	V_{in}	5	4.5	4	3.5	3	2.5	2	1.5	1	0.5	0
	V_o											

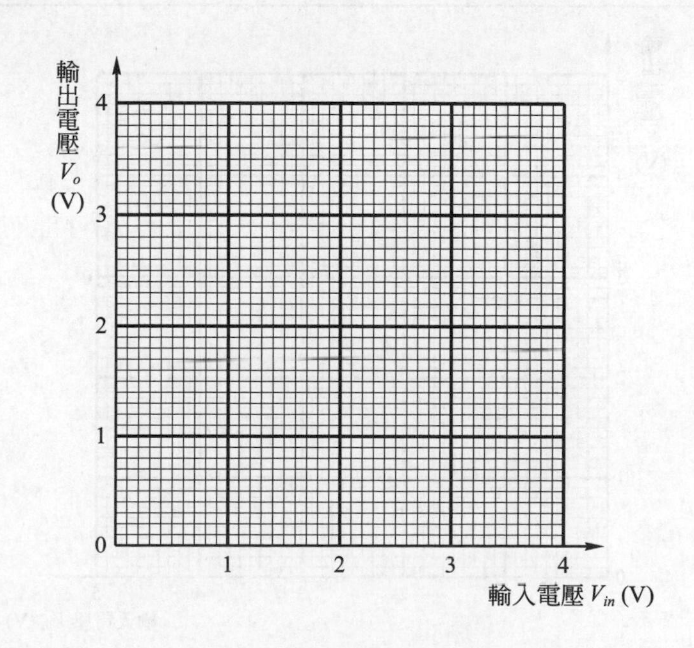

(五) 史密特觸發器轉移曲線

1. 材料表

7414×1，V_R 5kΩ×1

2. 電路圖

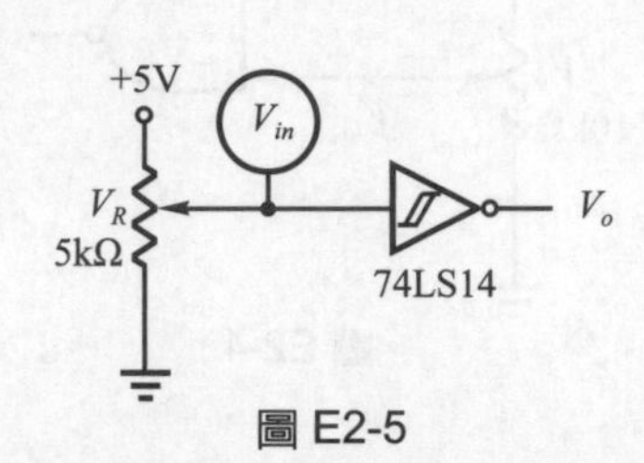

圖 E2-5

3. 實習步驟

(1) 依圖E2-5接好電路，並將IC接上電源，調整V_R，使V_{in}變化如表所示，並將輸出電壓填入表中。

(2) 將表中之結果繪製TTL轉移曲線。

4. 實習結果

V_{in}由小變大	V_{in}	0	1	1.5	1.8	2.0	2.2	2.4	2.6	2.8	3.0	3.2	3.4	3.6	3.8	4.0	4.5	4.8	5
	V_o																		
V_{in}由大變小	V_{in}	5	4.8	4.5	4	3.8	3.6	3.4	3.2	3.0	2.8	2.6	2.4	2.2	2.0	1.8	1.5	1	0
	V_o																		

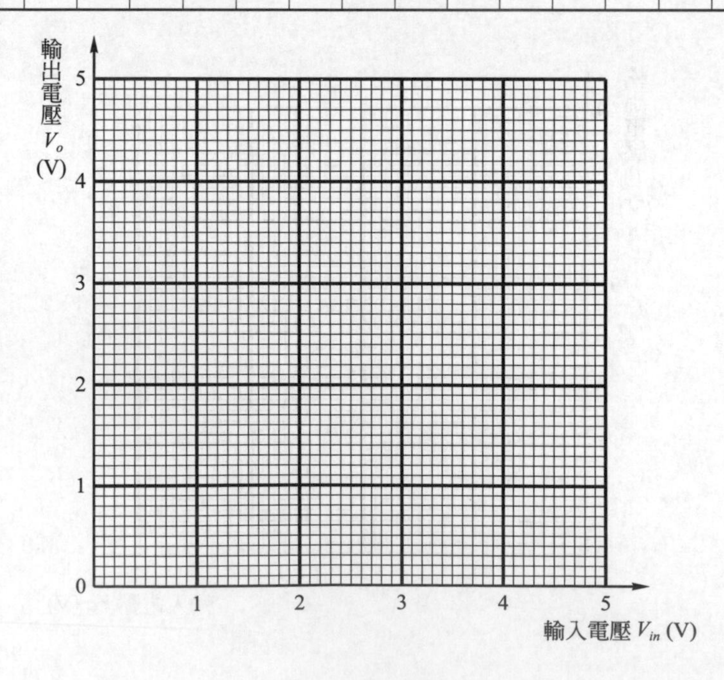

(六) 不同輸出型態的使用

1. 材料表

7402×1，7404×1，7405×1，7408×1，7425×1，V_R 5kΩ×1

2. 電路圖

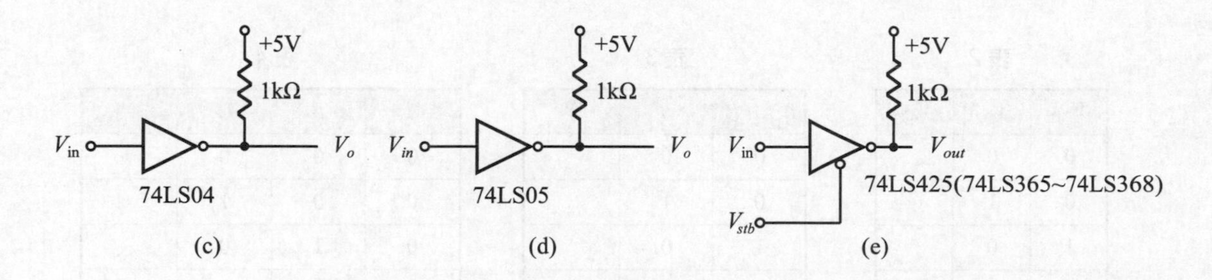

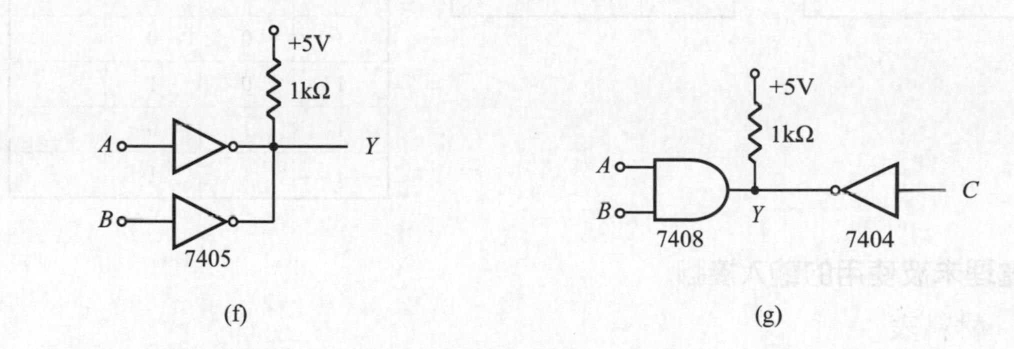

圖 E2-6

3. 實習步驟

⑴ 依圖E2-6(a)(b)(c)(d)接好電路，並將IC接上電源，依表1分別給予輸入，並將各圖的輸出電壓填入表1中。

⑵ 依圖E2-6(e)接好電路，並將IC接上電源，依表2給予輸入，並測量輸出電壓填入表2中。

(3) 依圖E2-6(f)接好電路，並將IC接上電源，表3給予輸入，並測量輸出電壓填入表3中。並寫出Y的布林函數。

(4) 依圖E2-6(g)接好電路，並將IC接上電源，表4給予輸入，並測量輸出電壓填入表4中。並寫出Y的布林函數。

4. 實習結果

表1

	7404 (a)		7405 (b)		7404 (c)		7405 (d)	
V_{in}	0	1	0	1	0	1	0	1
V_o								

表2

V_{stb}	V_{in}	V_{out}
0	0	
0	1	
1	0	
1	1	

表3

A	B	Y
0	0	
0	1	
1	0	
1	1	

表4

A	B	C	Y
0	0	0	
0	0	1	
0	1	0	
0	1	1	
1	0	0	
1	0	1	
1	1	0	
1	1	1	

(七) 處理未被使用的輸入接腳

1. 材料表

IC：7410×1，7411×1，7427×1，4075×1

2. 電路圖

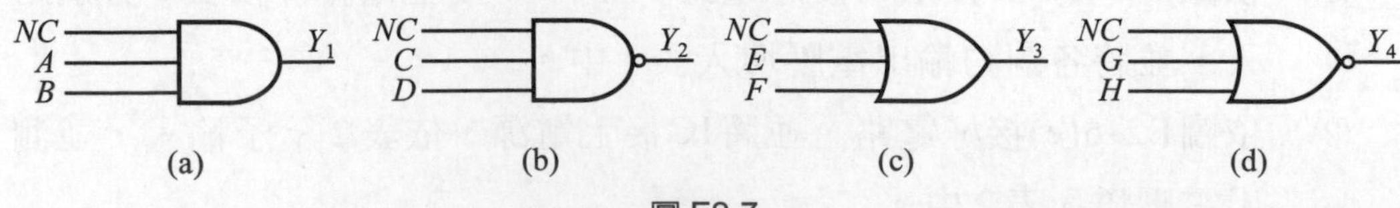

圖 E2-7

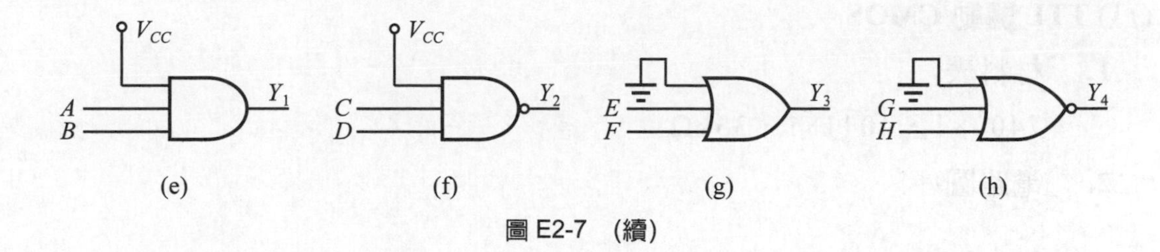

圖 E2-7 (續)

3. 實習步驟

⑴ 依圖E2-7(a)(b)(c)(d)接好電路，並將IC接上電源，依表1分別給予輸入，並將各圖的輸出電壓填入表1中。

⑵ 依圖E2-7(e)(f)(g)(h)接好電路，並將IC接上電源，依表2給予輸入，並測量輸出電壓填入表2中。

⑷ 實習結果

表 1

圖 a			圖 b			圖 c			圖 d		
A	B	Y_1	C	D	Y_2	E	F	Y_3	G	H	Y_4
0	0		0	0		0	0		0	0	
0	1		0	1		0	1		0	1	
1	0		1	0		1	0		1	0	
1	1		1	1		1	1		1	1	

表 2

圖 e			圖 f			圖 g			圖 h		
A	B	Y_1	C	D	Y_2	E	F	Y_3	G	H	Y_4
0	0		0	0		0	0		0	0	
0	1		0	1		0	1		0	1	
1	0		1	0		1	0		1	0	
1	1		1	1		1	1		1	1	

(八) TTL 驅動 CMOS

1. 材料表

7400×1，4011×1，33kΩ

2. 電路圖

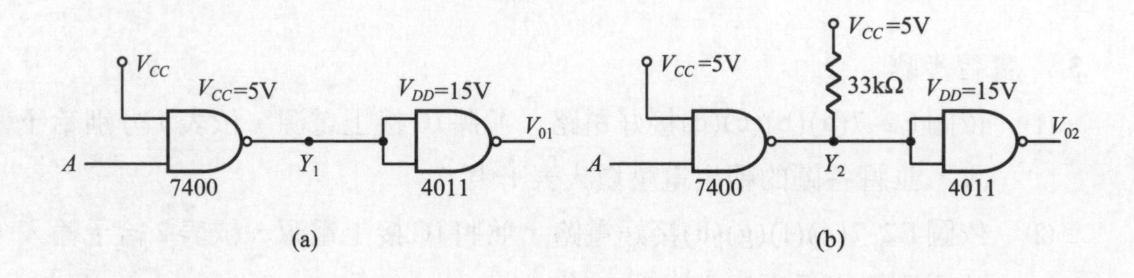

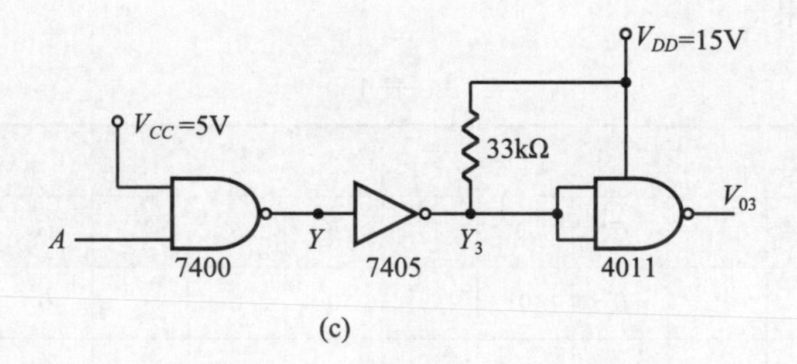

圖 E2-8

3. 實習步驟

⑴ 依圖E2-8(a)(b)(c)接好電路，並將IC接上電源，依表1分別給予輸入，並將各圖的輸出電壓填入表1中。

4. 實習結果

表 1

圖 a			圖 b			圖 c			
A	Y_1	V_{O1}	A	Y_2	V_{O2}	A	Y	Y_3	V_{O3}
0			0			0			
1			1			1			

(九) CMOS 驅動 TTL

⑴ 材料表

7432×1，4081×1，1kΩ×1，zener(10V)×1，diode×1

2. 電路圖

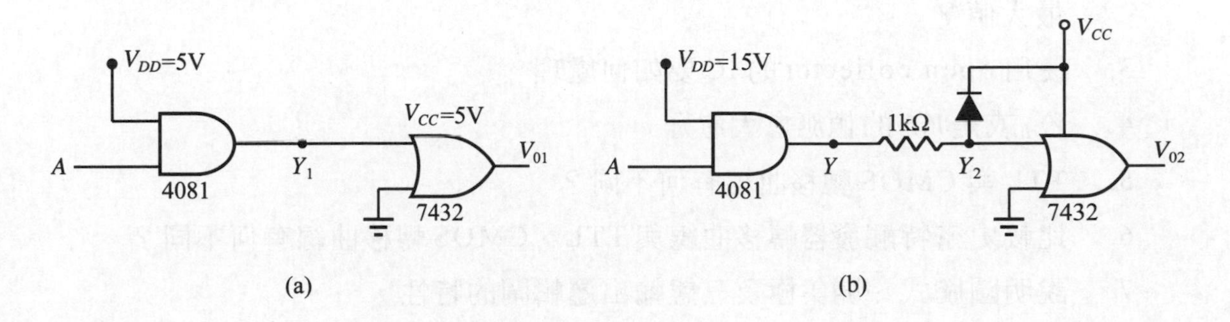

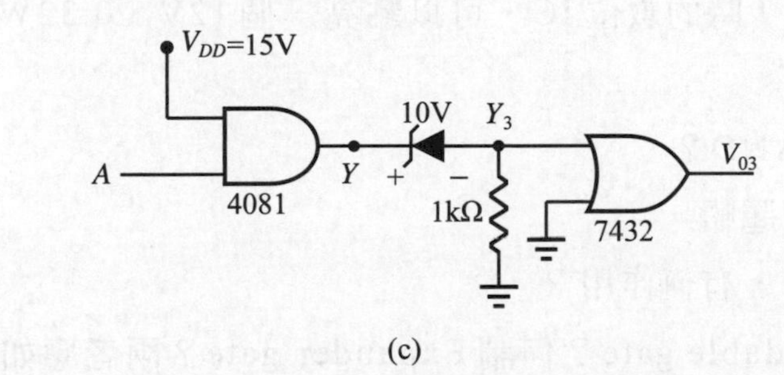

圖 E2-9

3. 實習步驟

⑴ 依圖E2-9(a)(b)(c)接好電路，並將IC接上電源，依表1分別給予輸入，並將各圖的輸出電壓填入表1中。

4. 實習結果

表 1

圖 a			圖 b				圖 c			
A	Y_1	V_{O1}	A	Y	Y_2	V_{O2}	A	Y	Y_3	V_{O3}
0			0				0			
1			1				1			

四 問題與討論

1. 設計一個3位元比較器，當兩數相等時輸出爲1。
2. V_{IH}和V_{IL}的值是否可以任意更改？又爲什麼V_{IH}只標示最小值而V_{OL}則標示最大值？
3. 使用 open collector 的 IC 要如何處理。
4. V_{OL}或是V_{OH}的值應愈大愈好。
5. TTL 與 CMOS 轉移曲線有何不同？
6. 比較史密特觸發器轉移曲線與 TTL、CMOS 轉移曲線有何不同？
7. 說明圖騰式、開集極及三態輸出邏輯閘的特性。
8. 如果輸入爲1時的數位 IC，可以點亮一個 12V，0.32W 的燈泡，它應該是哪一種？
9. 何謂 wire-AND？
10. 何謂正、負邏輯。
11. 何謂反相器，有何作用？
12. 何謂 Expandable gate？何謂 Expander gate？兩者應如何使用？

CHAPTER 3

組合邏輯設計及應用

一 實習目的

1、瞭解布林代數的特質

2、邏輯閘的轉換

3、卡諾圖之應用

4、組合邏輯設計及電路之完成

5、SSI 元件之應用

二 相關知識

於數位系統中之邏輯電路依運作的方式不同可區分為：組合邏輯(combinational logic)及序向邏輯(sequential logic)兩部分。組合邏輯通常都是由一些基本邏輯閘(AND、OR、NOT……)所組成的，它的輸出是由當時的輸入組合所決定的，與過去的輸入狀況無關。亦即任何輸出僅為輸入的布林函數。而序向邏輯電路除了基本邏輯之外，通常還包括一些記憶元件(如正反器)；因此，它的輸出除了與當時的輸入組合有關之外，同時也與先前電路之狀況有關。組合邏輯電路的方塊圖如圖 3-1 所示，它是由三部份所組成：輸入變數、邏輯電路、輸出變數。若有n個輸入變數，輸入端就有2^n個組合，而每一種輸入組合都會有一個相對應的輸出結果。而輸出函數則是以n個輸入變數所構成的布林函數。然而輸出函數也可以用補數形式來表示，只要在輸出端加上反相器即可。至於邏輯電路通常是接受輸入信號並且產生所需要的輸出信號。

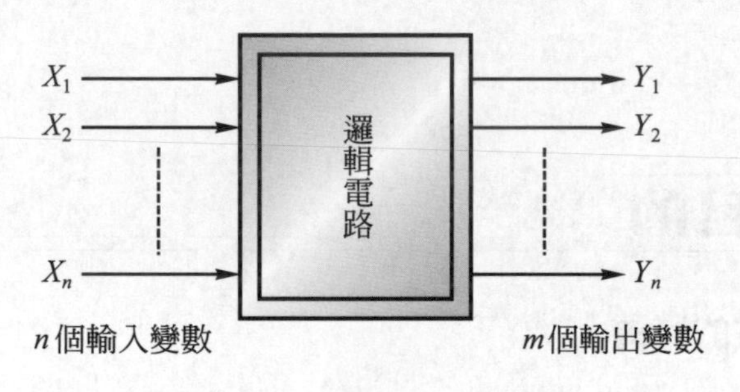

圖 3-1

組合邏輯電路之設計，通常由問題的描述開始，而最後繪出完整的邏輯電路或列出一完整的布林函數。其設計步驟依序為：

(1) 依題意決定所需的輸入及輸出變數個數。

(2) 依題意列出輸入及輸出變數之關係，決定其真值表。

(3) 將真值表中每一個輸出利用卡諾圖化簡，列出其布林函數式。

(4) 將化簡後的布林函數式以基本邏輯閘繪出其電路。

(5) 檢查電路之輸出是否與題意相符合。

其中布林函數之化簡，可有數種方法來完成。如布林代數運算化簡法、卡諾圖(k-map)化簡法及列表法。

(一) 布林代數(Boolean Algebra)

布林代數的運算值與其他數學的運算值不同，因為它只有 0 與 1 兩個值而已，所以應用於交換電路中，也稱為交換代數(Switch Algebra)，因此布林代數也就成為交換理論(Switch theory)及邏輯設計(logic design)的數學基礎。布林代數如同一般的數學一樣，可用一組元素、運算符號、定理與假設來定義。

1. 元素的集合

布林代數的元素集合僅有兩個，即「0」與「1」，若該集合以符號 A 表示，則 $A=\{0，1\}$。

2. 基本邏輯運算

⑴ AND，以符號「・」表示，為兩個以上元素間的運算。

⑵ OR，以符號「＋」表示，為兩個以上元素間的運算。

⑶ NOT，以符號「－」表示，為單一元素的運算。

就數位電路而言，上述的各種基本邏輯運算可分別對應邏輯閘元件來加以完成，如圖 3-2 所示。

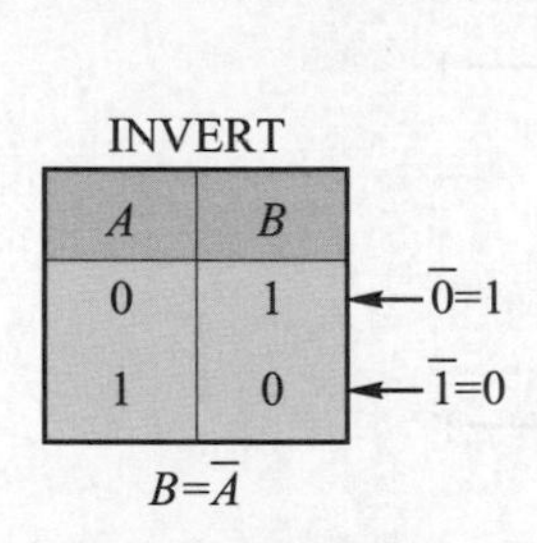

INVERT

A	B	
0	1	← $\overline{0}=1$
1	0	← $\overline{1}=0$

$B=\overline{A}$

(a) INVERT 原則

AND

A	B	C	
0	0	0	← $0\cdot 0=0$
0	1	0	← $0\cdot 1=0$
1	0	0	← $1\cdot 0=0$
1	1	1	← $1\cdot 1=1$

$C=A\cdot B$

(b) AND 原則

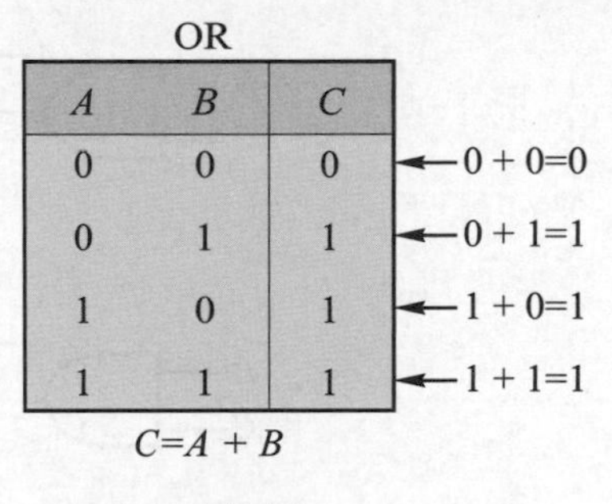

OR

A	B	C	
0	0	0	← $0+0=0$
0	1	1	← $0+1=1$
1	0	1	← $1+0=1$
1	1	1	← $1+1=1$

$C=A+B$

(c) OR 原則

圖 3-2

3. 基本原理

⑴ $\overline{1}=0$　　⑵ $\overline{0}=1$

⑶ $0+0=0$　　⑷ $0+1=1$

⑸ $1+0=1$　　⑹ $1+1=1$

⑺ $0 \cdot 0 = 0$　　⑻ $0 \cdot 1 = 0$

⑼ $1 \cdot 0 = 0$　　⑽ $1 \cdot 1 = 1$

以上原理反應了基本 AND、OR、NOT 運算的本質。

4. 基本定律

交換律：$A + B = B + A$

$A \cdot B = B \cdot A$

結合律：$A + (B + C) = (A + B) + C$

$A(B \cdot C) = (A \cdot B)C$

分配律：$A + (B \cdot C) = (A + B) \cdot (A + C)$

$A(B + C) = (A \cdot B) + (A \cdot C)$

吸收律：$A + A \cdot B = A$

$A(A + B) = A$

圖 3-3 為布林代數基本定律的表示法。做運算時( )內的先處理，再做其它處理。圖(a)、(b)為交換律，(c)(d)為結合律，(e)為分配律。

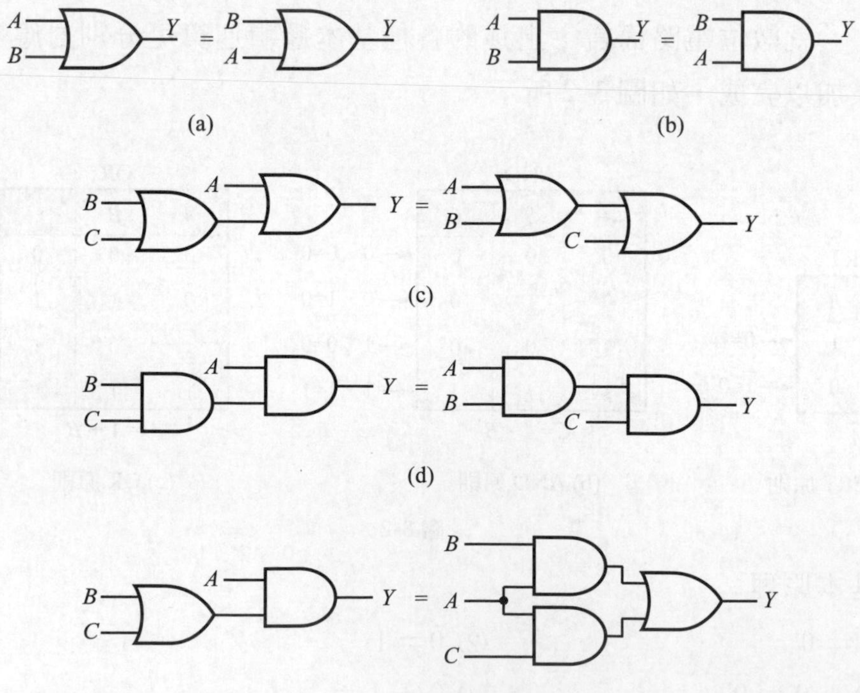

A B Y = B A Y　(a)

A B Y = B A Y　(b)

B C A Y = A B C Y　(c)

B C A Y = A B C Y　(d)

B C A Y = B A C Y　(e)

圖 3-3

5. 基本恆等式

(1) $\overline{\overline{A}} = A$　　(2) $A + 1 = 1$

(3) $A + 0 = A$　　(4) $A + A = A$

(5) $A + \overline{A} = 1$　　(6) $A \cdot 1 = A$

(7) $A \cdot 0 = 0$　　(8) $A \cdot A = A$

(9) $A \cdot \overline{A} = 0$

圖 3-4 為布林代數基本恆等式的表示法。

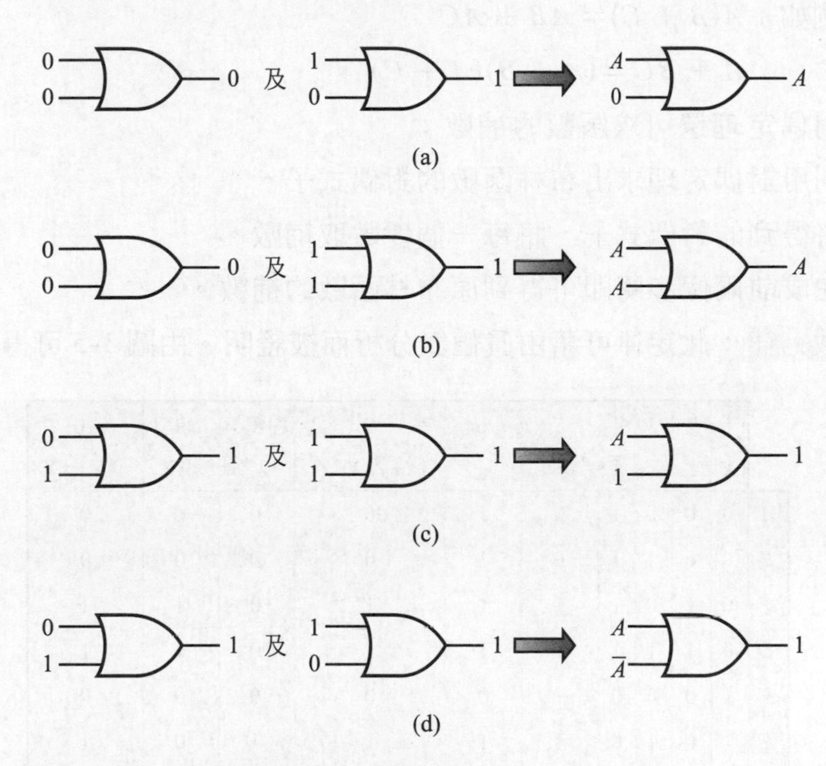

圖 3-4

6. 第摩根定理(Demorgan's Law)

(1) $\overline{A + B} = \overline{A} \cdot \overline{B}$ 和之補數＝補數之積

(2) $\overline{A \cdot B} = \overline{A} + \overline{B}$ 積之補數＝補數之和

第摩根定理可以推廣至三個以上變數

(1) $\overline{A + B + C} = \overline{A} \cdot \overline{B} \cdot \overline{C}$

由於 IC 大多由 NAND gate 或是 NOR gate 組成，正好與第摩根定理的 $\overline{A \cdot B}$(NAND)，$\overline{A + B}$ (NOR)相配合。

7. 對偶定理(Duality theorem)

對偶定理的目的是將一個布林函數由下列規則而得到另一函數。

(1) 將運算符號由 「＋」改爲「‧」。

(2) 將運算符號由 「‧」改爲「＋」。

(3) 將「0」改成「1」，「1」改成「0」。

例如：$A(B + C) = AB + AC$

$A + BC = (A + B)(A + C)$

對偶定理還可求函數的補數：

(1) 利用對偶定理求出布林函數的對偶式子。

(2) 將得到的對偶式子，將每一個變數取補數。

(3) 完成前兩個步驟即可得到原布林函數的補數。

8. 一致定律：此定律可藉由眞值表分析而被證明。由圖 3-5 可得知其結果。

	1	2	3	4	5	6	7	8	9	10
	X	Y	Z	$\overline{X}$	$X+Y$	$\overline{X}+Z$	$(X+Y)(\overline{X}+Z)$	XZ	$\overline{X}Y$	$XZ+\overline{X}Y$
A	0	0	0	1	0	1	0	0	0	0
B	0	0	1	1	0	1	0	0	0	0
C	0	1	0	1	1	1	1	0	1	1
D	0	1	1	1	1	1	1	0	1	1
E	1	0	0	0	1	0	0	0	0	0
F	1	0	1	0	1	1	1	1	0	1
G	1	1	0	0	1	0	0	0	0	0
H	1	1	1	0	1	1	1	1	0	1

注意相等

$(X+Y)(\overline{X}+Z) = XZ + \overline{X}Y$

(a) 眞值表說明

圖 3-5

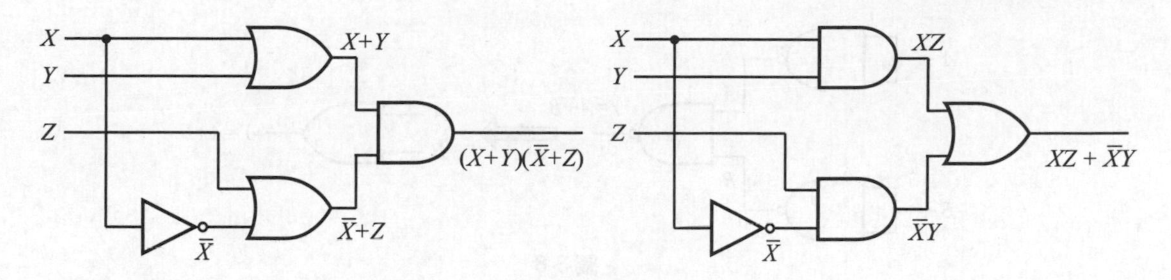

(b) 等效邏輯電路

圖 3-5　一致定律

(二) 基本邏輯閘的互換

基本的雙輸入 NAND gate 或是 NOR gate 可用來取代其它的基本邏輯閘 (AND、OR、NOT、XOR 等)，因此，**又稱 NAND gate、NOR gate 爲萬用閘 (Universal gate)。**

1. 利用 NAND gate 來取代 NOT gate，如圖 3-6 所示。

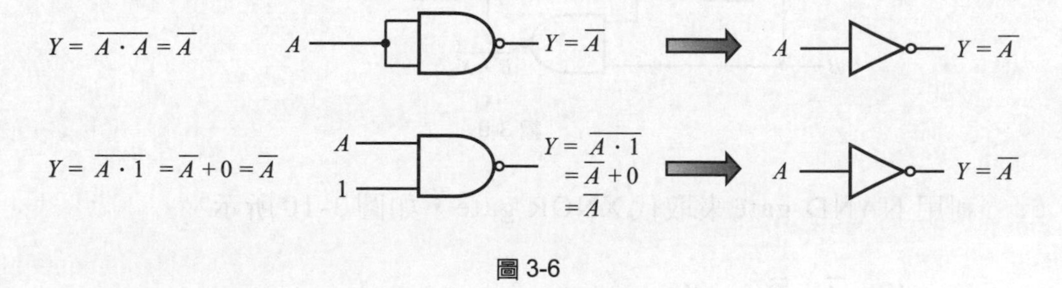

圖 3-6

2. 利用 NAND gate 來取代 AND gate，如圖 3-7 所示。

$$Y = \overline{\overline{A \cdot B}} = A \cdot B$$

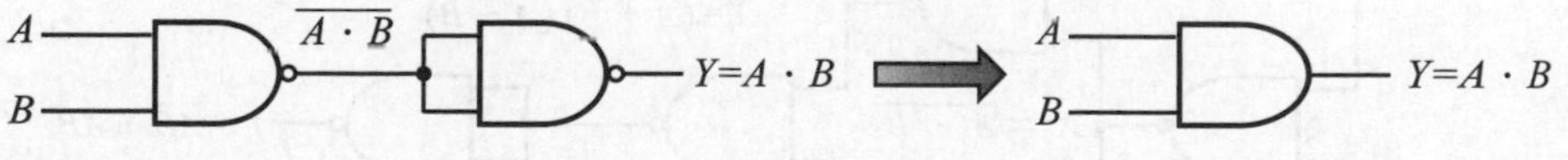

A　B　$\overline{A \cdot B}$　Y=A · B　→　A　B　Y=A · B

圖 3-7

3. 利用 NAND gate 來取代 OR gate，如圖 3-8 所示。

$$Y = \overline{\overline{A} \cdot \overline{B}} = \overline{\overline{A}} + \overline{\overline{B}} = A + B$$

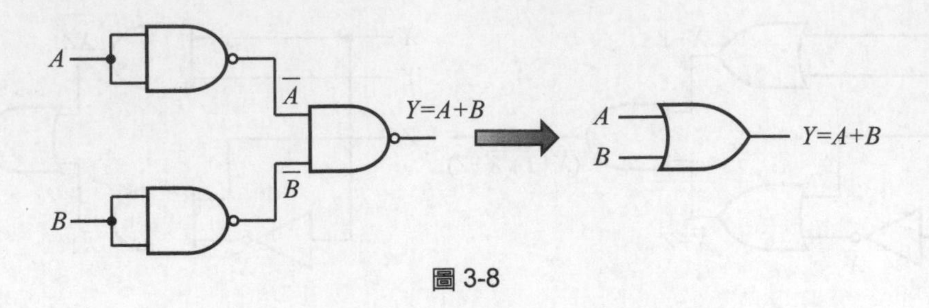

圖 3-8

4. 利用 NAND gate 來取代 XOR gate，如圖 3-9 所示。

$$Y=(A+B)(\overline{A}+\overline{B})=(A+B)(\overline{A\cdot B})=A(\overline{A\cdot B})+B(\overline{A\cdot B})$$

令 $X=\overline{A\cdot B}$，$Y=\overline{(\overline{A\cdot X})\cdot(\overline{B\cdot X})}$

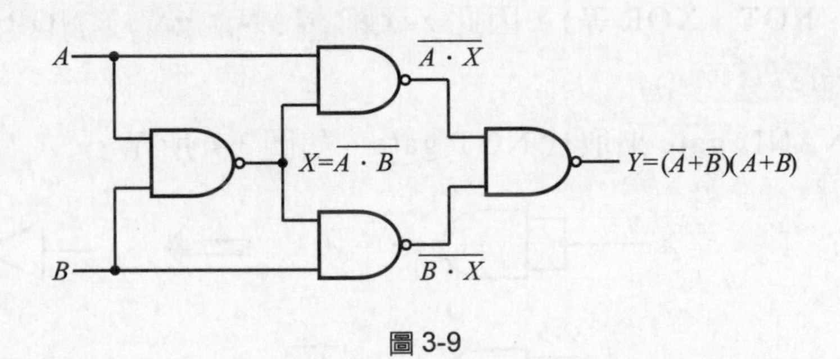

圖 3-9

5. 利用 NAND gate 來取代 XNOR gate，如圖 3-10 所示。

$$Y=\overline{A}\cdot\overline{B}+AB$$

$$\overline{Y}=\overline{(\overline{A}\cdot\overline{B})+A\cdot B}=\overline{\overline{A}\cdot\overline{B}}\cdot\overline{A\cdot B}=(A+B)(\overline{A\cdot B})$$

令 $X=\overline{A\cdot B}$，$\overline{Y}=\overline{(\overline{A\cdot X})\cdot(\overline{B\cdot X})}$，$Y=\overline{\overline{Y}}$

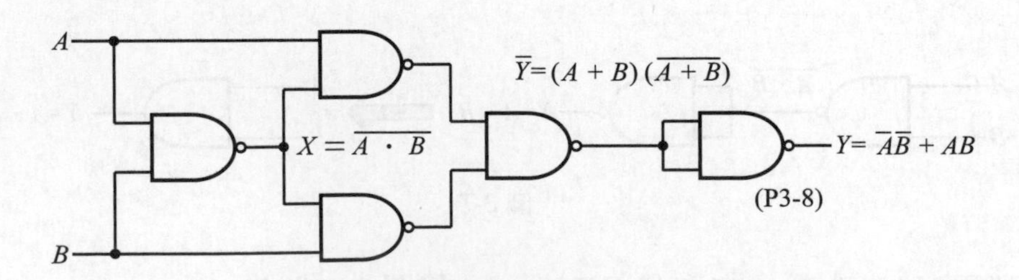

圖 3-10

6. 利用 NOR gate 來取代 NOT gate，如圖 3-11 所示。

$$Y = \overline{A + A} = \overline{A}$$

$$Y = \overline{A + 0} = \overline{A} \cdot 1 = \overline{A}$$

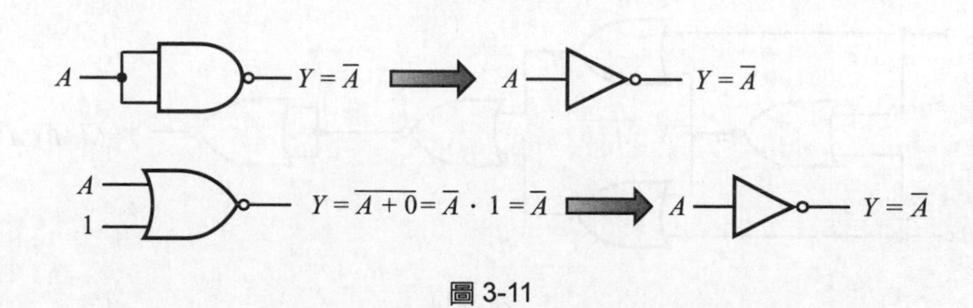

圖 3-11

7. 利用 NOR gate 來取代 AND gate，如圖 3-12 所示。

$$Y = \overline{\overline{A} + \overline{B}} = \overline{\overline{A}} \cdot \overline{\overline{B}} = A \cdot B$$

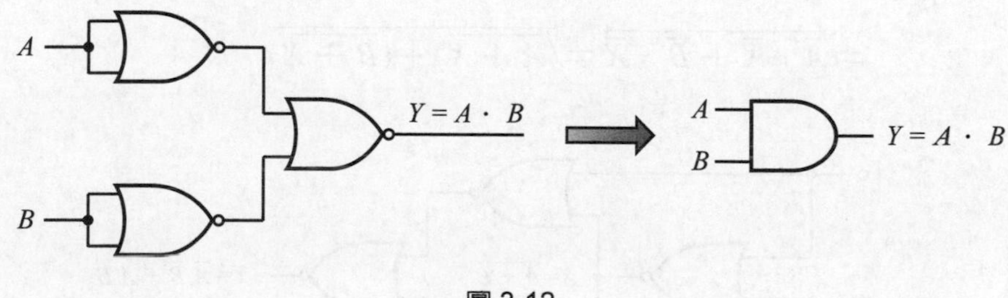

圖 3-12

8. 利用 NOR gate 來取代 OR gate，如圖 3-13 所示。

$$Y = \overline{\overline{A + B}} = A + B$$

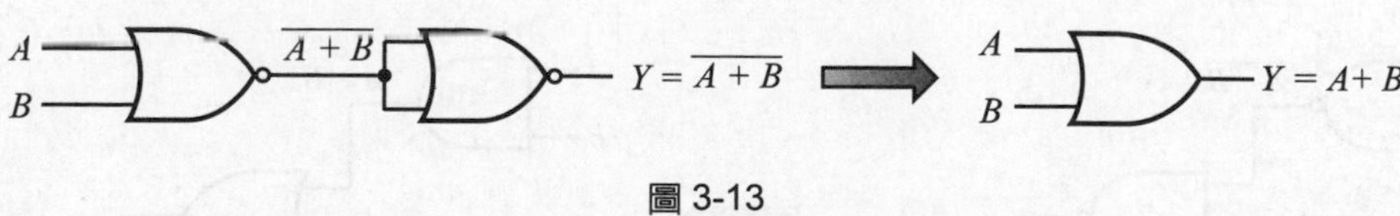

圖 3-13

9. 利用 NOR gate 來取代 XOR gate，如圖 3-14 所示。

$$Y = \overline{AB + (\overline{A} + \overline{B})}，\overline{Y} = (A \cdot B) + (\overline{A} \cdot \overline{B}) = AB + (\overline{A + B})$$

令 $X=\overline{A+B}$，

$$\overline{Y}=X+AB=\overline{\overline{X+AB}}=\overline{\overline{X}\cdot\overline{AB}}=\overline{\overline{X}(\overline{A}+\overline{B})}=\overline{\overline{A}\cdot\overline{X}+\overline{B}\cdot\overline{X}}$$

$$=\overline{\overline{(A+X)}+\overline{(B+X)}}$$

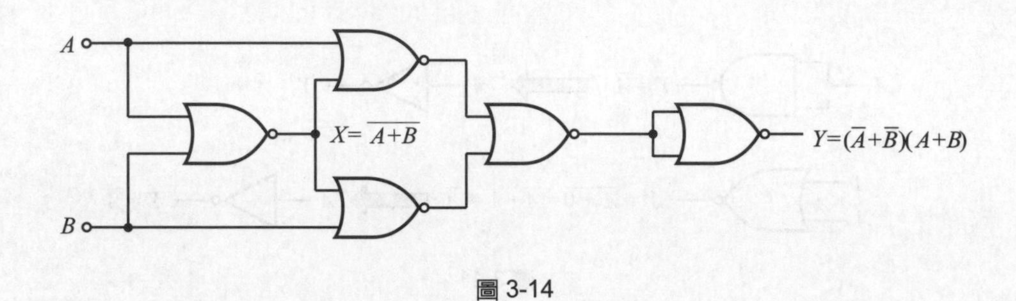

圖 3-14

10. 利用 NOR gate 來取代 XNOR gate，如圖 3-15 所示。

$$Y=(A\cdot B)+(\overline{A}\cdot\overline{B})=AB+(\overline{A+B})$$

令 $X=\overline{A+B}$，$Y=X+AB=\overline{\overline{X+AB}}=\overline{\overline{X}\cdot\overline{AB}}=\overline{\overline{X}(\overline{A}+\overline{B})}$

$$=\overline{\overline{A}\cdot\overline{X}+\overline{B}\cdot\overline{X}}=\overline{\overline{(A+X)}+\overline{(B+X)}}$$

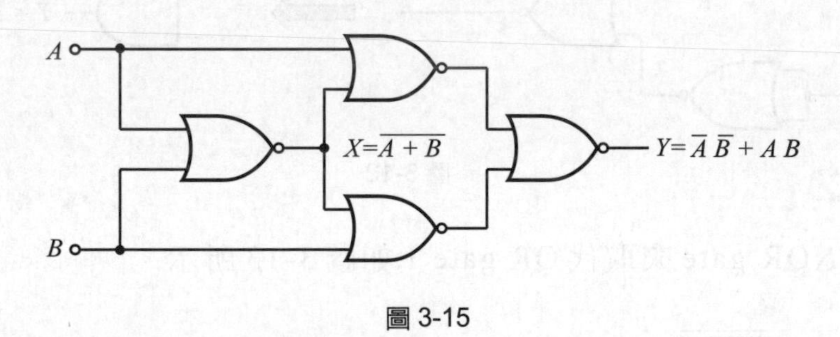

圖 3-15

11. 利用 NAND-NAND gate 來取代 AND-OR gate，如圖 3-16 所示。

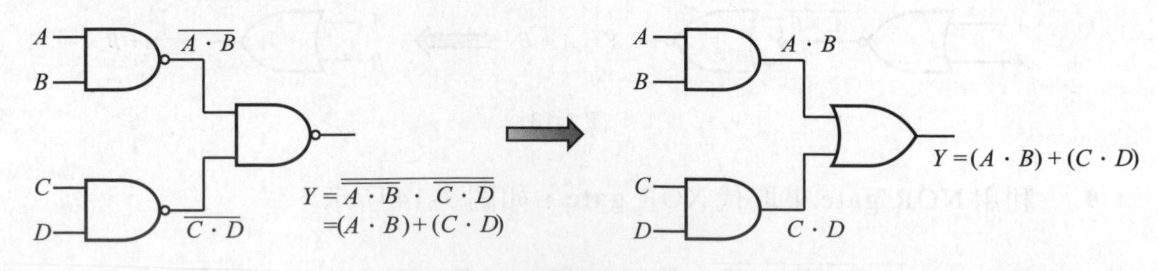

圖 3-16

12. 利用 NOR-NOR gate 來取代 OR-AND gate，如圖 3-17 所示。

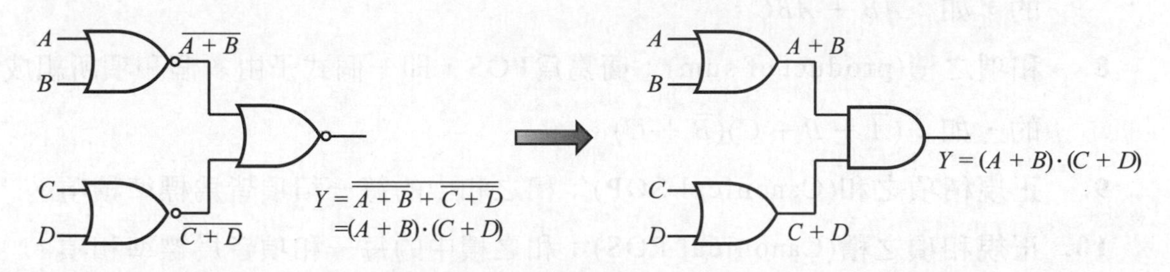

圖 3-17

邏輯閘轉換形式不只以上幾種，只要符合布林代數的基本性質及定理，且經替換後邏輯功能不變，即可在數位電路設計上應用，而達到電路最簡化的目的。

(三) 布林代數

布林代數簡化的目的，是將任一形式的布林代數簡化以使完成此功能的邏輯電路更加簡單。

定義：

1. 文字符號(literal)：在一個式子中，不管變數是以何種形式出現，都叫做文字符號。如$\overline{A}BC$中，三個文字符號爲$\overline{A}$、B、C。
2. 定義域(domain)：使得函數存在的一組變數的組合。如$f(x，y，z)$ f是x、y、z三個變數的函數，即定義域是x、y、z。
3. 積項(product term)：幾個文字符號相乘的項。如$\overline{A}BC$，$\overline{A}B+C$則不是。
4. 標準積項(standard product term)：積項中包含定義域的每一個變數，若定義域A、B、C、D，如$\overline{A}BCD$，$\overline{A}BC$則不是。
5. 和項(sum term)：幾個文字符號相加的項。如$\overline{A}+B+C$，$\overline{A}+BC$則不是。
6. 標準和項(standard sum term)：和項中包含定義域的每一個變數，若定義域A、B、C、D，如$\overline{A}+B+C+D$，$\overline{A}+B+C$則不是。

7. 積項之和(sum of product)：簡寫為SOP，即一個式子由多個積項所組成的，如：$\overline{A}B + ABC$。

8. 和項之積(product of sum)：簡寫為POS，即一個式子由多個和項所組成的，如：$(\overline{A} + B + C)(\overline{B} + C)$。

9. 正規積項之和(Canonical SOP)：積之和中的每一積項皆為標準積項。

10. 正規和項之積(Canonical POS)：和之積中的每一和項皆為標準和項。

11. 最小項(minterms)：若有兩個變數x、y，而每一個變數可能以兩種形式出現(x，$\overline{x}$)，再加上AND gate，則有四種組合$\overline{x}\,\overline{y}$，$x\overline{y}$，$\overline{x}y$，$xy$，這四種AND 項，即稱為最小項或標準積項，若有$n$個變數，則有$2^n$個最小項。以符號$m_i$表示，$i$為這個最小項對應二進位的十進位數。

12. 最大項(maxterms)：若有兩個變數x、y，而每一個變數可能以兩種形式出現(x，$\overline{x}$)，再加上OR gate，則有四種組合$\overline{x} + \overline{y}$，$x + \overline{y}$，$\overline{x}+y$，$x + y$，這四種OR項，及稱為最大項或標準和項，若有$n$個變數，則有$2^n$個最大項。以符號$M_i$表示，$i$為這個最大項對應二進位的十進位數。

圖3-18所示，為三個變數所形成的8個最小項及8個最大項，由此可得知，最大項為對應最小項的補數(complement)。

x	y	z	最小項	m_i	最大項	M_i
0	0	0	$\overline{x}\cdot\overline{y}\cdot\overline{z}$	m_0	$x + y + z$	M_0
0	0	1	$\overline{x}\cdot\overline{y}\cdot z$	m_1	$x + y + \overline{z}$	M_1
0	1	0	$\overline{x}\cdot y\cdot\overline{z}$	m_2	$x + \overline{y} + z$	M_2
0	1	1	$\overline{x}\cdot y\cdot z$	m_3	$x + \overline{y} + \overline{z}$	M_3
1	0	0	$x\cdot\overline{y}\cdot\overline{z}$	m_4	$\overline{x} + y + z$	M_4
1	0	1	$x\cdot\overline{y}\cdot z$	m_5	$\overline{x} + y + \overline{z}$	M_5
1	1	0	$x\cdot y\cdot\overline{z}$	m_6	$\overline{x} + \overline{y} + z$	M_6
1	1	1	$x\cdot y\cdot z$	m_7	$\overline{x} + \overline{y} + \overline{z}$	M_7

圖3-18　三變數所形成的最大項與最小項

例題 若有一邏輯功能描述如下：

若輸入x、y、z為 000，001，011，101，111，則輸出為 1，否則輸出為 0。也可描述為輸入x、y、z為 010，100，110 則輸出為 0，否則輸出為 1。

對應的真值表如圖 3-19 所示。

x	y	z	F	標準積項	標準和項
0	0	0	1	$\bar{x}\cdot\bar{y}\cdot\bar{z}$	
0	0	1	1	$\bar{x}\cdot\bar{y}\cdot z$	
0	1	0	0		$(x+\bar{y}+z)$
0	1	1	1	$\bar{x}\cdot y\cdot z$	
1	0	0	0		$(\bar{x}+y+z)$
1	0	1	1	$x\cdot\bar{y}\cdot z$	
1	1	0	0		$(\bar{x}+\bar{y}+z)$
1	1	1	1	$x\cdot y\cdot z$	

圖 3-19

正規的 SOP 函數表示如下：

$$F(x,y,z)=\bar{x}\cdot\bar{y}\cdot\bar{z}+\bar{x}\cdot\bar{y}\cdot z+\bar{x}\cdot y\cdot z+x\cdot\bar{y}\cdot z+x\cdot y\cdot z$$

$$=m_0+m_1+m_3+m_5+m_7$$

$$=\Sigma(0,1,3,5,7)$$

正規的 POS 函數表示如下：

$$F(x,y,z)=(x+\bar{y}+z)\cdot(\bar{x}+y+z)\cdot(\bar{x}+\bar{y}+z)$$

$$=M_2\cdot M_4\cdot M_6$$

$$=\pi(2,4,6)$$

13. 標準形式的互換

如：$F(x,y,z)=\Sigma(1,4,5,6,7)=m_1+m_4+m_5+m_6+m_7$

補數 $\overline{F}(x,y,z)=\Sigma(0,2,3)=m_0+m_2+m_3$

$\overline{\overline{F}}=F$

$$\therefore F=\overline{(m_0+m_2+m_3)}=\overline{m}_0\cdot\overline{m}_2\cdot\overline{m}_3=M_0\cdot M_2\cdot M_3$$
$$=\pi(0,2,3)$$

由上述可得，$\overline{m_i}=M_i$，若要將一種標準形式轉換成另一種形式，只要將Σ和π互換，並將括號內的數換成原式缺少的數。

$F(x,y,z)=\pi(0,2,4,5)$

$F(x,y,z)=\Sigma(1,3,6,7)$

(四) 卡諾圖之化簡

卡諾圖是化簡布林代數最簡單且最直接的方法，而缺點是當變數個數超過6 個以上時，此種方法就顯得複雜。卡諾圖是由許多正方形所構成的圖，每一正方形即代表一個最小項，若有有n個變數，則有2^n個最小項，也就是有2^n個正方形。

1. 二變數卡諾圖

首先，先畫出卡諾圖，如圖 3-20 所示，為一個x，y二變數所組成的卡諾圖，包含2^2個小方格，每一方格代表一個最小項，即每一方格代表一個輸入狀況。

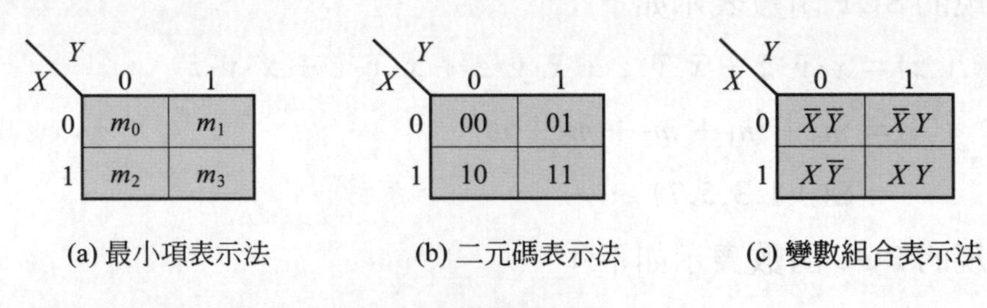

(a) 最小項表示法　(b) 二元碼表示法　(c) 變數組合表示法

圖 3-20

接著於布林函數中找出其最小項，於相對應的小方格內標示為「1」，而未標示的方格即為「0」，但通常為了清楚起見，則不予標示。

最後依化簡規則來化簡：

(1) 在同列或同行中，相鄰兩個「1」可合併簡化成單一變數。

(2) 單一個「1」為兩個變數的積項。

(3) 合併後的各項使用 OR 連接。

例題　首先，先將此函數化為最小項的和。

$$F(x,y)=x+y=x(y+\bar{y})+y(x+\bar{x})=xy+x\bar{y}+xy+\bar{x}y$$

$$=xy+x\bar{y}+\bar{x}y=m_3+m_2+m_1$$

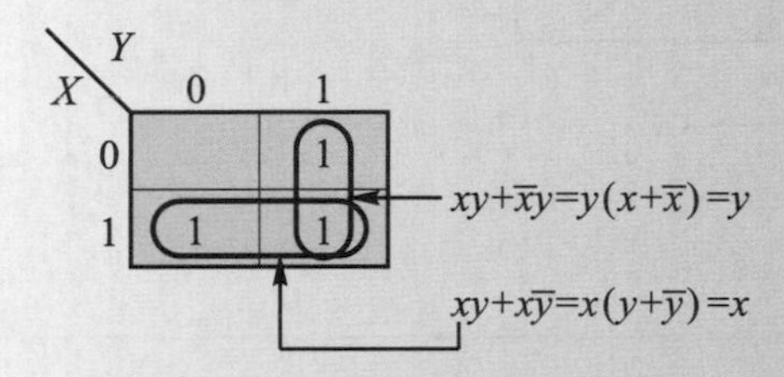

所以 $F=x+y$

2. 三變數卡諾圖

如圖 3-21 所示，為一個x,y,z三變數所組成的卡諾圖。X為 MSB，Z 為 LSB，包含2^3共有 8 個小方格，恰為二變數的兩倍，每一方格代表一個最小項，即每一方格代表一個輸入狀況。其排列方式是將二變數整個向右投影過去而形成 8 個方格。

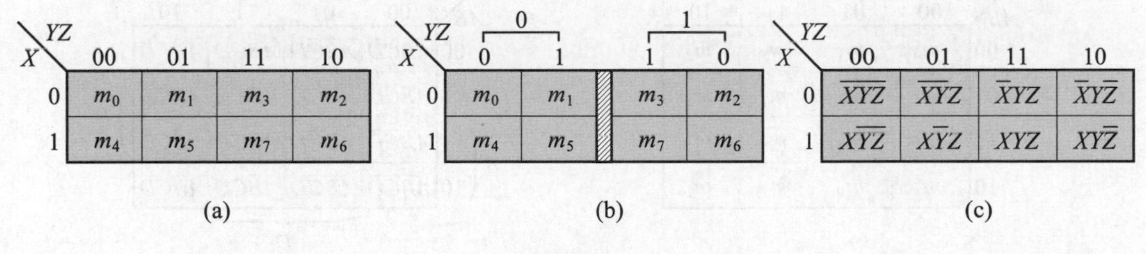

圖 3-21

化簡規則：

(1) 四個相鄰「1」，可合併簡化成單一變數。

(2) 兩個相鄰「1」，可合併簡化成兩個變數的積項。

(3) 單一個「1」為三個變數的積項。

(4) 合併後的各項使用 OR 連接。

例題 $F(x,y,z)=\Sigma(0,2,4,5,6)$

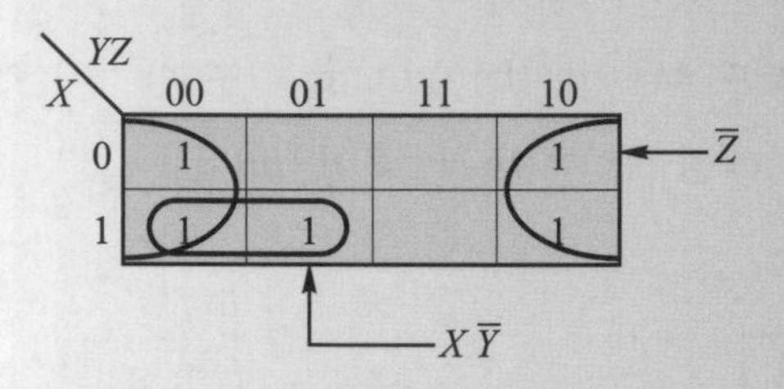

所以 $F=x\overline{y}+\overline{z}$

3. 四變數卡諾圖

如圖 3-22 所示，爲一個A,B,C,D四變數所組成的卡諾圖。A爲MSB，D 爲 LSB，包含24共有16個小方格，恰爲三變數的兩倍，每一方格代表一個最小項，即每一方格代表一個輸入狀況。其排列方式是將三變數整個向下投影過去而形成16個方格。所以每兩個相鄰的行或列之間，僅有一個變數值改變。上下方的二進制順序也是依投影方式排列，因此是以反射碼的順序標示。

AB \ CD	00	01	11	10
00	m_0	m_1	m_3	m_2
01	m_4	m_5	m_7	m_6
11	m_{12}	m_{13}	m_{15}	m_{14}
10	m_8	m_9	m_{11}	m_{10}

(a)

AB \ CD	00	01	11	10
00	$\overline{A}\overline{B}\overline{C}\overline{D}$	$\overline{A}\overline{B}\overline{C}D$	$\overline{A}\overline{B}CD$	$\overline{A}\overline{B}C\overline{D}$
01	$\overline{A}B\overline{C}\overline{D}$	$\overline{A}B\overline{C}D$	$\overline{A}BCD$	$\overline{A}BC\overline{D}$
11	$AB\overline{C}\overline{D}$	$AB\overline{C}D$	$ABCD$	$ABC\overline{D}$
10	$A\overline{B}\overline{C}\overline{D}$	$A\overline{B}\overline{C}D$	$A\overline{B}CD$	$A\overline{B}C\overline{D}$

(C：CD = 11、10 兩行；D：CD = 01、11 兩行；B：AB = 01、11 兩列；A：AB = 11、10 兩列)

(b)

圖 3-22

化簡規則：

(1) 十六個相鄰「1」，代表此函數爲1。

(2) 八個相鄰「1」，可合併簡化成單一變數。

(3) 四個相鄰「1」，可合併簡化成兩個變數的積項。

(4) 兩個相鄰「1」，可合併簡化成三個變數的積項。

(5) 單一個「1」爲四個變數的積項。

(6) 合併後的各項使用 OR 連接。

例題 1 ⑴卡諾圖化簡：$F(A,B,C,D)=\Sigma(0,1,2,4,5,6,8,9,12,13,14)$

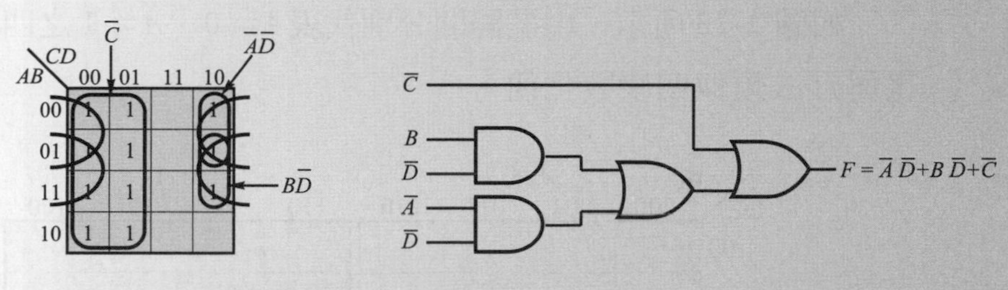

所以 $F=\overline{A}\,\overline{D}+B\overline{D}+\overline{C}$

例題 2 ⑵以卡諾圖化簡為 SOP，及邏輯電路。

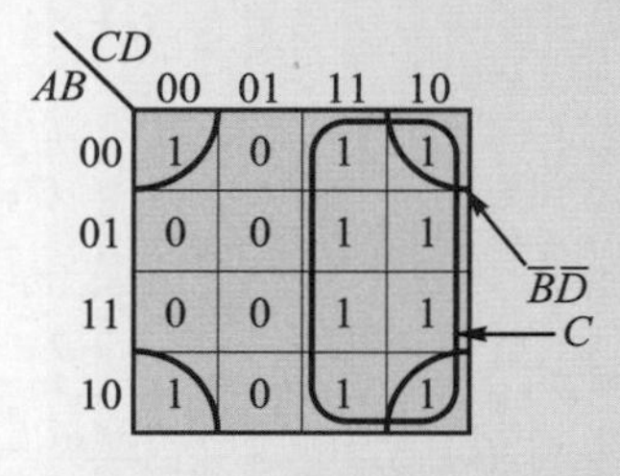

$F(A, B, C, D) = C+\overline{B}\overline{D}$

(a) 卡諾圖化簡法

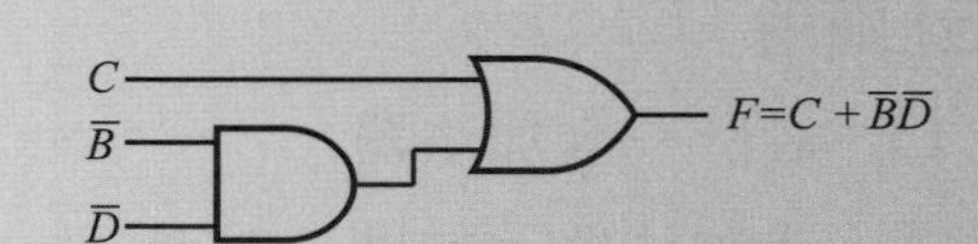

(b) F 函數的 SOP 式邏輯電路

例題 3 ⑶以卡諾圖化簡為 POS，及邏輯電路。

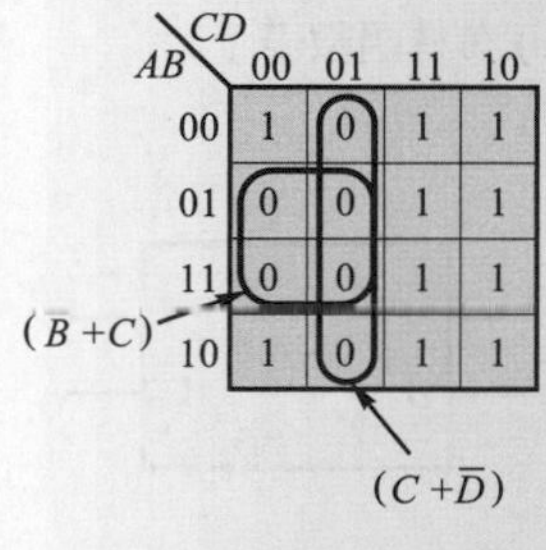

$F(A, B, C, D)=(\overline{B}+C)\cdot(C+\overline{D})$

(a) 卡諾圖化簡法

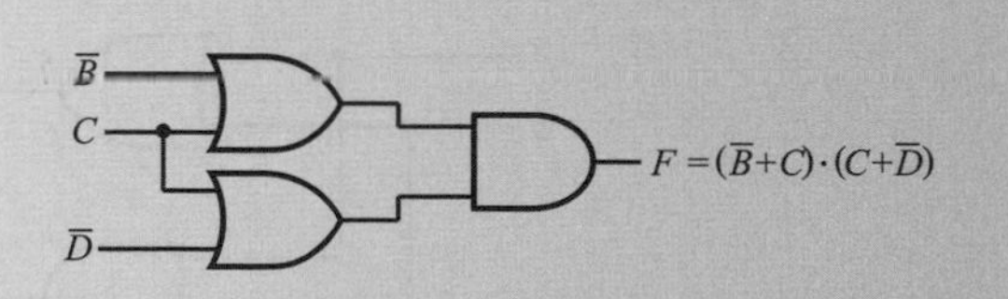

(b) F 函數的 POS 式邏輯電路

4. 五變數卡諾圖

如圖 3-23 所示，中間隔開分別代表$A=0$、$A=1$之四個變數卡諾圖，化簡方法類似四變數化簡。

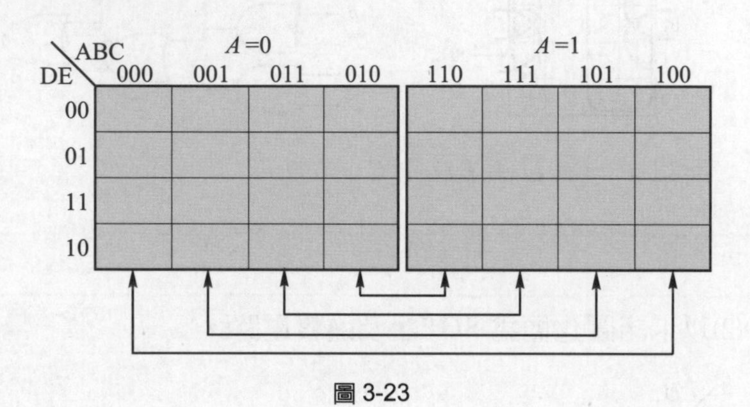

圖 3-23

(五) 應用

1. 設計一全加法器

半加法器：如圖 3-24 所示。

A	B	C_0	S
0	0	0	0
0	1	0	1
1	0	0	1
1	1	1	0

(a) 真值表

$C_0 = A \cdot B$

$S = A \oplus B$

(b) 布林函數表示

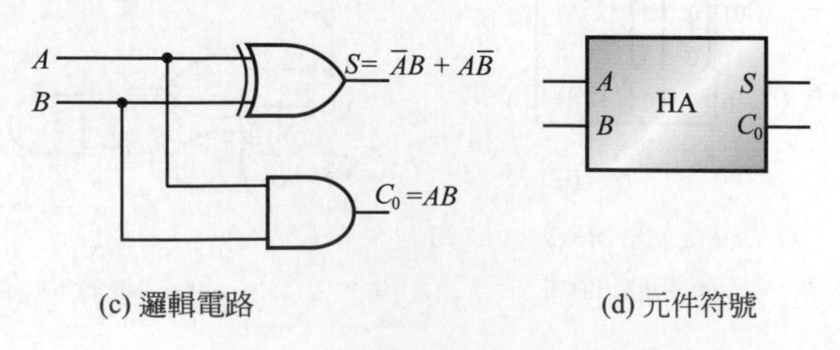

(c) 邏輯電路

(d) 元件符號

圖 3-24

全加法器：

圖 3-25 所示，爲全加法器的眞值表及其方塊圖。其中C_{n-1}代表前一級加法器的進位，C_n代表此級加法器的進位。利用卡諾圖化簡進而繪出其邏輯電路圖。

A_n	B_n	C_{n-1}	C_n	S_n
0	0	0	0	0
0	0	1	0	1
0	1	0	0	1
0	1	1	1	0
1	0	0	0	1
1	0	1	1	0
1	1	0	1	0
1	1	1	1	1

(a) 眞值表

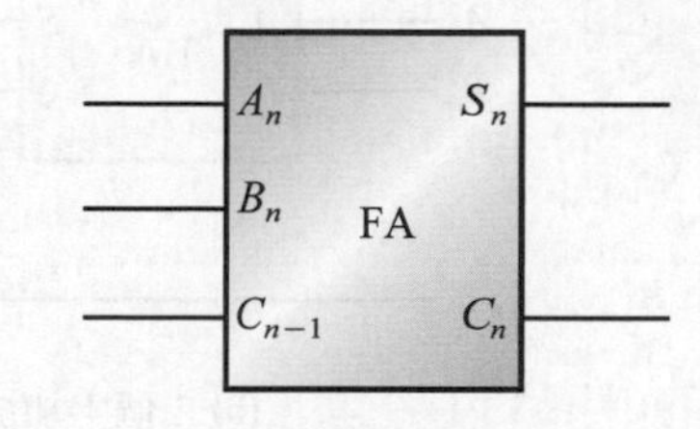

(b) 元件符號

圖 3-25

(1) S_n項的化簡

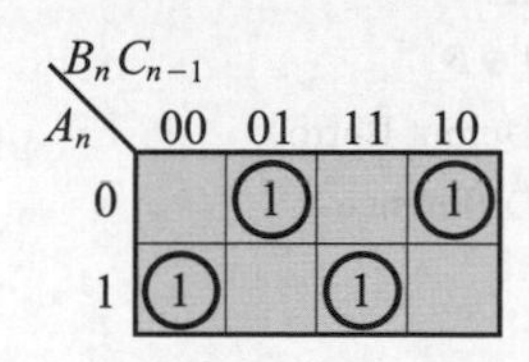

$$\begin{aligned} S_n &= \overline{A}_n\overline{B}_n C_{n-1} + \overline{A}B_n\overline{C}_{n-1} + A_n\overline{B}_n\overline{C}_{n-1} + A_nB_nC_{n-1} \\ &= \overline{C}_{n-1}(A_n\overline{B}_n + \overline{A}_nB_n) + C_{n-1}(A_nB_n + \overline{A}_n\overline{B}_n) = \overline{C}_{n-1}(A_n\oplus B_n) + \overline{C}_{n-1}(\overline{A_n\oplus B_n}) \\ &= \overline{C}_{n-1}(A_n\overline{B}_n + \overline{A}_nB_n) + C_{n-1}(A_n\overline{B}_n + \overline{A}_nB_n) \\ &= C_{n-1}\oplus(A_n\oplus B_n) \end{aligned}$$

(1) C_n項的化簡

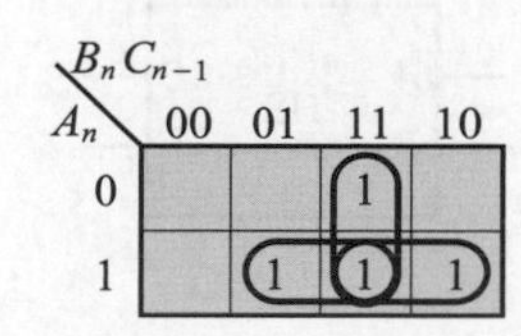

$$\begin{aligned} C_n &= A_nB_n + A_nC_{n-1} + B_nC_{n-1} \\ &= A_nB_n + A_n\overline{B}_nC_{n-1} + \overline{A}_nB_nC_{n-1} + A_nB_nC_{n-1} \\ &= A_nB_n + (A_n\overline{B}_n + \overline{A}_nB_n)\,C_{n-1} + A_nB_nC_{n-1} \\ &= A_nB_n + (A_n\oplus B_n)\,C_{n-1} \end{aligned}$$

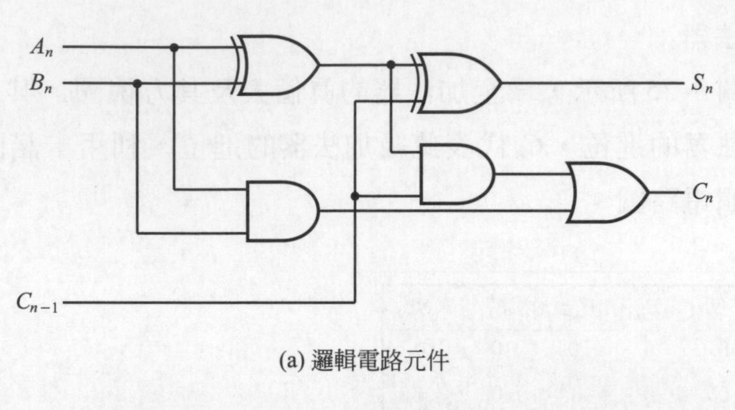

(a) 邏輯電路元件

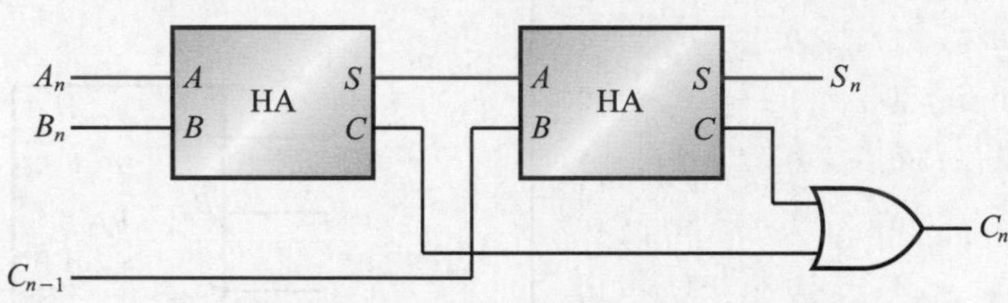

(b) 二個半加法器及一個或閘製作成全加法器

圖 3-26

2. 設計一全減法器

半減法器：如圖 3-27 所示。

A	B	B_0	D
0	0	0	0
0	1	1	1
1	0	0	1
1	1	0	0

(a) 眞值表

$B_0 = \overline{A}B$

$D = A \oplus B$

B_0：Output Borrow

D：Difference

(b) 布林函數表示

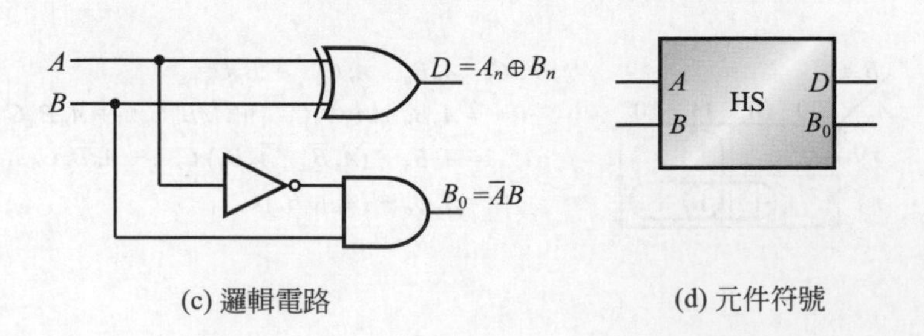

(c) 邏輯電路　　(d) 元件符號

圖 3-27

全減法器：

圖3-28所示，為全減法器的眞值表及其方塊圖。其中B_i代表前一級減法器的借位，B_o代表此級減法器的借位。利用卡諾圖化簡進而繪出其邏輯電路圖。

A_n	B_n	B_i	B_o	D_n
0	0	0	0	0
0	0	1	1	1
0	1	0	1	1
0	1	1	1	0
1	0	0	0	1
1	0	1	0	0
1	1	0	0	0
1	1	1	1	1

(a) 眞值表

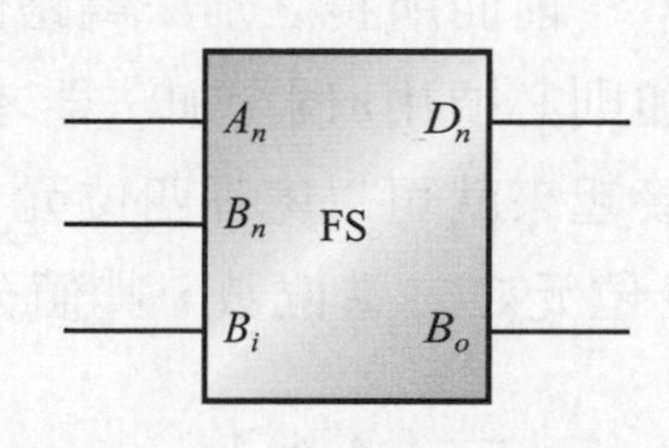

(b) 元件符號

$$\begin{aligned}B_0&=\overline{A}_n\overline{B}_nB_i+\overline{A}_nB_n\overline{B}_i+\overline{A}_nB_nB_i+A_nB_nB_i\\&=\overline{A}_nB_n+(\overline{A}_n\overline{B}_n+A_nB_n)B_i\\&=\overline{A}_nB_n+(A_n\odot B_n)B_i\\&=\overline{A}_nB_n+(\overline{A_n\oplus B_n})B_i\end{aligned}$$

$$\begin{aligned}D_n&=\overline{A}_n\overline{B}_nB_i+\overline{A}_nB_n\overline{B}_i+A_n\overline{B}_n\overline{B}_i+A_nB_nB_i\\&=(\overline{A}_nB_n+A_n\overline{B}_n)\overline{B}_i+(\overline{A}_n\overline{B}_n+A_nB_n)B_i\\&=(A_n\oplus B_n)\overline{B}_i+(\overline{A_n\oplus B_n})B_i\\&=(A\oplus B)\oplus B_i\end{aligned}$$

(c) 布林函數表示

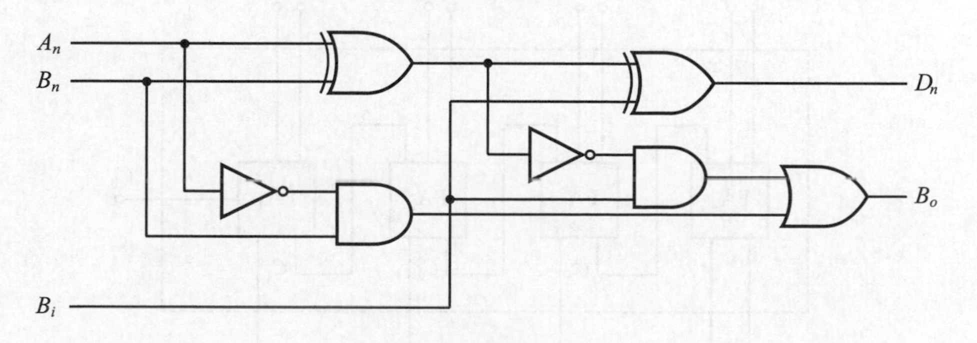

(d) 全減法器的邏輯電路

圖3-28

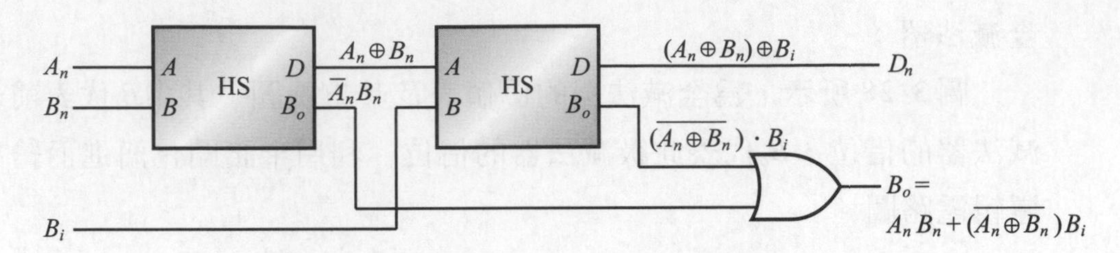

(e) 二個半減法器及一個或閘組成全減法器

圖 3-28 (續)

3. 二進位n位元加減法電路

前面所提之加法電路僅能處理 1 位元之資料，對n位元之二進位數相加則必須用n個全加法器才能完成。如圖 3-29 所示，將四個全加法器連接起來就可以處理四位元加法運算。設被加數「A」與加數「B」分別為 4 位元之二進位數，其值分別為

$$A = A_3A_2A_1A_0$$

$$B = B_3B_2B_1B_0$$

計算方式如下：

$$\begin{array}{rrrrrl} & C_4 & C_3 & C_2 & C_1 & \longleftarrow \text{進位} \\ & & A_4 & A_3 & A_2 \quad A_1 & \longleftarrow \text{被加數} \\ + & & B_4 & B_3 & B_2 \quad B_1 & \longleftarrow \text{加數} \\ \hline & & S_4 & S_3 & S_2 \quad S_1 & \longleftarrow \text{和} \end{array}$$

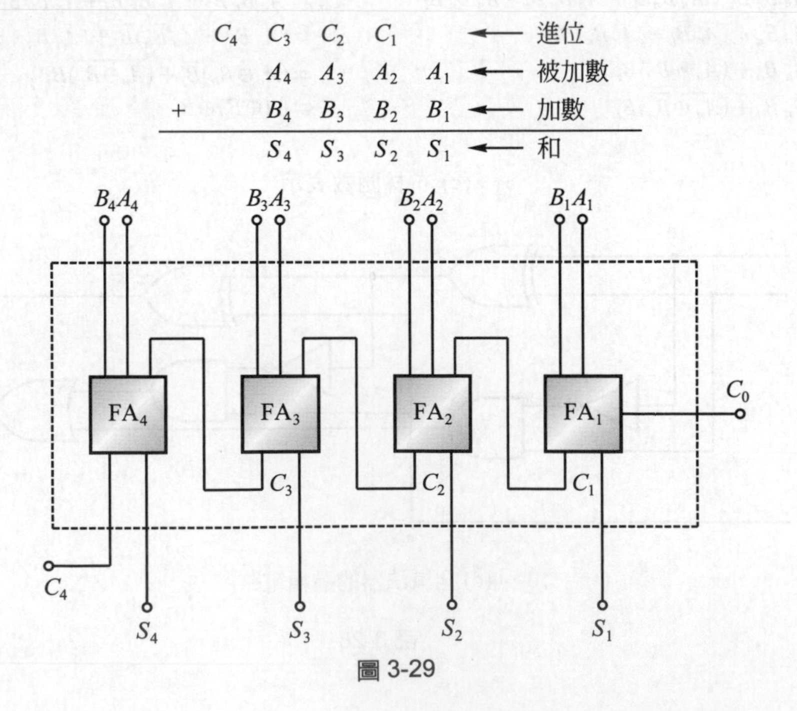

圖 3-29

4位元二進位相加的IC：7483，74HC283，4008都是可以作兩個4位元二進位相加的功能，且具有一輸入進位接腳，和的輸出則爲Σ_1到Σ_4，另外還有輸出進位。圖3-30所示，爲7483的功能表接腳圖。

8位元二進位加法器：如圖3-31所示，只要將兩個7483串接即可。只要將低階部分的C_0接地，此時A_0+B_0爲半加法器，再將其輸出進位C_4接至高低階部分的C_0。

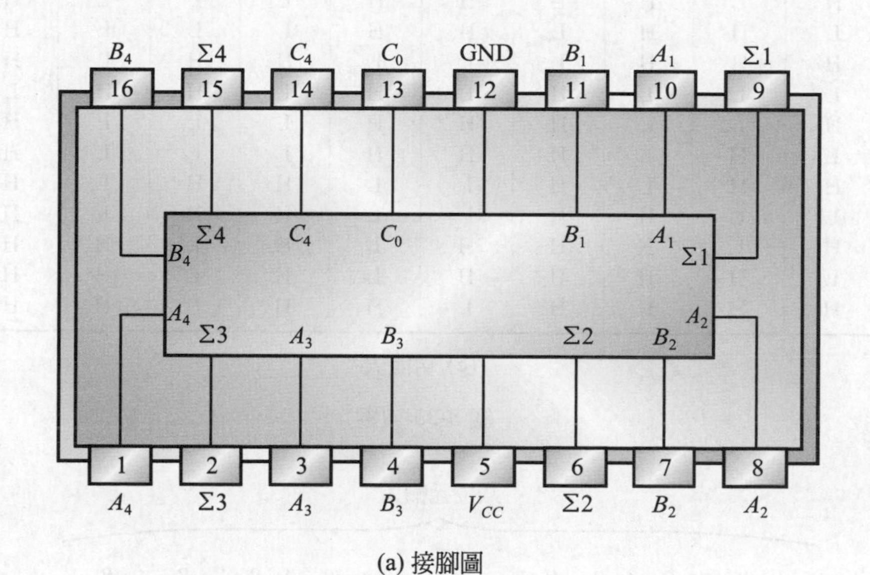

(a) 接腳圖

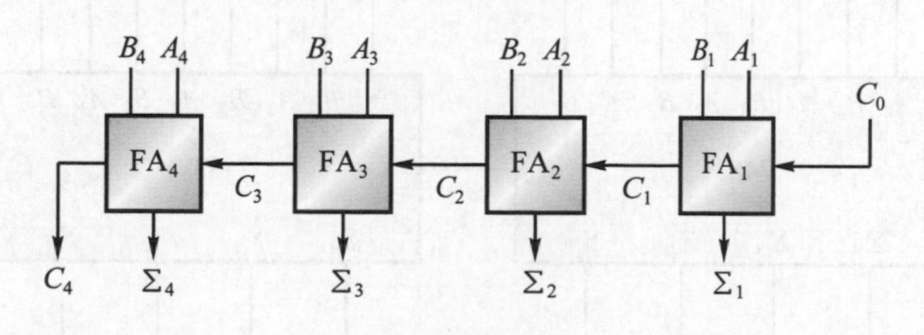

(b) 等效電路

圖3-30

INPUT				OUTPUT					
				WHEN $C_0 = L$ / WHEN $C_2 = L$			WHEN $C_0 = H$ / WHEN $C_2 = H$		
A_1 / A_3	B_1 / B_3	A_2 / A_4	B_2 / B_4	Σ_1 / Σ_3	Σ_2 / Σ_4	C_2 / C_4	Σ_1 / Σ_3	Σ_2 / Σ_4	C_2 / C_4
L	L	L	L	L	L	L	H	L	L
H	L	L	L	H	L	L	L	H	L
L	H	L	L	H	L	L	L	H	L
H	H	L	L	L	H	L	H	H	L
L	L	H	L	L	H	L	H	H	L
H	L	H	L	H	H	L	L	L	H
L	H	H	L	H	H	L	L	L	H
H	H	H	L	L	L	H	H	L	H
L	L	L	H	L	H	L	H	H	L
H	L	L	H	H	H	L	L	L	H
L	H	L	H	H	H	L	L	L	H
H	H	L	H	L	L	H	H	L	H
L	L	H	H	L	L	H	H	L	H
H	L	H	H	H	L	H	L	H	H
L	H	H	H	H	L	H	L	H	H
H	H	H	H	L	H	H	H	H	H

(c) 功能表

圖 3-30　(續)

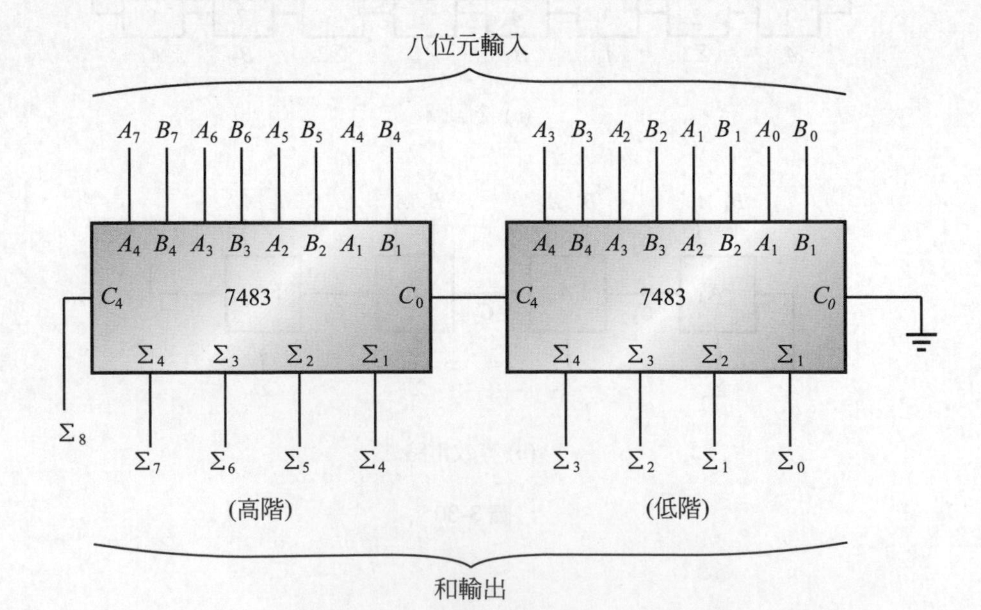

圖 3-31

4位元二進位並加／減法電路：如圖3-32所示。圖中，若$C_o = 0$時，此時進位為0，XOR gate的輸出與輸入B相同，即執行$A + B$的運算；若$C_o = 1$時，此時進位為1，XOR gate的輸出與輸入B反相再加1，即為B的補數，即執行$A - B$的運算，即A加B的1'S補數再加1，B成為2'S補數的負值。

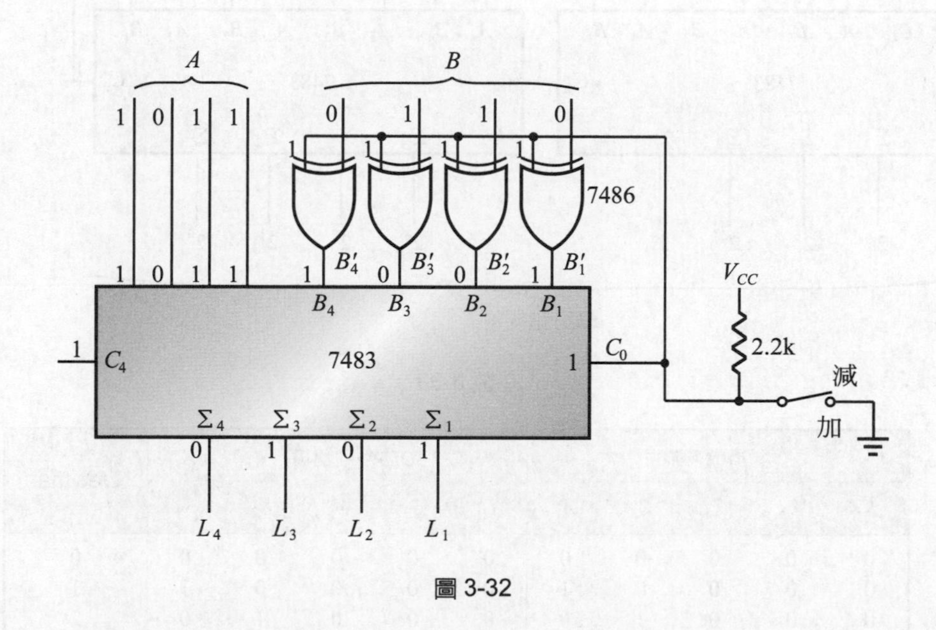

圖 3-32

8位元二進位2'S補數加／減法器：如圖3-33所示，只要將兩個7483串接即可。

於圖中若執行42-23的運算，其中42的 二進位數為0010 1010，而23 的二進位數為0001 0111。因為是減法，所以將開關撥到Subtract位置，B輸入的數就被取為1'S 補數，C_0(LSB)為1。

4. BCD加減法電路

BCD 碼是由一組二進位數來代表一個十進位數的碼。因此 BCD 加法器可以直接用4位元並加法器來改良。但是每個BCD數字都不會超過9，連同前一級的進位輸出，其輸出總和不會超過19。圖3-34。

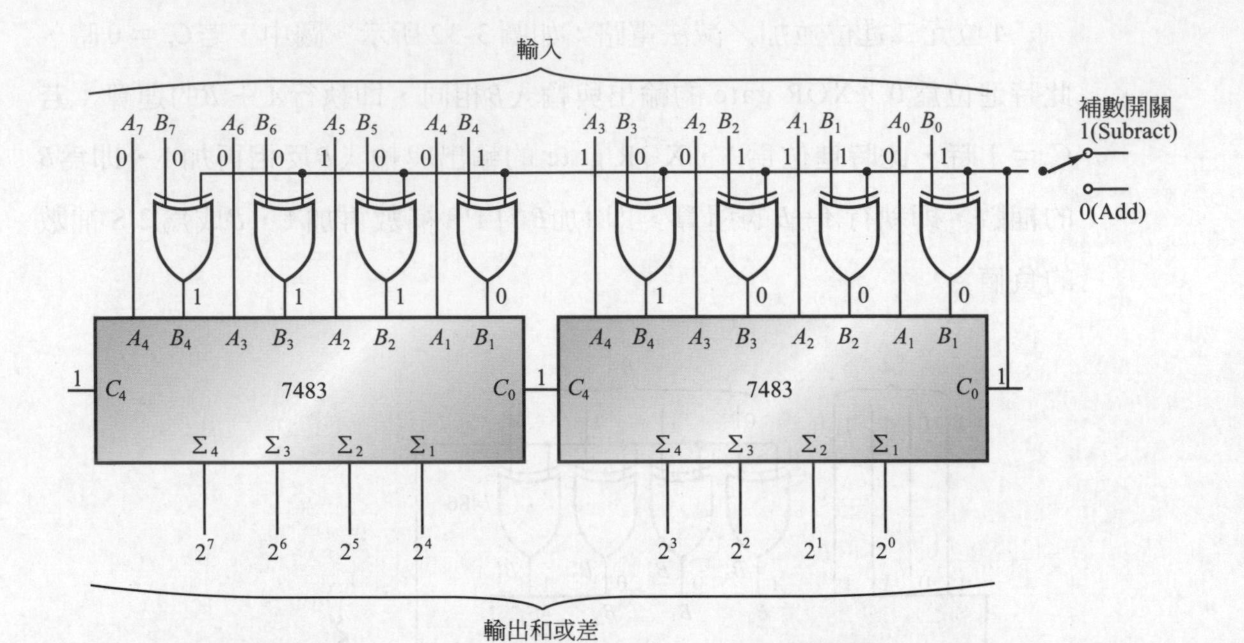

圖 3-33

Binary sum					BCD sum					Decimal
K	Z_8	Z_4	Z_2	Z_1	C	S_8	S_4	S_2	S_1	
0	0	0	0	0	0	0	0	0	0	0
0	0	0	0	1	0	0	0	0	1	1
0	0	0	1	0	0	0	0	1	0	2
0	0	0	1	1	0	0	0	1	1	3
0	0	1	0	0	0	0	1	0	0	4
0	0	1	0	1	0	0	1	0	1	5
0	0	1	1	0	0	0	1	1	0	6
0	0	1	1	1	0	0	1	1	1	7
0	1	0	0	0	0	1	0	0	0	8
0	1	0	0	1	0	1	0	0	1	9
0	1	0	1	0	1	0	0	0	0	10
0	1	0	1	1	1	0	0	0	1	11
0	1	1	0	0	1	0	0	1	0	12
0	1	1	0	1	1	0	0	1	1	13
0	1	1	1	0	1	0	1	0	0	14
0	1	1	1	1	1	0	1	0	1	15
1	0	0	0	0	1	0	1	1	0	16
1	0	0	0	1	1	0	1	1	1	17
1	0	0	1	0	1	1	0	0	0	18
1	0	0	1	1	1	1	0	0	1	19

圖 3-34　BCD 與二進位之比較

爲BCD加法器的眞值表。由此表得知：

⑴ BCD和≦1001時，BCD和即等於二進位的和。

⑵ BCD和≧1001時，二進位的和就必須再加6，才能得到BCD的和與正確的進位。

由表中得知，若十進位超過9，即$K=1$或Z_8、Z_4同時爲1，或Z_8、Z_2同時爲1，則必須再加6，其修正的布林函數爲：

$$C = K + Z_8 Z_2 + Z_8 Z_4$$

利用7483進行BCD相加，如圖3-35所示。

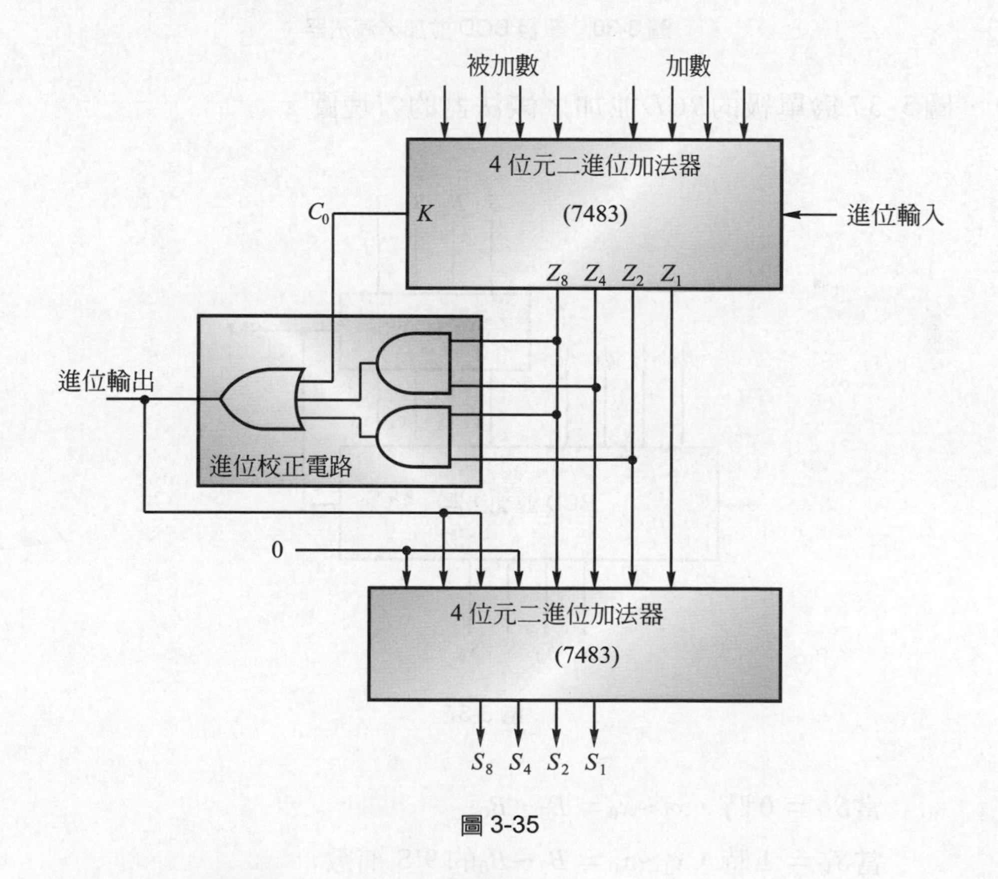

圖3-35

BCD並加減法器：

BCD加法器與BCD 9'S補數組合而成爲BCD並加／減法器。圖3-36所示爲BCD 9'S補數及方塊圖。

	BCD				9'S			
S_M	B_3	B_2	B_1	B_0	x_3	x_2	x_1	x_0
1	0	0	0	0	1	0	0	1
1	0	0	0	1	1	0	0	0
1	0	0	1	0	0	1	1	1
1	0	0	1	1	0	1	1	0
1	0	1	0	0	0	1	0	1
1	0	1	0	1	0	1	0	0
1	0	1	1	0	0	0	1	1
1	0	1	1	1	0	0	1	0
1	1	0	0	0	0	0	0	1
1	1	0	0	1	0	0	0	0

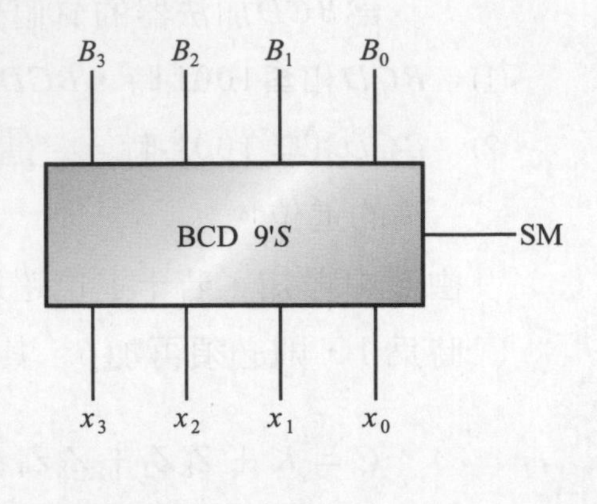

圖 3-36　單級 BCD 並加／減法器

圖 3-37 為單級的BCD並加／減法器的方塊圖。

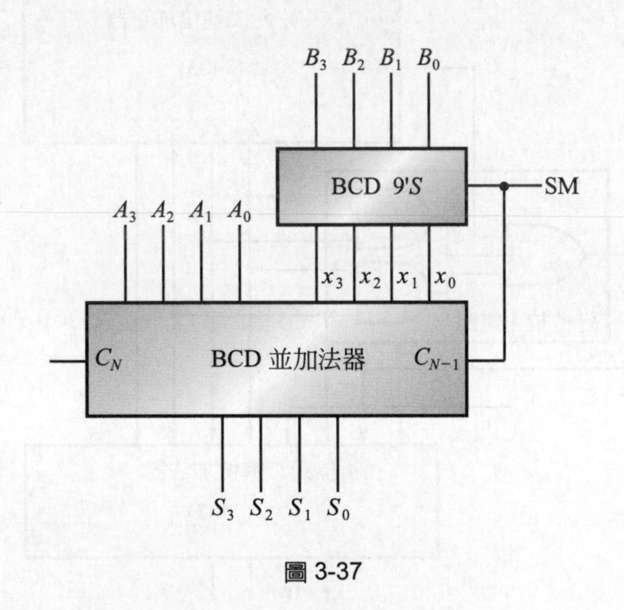

圖 3-37

當$S_M = 0$時，$x_3 \sim x_0 = B_3 \sim B_0$

當$S_M = 1$時，$x_3 \sim x_0 = B_3 \sim B_0$的 9'S 補數

所以x_n與B_n的關係式，可由卡諾圖化簡得到：

$$x_0 = B_0\overline{S}_M + \overline{B}_0 S_M$$

$$x_1 = B_1$$

$$x_2 = B_2\overline{S}_M + (\overline{B}_2 B_1 + B_2\overline{B}_1)S_M$$

$$x_3 = B_3\overline{S}_M + \overline{B}_3\,\overline{B}_2\,\overline{B}_1 S_M$$

5. BCD碼及超3碼

BCD 碼及超 3 碼轉換的相關輸入和輸出變數的眞值表如圖 3-38 所示。因爲每一個碼使用四個位元表示一個十進位數，所以有四個輸入變數及四個輸出變數。用符號A、B、C、D表示四個輸入之二進位變數，及w、x、y、z表示四個輸出變數。注意，四個二進位數有16種位元組合，不過僅有十種組合列於眞值表中，其餘沒有列出的 6 種位元組合表示爲不理會項(don't care term)，這些項在BCD碼中沒有意義並且我們假設他們不會出現。因此，爲得到一個更簡化的電路，我們可以隨意地指定其輸入變數是1或0。

BCD 輸入				超 3 碼輸出			
A	B	C	D	w	x	y	z
0	0	0	0	0	0	1	1
0	0	0	1	0	1	0	0
0	0	1	0	0	1	0	1
0	0	1	1	0	1	1	0
0	1	0	0	0	1	1	1
0	1	0	1	1	0	0	0
0	1	1	0	1	0	0	1
0	1	1	1	1	0	1	0
1	0	0	0	1	0	1	1
1	0	0	1	1	1	0	0

圖 3-38　BCD 碼轉換超 3 碼之眞值表

圖3-39所畫的卡諾圖是用來得到輸出之簡化的布林函數。四個卡諾圖各代表四個包含四個輸入變數函數之輸出，方格中標示爲 1 者，表示其最小項爲1。例如，在輸出z下的行有五個，因此，z的卡諾圖有五個1，每一個都在使得z等於1的最小項的方格中。六個不理會項由項10到15的用記號X表示，並用卡諾圖化簡法以簡化其邏輯出電路。

由卡諾圖推導出的布林表示式可以直接得到輸出的邏輯電路圖。對於一個邏輯圖有各種其它的可能性來實現這個電路。在圖 3-39 所得的表示式對於兩個或更多個輸出使用共用閘的目的可以用代數的方示來操作。

$$z = D'$$

$$y = CD + C'D' = CD + (C+D)'$$

$$x = B'C + B'D + BC'D' = B'(C+D) + BC'D'$$

$$= B'(C+D) + B(C+D)'$$

$$w = A + BC + BD = A + B(C+D)$$

實現這些表示式的邏輯電路圖如圖 3-40 所示。注意，輸出表示式中的$(C+D)$的 OR 閘，可以用來實現三個輸出的某些部份。

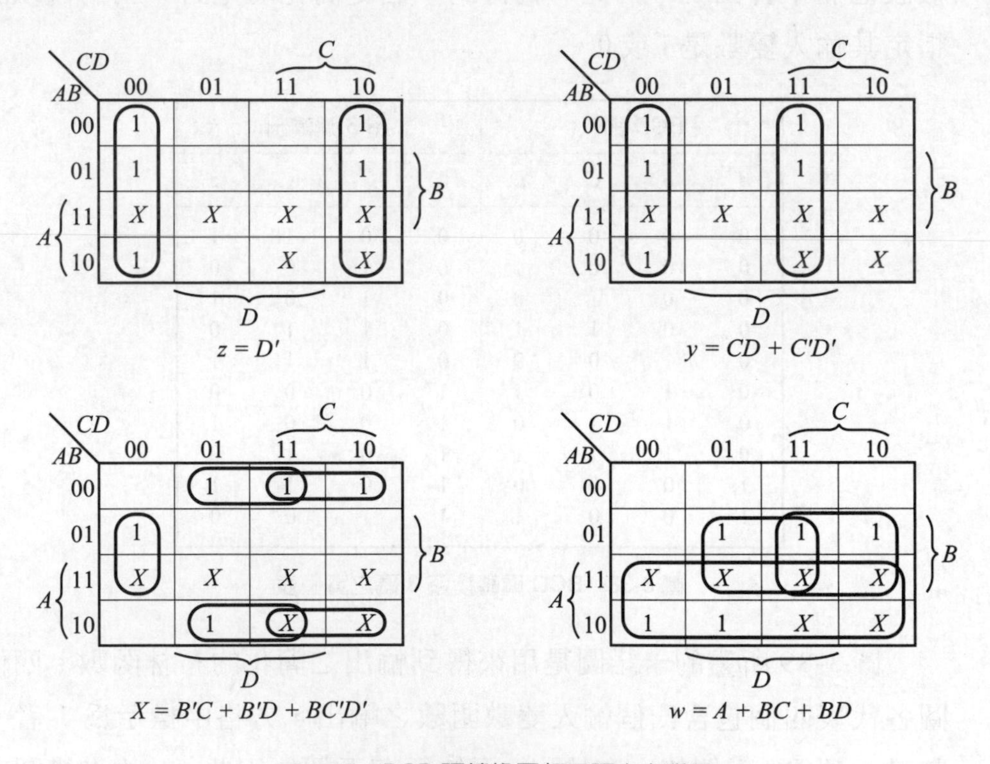

圖 3-39　BCD 碼轉換至超三碼之卡諾圖

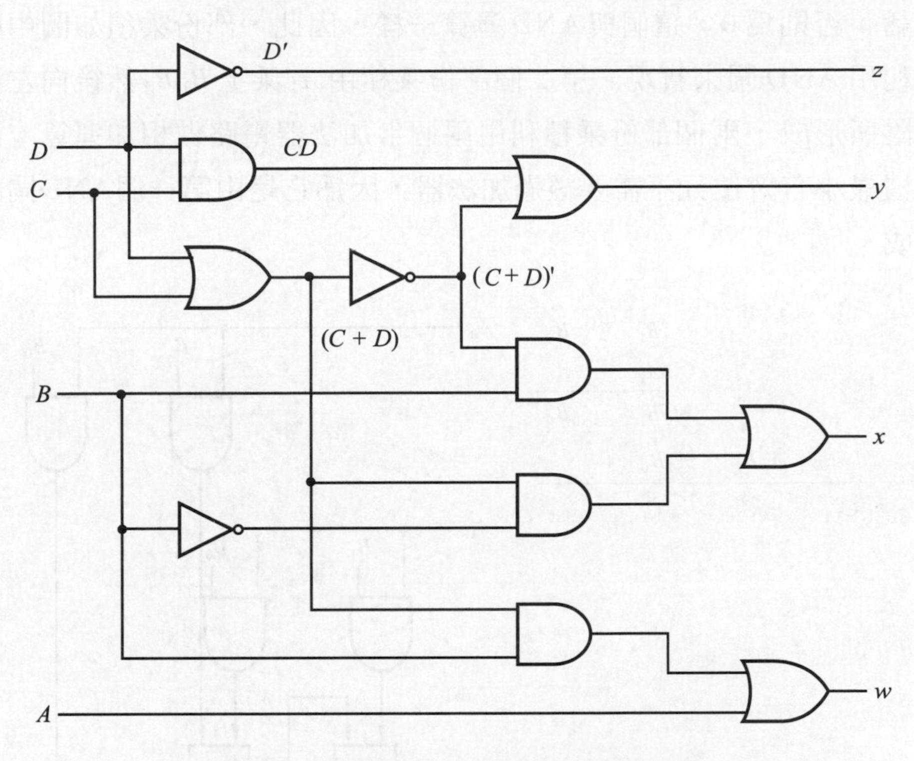

圖 3-40 BCD 碼轉換至超三碼之邏輯電路圖

若不計算輸入的反相器，以 SOP 的形式實現此電路需要七個 AND 閘及三個OR閘，但圖 3-40 所實現的電路需要四個AND閘、四個OR閘及一個反相器。如果只有正常的輸入可用，則第一個電路中變數 B、C 和D需要反相器，且第二個電路中只有變數 B 和 D 需要反相器。

6. 二進位乘法器

二進位的乘法與十進位的表示式相同，被乘數從最小有效位元開始乘上乘數的每一個位元，每一個乘法都形成一個部份的乘積，連續的部份乘積會向左移動一個位置。最後的乘積結果則是將所有的部份乘積總和而得。

一個二進位乘法器(binary multiplier)可用一個組合電路來執行，我們考慮兩個 2 位元數字的乘法如圖 3-41 所示，被乘數位元是 B_1 和 B_0，乘數位元是 A_1 和 A_0，以及積是 $C_3\ C_2\ C_1\ C_0$。第一個部份乘積是由 A_0 乘上 $B_1\ B_0$ 所行成，兩個位元例如 A_0 和 B_0 的乘法等於 1 如果兩位元同時為 1 的話；否則爲 0，這個與AND運算一樣，因此，部份乘積如圖中所示可以利用AND閘來實現。第二個部份乘積由 A_1 乘上 B_1B_0 然後向左移一個位置所形成，兩個部份乘積利用兩個半加法器電路做相加運算。注意，乘積最小有效位元不需要經過加法器，因爲它是由第一個AND閘輸出所形成。

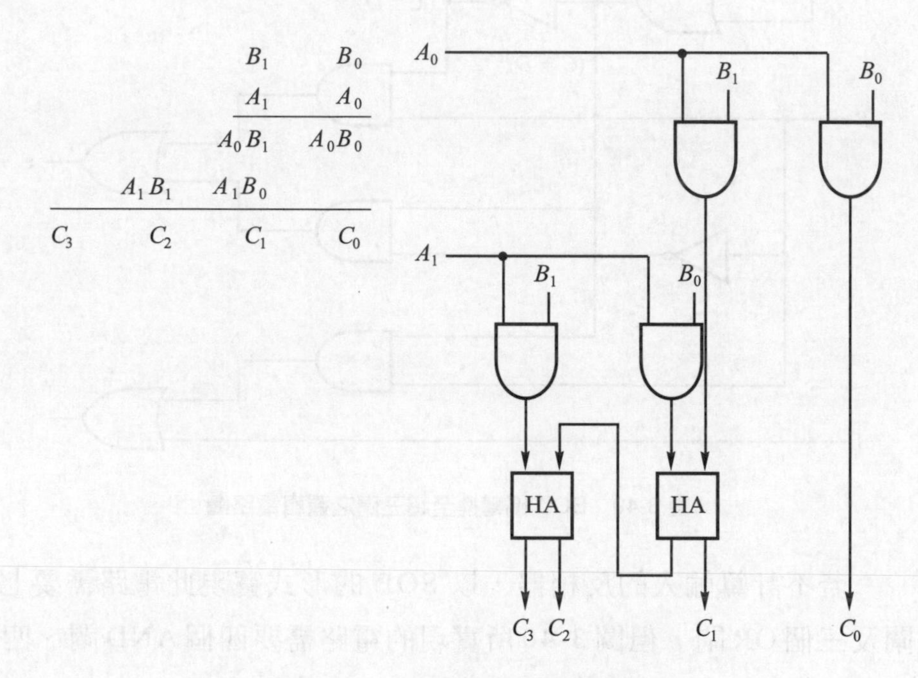

圖 3-41 二進位乘法器邏輯電路圖

三 實習項目

(一) 組合邏輯設計

下列題目依組合邏輯設計步驟列出：眞値表、布林函數、繪出邏輯電路圖、試以萬用閘(NAND、NOR)組成該電路、檢驗電路是否符合眞値表。

1. 試設計一個電路，該電路有三個輸入，一個輸出，若三個輸入信號中共有奇數個「0」，則輸出爲「1」。
2. 某一商業團體中，各股東股權分配如下：

A：擁有股權40％

B：擁有股權30％

C：擁有股權20％

D：擁有股權10％

每一股東的表決權相當於其所擁有的股權。對於提議案則需擁有 50 ％(含50％)以上的股權才能通過，設計此邏輯電路，若通過則代表「logic 1」此時指示燈亮，不通過則代表「logic 0」，此時指示燈不亮。

3. 設計輸入4位元的數，產生此4位元的9'S補數的組合電路。
4. 設計輸入一組BCD碼(0～9)，輸出仍爲BCD碼，但爲輸入的三倍。
5. 有一個會議的成員有 4 人，表決時採多數決通過，若贊成及反對的票數相同則以主席的意見爲表決的結果，請設計此邏輯電路。
6. 設計一個電路，該電路有三個輸入，一個輸出，若三個輸入信號之二進位值小於6時，輸出爲「1」，否則爲「0」。
7. 設計一個多數(majority)電路，當輸入變數中1的個數多於0的個數則輸出爲「1」，否則爲「0」。
8. 設計一個將8、4、−2、−1碼的十進位數(0～9)轉換成BCD碼的碼轉換電路。
9. 某一公司決策單位包括老闆及三位主管，對於政策之制定及執行如以下之約定：
   ⑴ 政策之執行條件爲：老闆與至少一位主管同意；或三位主管同意，而不管老闆是否同意。
   ⑵ 政策之不執行條件爲：沒人同意或只有一人同意。
   ⑶ 其他情況則是重新制定政策。

(二) IC 應用電路

1. 4位元並行加法器

   ⑴ 材料表

   7483×1，220Ω×5，LED×5

⑵ 電路圖

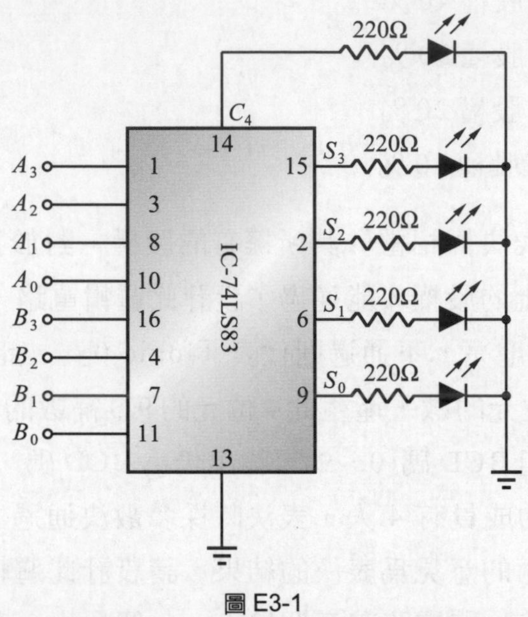

圖 E3-1

⑶ 實習步驟

① 依電路圖 E3-1 將所有元件連接，並將所有 IC 接上電源。

② 分別給予加數「A_3～A_0」與被加數「B_3～B_0」不同之邏輯準位，觀察 C_4，S_3～S_0的輸出為何，並記錄於表上。

⑷ 實習結果

輸入				輸出				末端進位	和			
A_3	A_2	A_1	A_0	B_3	B_2	B_1	B_0	C_4	S_3	S_2	S_1	S_0
0	0	0	1	0	0	1	1					
0	0	1	0	0	1	0	1					
0	1	0	1	0	0	1	1					
0	1	1	0	0	1	1	1					
0	1	1	1	0	0	0	1					
1	0	0	1	1	0	1	1					
1	0	0	0	1	1	0	1					
1	0	1	0	1	0	0	1					
1	0	1	1	1	1	0	1					
1	1	1	1	1	1	1	1					

2. 利用 2'S 補數製作 4 位元加減法器

(1) 材料表

7483×1，7486×1，220Ω×5，LED×5

(2) 電路圖

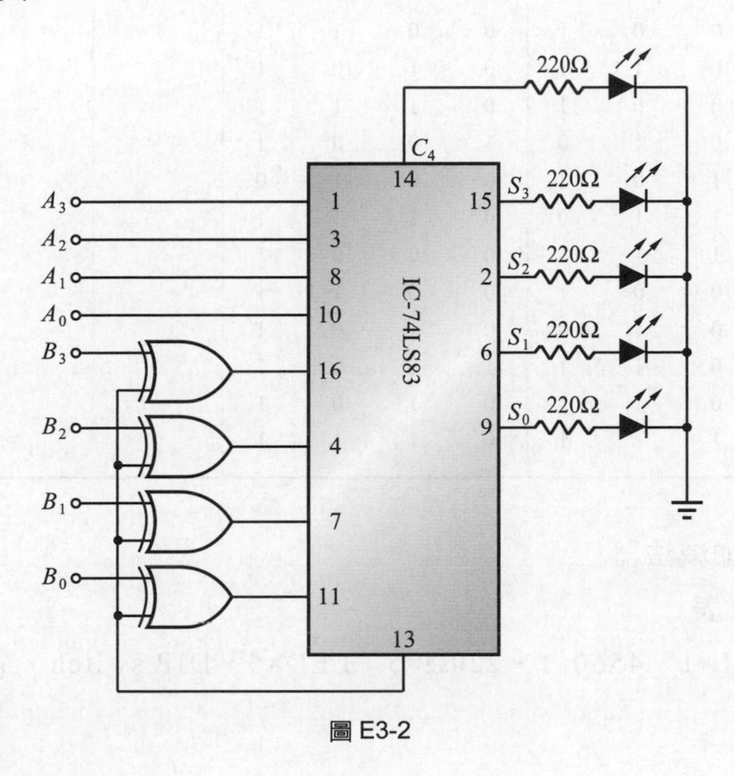

圖 E3-2

(3) 實習步驟

① 依電路圖 E3-2 將所有元件連接，並將所有 IC 接上電源。

③ 分別給予控制「C」、加(減)數「$A_3 \sim A_0$」與被加(減)數「$B_3 \sim B_0$」不同之邏輯準位，觀察C_4，$S_3 \sim S_0$的輸出爲何，並記錄於表上。

(4) 實習結果

控制 C	輸入								末端進位	和			
	A_3	A_2	A_1	A_0	B_3	B_2	B_1	B_0	C_4	S_3	S_2	S_1	S_0
0	0	0	0	1	0	0	1	1					
0	0	0	1	1	0	1	0	1					
0	1	0	0	1	0	1	1	1					
0	1	0	1	0	1	0	0	1					
0	1	1	0	1	0	0	1	0					
0	0	1	1	0	0	1	1	1					
1	0	1	1	1	0	0	0	1					
1	1	0	0	1	0	0	1	1					
1	1	0	1	0	0	1	0	1					
1	1	0	1	1	1	0	0	1					
1	1	0	1	1	0	1	0	1					
1	1	1	1	1	0	1	1	1					

3. BCD加減法器

(1) 材料表

4561×1，4560×1，220Ω×5，LED×5、DIP switch，4.7k×1

(2) 電路圖

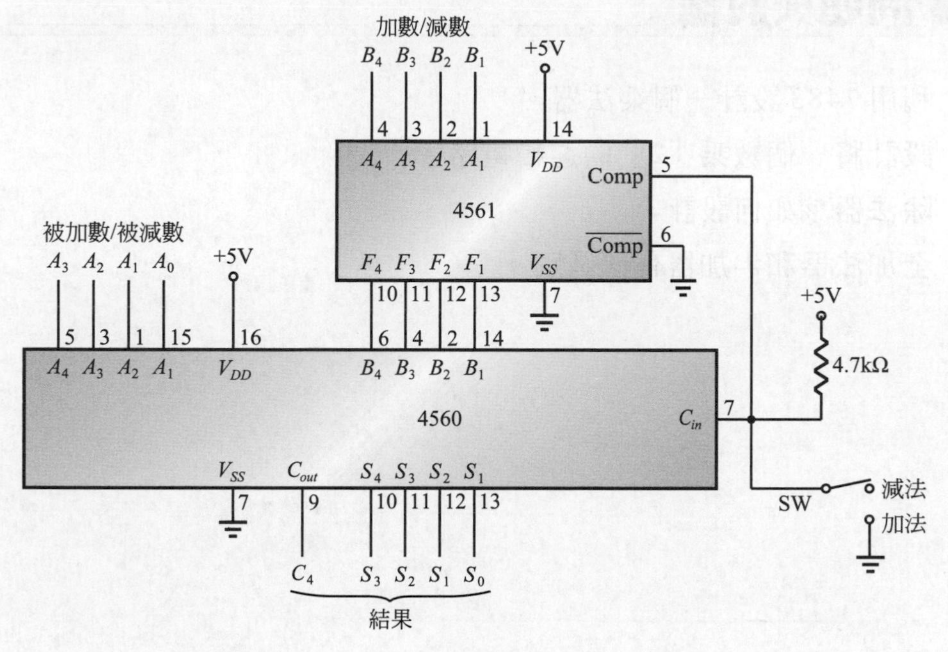

圖 E3-3

(3) 實習步驟

① 依電路圖 E3-3 將所有元件連接，並將所有 IC 接上電源。

② 分別給予加(減)數「B_3～B_0」與被加(減)數「A_3～A_0」不同之邏輯準位，觀察C_4，S_3～S_0的輸出爲何，並記錄於表上。

(4) 實習結果

開關S之位置	輸入									輸出					
	A_3	A_2	A_1	A_0	B_3	B_2	B_1	B_0	C_0	S_3	S_2	S_1	S_0	C_4	相當十進制
加	0	0	0	0	0	0	1	0	0						
加	0	0	1	1	0	1	0	0	0						
加	0	1	0	0	0	1	0	1	0						
加	0	1	0	0	0	1	1	0	0						
加	0	1	0	1	0	1	1	0	0						
減	0	0	0	0	0	0	0	1	1						
減	0	1	0	0	0	0	1	1	1						
減	0	1	1	0	0	0	1	1	1						
減	0	0	0	0	0	1	0	1	1						
減	0	0	1	1	1	0	1	1	1						
減	0	0	1	0	1	1	1	0	1						

四 問題與討論

1. 利用 7483 設計一個乘法器。
2. 設計將一個數乘「2」的邏輯電路。
3. 除法器該如何設計。
4. 全加法器和半加器有何區別。

CHAPTER 4

編碼器、解碼器與顯示電路

一 實習目的

1、瞭解編碼器電路之設計方法。

2、瞭解解碼器電路之設計方法。

3、了解各種 IC 之使用。

4、瞭解顯示器之原理及使用

二 相關知識

在數位系統中，資料的表示方式通常是以 0 與 1 這兩種基本型態組合而成的，資料若要作處理，則必須將它轉為處理單元所能接受的型式(碼)，此即所謂的編碼(encode)。可以完成此編碼工作的電路稱為編碼器(encoder)。而當處理單元將資料處理完之後，則必須將它呈現出來，此時我們需要將它更改為人們所熟悉的資料型式，此種動作我們稱之為解碼(decode)。可以完成此解碼工作的電路稱為解碼器(decoder)。

在數位系統中，常用的碼有 BCD 碼(Binary-Coded-Decimal)、二進位碼(Binary Code)、八進位碼(Octal Code)、十六進位碼(Hexadecimal Code)、十進位碼(Decimal Code)，七段顯示碼、加三碼(Excess-3)、格雷碼(Gray Code)、ASCII 碼(American Standard Code for Information Interchange)。因此在數位系統中，碼的轉換(code conversion)就變得重要了。

1. 編碼器

在編碼器中，有m個輸入端，在眾多的輸入端中每次只能允許其中一條輸入信號，而輸出就是經由編碼所形成的各種二進碼。例如，使用電腦時，從鍵盤輸入一個文數字，該文數字訊息就是一條輸入線的信號，它將轉換成二進碼、BCD碼或其它設定的二進碼。編碼器若有m個輸入線，且$2^{n-1}<m<2^n$，則輸出就必須編成n個位元。而使用時編碼器只有一條輸入線的信號是1，否則整個電路就失去意義。下面我們以一個「8對 3 線」編碼器來說明編碼器設計的方法。

「8 對 3 線」編碼器有 8 個輸入，分別是「D_0、D_1、D_2、D_3、D_4、D_5、D_6、D_7」，3 個輸出，分別是「x、y、z」。

A：方塊圖如圖 4-1，

B：真值表如表 4-1。

C：由表 4-1，可得到每個輸出端之布林函數式，如下所示：

$$x = D_4 + D_5 + D_6 + D_7$$

$y = D_2 + D_3 + D_6 + D_7$

$z = D_1 + D_3 + D_5 + D_7$

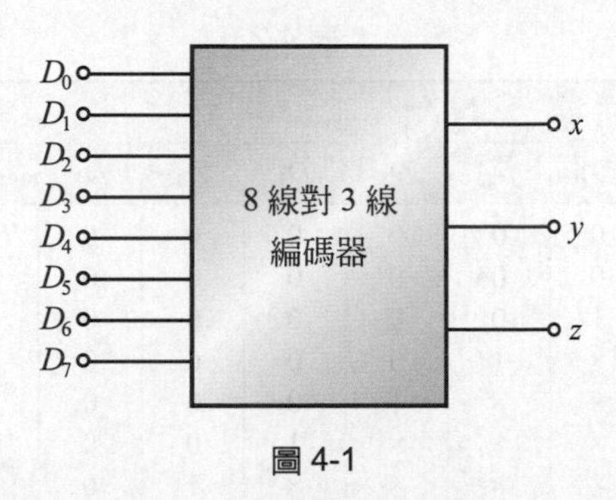

圖 4-1

表 4-1

輸入								輸出		
D_0	D_1	D_2	D_3	D_4	D_5	D_6	D_7	x	y	z
1	0	0	0	0	0	0	0	0	0	0
0	1	0	0	0	0	0	0	0	0	1
0	0	1	0	0	0	0	0	0	1	0
0	0	0	1	0	0	0	0	0	1	1
0	0	0	0	1	0	0	0	1	0	0
0	0	0	0	0	1	0	0	1	0	1
0	0	0	0	0	0	1	0	1	1	0
0	0	0	0	0	0	0	1	1	1	1

D：「8 對 3 線」編碼器的電路圖如圖 4-2。

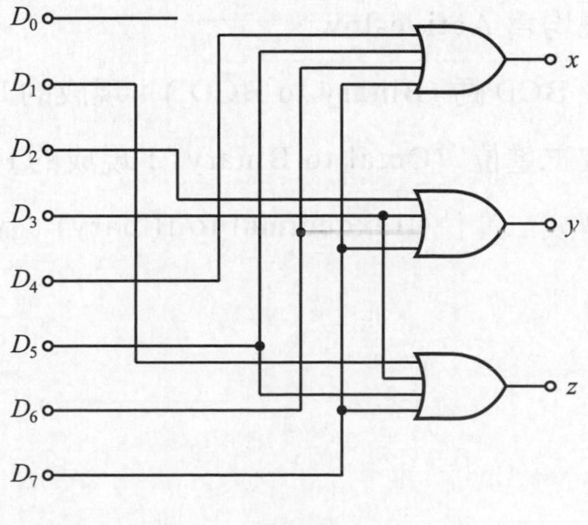

圖 4-2

「8對3線」優先編碼器：具有8條輸入線，輸出3條編碼結果。

A：優先編碼器的眞値表，表4-2。

表4-2

輸入								輸出		
D_0	D_1	D_2	D_3	D_4	D_5	D_6	D_7	x	y	z
1	0	0	0	0	0	0	0	0	0	0
×	1	0	0	0	0	0	0	0	0	1
×	×	1	0	0	0	0	0	0	1	0
×	×	×	1	0	0	0	0	0	1	1
×	×	×	×	1	0	0	0	1	0	0
×	×	×	×	×	1	0	0	1	0	1
×	×	×	×	×	×	1	0	1	1	0
×	×	×	×	×	×	×	1	1	1	1

B：布林函數

$$x = D_4 + D_5 + D_6 + D_7$$
$$y = D_2\overline{D}_4\overline{D}_5 + D_3\overline{D}_4\overline{D}_5 + D_6 + D_7$$
$$z = D_1\overline{D}_2\overline{D}_4\overline{D}_6 + D_3\overline{D}_4\overline{D}_6 + D_5\overline{D}_6 + D_7$$

C：「8對3線」優先編碼器的電路圖如圖4-3。

最常用的編碼器有以下幾種：

(1) 十進位轉成BCD碼 (Decimal to BCD)：現成的IC有 74147。其輸出與輸入信號均爲 Active-low。

(2) 二進位轉成BCD碼 (Binary to BCD)：現成的IC有 74185。

(3) 八進位轉成二進位 (Octal to Binary)：現成的IC有 74148。

(4) 十六進位轉成二進位(Hexdecimal to Binary)：讀者可自行研究各種編碼器之設計。

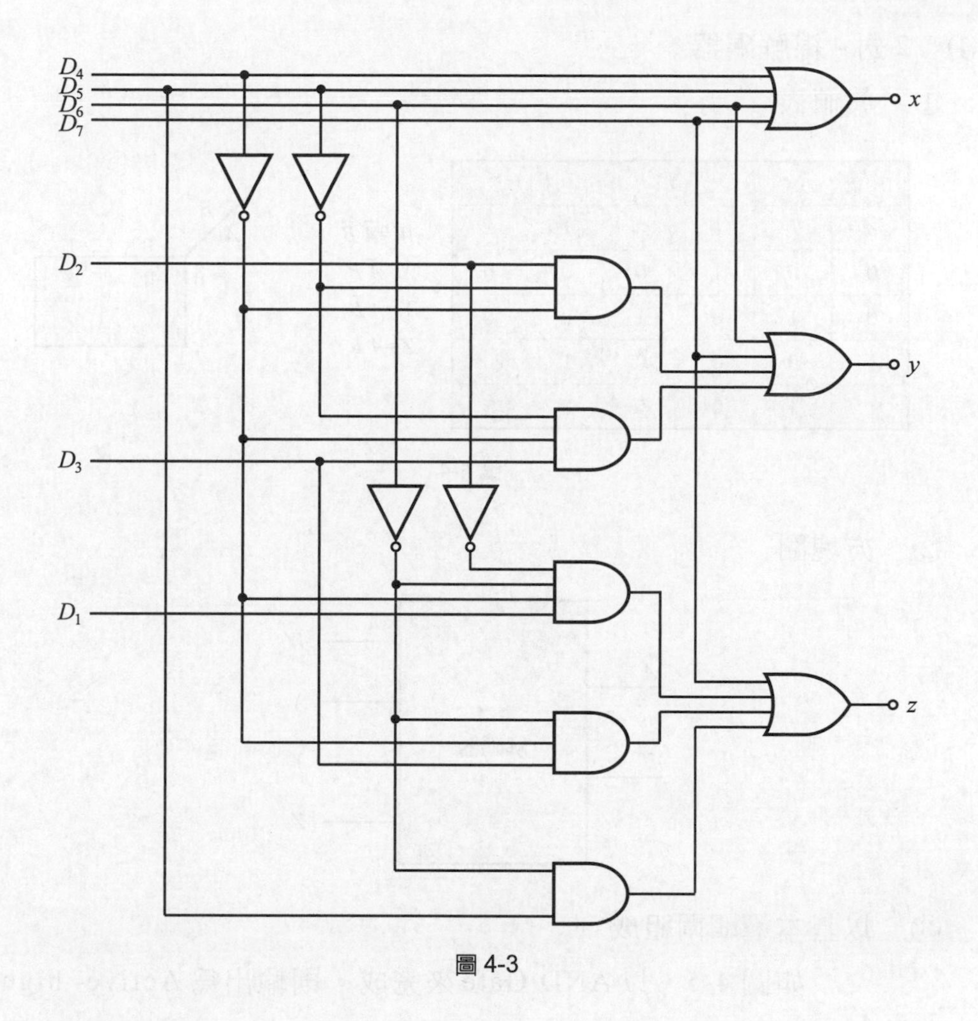

圖 4-3

2. 解碼器

解碼器之功能與編碼器之功能相反，解碼器的輸入就是編碼器的輸出，而產生的輸出就是編碼器的輸入，也就是編碼器的輸入等於解碼器的輸出。如「3對8線」解碼器的功能和「8對3線」編碼器的功能相反。最常用的解碼器有以下幾種：

(1) 2對4線解碼器

① 眞值表

輸入		輸		出	
A	*B*	*W*	*X*	*Y*	*Z*
0	0	1	0	0	0
0	1	0	1	0	0
1	0	0	0	1	0
1	1	0	0	0	1

$W=\overline{A}\,\overline{B}$

$X=\overline{A}\,B$

$Y=A\,\overline{B}$

$Z=A\,B$

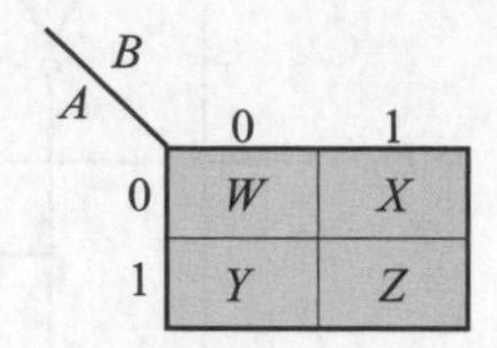

圖 4-4

② 方塊圖

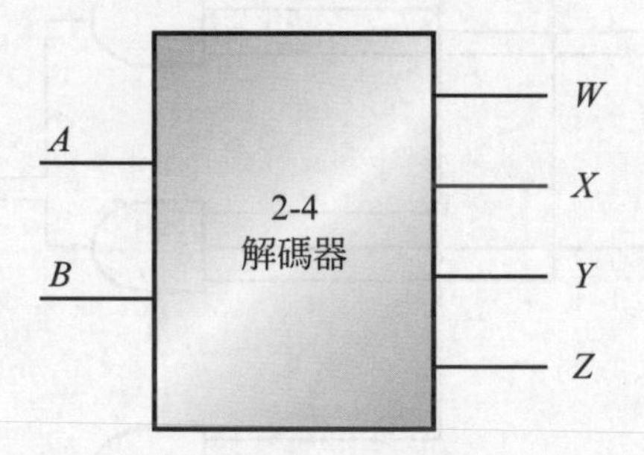

③ 以基本邏輯閘組成

如圖 4-5，以 AND Gate 來完成，則輸出為 Active- high。若改為 NAND Gate 來完成，則輸出為 Active-low。

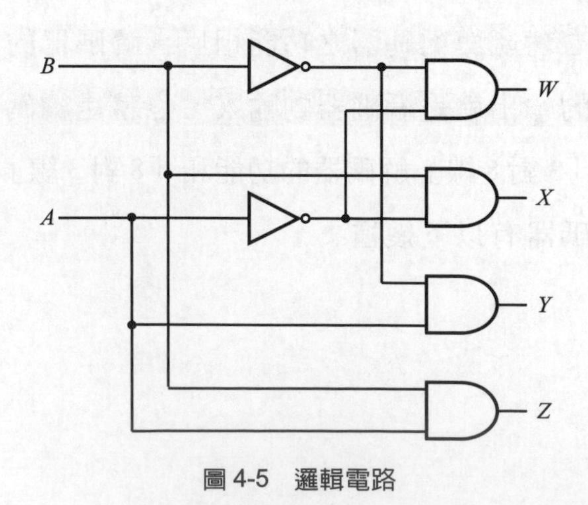

圖 4-5 邏輯電路

④　現成的解碼IC：74139

共有2組2對4線解碼器，每一組都有一個enable來控制，若$G=1$，此時輸出全爲1，若$G=0$，輸出才爲正常工作，此IC的輸出爲Active-low。

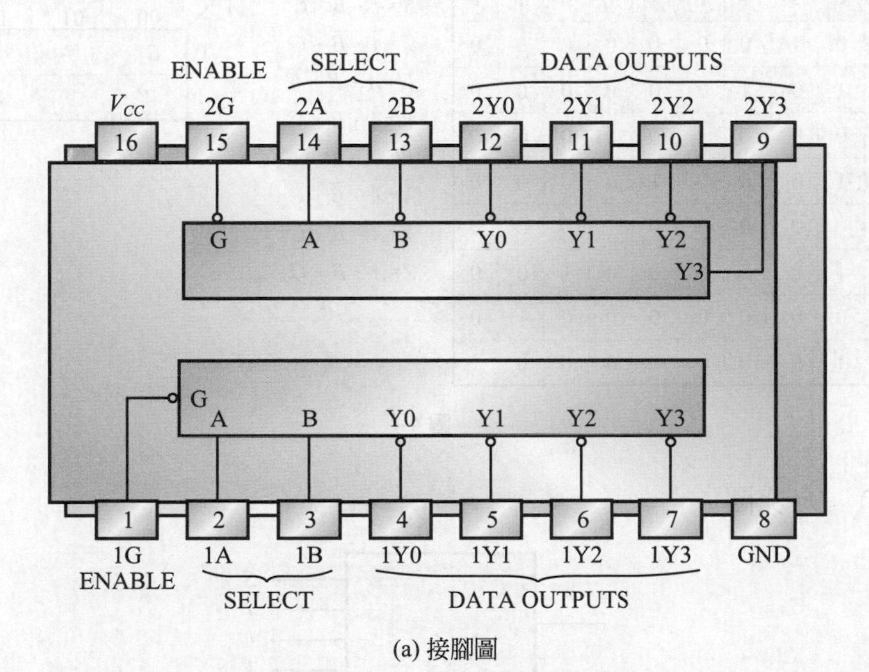

(a) 接腳圖

INPUTS			OUTPUTS			
ENABLE	SELECT					
G	B	A	Y_0	Y_1	Y_2	Y_3
1	X	X	1	1	1	1
0	0	0	0	1	1	1
0	0	1	1	0	1	1
0	1	0	1	1	0	1
0	1	1	1	1	1	0

1 = high level
0 = low level
X = irrelevant

(b) 眞值表

圖4-6　積體電路之2線對4線解碼器(74LS139)

(2) 3對8線解碼器

① 眞值表

輸入			輸出							
A	B	C	S	T	U	V	W	X	Y	Z
0	0	0	1	0	0	0	0	0	0	0
0	0	1	0	1	0	0	0	0	0	0
0	1	0	0	0	1	0	0	0	0	0
0	1	1	0	0	0	1	0	0	0	0
1	0	0	0	0	0	0	1	0	0	0
1	0	1	0	0	0	0	0	1	0	0
1	1	0	0	0	0	0	0	0	1	0
1	1	1	0	0	0	0	0	0	0	1

$S=\overline{A}\cdot\overline{B}\cdot\overline{C}$

$T=\overline{A}\cdot\overline{B}\cdot C$

$U=\overline{A}\cdot B\cdot\overline{C}$

$V=\overline{A}\cdot B\cdot C$

$W=A\cdot\overline{B}\cdot\overline{C}$

$X=A\cdot\overline{B}\cdot C$

$Y=A\cdot B\cdot\overline{C}$

$Z=A\cdot B\cdot C$

A \ BC	00	01	11	10
0	S	T	V	U
1	W	X	Z	Y

圖 4-7

② 方塊圖

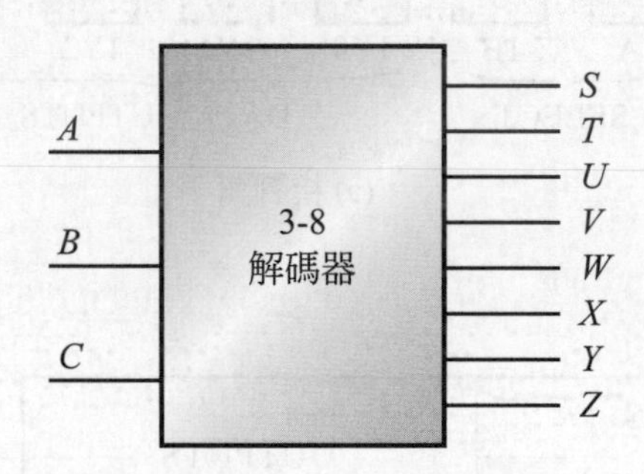

③ 以NAND Gate來完成，則輸出爲Active-low。若以AND Gate來完成，則輸出爲Active-high。

④ 現成的解碼IC：74138

74138只有一個3對8線解碼器，其選擇輸入SELECT INPUTS與74139相同。其輸入是 Active-high，輸出爲 Active-low。兩個控制信號爲1時，74138才會正常工作。

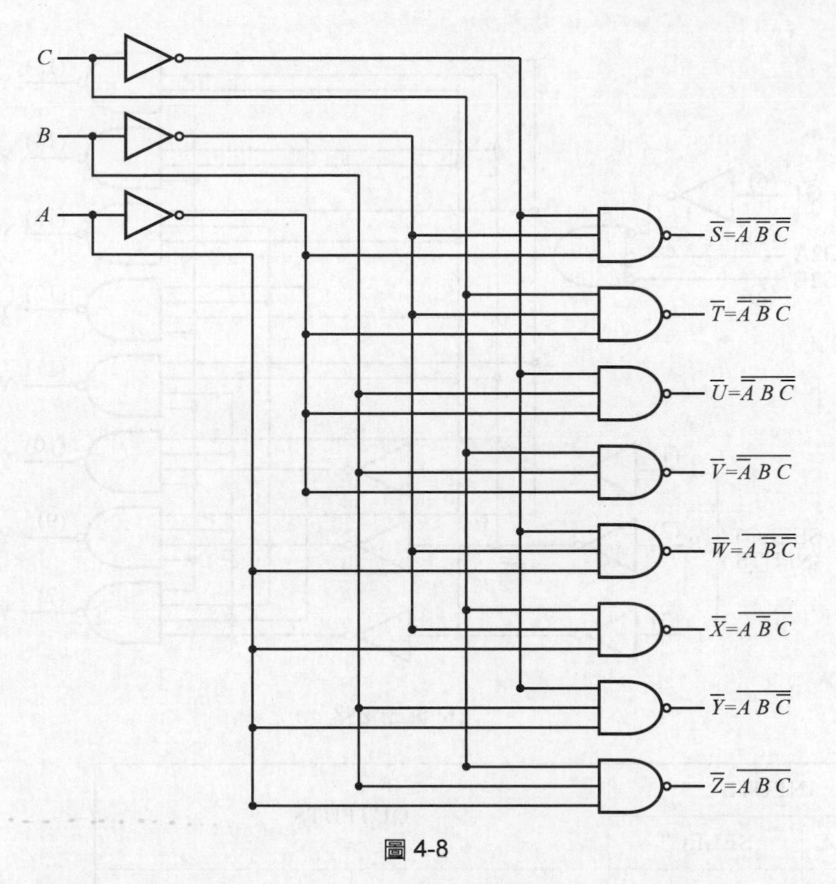

圖 4-8

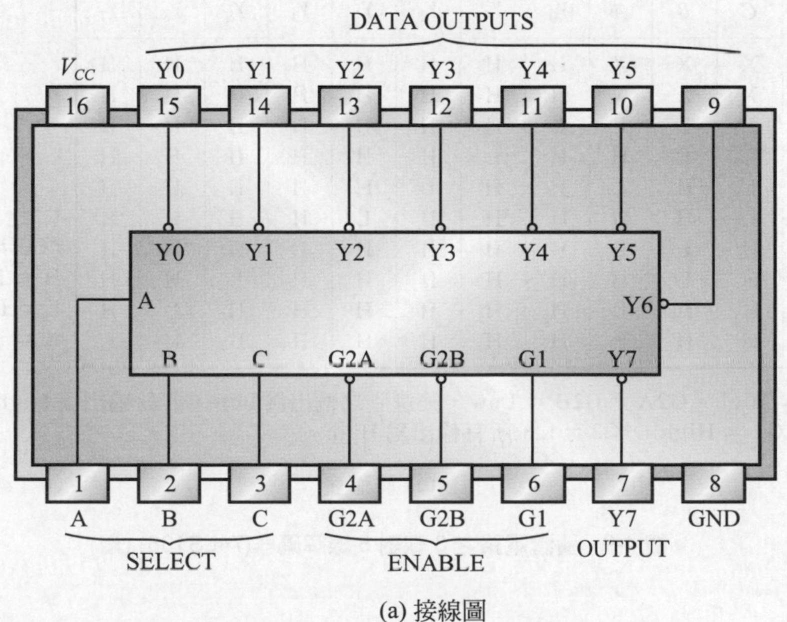

(a) 接線圖

圖 4-9　積體電路之 3 線對 8 線解碼器(74LS138)

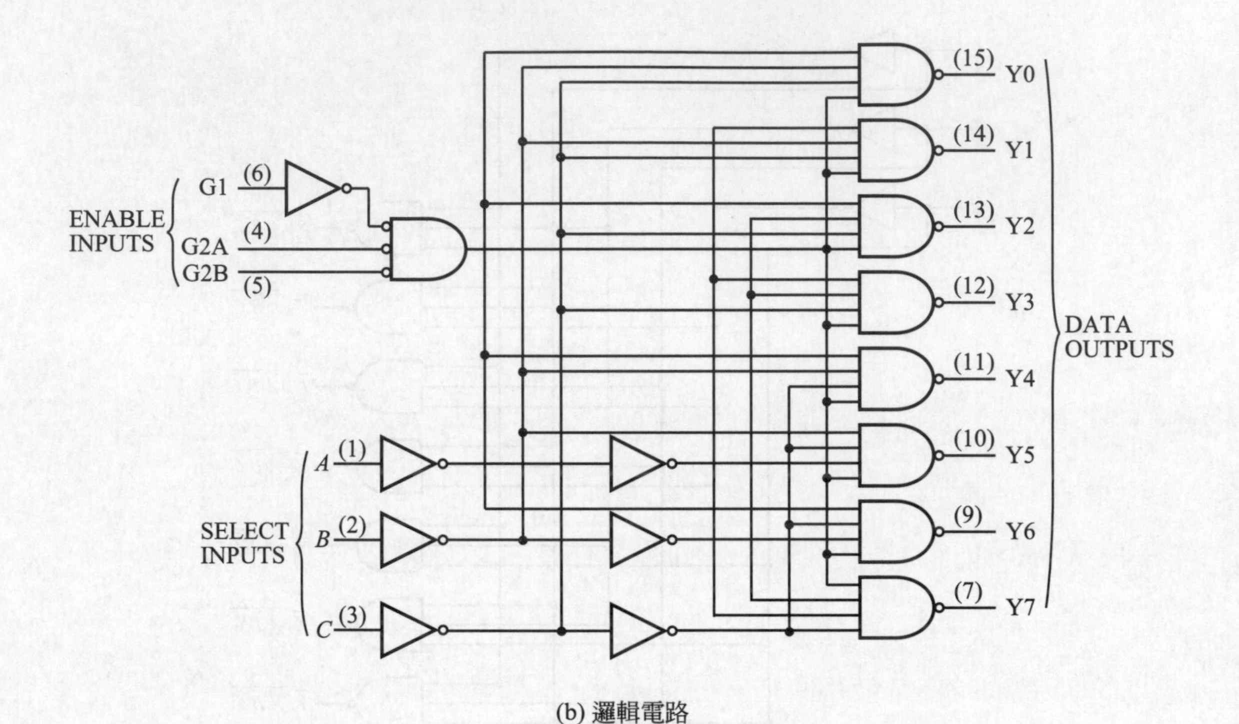

(b) 邏輯電路

INPUTS					OUTPUTS							
ENABLE		SELECT										
G	*G2	C	B	A	Y_0	Y_1	Y_2	Y_3	Y_4	Y_5	Y_6	Y_7
X	H	X	X	X	H	H	H	H	H	H	H	H
L	X	X	X	X	H	H	H	H	H	H	H	H
H	L	L	L	L	L	H	H	H	H	H	H	H
H	L	L	L	H	H	L	H	H	H	H	H	H
H	L	L	H	L	H	H	L	H	H	H	H	H
H	L	L	H	H	H	H	H	L	H	H	H	H
H	L	H	L	L	H	H	H	H	L	H	H	H
H	L	H	L	H	H	H	H	H	H	L	H	H
H	L	H	H	L	H	H	H	H	H	H	L	H
H	L	H	H	H	H	H	H	H	H	H	H	L

*G2 = G2A + G2B
H = High level
L = Low level
X = irrelevant

(a) 當 G1 = High，G2A = G2B = Low，被選到之輸出為 Low，其餘輸出為 High。
(b) 若不是 G1 = High，*G2 = L，所有輸出為 High。

(c) 真值表

圖 4-9　積體電路之 3 線對 8 線解碼器(74LS138) (續)

(3) 4對16線解碼器

4對16線解碼器的功能和十六進位轉二進位的功能相反，其輸入爲4位元的二進位資料，輸出有16種組合。

③ 眞值表

輸入					輸出															
	A	*B*	*C*	*D*	0	1	2	3	4	5	6	7	8	9	10	11	12	13	14	15
0	0	0	0	0	1	0	0	0	0	0	0	0	0	0	0	0	0	0	0	0
1	0	0	0	1	0	1	0	0	0	0	0	0	0	0	0	0	0	0	0	0
2	0	0	1	0	0	0	1	0	0	0	0	0	0	0	0	0	0	0	0	0
3	0	0	1	1	0	0	0	1	0	0	0	0	0	0	0	0	0	0	0	0
4	0	1	0	0	0	0	0	0	1	0	0	0	0	0	0	0	0	0	0	0
5	0	1	0	1	0	0	0	0	0	1	0	0	0	0	0	0	0	0	0	0
6	0	1	1	0	0	0	0	0	0	0	1	0	0	0	0	0	0	0	0	0
7	0	1	1	1	0	0	0	0	0	0	0	1	0	0	0	0	0	0	0	0
8	1	0	0	0	0	0	0	0	0	0	0	0	1	0	0	0	0	0	0	0
9	1	0	0	1	0	0	0	0	0	0	0	0	0	1	0	0	0	0	0	0
A	1	0	1	0	0	0	0	0	0	0	0	0	0	0	1	0	0	0	0	0
B	1	0	1	1	0	0	0	0	0	0	0	0	0	0	0	1	0	0	0	0
C	1	1	0	0	0	0	0	0	0	0	0	0	0	0	0	0	1	0	0	0
D	1	1	0	1	0	0	0	0	0	0	0	0	0	0	0	0	0	1	0	0
E	1	1	1	0	0	0	0	0	0	0	0	0	0	0	0	0	0	0	1	0
F	1	1	1	1	1	0	0	0	0	0	0	0	0	0	0	0	0	0	0	1

$0 = \overline{A}\cdot\overline{B}\cdot\overline{C}\cdot\overline{D}$

$1 = \overline{A}\cdot\overline{B}\cdot\overline{C}\cdot D$

$2 = \overline{A}\cdot\overline{B}\cdot C\cdot\overline{D}$

⋮

$F = A\cdot B\cdot C\cdot D$

AB \ *CD*	00	01	11	10
00	0	1	3	2
01	4	5	7	6
11	12	13	15	14
10	8	9	11	10

② 以基本邏輯閘組成

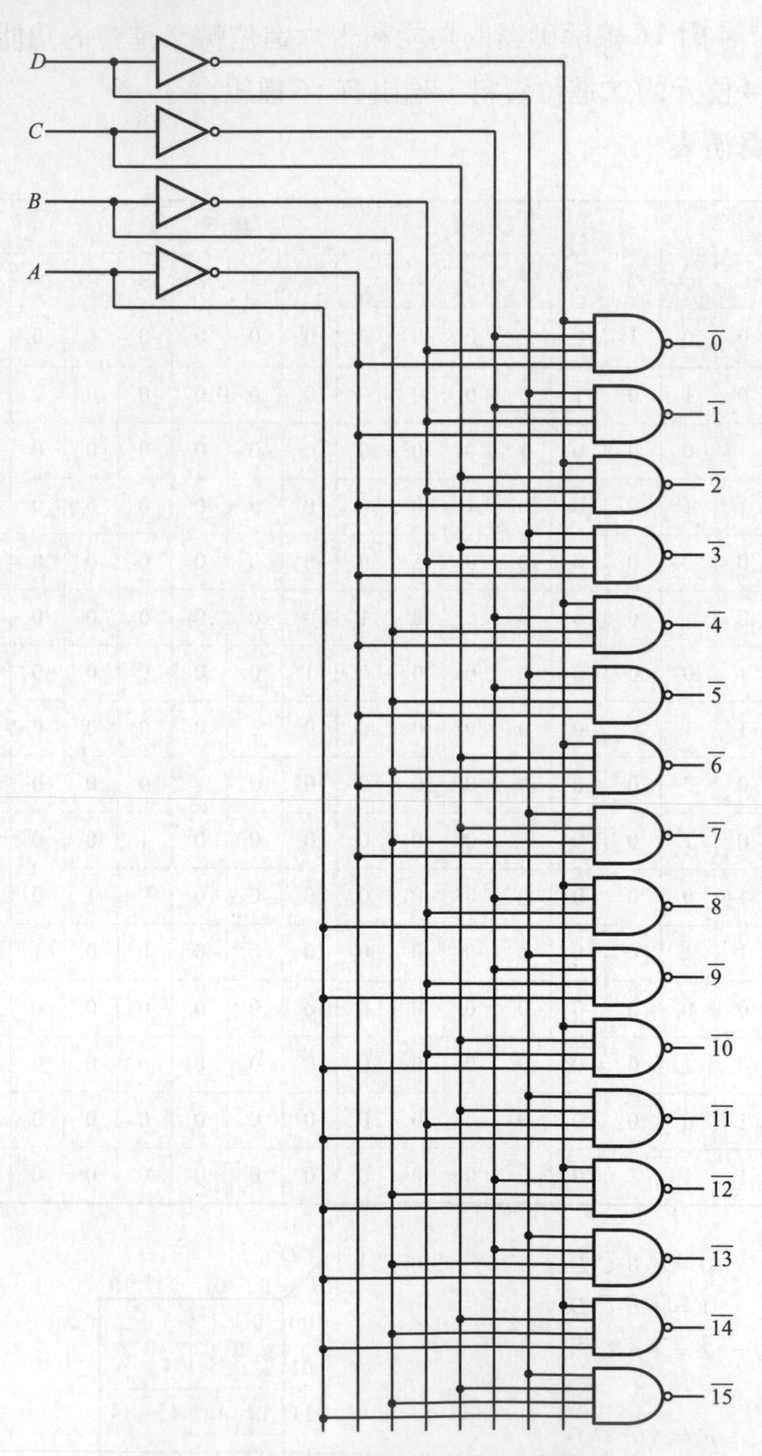

圖 4-10 以 NAND Gate 組成 4 位元解碼器

③ 現成的解碼 IC：74154(active-low)

74154 輸入任一狀態時，輸出 16 隻腳中對應其中一隻輸出爲 0，其他 15 腳爲 1，另 $G_1 G_2$ 兩控制線均爲 00 時，輸出才能正常動作，若其中任一爲 0，則輸出均爲 1。

74159 爲 74154 解碼電路之open-collector之解碼器，其功能表及眞值表似 74154。

(4) BCD 對 10 線解碼器

① 眞值表及布林代數

十進位	輸入 (高態)				輸出 (高態)										輸出 (低態)									
	A	B	C	D	0	1	2	3	4	5	6	7	8	9	0	1	2	3	4	5	6	7	8	9
0	0	0	0	0	1	0	0	0	0	0	0	0	0	0	0	1	1	1	1	1	1	1	1	1
1	0	0	0	1	0	1	0	0	0	0	0	0	0	0	1	0	1	1	1	1	1	1	1	1
2	0	0	1	0	0	0	1	0	0	0	0	0	0	0	1	1	0	1	1	1	1	1	1	1
3	0	0	1	1	0	0	0	1	0	0	0	0	0	0	1	1	1	0	1	1	1	1	1	1
4	0	1	0	0	0	0	0	0	1	0	0	0	0	0	1	1	1	1	0	1	1	1	1	1
5	0	1	0	1	0	0	0	0	0	1	0	0	0	0	1	1	1	1	1	0	1	1	1	1
6	0	1	1	0	0	0	0	0	0	0	1	0	0	0	1	1	1	1	1	1	0	1	1	1
7	0	1	1	1	0	0	0	0	0	0	0	1	0	0	1	1	1	1	1	1	1	0	1	1
8	1	0	0	0	0	0	0	0	0	0	0	0	1	0	1	1	1	1	1	1	1	1	0	1
9	1	0	0	1	0	0	0	0	0	0	0	0	0	1	1	1	1	1	1	1	1	1	1	0

$0=\overline{A}\cdot\overline{B}\cdot\overline{C}\cdot\overline{D}$

$1=A\cdot\overline{B}\cdot\overline{C}\cdot D$

$2=\overline{A}\cdot\overline{B}\cdot C\cdot\overline{D}$

$3=\overline{A}\cdot\overline{B}\cdot C\cdot D$

⋮

$9=A\cdot\overline{B}\cdot\overline{C}\cdot D$

$4=\overline{A}\cdot B\cdot\overline{C}\cdot\overline{D}$

$5=\overline{A}\cdot B\cdot\overline{C}\cdot D$

$6=\overline{A}\cdot B\cdot C\cdot\overline{D}$

$7=\overline{A}\cdot B\cdot C\cdot D$

$8=A\cdot\overline{B}\cdot\overline{C}\cdot\overline{D}$

AB \ CD	00	01	11	10
00	0	1	3	2
01	4	5	7	6
11	X	X	X	X
10	8	9	X	X

② 以基本邏輯閘組成

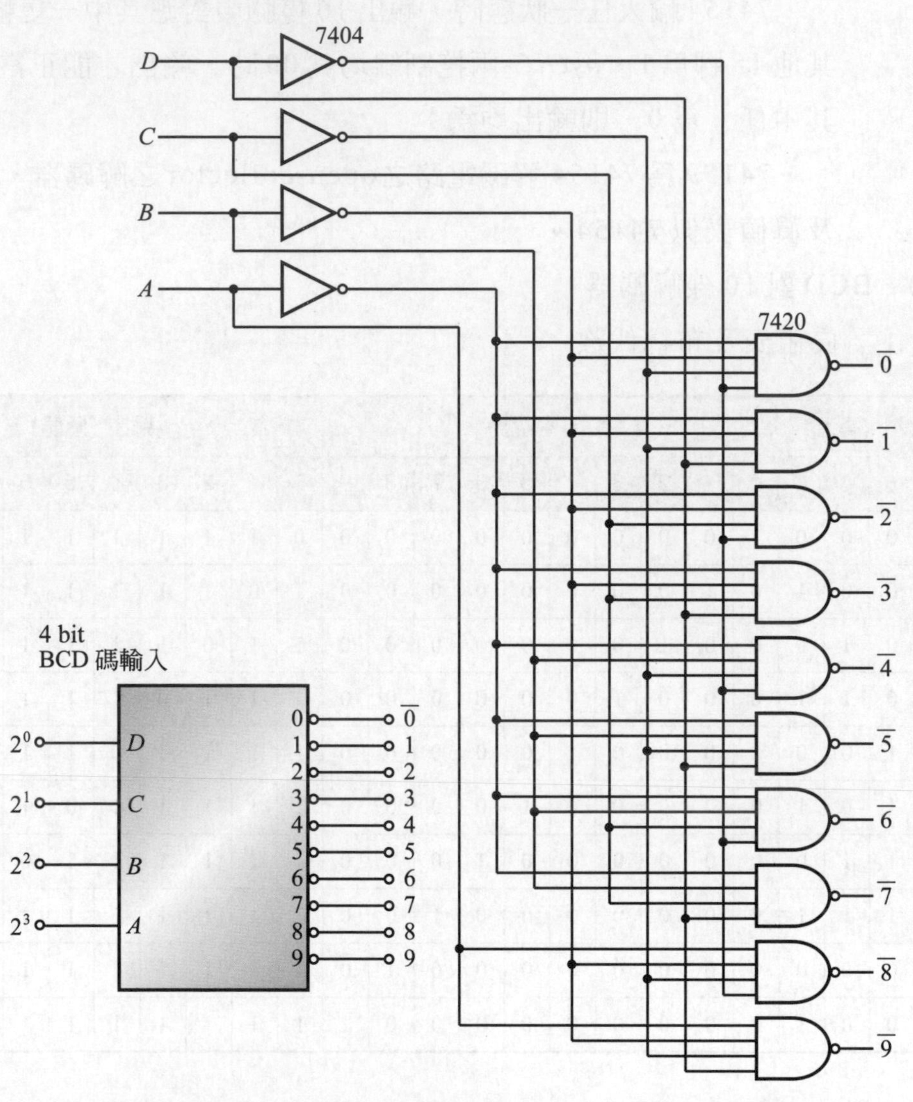

圖 4-11

③ 現成的解碼IC：74184

不能排除錯誤的BCD對10線解碼器，可在矩陣內的X，用1表示或0表示，此種電路可以減少NAND gate的輸入，但不排除錯誤的BCD對10線解碼。

① 布林代數

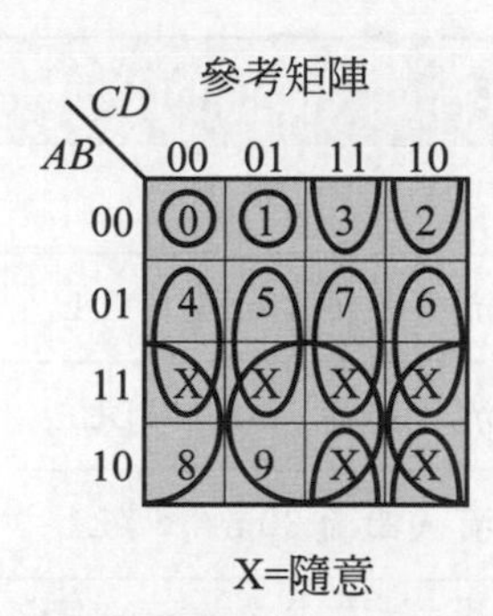

$0=\overline{A}\cdot\overline{B}\cdot\overline{C}\cdot\overline{D}$　　$5=B\cdot\overline{C}\cdot D$

$1=\overline{A}\cdot\overline{B}\cdot\overline{C}\cdot D$　　$6=B\cdot C\cdot\overline{D}$

$2=\overline{B}\cdot C\cdot\overline{D}$　　$7=B\cdot C\cdot D$

$3=\overline{B}\cdot C\cdot D$　　$8=A\cdot\overline{D}$

$4=B\cdot\overline{C}\cdot\overline{D}$　　$9=A\cdot D$

圖 4-12

② 以基本邏輯閘組成

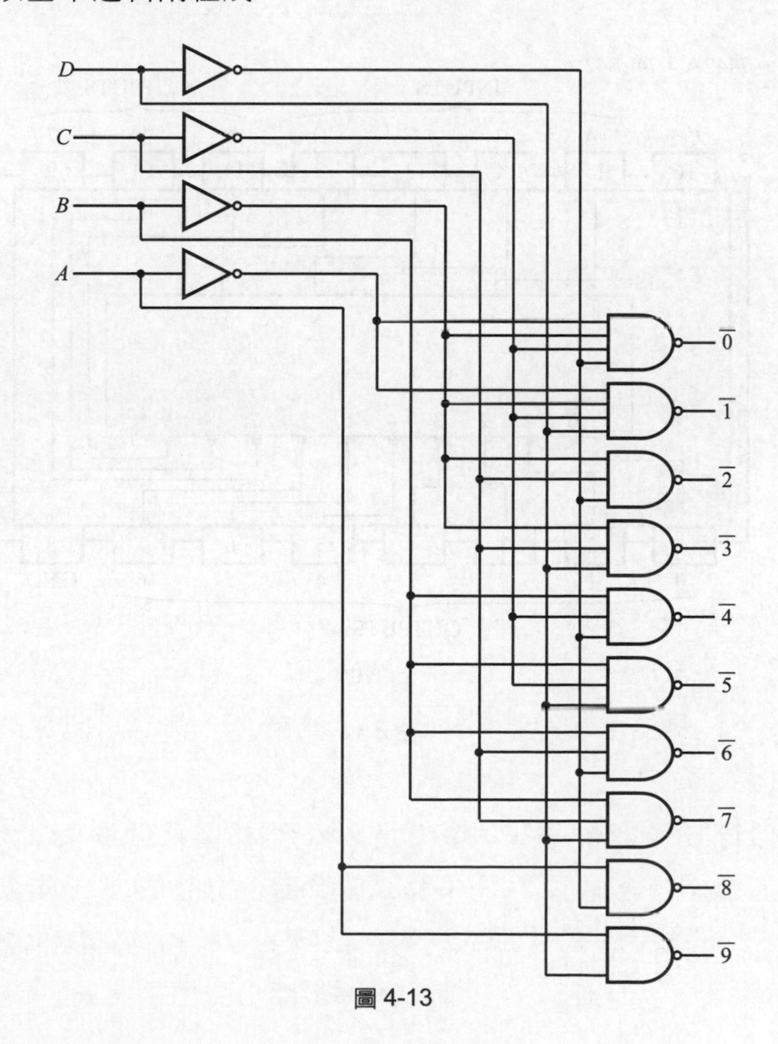

圖 4-13

③ 現成的解碼 IC

IC 型號	功能
7442	BCD 至十進制，圖騰式輸出：TTL
7445	BCD 至十進制，open collector，30V、流入電流 80mA：TLL
74141	BCD 至十進制，open collector，60V、流入電流 7mA：TLL
74145	BCD 至十進制，open collector，15V、流入電流 80mA：TLL
4028	BCD 至十進制，輸出高態在V_{DD}，流入電流 8mA，或為源極電流：CMOS

下圖為 7442 接腳圖及功能表：

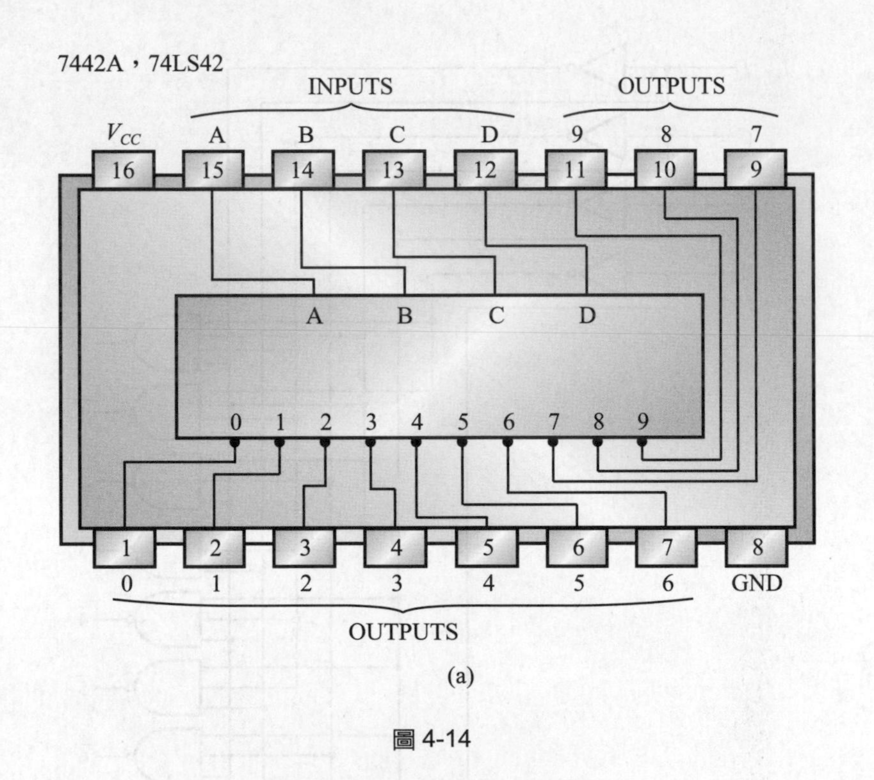

(a)

圖 4-14

FUNCTION TABLE

No.	INPUTS				OUTPUTS									
	D	*C*	*B*	*A*	0	1	2	3	4	5	6	7	8	9
0	L	L	L	L	L	H	H	H	H	H	H	H	H	H
1	L	L	L	H	H	L	H	H	H	H	H	H	H	H
2	L	L	H	L	H	H	L	H	H	H	H	H	H	H
3	L	L	H	H	H	H	H	L	H	H	H	H	H	H
4	L	H	L	L	H	H	H	H	L	H	H	H	H	H
5	L	H	L	H	H	H	H	H	H	L	H	H	H	H
6	L	H	H	L	H	H	H	H	H	H	L	H	H	H
7	L	H	H	H	H	H	H	H	H	H	H	L	H	H
8	H	L	L	L	H	H	H	H	H	H	H	H	L	H
9	H	L	L	H	H	H	H	H	H	H	H	H	H	L
	H	L	H	L	H	H	H	H	H	H	H	H	H	H
	H	L	H	H	H	H	H	H	H	H	H	H	H	H
	H	H	L	L	H	H	H	H	H	H	H	H	H	H
	H	H	L	H	H	H	H	H	H	H	H	H	H	H
	H	H	H	L	H	H	H	H	H	H	H	H	H	H
	H	H	H	H	H	H	H	H	H	H	H	H	H	H

(b)

圖 4-14 （續）

下圖為 7442 應用電路

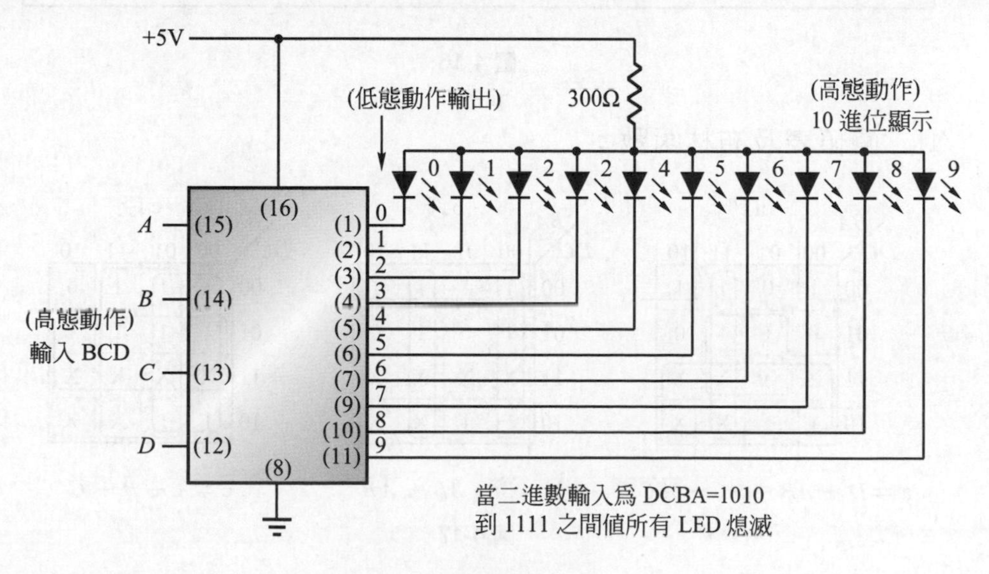

圖 4-15

⑸ BCD對七段顯示解碼器

此例題中，解碼器不具有排除錯誤的能力，也就是說，化簡的過程當中，X被當成0或1。而其顯示的字體如下：且亮為1，不亮為0

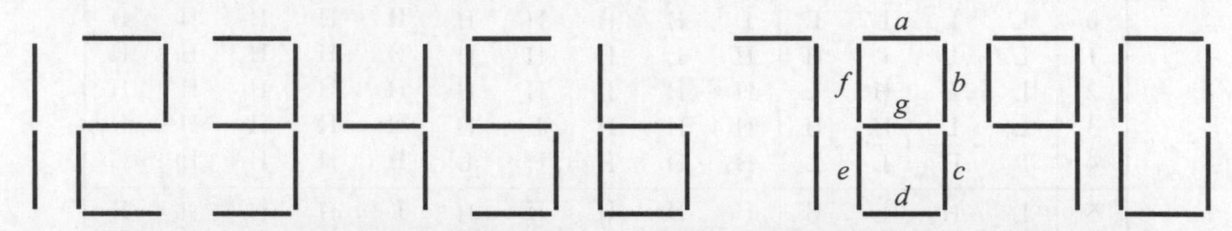

十進位數	輸入				輸出						
	D	C	B	A	a	b	c	d	e	f	g
0	0	0	0	0	1	1	1	1	1	1	0
1	0	0	0	1	0	1	1	0	0	0	0
2	0	0	1	0	1	1	0	1	1	0	1
3	0	0	1	1	1	1	1	1	0	0	1
4	0	1	0	0	0	1	1	0	0	1	1
5	0	1	0	1	1	0	1	1	0	1	1
6	0	1	1	0	0	0	1	1	1	1	1
7	0	1	1	1	1	1	1	0	0	0	0
8	1	0	0	0	1	1	1	1	1	1	1
9	1	0	0	1	1	1	1	0	0	1	1

圖 4-16

① 真值表及布林函數：

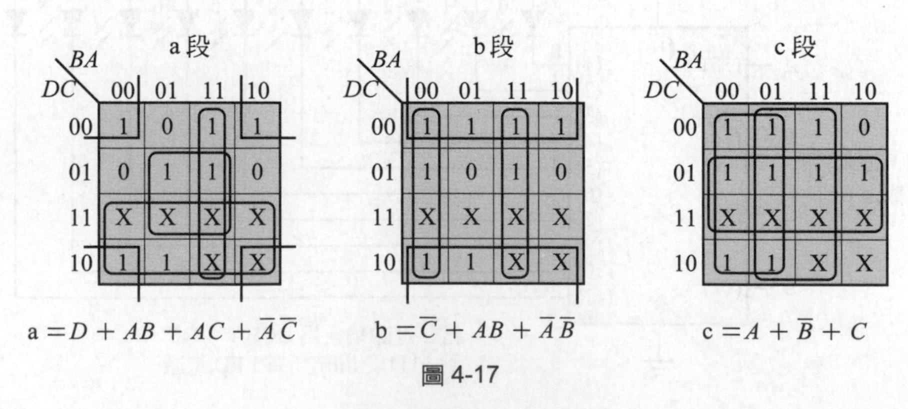

$a = D + AB + AC + \overline{A}\,\overline{C}$　　$b = \overline{C} + AB + \overline{A}\,\overline{B}$　　$c = A + \overline{B} + C$

圖 4-17

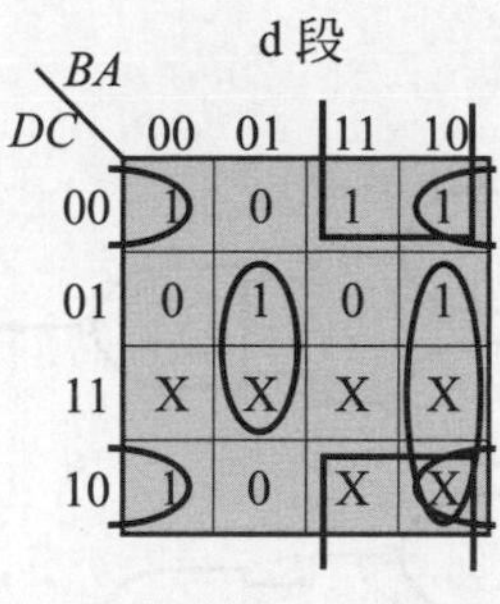

e 段

DC \ BA	00	01	11	10
00	1	0	0	1
01	0	0	0	1
11	X	X	X	X
10	1	0	X	X

$d = \overline{A}\,\overline{C} + \overline{A}B + B\overline{C} + A\overline{B}C$　　$e = \overline{A}\,\overline{C} + \overline{A}B$

圖 4-18

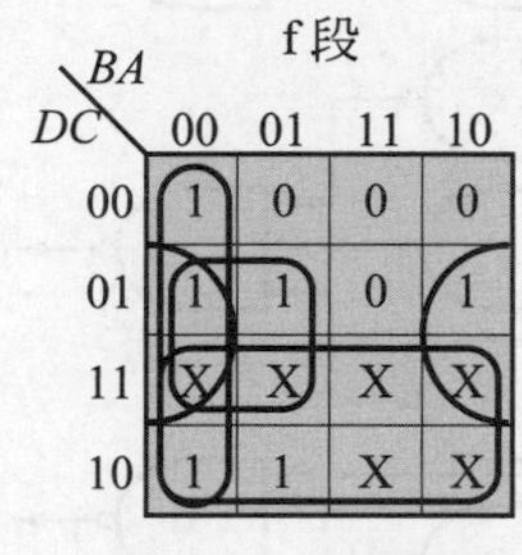

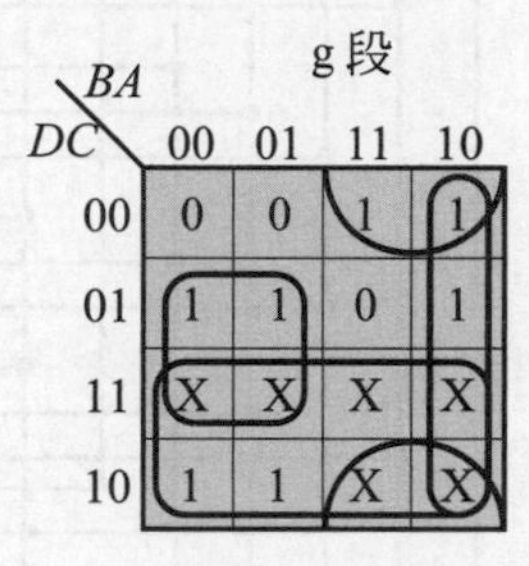

$f = D + \overline{A}\,\overline{B} + \overline{B}C + \overline{A}C$　　$g = D + \overline{A}B + B\overline{C} + \overline{B}C$

圖 4-19

② 以邏輯閘組成

$a = D + AB + AC + \overline{A}\,\overline{C}$

$b = \overline{C} + AB + \overline{A}\,\overline{B}$

$c = A + \overline{B} + C$

$d = \overline{A}\,\overline{C} + \overline{A}B + B\overline{C} + A\overline{B}C$

$e = \overline{A}\,\overline{C} + \overline{A}B$

$f = D + \overline{A}\,\overline{B} + \overline{B}C + \overline{A}C$

$g = D + \overline{A}B + B\overline{C} + \overline{B}C$

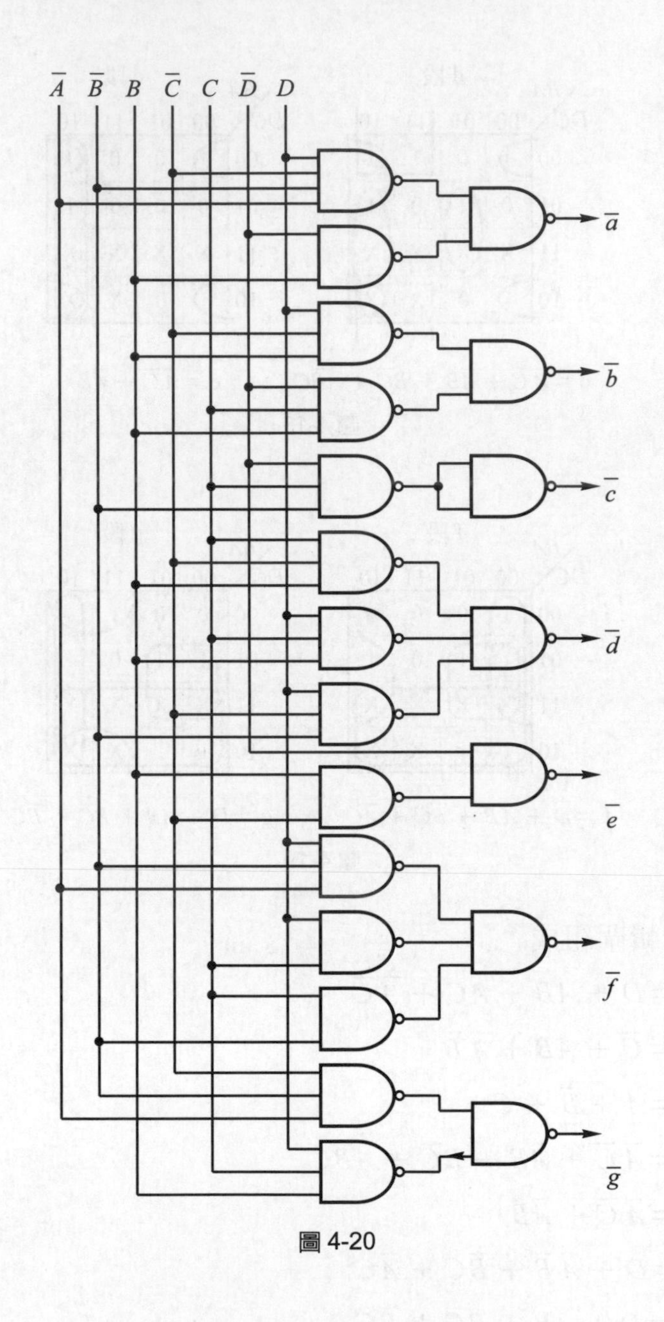
$\overline{A}$
$\overline{B}$
B
$\overline{C}$
C
$\overline{D}$
D
$\overline{a}$
$\overline{b}$
$\overline{c}$
$\overline{d}$
$\overline{e}$
$\overline{f}$
g

圖 4-20

③ 現成的解碼 IC：

IC 型號	功能	使用情形
7447	低電位動作之 BCD 對七段顯示解碼器，open collector 輸出	共陽
7446	似 7447，耐壓較 7447 高	共陽
74247	似 7447，差別在 6 與 9 之顯示不同	共陽
7448	高電位動作之 BCD 對七段顯示解碼器	共陰
4511	高電位動作之 BCD 對七段顯示解碼器，電流較 7448 大	共陰

下圖為 7447 真值表、接腳圖及數字顯示。

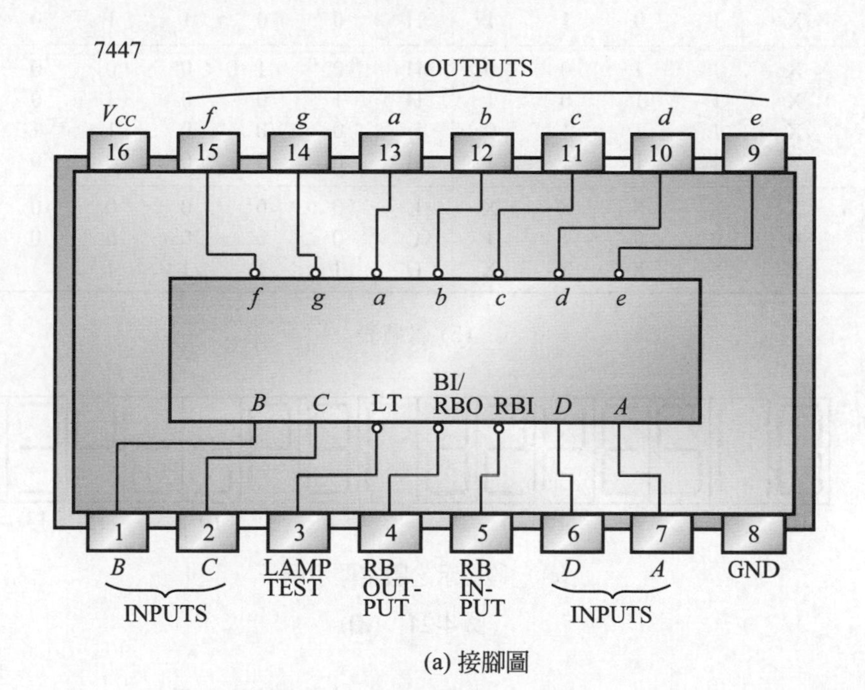

(a) 接腳圖

圖 4-21

功能	輸入						BI/RBO	各劃之熄亮						
	LT	RBI	*D*	*C*	*B*	*A*		*a*	*b*	*c*	*d*	*e*	*f*	*g*
0	1	1	0	0	0	0	H	1	1	1	1	1	1	0
1	1	X	0	0	0	1	H	0	1	1	0	0	0	0
2	1	X	0	0	1	0	H	1	1	0	1	1	0	1
3	1	X	0	0	1	1	H	1	1	1	1	0	0	1
4	1	X	0	1	0	0	H	0	1	1	0	0	1	1
5	1	X	0	1	0	1	H	1	0	1	1	0	1	1
6	1	X	0	1	1	0	H	0	0	1	1	1	1	1
7	1	X	0	1	1	1	H	1	1	1	0	0	0	0
8	1	X	1	0	0	0	H	1	1	1	1	1	1	1
9	1	X	1	0	0	1	H	1	1	1	0	0	1	1
10	1	X	1	0	1	0	H	0	0	0	1	1	0	1
11	1	X	1	0	1	1	H	0	0	1	1	0	0	1
12	1	X	1	1	0	0	H	0	1	0	0	0	1	1
13	1	X	1	1	0	1	H	1	0	0	1	0	1	1
14	1	X	1	1	1	0	H	0	0	0	1	1	1	1
15	1	X	1	1	1	1	H	0	0	0	0	0	0	0
BI	X	X	X	X	X	X	L	0	0	0	0	0	0	0
RBI	1	0	0	0	1	1	L	0	0	0	0	0	0	0
LT	0	X	X	X	X	X	H	1	1	1	1	1	1	1

(b) 眞值表

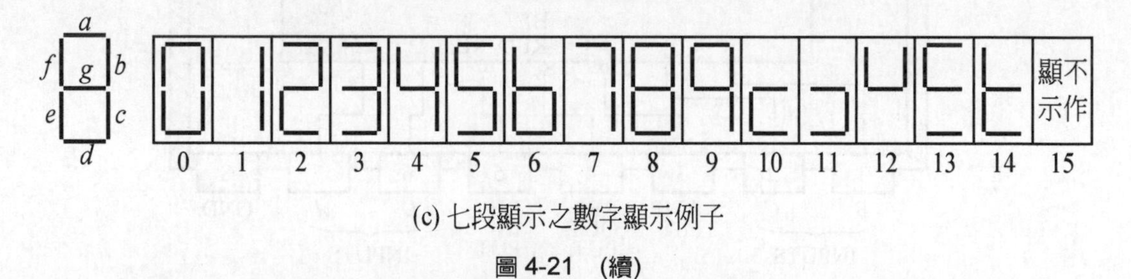

(c) 七段顯示之數字顯示例子

圖 4-21 (續)

❶ 9～15 接腳：爲輸出接腳，分別接至顯示器的a、b、c、d、e、f、g 七段。

❷ 7、1、2、6：爲輸入接腳，分別爲*A*、*B*、*C*、*D*。

❸ 第 3 接腳：爲 LAMP TEST，可檢查每段的 LED 是否正常，將此接腳接 Low 時，所有輸出皆爲 Low，顯示器七段都亮。正常使用時，應將此接腳接 High。

❹ 第4接腳：遮斷輸入/預先遮斷輸出(blanking input/ripple blanking output)，若將此接腳接Low時，不管*A*、*B*、*C*、*D*輸入為何，顯示器七段不亮。

❺ 第5接腳：預先遮斷輸入(ripple blanking input)，若將此接腳接High時，且LAMP TEST接High或不接，同時*A*、*B*、*C*、*D*輸入為Low時，則LED顯示0。若此接腳接Low時，則LED都不亮，此即為零遮沒。

例如：002047我們希望看到的是2047，前面兩個七段顯示完全不亮。如圖4-22所示：將最高位元的RBI接地，其BI/RBO接次高位元的RBI，依此類推，最低位元的BI/RBO開路不接或接High，小數點的接法剛好相反。

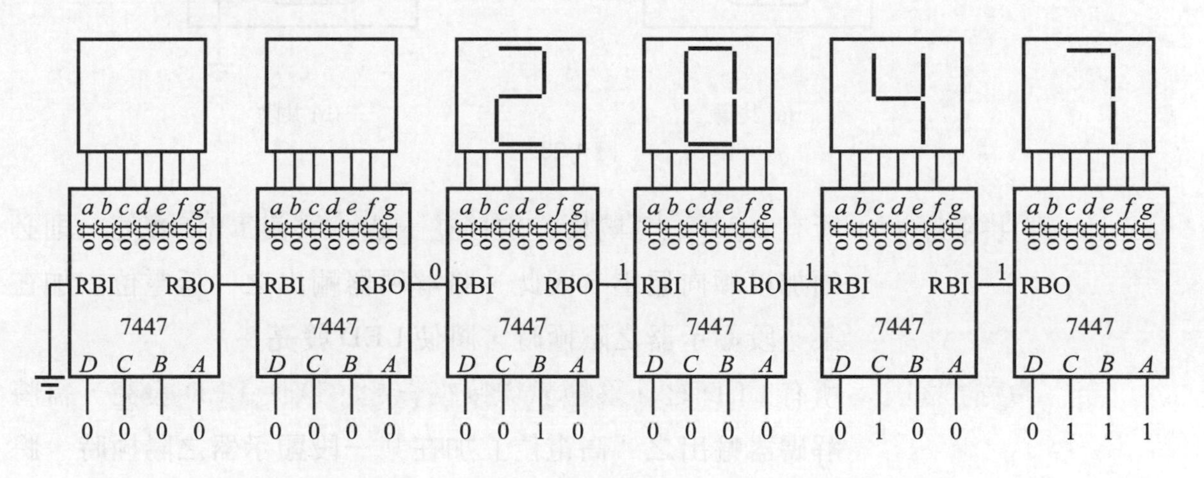

圖4-22

3. 七段顯示器之認識

七段顯示器是數位電路設計上最常用的顯示器，它是由7支LED所組成的，有的也以LCD來顯示；本書都以LED之顯示為主。因發光二極體所採用之電壓約為1～2V，而數位電路邏輯「1」的電壓為5V，因此需串聯一電阻(通常使用220Ω、1/4W之電阻)做為限制流過LED之電流，以增加其使用壽命。

七段顯示器依製造方式不同可分爲「共陽」、「共陰」兩種，如圖 4-23 所示。

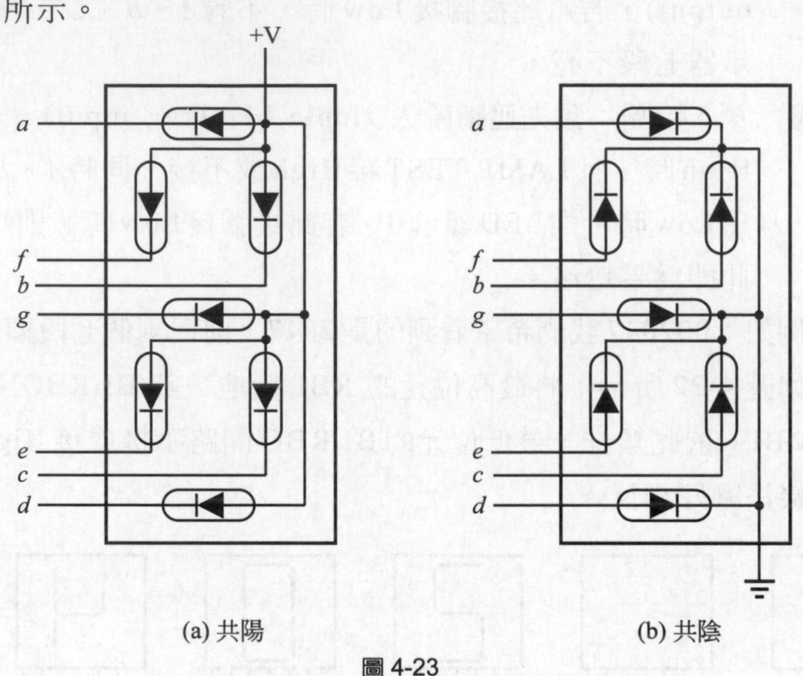

(a) 共陽　(b) 共陰

圖 4-23

「共陽極」：所有 LED 之「陽極」均接在一起，欲使 LED 發亮，則必須加以順向偏壓。因此，將解碼器輸出之「低電位」加在某一段顯示器之陰極時，將使 LED 發亮。

「共陰極」：所有 LED 之「陰極」均接在一起，欲使 LED 發亮，需將解碼器輸出之「高電位」加在某一段顯示器之陽極時，將使 LED 發亮。

一般最常用的共陽極七段顯示器，其編號爲 LT 502；共陰極七段顯示器，其編號爲 LT 503。組成的十進位數字如圖 4-24 所示。

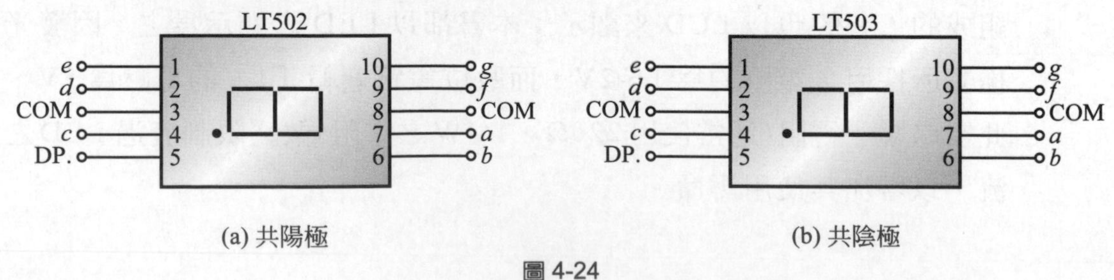

(a) 共陽極　(b) 共陰極

圖 4-24

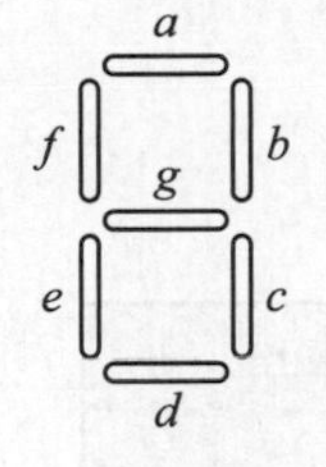

圖 4-24 (續)

三 實習項目

(一) 編碼實習

1. 8 對 3 線編碼電路

(1) 材料表

7432×2，220Ω×3，LED×3

(2) 電路圖

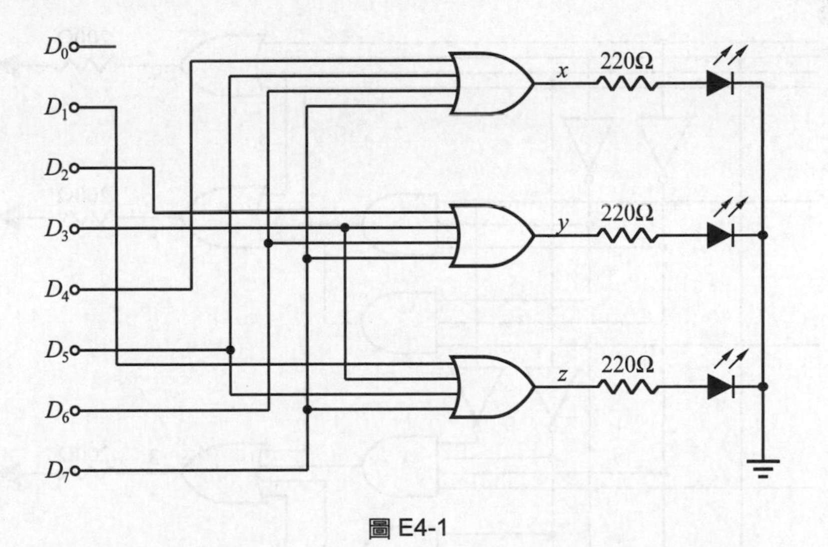

圖 E4-1

(3) 實習步驟

① 將 7432 插入麵包板，並依電路圖與電阻、LED做適當的連接，並將所有IC接上電源。

② 分別給予輸入D_0～D_7不同之電壓準位後，觀察LED之亮或暗，並將結果紀錄於表中之x、y、z欄位。

(4) 實習結果

輸入								輸出		
D_0	D_1	D_2	D_3	D_4	D_5	D_6	D_7	x	y	z
1	0	0	0	0	0	0	0			
0	1	0	0	0	0	0	0			
0	0	1	0	0	0	0	0			
0	0	0	1	0	0	0	0			
0	0	0	0	1	0	0	0			
0	0	0	0	0	1	0	0			
0	0	0	0	0	0	1	0			
0	0	0	0	0	0	0	1			

2. 8對3線優先編碼電路

(1) 材料表

7404×1，7408×1，7411×1，7425×2，220Ω×3，LED×3

(2) 電路圖

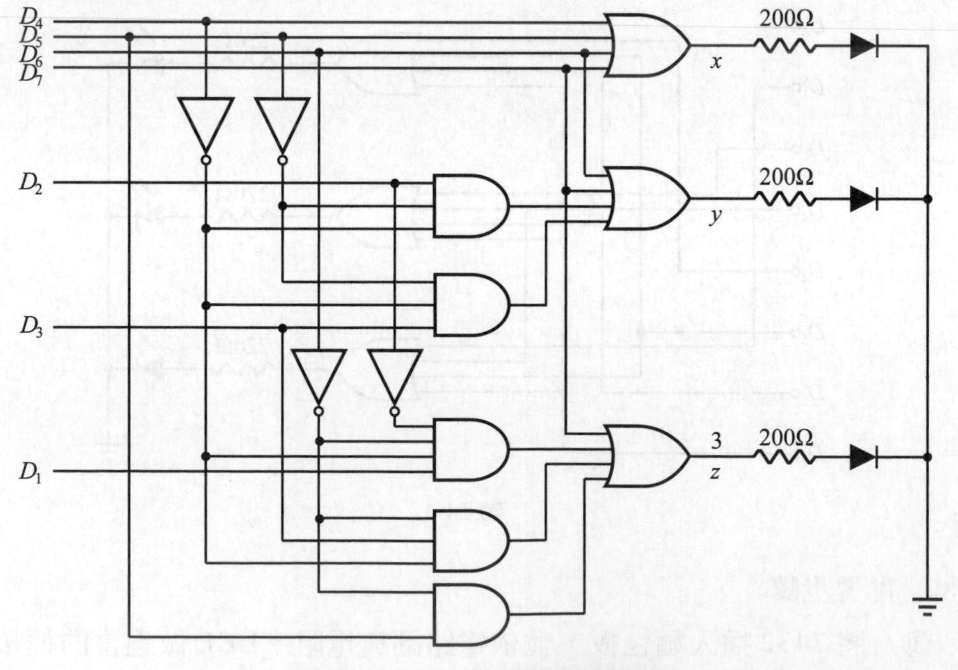

圖 E4-2　8×3 優先編碼器邏輯圖

⑶ 實習步驟

① 依圖E4-2將IC及電阻，LED做適當的連接，並將所有IC接上電源。

② 分別給予輸入D_0～D_7不同之電壓準位後觀察x、y、z的輸出變化，並記錄於表中。

⑷ 實習結果

分離的資料								二進制碼		
D_0	D_1	D_2	D_3	D_4	D_5	D_6	D_7	x	y	z
0	0	0	0	0	0	0	1			
0	0	0	0	0	0	1	1			
0	0	0	0	0	0	1	0			
0	0	0	0	0	1	1	0			
0	0	0	0	0	1	0	0			
0	0	0	0	1	1	0	0			
0	0	0	0	1	0	0	0			
0	0	0	1	1	0	0	0			
0	0	0	1	0	0	0	0			
0	0	1	1	0	0	0	0			
0	0	1	0	0	0	0	0			
0	1	1	0	0	0	0	0			
0	1	0	0	0	0	0	0			
1	1	0	0	0	0	0	0			
1	0	0	0	0	0	0	0			
1	0	0	0	0	0	0	1			

3. 8對3線編碼 IC 電路

⑴ 材料表

74148×1，1k×8，LED×4，DIP×1，220Ω×4

(2) 電路圖

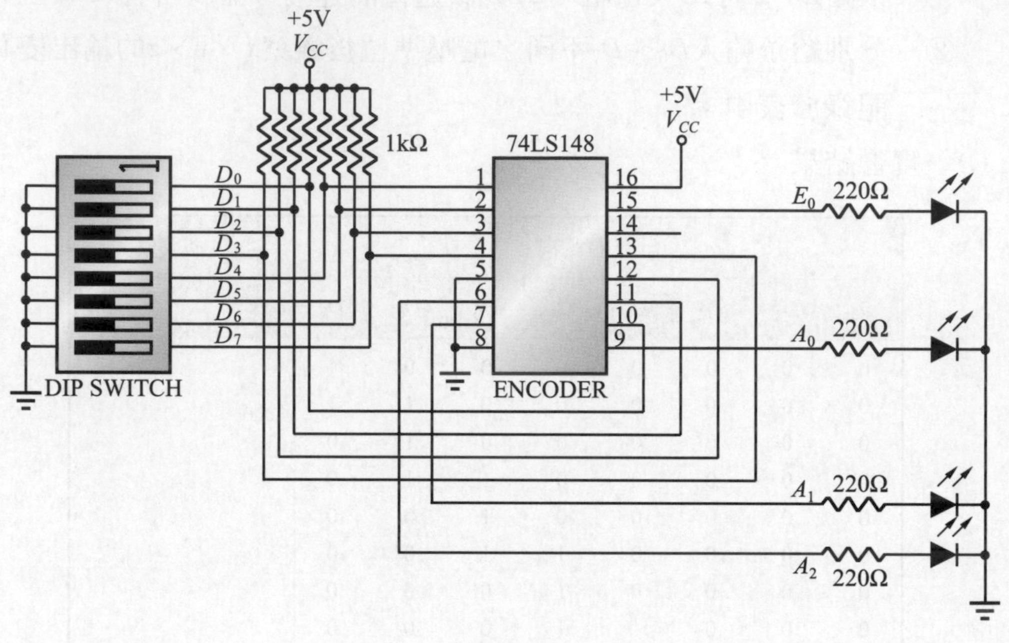

圖 E4-3

(3) 實習步驟

① 依圖E4-3將IC、電阻、LED做適當的連接，並將所有IC接上電源。

② 分別給予輸入D_0～D_7不同之電壓準位後觀察E_0、A_0、A_1、A_2的輸出變化，並記錄於表中。

(4) 實習結果

輸入								輸出			
D_7	D_6	D_5	D_4	D_3	D_2	D_1	D_0	A_2	A_1	A_0	E_0
1	1	1	1	1	1	1	0				
1	1	1	1	1	1	0	1				
1	1	1	1	1	0	1	1				
1	1	1	1	0	1	1	1				
1	1	1	0	1	1	1	1				
1	1	0	1	1	1	1	1				
1	0	1	1	1	1	1	1				
0	1	1	1	1	1	1	1				

(二) 解碼實習

1. 3 對 8 線解碼電路

⑴ 材料表

7404×1，7411×3，220Ω×8，LED×8

⑵ 電路圖

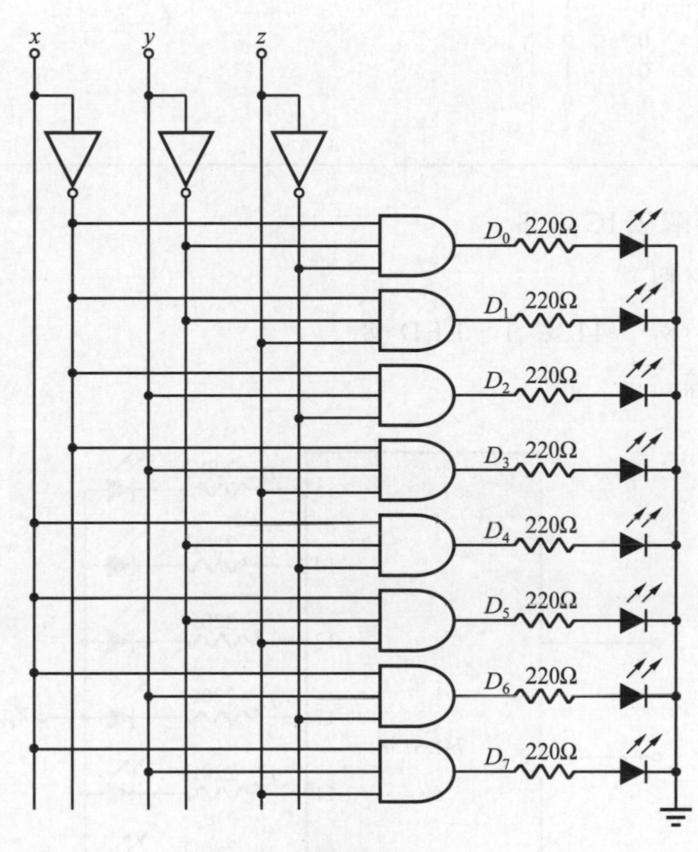

圖 E4-4

⑶ 實習步驟

① 將 7411 插入麵包板，並依電路圖與電阻、LED做適當的連接，並將所有IC 接上電源。

② 分別給予輸入x、y、z不同之電壓準位後，觀察LED之亮或暗，並將結果紀錄於表中之D_0～D_7輸出欄位。

⑷ 實習結果

輸入			輸出							
x	y	z	D_0	D_1	D_2	D_3	D_4	D_5	D_6	D_7
0	0	0								
0	0	1								
0	1	0								
0	1	1								
1	0	0								
1	0	1								
1	1	0								
1	1	1								

2. 3對8線解碼IC電路

⑴ 實習材料

220Ω×8，74138×1，LED×8

⑵ 電路圖

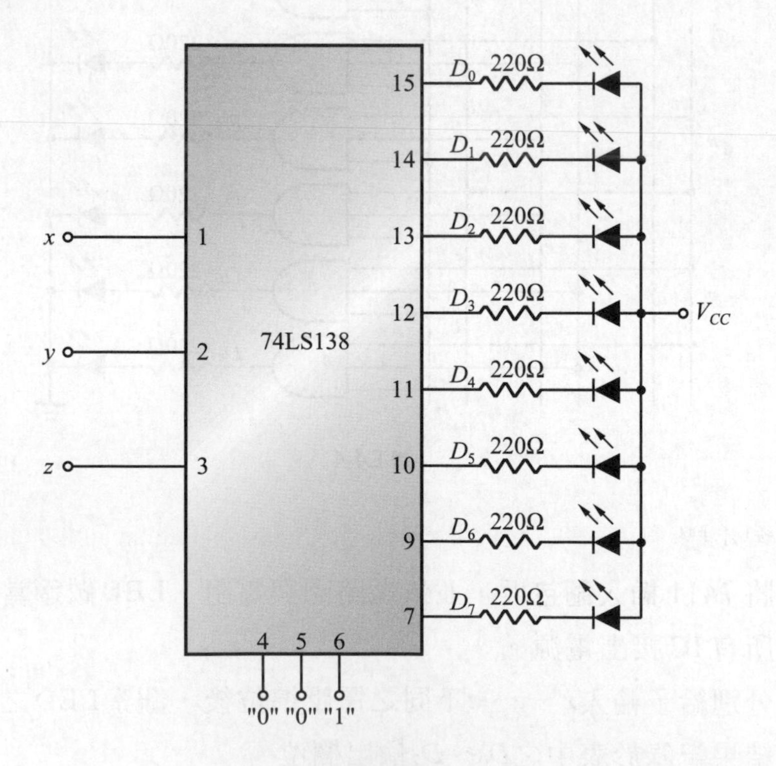

圖 E4-5

⑶ 實習步驟

① 將74138插入麵包板，並依電路圖與電阻、LED 做適當的連接，並將所有IC接上電源。

② 分別給予輸入x、y、z不同之電壓準位後，觀察LED之亮或暗，並將結果紀錄於表中之D_0～D_7輸出欄位。

③ 74138 多了三條額外的輸入端，G1、G2A、G2B，這三條額外的輸入端稱為致能(Enable)，多了這三條致能線，可使解碼器在設計上更具彈性。實驗時，致能線不用時，則必須將 G1 接高電位，G2A、G2B 接低電位。

⑷ 實習結果

輸入			輸出							
x	y	z	D_0	D_1	D_2	D_3	D_4	D_5	D_6	D_7
0	0	0								
0	0	1								
0	1	0								
0	1	1								
1	0	0								
1	0	1								
1	1	0								
1	1	1								

(三) 顯示電路實習

1. BCD至七段顯示解碼器

⑴ 材料表

7447×1，220Ω×7，LT502×1

(2) 電路圖

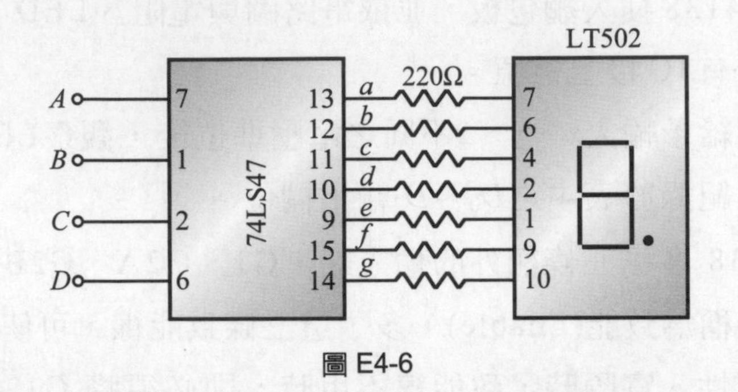

圖 E4-6

(3) 實習步驟

① 請依電路圖所示，將電阻、LED、7447、LT502，做適當的連接，並將IC接上電源。

② 分別給予輸入A、B、C、D不同之電壓準位後(可利用指撥開關給予輸入)，觀察七段顯示器所顯示的數字，並將結果紀錄於表中。

(4) 實習結果

輸入				輸出 顯示數字
D	C	B	A	
0	0	0	0	
0	0	0	1	
0	0	1	0	
0	0	1	1	
0	1	0	0	
0	1	0	1	
0	1	1	0	
0	1	1	1	
1	0	0	0	
1	0	0	1	

2. 十進制加法器電路之設計

(1) 材料表

7447×2，7483×2，LT502×2，220Ω×14，7408×1，7432×1

⑵ 電路圖

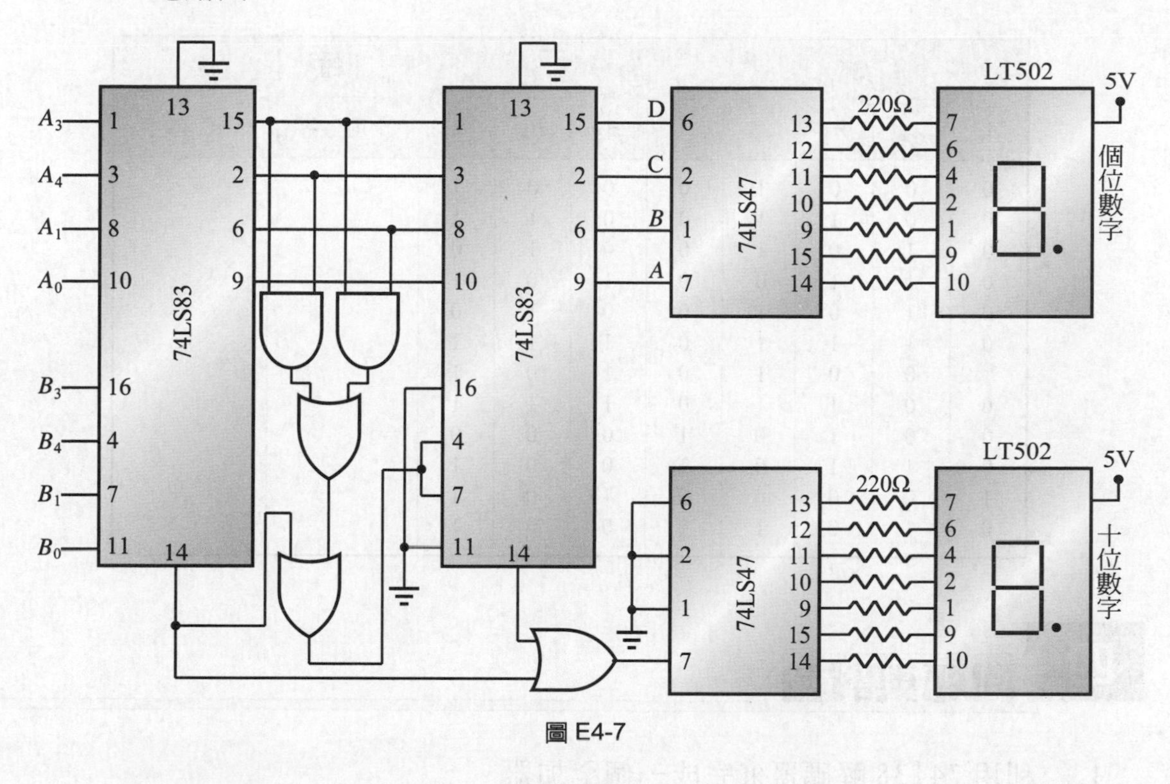

圖 E4-7

⑶ 實習步驟

① 請依電路圖所示，將電阻、LED、7447、LT502、7483等，做適當的連接，並將所有IC接上電源。

② 分別給予輸入A_3～A_0、B_3～B_0不同之電壓準位後(可利用指撥開關給予輸入)，觀察七段顯示器所顯示的數字，並將結果紀錄於表中。

(4) 實習結果

輸			入					輸	出
A_3	A_2	A_1	A_0	B_3	B_2	B_1	B_0	十位數字	個位數字
0	0	0	1	0	0	0	1		
0	0	1	1	0	0	1	1		
0	1	0	1	0	0	1	0		
0	1	1	0	0	1	0	1		
0	1	0	1	0	0	1	0		
0	1	1	1	0	1	1	1		
1	0	0	1	0	1	0	1		
0	0	1	1	0	1	1	1		
0	0	1	0	1	0	0	0		
0	1	1	0	1	0	0	1		
1	0	0	0	0	1	0	1		
0	1	0	1	1	0	0	1		

四 問題與討論

1. 利用 74138 解碼器來完成一個全加器。
2. 試利用兩個 74138 來完成一個「4 對 16 線的解碼器」。
3. 試利用解碼器來設計你想做的組合電路。
4. 試說明為何七段顯示器的每一段 LED 都必須串聯一個電阻？
5. 試說明 7447 和 7448 用來驅動七段顯示器有何不同？
6. 試利用組合邏輯來設計 BCD 到七段顯示器的電路。

多工器與解多工器

一 實習目的

1、瞭解多工器與解多器的原理及其邏輯電路。

2、瞭解多工器與解多器與組合邏輯之關係。

3、使用多工器與解多器 IC 元件及其應用。

二 相關知識

多工器(multiplexer，MUX)或稱資料選擇器(data selector)，它主要的功能是從許多條資料輸入線，選擇其中一條輸入資料送至單一輸出線上。至於到底是那一條輸入資料送至輸出端，則是由一組控制信號線，或稱爲位址選擇線來決定。而其他未被選取的輸入資料則不予以傳送。

解多工器(Demultiplexer，DEMUX)的動作和多工器恰好相反。它的功用是將單獨一個輸入信號送到多個輸出線中的其中一條輸出線。而輸出線的選取方式和多工器輸入選取方式是相同的。

一般而言，多工器與解多工器是用來執行多段選擇開關的功能，它用在類比(analog)和數位(digital)上是有所不同。類比式的多工器與解多工器是一只單刀多擲開關，其間信號之傳遞多是類比信號。至於數位多工器與解多工器則是以組合邏輯電路構成數位開關。也就是說，數位多工器是一種由多個輸入線中選取其中一組二進位元資訊，將它送至單一輸出線的組合邏輯電路，數位解多工器是一種，將單一的輸入資料送至多個輸出線中其中之一的組合邏輯電路。

1. 多工器

爲了說明多工器的原理，我們先從 2 對 1 線的多工器爲例，來作說明。如圖 5-1 所示，A、B爲資料輸入端，Z爲資料輸出端，S爲位址選擇端。信號的輸出則是由加至S端的信號來決定那一個 AND gate 的輸入信號可經由 OR gate 輸出至輸出端上。Z的布林函數可表示爲

$$Z = AS + B\overline{S}$$

當$S = 0$時，$Z = A \cdot 0 + B \cdot 1 = B$

當$S = 1$時，$Z = A \cdot 1 + B \cdot 0 = A$

由上式式子可以看出，$S = 0$ 時，輸出Z隨B信號變化。$S = 1$ 時，輸出Z隨A信號變化。也就是說，$S = 0$，即是選擇B信號輸出，$S = 1$，即是選擇A信號輸出。

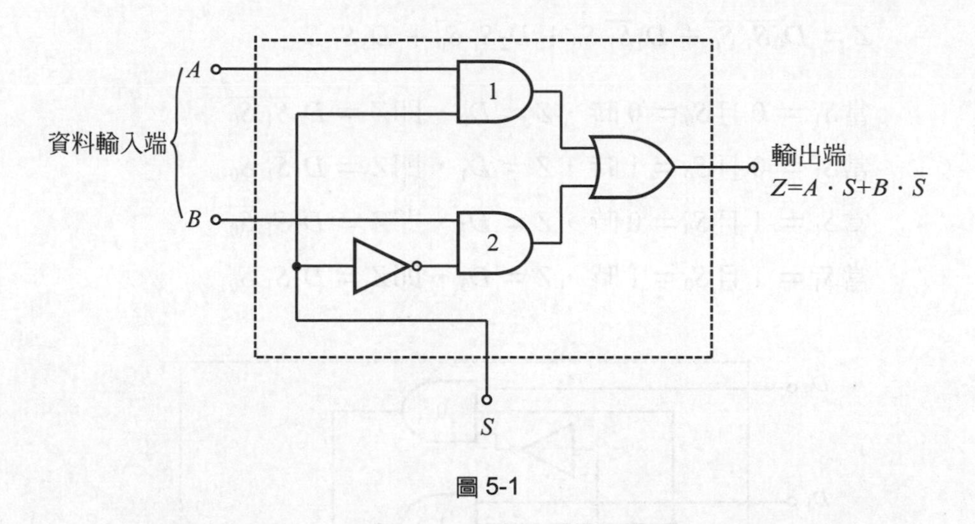

圖 5-1

2 對 1 線多工器的方塊圖、功能表、眞值表如圖 5-2 所示。

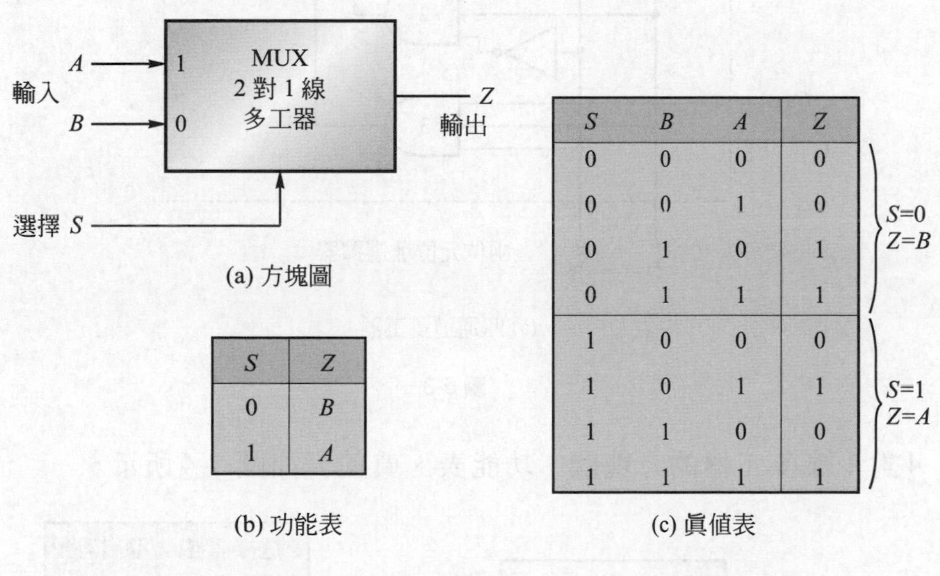

(a) 方塊圖

S	Z
0	B
1	A

(b) 功能表

S	B	A	Z
0	0	0	0
0	0	1	0
0	1	0	1
0	1	1	1
1	0	0	0
1	0	1	1
1	1	0	0
1	1	1	1

(c) 眞值表

圖 5-2

4 對 1 線多工器，如圖 5-3 所示。4 個輸入端分別爲D_0～D_3，S_0、S_1爲兩個位址選擇端，Z爲資料輸出端。兩個位址選擇S_0、S_1，可提供 4 種選擇，每一種選擇都有其相對應的 AND gate 進入有效狀態，該 AND gate 的輸入信號，則經由 OR gate 輸出至輸出端 Z 上。Z的布林函數可表示爲

$$Z = D_0\overline{S_1}\,\overline{S_0} + D_1\overline{S_1}\,S_0 + D_2S_1\,\overline{S_0} + D_3S_1\,S_0$$

當$S_1 = 0$且$S_0 = 0$時，$Z = D_0$，即$Z = D_0\overline{S_1}\,\overline{S_0}$

當$S_1 = 0$且$S_0 = 1$時，$Z = D_1$，即$Z = D_1\overline{S_1}\,S_0$

當$S_1 = 1$且$S_0 = 0$時，$Z = D_2$，即$Z = D_2S_1\,\overline{S_0}$

當$S_1 = 1$且$S_0 = 1$時，$Z = D_3$，即$Z = D_3S_1\,S_0$

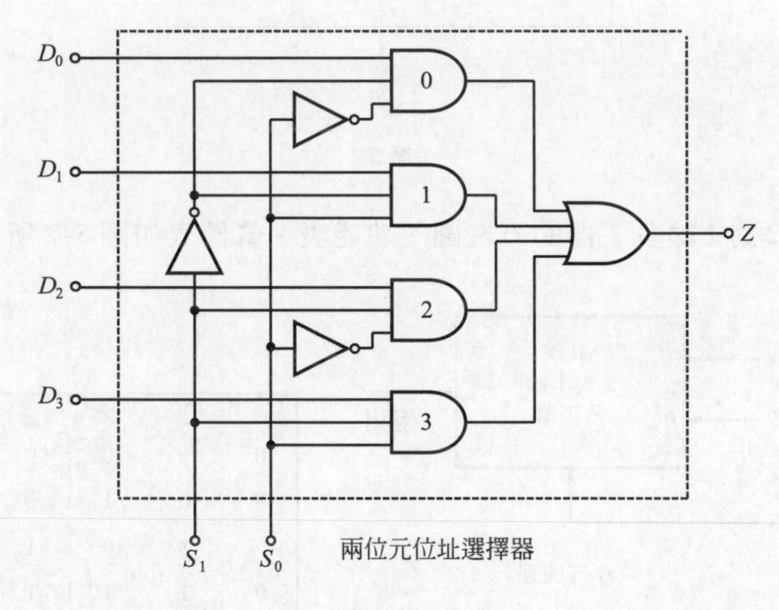

(a) 四通道多工器

圖 5-3

4 對 1 線多工器的方塊圖、功能表、眞值表如圖 5-4 所示。

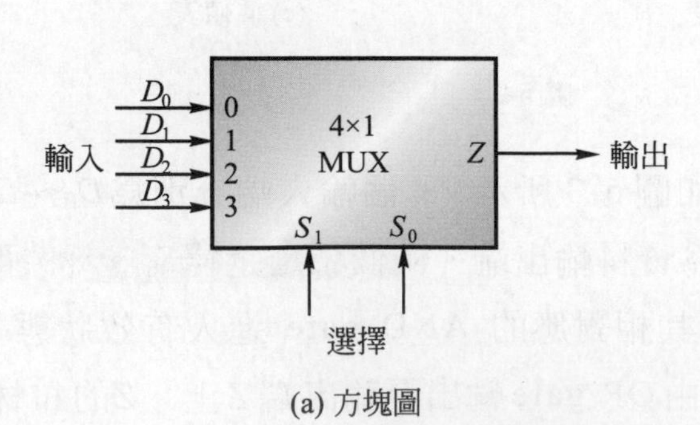

(a) 方塊圖

選擇信號		輸出信號
S_1	S_0	Z
0	0	D_0
0	1	D_1
1	0	D_2
1	1	D_3

(b) 功能表

圖 5-4

於實際應用的數位電路中，多工器另多加一條閃控(strobe)信號輸入線，當此信號爲Low時，多工器進行正常的資料選擇功能，若此信號爲High時，那麼多工器的輸入信號將無法送至輸出端，此時輸出維持在固定的邏輯狀態下。因此閃控又稱爲致能(enable)控制輸入。以下爲一個2對1線具有致能控制的多工器爲例，如圖5-5所示。

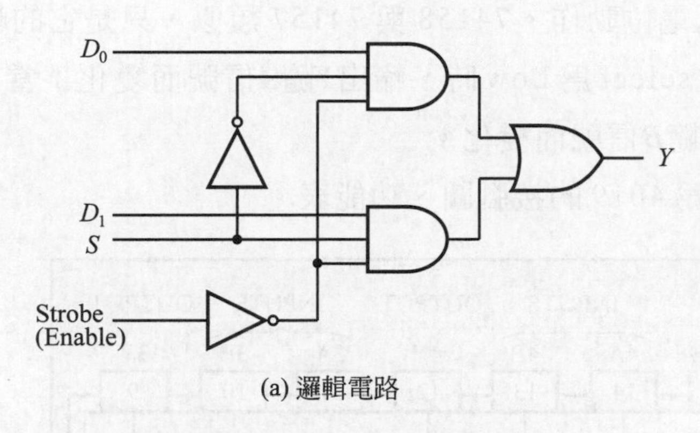

(a) 邏輯電路

閃控	選擇	輸出
Strobe	S	Y
0	0	D_0
0	1	D_1
1	X	0

(b) 功能表

圖 5-5

實用的多工器 IC 元件：

IC 型號	功能
74150	16 對 1 多工器、TTL
74151	8 對 1 多工器、TTL
74153	兩組 4 對 1 多工器、TTL
74157	四組 2 對 1 多工器、TTL
74158	四組 2 對 1 多工器、TTL(INVERT)
4019	四組 2 對 1 多工器(NAND-OR 選擇)、CMOS
4512	8 對 1 多工器、CMOS

(1) 74157：四組 2 對 1 多工器
74158：四組 2 對 1 多工器
4019B：四組 2 對 1 多工器

圖 5-6 所示為 74157 的接腳圖、邏輯電路及功能表(包含 74158)。此四組 2 對 1 多工器共同使用一條位址選擇線(select)和一條 strobe 控制線，當 strobe 為 High 時，多工器內的 AND gate disable，輸出 *Y* 保持在 Low 狀態，因此不管輸入資料為何，輸出均以 Low 表示之。若 strobe 為 Low 時，它可以同時進行四組 2 對 1 多工器的功能。由此可見，strobe 為低電位動作。74158 與 74157 類似，只是它的輸出和輸入是相反的。當 select 為 Low 時，輸出 *Y* 隨 *A* 信號而變化；當 select 為 High 時，輸出 *Y* 隨 *B* 信號而變化。

圖 5-7 所示為 4019 的接腳圖、功能表。

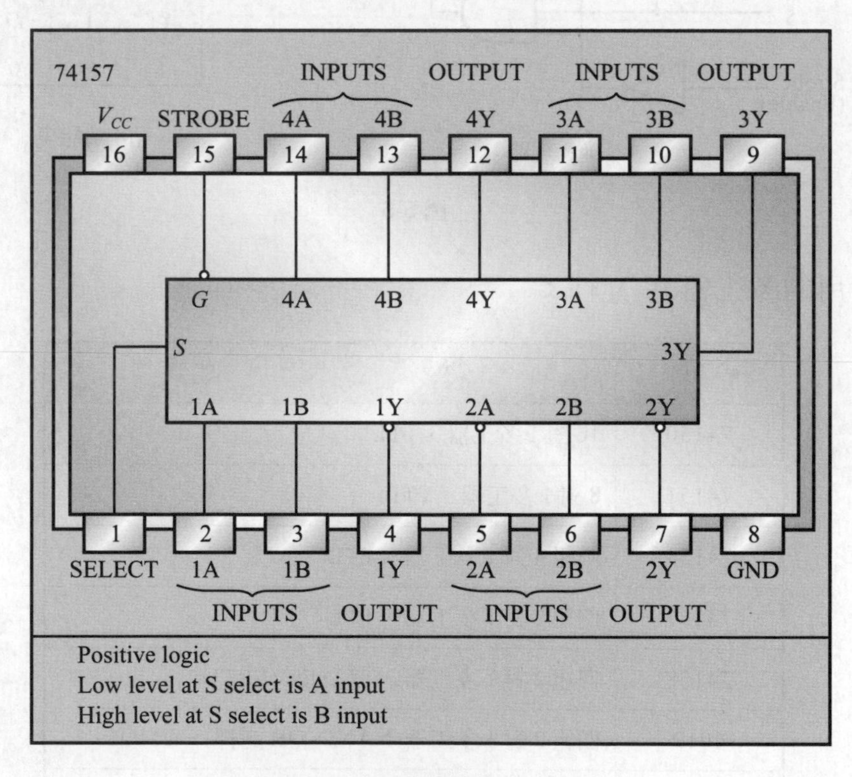

(a) 接腳圖

圖 5-6

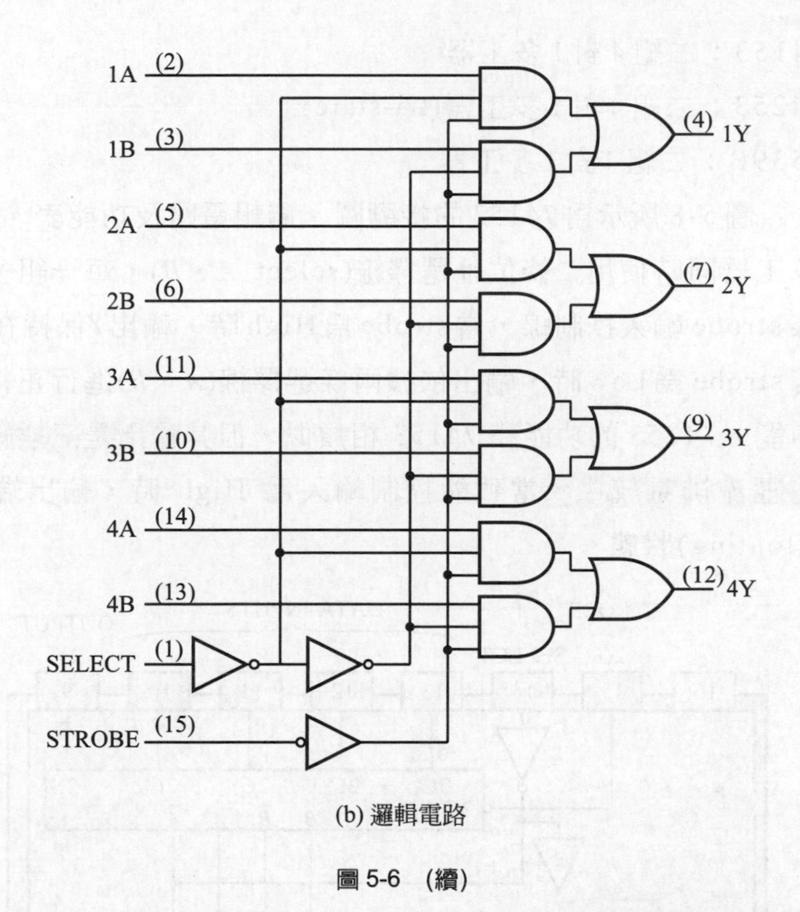

(b) 邏輯電路

圖 5-6 (續)

Pin		Pin	
B_3	1	16	$+V_{DD}$
A_2	2	15	A_3
B_2	3	14	S_B Select
A_1	4	13	Y_3
B_1	5	12	Y_2
A_0	6	11	Y_1
B_0	7	10	Y_0
$+V_{SS}$	8	9	S_A Select

CD4019 (Y_3–Y_0: Output)

(a) 接腳圖

Select		Input		Output
S_A	S_B	A_i	B_i	Y_i
L	L	X	X	L
H	L	L	X	L
H	L	H	X	H
L	H	X	L	L
L	H	X	H	H
H	H	H	X	H
H	H	X	H	H
H	H	L	L	L

(b) 功能表

圖 5-7

⑵ 74153：二組4對1多工器

74253：二組4對1多工器(tri-state)

4539B：二組4對1多工器

圖5-8所示爲74153的接腳圖、邏輯電路及功能表。此二組4對1多工器同時使用二條位址選擇線(select A、B)，每一組多工器都有一條strobe輸入控制線，當strobe爲High時，輸出Y保持在Low狀態。若strobe爲Low時，輸出依據兩條選擇線(A、B)進行正常的資料選擇功能。74253的功能和74153相類似，但其輸出是三態結構，常應用在匯流排系統中，當致能控制輸入爲 High 時，輸出端形成高阻抗(floating)狀態。

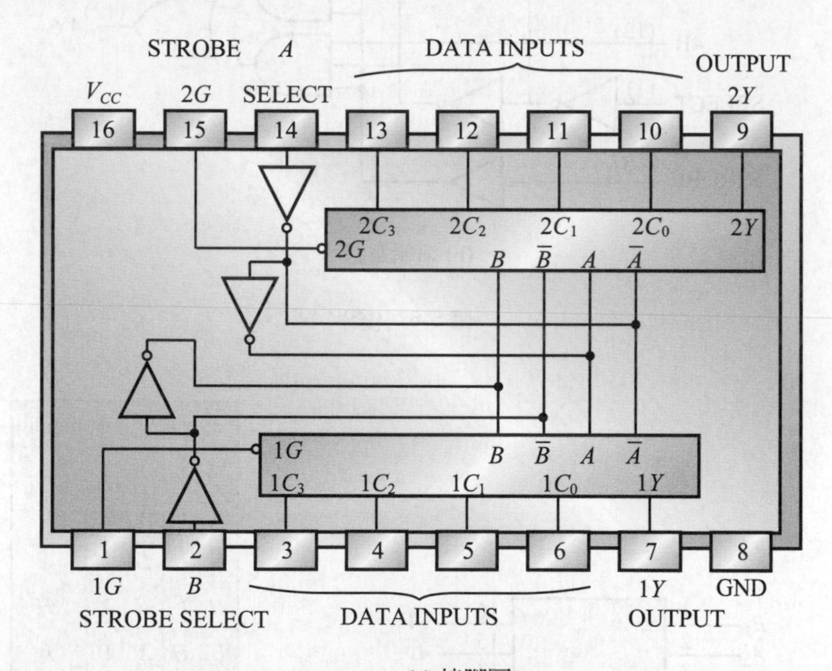

(a) 接腳圖

圖 5-8

SELECT		DATA INPUTS				STROBE	OUTPUT
B	*A*	C_0	C_1	C_2	C_3	*G*	*Y*
X	X	X	X	X	X	H	L
L	L	L	X	X	X	L	L
L	L	H	X	X	X	L	H
L	H	X	L	X	X	L	L
L	H	X	H	X	X	L	H
H	L	X	X	L	X	L	L
H	L	X	X	H	X	L	H
H	H	X	X	X	L	L	L
H	H	X	X	X	H	L	H

(b) 功能表

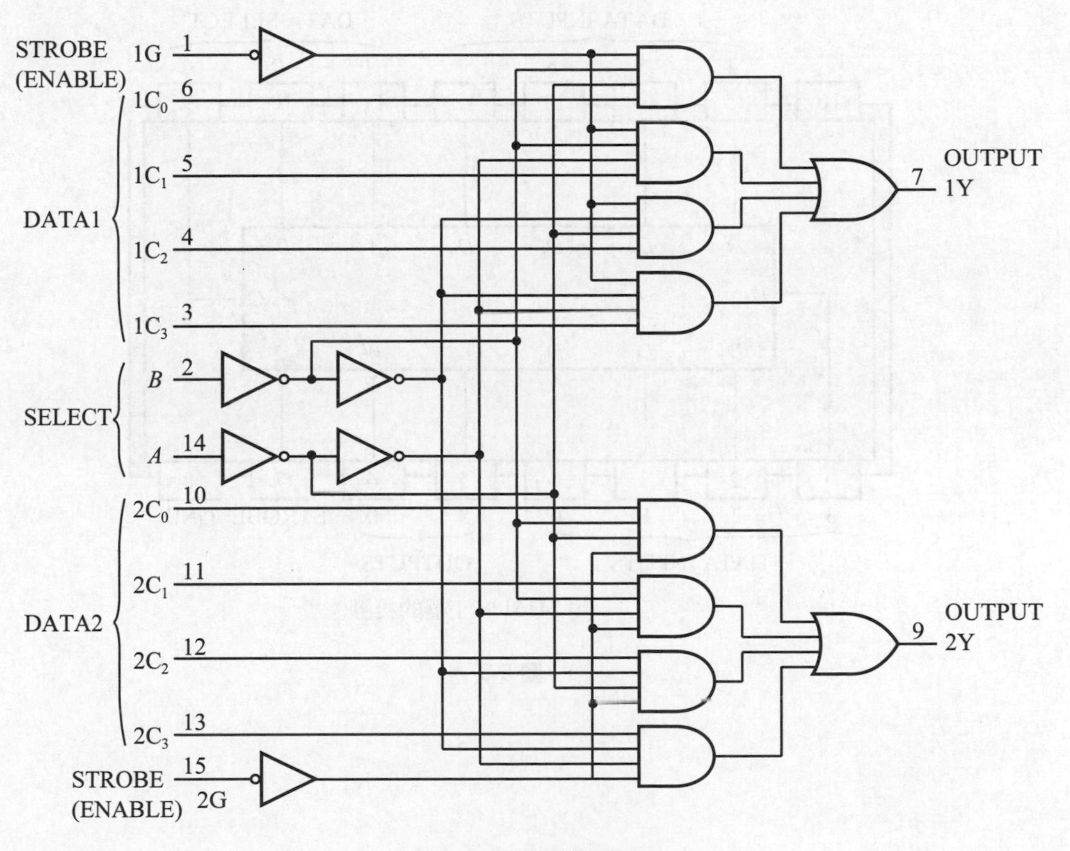

(c) TTL74153 的邏輯線路

圖 5-8 （續）

(3) 74151：8對1多工器

74152：8對1多工器

4512：8對1多工器

圖5-9所示爲74151的接腳圖、邏輯電路及功能表。74151爲16接腳包裝，具有低電位動作之致能控制輸入端，且輸出可以提供與輸入同相或反相的輸出。當strobe爲High時，不管輸入資料爲何，輸出Y以Low表示之，W以High表示之。

圖5-10所示爲74152的接腳圖、邏輯電路及功能表。74152爲14接腳包裝，無致能控制輸入端，且輸出只能提供與輸入反相的輸出。

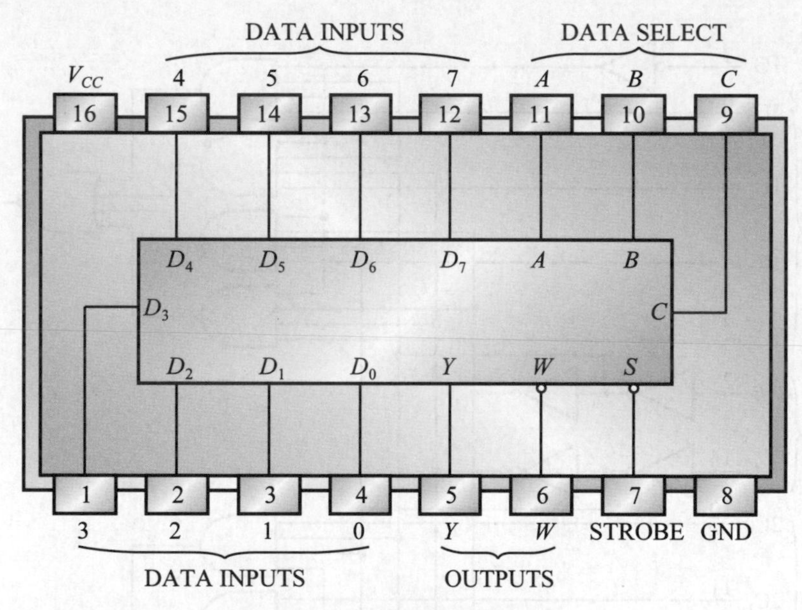

(a) 74151多工器的接腳

圖5-9

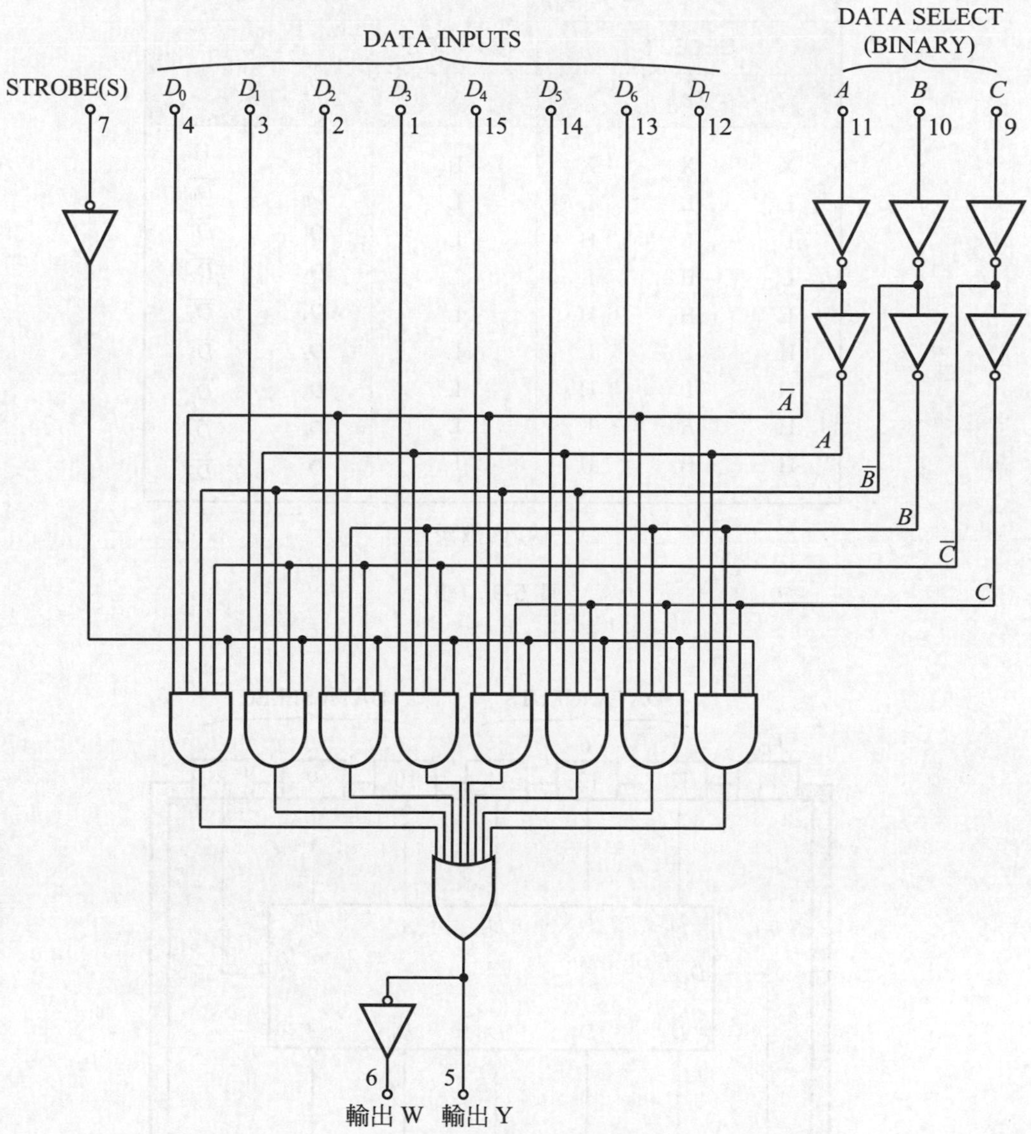

(b) 74151 多工器的邏輯電路

圖 5-9 (續)

INPUTS				OUTPUTS	
SELECT			STROBE		
C	B	A	S	Y	W
X	X	X	H	L	H
L	L	L	L	D_0	$\overline{D_0}$
L	L	H	L	D_1	$\overline{D_1}$
L	H	L	L	D_2	$\overline{D_2}$
L	H	H	L	D_3	$\overline{D_3}$
H	L	L	L	D_4	$\overline{D_4}$
H	L	H	L	D_5	$\overline{D_5}$
H	H	L	L	D_6	$\overline{D_6}$
H	H	H	L	D_7	$\overline{D_7}$

(c) 函數表

圖 5-9 (續)

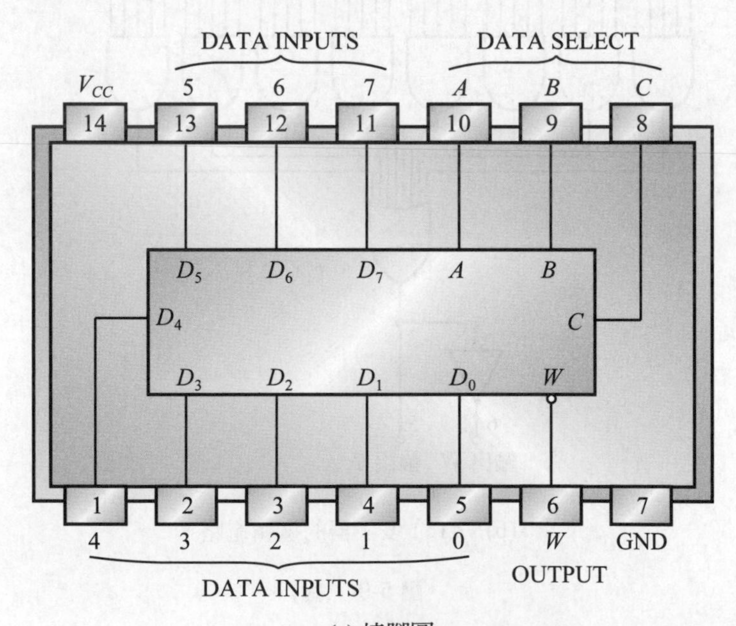

(a) 接腳圖

圖 5-10

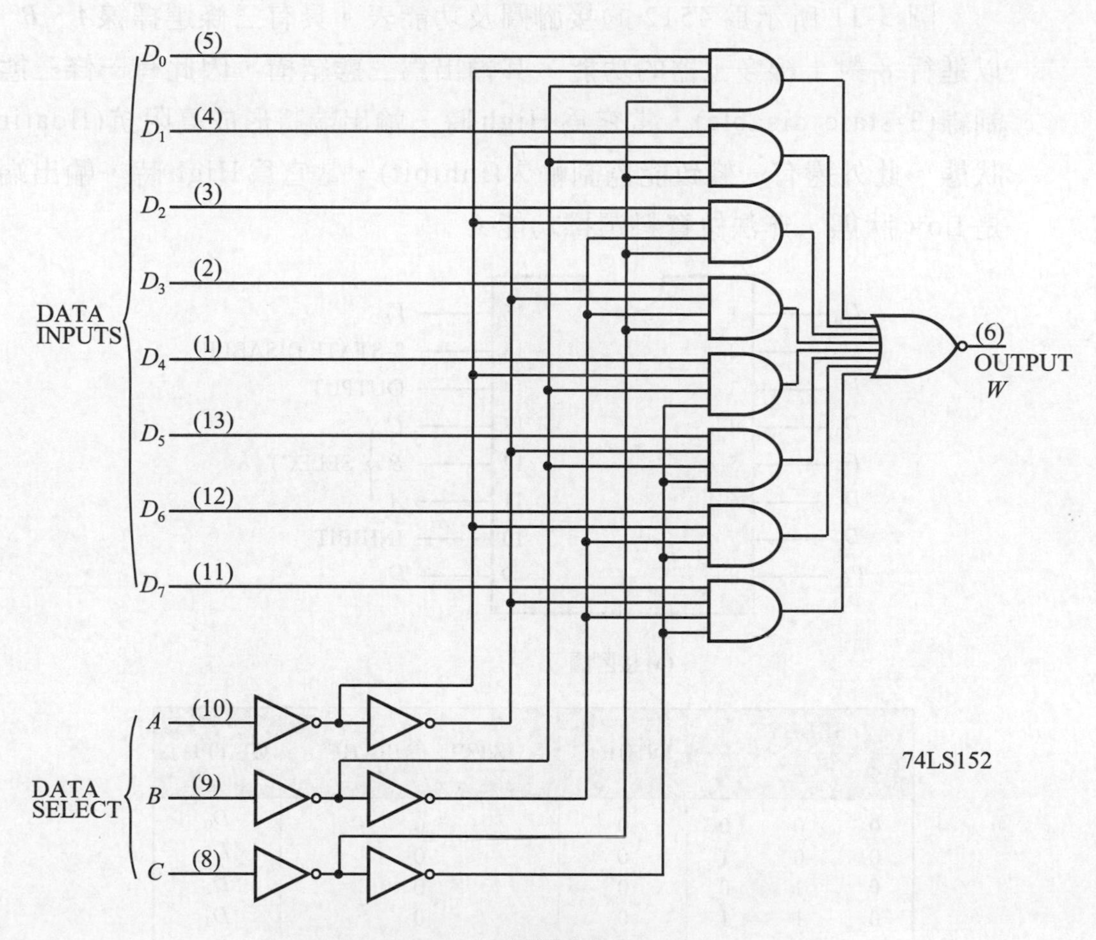

(b) 邏輯電路圖

SELECT INPUTS			OUTPUT
C	B	A	W
L	L	L	$\overline{D_0}$
L	L	H	$\overline{D_1}$
L	H	L	$\overline{D_2}$
L	H	H	$\overline{D_3}$
H	L	L	$\overline{D_4}$
H	L	H	$\overline{D_5}$
H	H	L	$\overline{D_6}$
H	H	H	$\overline{D_7}$

(c) 函數表

圖 5-10 (續)

圖 5-11 所示為 4512 的接腳圖及功能表。具有三條選擇線 A、B、C 以進行 8 對 1 線多工器的功能，其輸出為三態結構，因此有一條三態控制線(3-state disable)，當它為 High 時，輸出端將形成高阻抗(floating)狀態。此外還有一條致能控制輸入(inhibit)，當它為 High 時，輸出端將是 Low 狀態，無法做資料選擇功能。

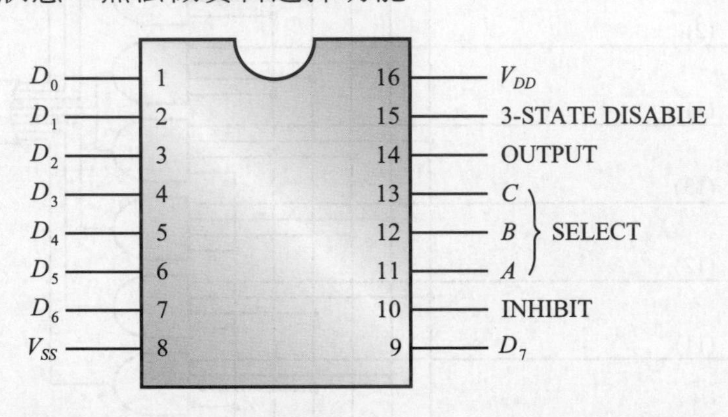

(a) 接腳圖

SELECT			INHIBIT	3-STATE DISABEL	OUTPUT
C	B	A			
0	0	0	0	0	D_0
0	0	1	0	0	D_1
0	1	0	0	0	D_2
0	1	1	0	0	D_3
1	0	0	0	0	D_4
1	0	1	0	0	D_5
1	1	0	0	0	D_6
1	1	1	0	0	D_7
X	X	X	1	0	0
X	X	X	X	X	HIGH Z

(b) 功能表

圖 5-11　CD4512 的接腳圖與功能表

(4) 74150：16 對 1 多工器

圖 5-12 所示為 74150 的接腳圖及功能表。由於它有 16 個輸入，所以有 4 條選擇輸入線，另外有一致能控制線(strobe)及一輸出 W。致能控制線(strobe)為 High 時，多工器不動作，輸出端維持在 High 狀態，若 strobe 為 Low 時，輸出端的資料為輸入端的反相。

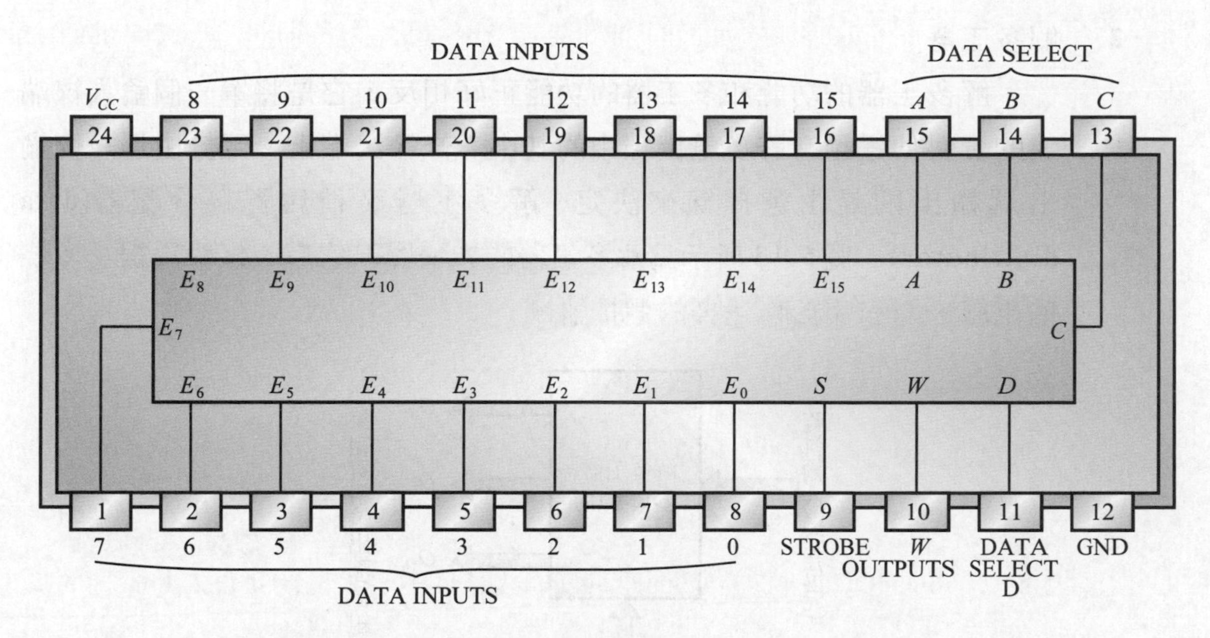

(a) 接腳圖

INPUT					OUTPUT W
SELECT				STROBE S	
D	C	B	A		
X	X	X	X	H	H
L	L	L	L	L	$\overline{E_0}$
L	L	L	H	L	$\overline{E_1}$
L	L	H	L	L	$\overline{E_2}$
L	L	H	H	L	$\overline{E_3}$
L	H	L	L	L	$\overline{E_4}$
L	H	L	H	L	$\overline{E_5}$
L	H	H	L	L	$\overline{E_6}$
L	H	H	H	L	$\overline{E_7}$
H	L	L	L	L	$\overline{E_8}$
H	L	L	H	L	$\overline{E_9}$
H	L	H	L	L	$\overline{E_{10}}$
H	L	H	H	L	$\overline{E_{11}}$
H	H	L	L	L	$\overline{E_{12}}$
H	H	L	H	L	$\overline{E_{13}}$
H	H	H	L	L	$\overline{E_{14}}$
H	H	H	H	L	$\overline{E_{15}}$

(b) 功能表

圖 5-12

2. 解多工器

解多工器的功能和多工器的功能正好相反，它是將單一個輸入線端上的資料傳送至有許多輸出線中的其中一條輸出端上。至於由那一條輸出端輸出則是由選擇線來決定。解多工器又稱爲資料分配器(data distributor)。圖 5-13 所示爲解多工器的方塊圖。它有一條輸入線、多條輸出線、還有用於作選擇的選擇器。

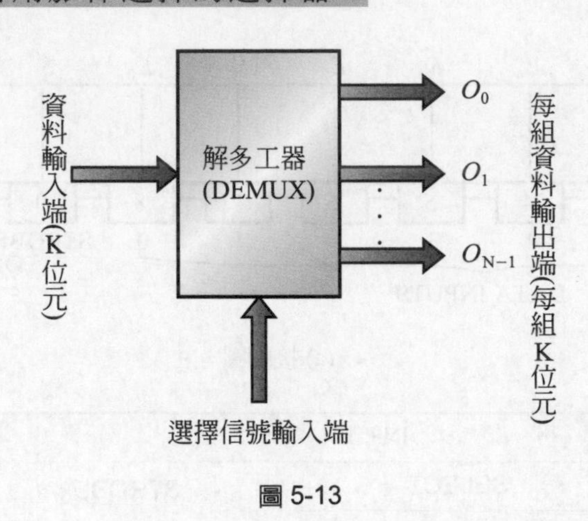

圖 5-13

圖 5-14 爲一個 1 對 2 解多工器的邏輯電路圖、功能表。輸入資料D由選擇線S來決定傳送至N_0或N_1。當S爲High時，由N_1輸出；當S爲Low時，由N_0輸出。

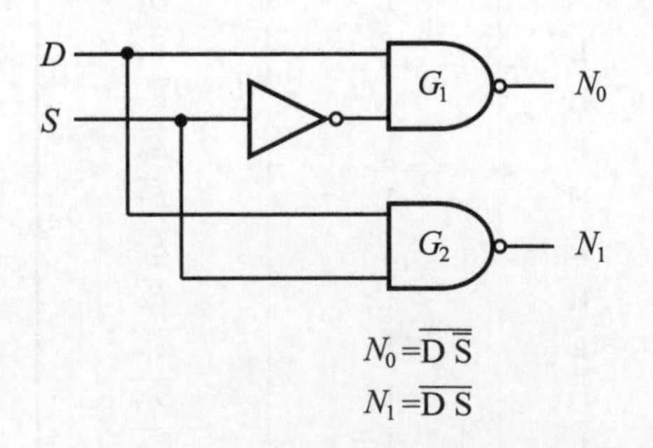

輸入		輸出	
S	D	N_0	N_1
0	0	1	1
0	1	0	1
1	0	1	1
1	1	1	0

圖 5-14　1 對 2 解多工器

圖 5-15 爲一個 1 對 4 解多工器的方塊圖、功能表、眞值表及邏輯電路圖。由眞值表可以推導出輸出端的布林函數。

當$S_1 = 0$且$S_0 = 0$時，$Y = D$，即$Y_0 = D\overline{S_1}\,\overline{S_0}$

當$S_1 = 0$且$S_0 = 1$時，$Y = D$，即$Y_1 = D\overline{S_1}\,S_0$

當$S_1 = 0$且$S_0 = 0$時，$Y = D$，即$Y_2 = DS_1\,\overline{S_0}$

當$S_1 = 0$且$S_0 = 1$時，$Y = D$，即$Y_3 = DS_1S_0$

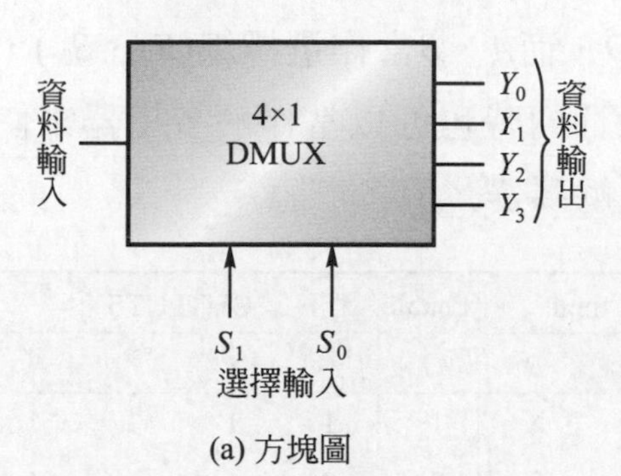

(a) 方塊圖

SELECT		OUTPUTS			
S_1	S_0	Y_0	Y_1	Y_2	Y_3
0	0	D	1	1	1
0	1	1	D	1	1
1	0	1	1	D	1
1	1	1	1	1	D

(b) 功能表

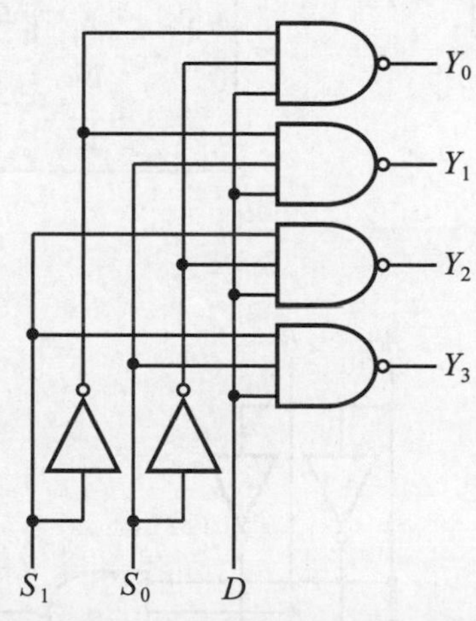

Select		Data	OUTPUTS			
S_1	S_0	D	Y_0	Y_1	Y_2	Y_3
0	0	0	0	1	1	1
0	0	1	1	1	1	1
0	1	0	1	0	1	1
0	1	1	1	1	1	1
1	0	0	1	1	0	1
1	0	1	1	1	1	1
1	1	0	1	1	1	0
1	1	1	1	1	1	1

(c) 眞值表

圖 5-15

具有致能的解碼器可當作解多工器來使用。圖 5-16 為一個 2 對 4 解碼器的方塊圖、功能表、真值表及邏輯電路圖。若G(enable)為High時，解碼器不能動作，所以Y_0、Y_1、Y_2、Y_3為High狀態。若G(enable)為Low時，解碼器才能動作。

如果將致能G當作資料輸入線D，而A、B當作選擇線(S_1、S_0)，即成為解多工器。因此實用上解碼器元件同時也可以當作解多工器來使用。所以具有致能輸入的解碼器又稱為解碼器／解多工器。

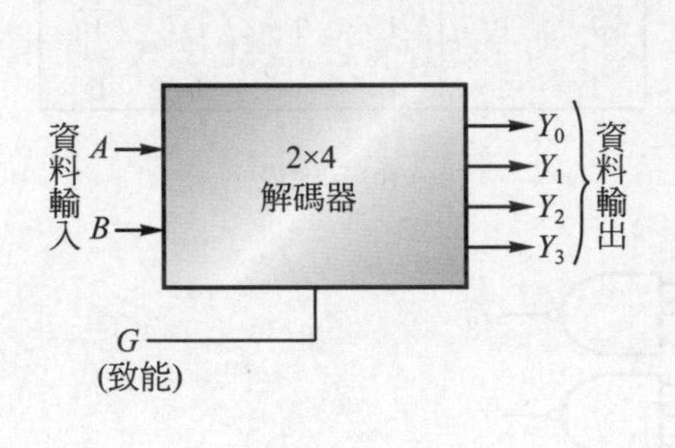

(a) 方塊圖

Input		Enable	OUTPUTS			
A	B	G	Y_0	Y_1	Y_2	Y_3
X	X	1	1	1	1	1
0	0	0	0	1	1	1
0	1	0	1	0	1	1
1	0	0	1	1	0	1
1	1	0	1	1	1	0

(b) 功能表

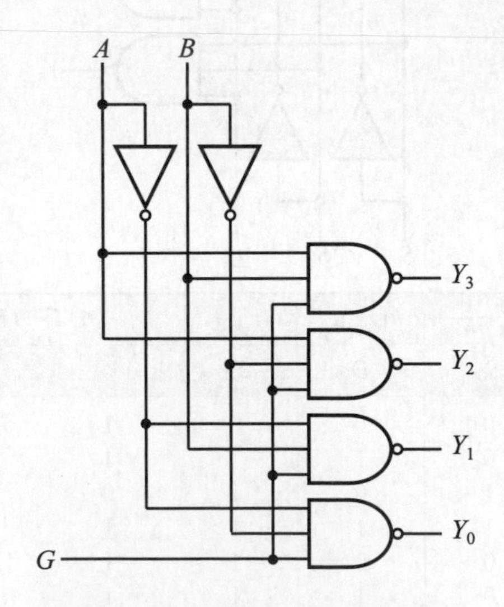

圖 5-16　具有致能 2 對 4 線解碼器

A	B	G	Y_0	Y_1	Y_2	Y_3
0	0	0	0	1	1	1
0	0	1	1	1	1	1
0	1	0	1	0	1	1
0	1	1	1	1	1	1
1	0	0	1	1	0	1
1	0	1	1	1	1	1
1	1	0	1	1	1	0
1	1	1	1	1	1	1

(c) 眞值表

圖 5-16 (續)

實用的解多工器 IC 元件：

IC 型號	功　　能
74138	3 對 8 線解碼器／解多工器
74139	2 對 4 線解碼器／解多工器
74154	4 對 16 線解碼器／解多工器
74155	2 對 4 線解碼器／解多工器
74156	2 對 4 線解碼器／解多工器
4514	4 對 16 線解多工器
4515	4 對 16 線解多工器

74155 它具有 16 支腳，包含兩組 1 對 4 線解多工器或是 2 對 4 線解碼器。其方塊圖、接腳圖、功能表及邏輯線路，如圖 5-17 所示。輸入 1C (或 2C)由兩條選擇輸入線 A、B 來選擇，將資料傳送至輸出端的其中一個。74155 爲低電位動作，也就是說，若 G(enable)爲 High 時，解多工器不能動作，此時輸出均爲 High 狀態；因此，若要解多工器動作，則 G (enable)應爲 Low 狀態。

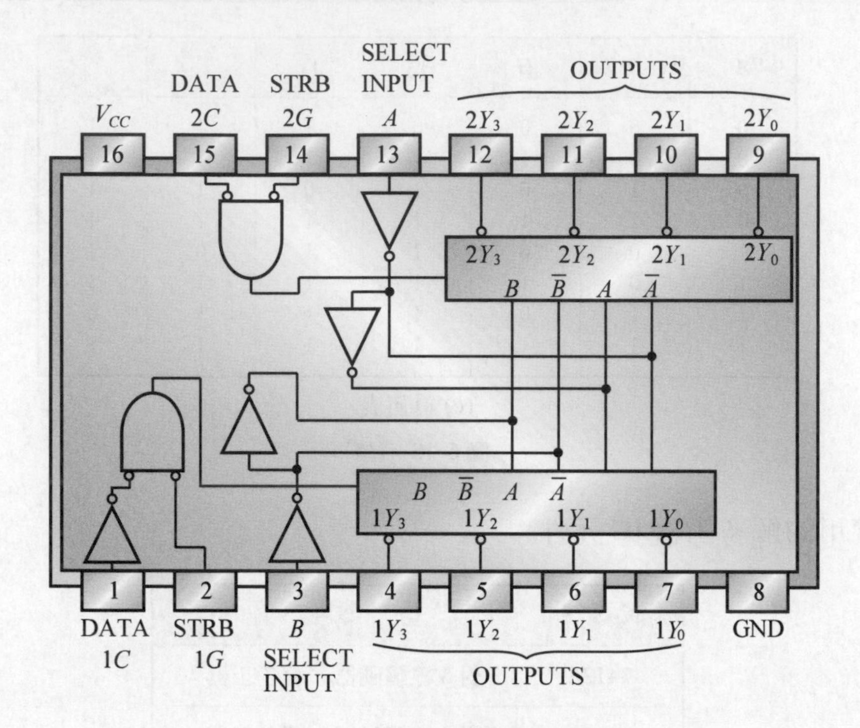

(a) 接線圖

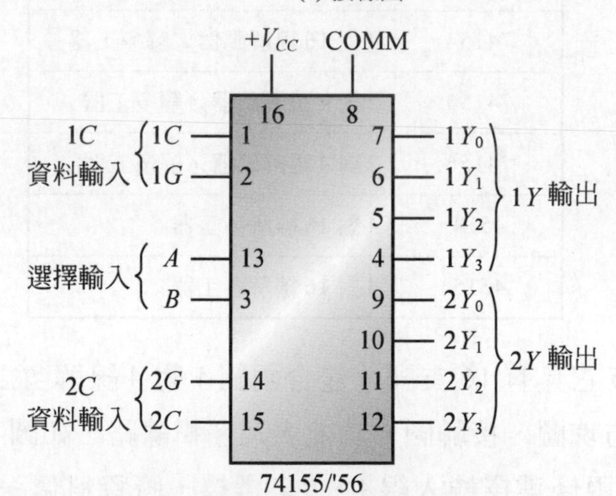

(b) 接腳圖

圖 5-17　74155 解多工器

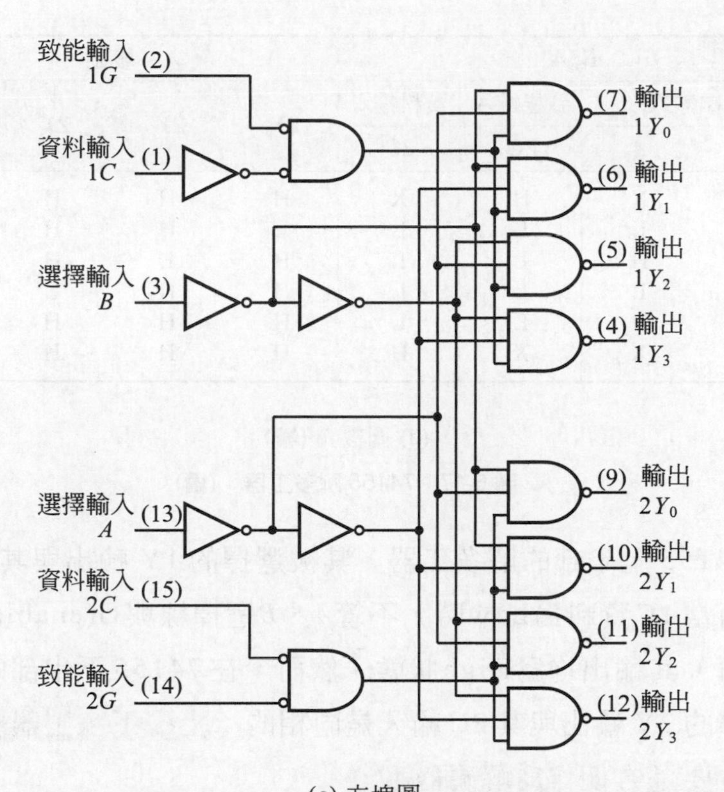

(c) 方塊圖

函數表

2 線至 4 線解碼器或 1 線至 4 線解多工器

輸入				輸出			
選擇輸入		致能輸入	資料輸入	$1Y_0$	$1Y_1$	$1Y_2$	$1Y_3$
B	A	1G	1C				
X	X	H	X	H	H	H	H
L	L	L	H	L	H	H	H
L	H	L	H	H	L	H	H
H	L	L	H	H	H	L	H
H	H	L	H	H	H	H	L
X	X	X	L	H	H	H	H

(d) 函數表

圖 5-17　74155 解多工器 (續)

輸入				輸出			
選擇輸入		致能輸入	資料輸入	$2Y_0$	$2Y_1$	$2Y_2$	$2Y_3$
B	*A*	2G	2C				
X	X	H	X	H	H	H	H
L	L	L	L	L	H	H	H
L	H	L	L	H	L	H	H
H	L	L	L	H	H	L	H
H	H	L	L	H	H	H	L
X	X	X	H	H	H	H	H

(d) 函數表 (續)

圖 5-17　74155 解多工器　(續)

74155 上半部的解多工器，其被選擇的 1Y 輸出與其 1C 輸入是反相的；而當 1C資料為Low時，不管*A*、*B*選擇線與G(enable)信號輸入線的值為何，其輸出均為High狀態。然而，在 74155 下半部的解多工器，其被選擇的 2Y 輸出與其 2C 輸入是同相的；上、下多工器之所以會不同相位，主要是方便作為解碼器用。

74155 可擴充至單一的 1 對 8 解多工器，或是一雙 2 對 4 線解碼器擴充至單一的 3 對 8 解碼器。圖 5-18 所示為一個 1 對 8 解多工器。

74156 為 74155 的 open collector 輸出形式，功能似 74155。

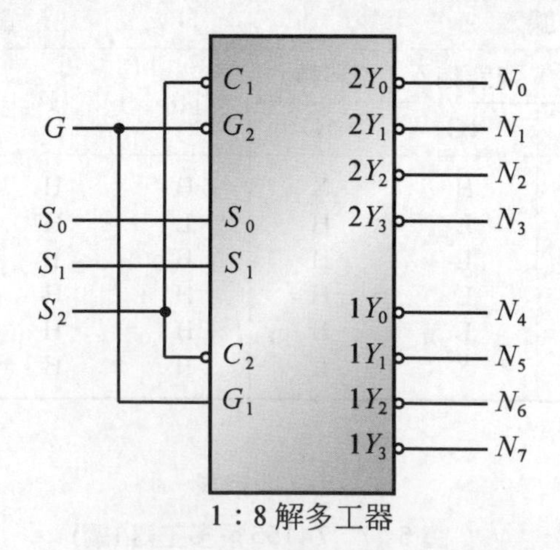

(a) 3 線至 8 線解碼器

圖 5-18

INPUTS				OUTPUTS							
SELECT			STROBE OR DATA	N_0	N_1	N_2	N_3	N_4	N_5	N_6	N_7
S_2	S_1	S_0	G	$2Y_0$	$2Y_1$	$2Y_2$	$2Y_3$	$1Y_0$	$1Y_1$	$1Y_2$	$1Y_3$
X	X	X	H	H	H	H	H	H	H	H	H
L	L	L	L	L	H	H	H	H	H	H	H
L	L	H	L	H	L	H	H	H	H	H	H
L	H	L	L	H	H	L	H	H	H	H	H
L	H	H	L	H	H	H	L	H	H	H	H
H	L	L	L	H	H	H	H	L	H	H	H
H	L	H	L	H	H	H	H	H	L	H	H
H	H	L	L	H	H	H	H	H	H	L	H
H	H	H	L	H	H	H	H	H	H	H	L

C＝輸入 1C、2C 相接
G＝輸入 1G、2G 相接

(b) 1 線對 8 線解工器功能表

圖 5-18 (續)

3. 多工器之應用

利用多工器來完成任一組合邏輯電路。設計步驟如下：

(1) 寫出組合邏輯電路的布林函數，以 SOP(積之和)的型式表示。
(2) 選擇適合的多工器，若有n變數，多工器的選擇線爲$n-1$條。
(3) 輸入線和函數變數之間的對照，可從 MSB 依序往下與$n-1$個變數連接，或是從 LSB 依序往上與$n-1$個變數連接。
(4) LSB 或 MSB 用來當作輸入資料。

例 題 $f(W,X,Y,Z)=\Sigma(0,2,3,6,9,10,14,15)$試用多工器完成此電路。

(1) SOP

$$f(W,X,Y,Z)=\overline{W}\,\overline{X}\,\overline{Y}\,\overline{Z}+\overline{W}\,\overline{X}\,Y\overline{Z}+\overline{W}\,\overline{X}\,YZ+\overline{W}XY\overline{Z}+W\overline{X}\,\overline{Y}Z+W\overline{X}\,Y\overline{Z}+WXY\overline{Z}+WXYZ$$

(2) 4 個變數，所以選擇具有 3 條選擇線的 74152，它是 8 對 1 的多工器，用它來完成。

(3)W,X,Y接到選擇輸入A,B,C。

(4)多工器的輸入可由圖 5-19(a)得知。

其中第 1 欄為 的所有狀態，

第 2 欄為 所對應的值，

第 3 欄為函數所包含的數，

第 4 欄則是依 SOP 所給的條件來完成。

如第一列裡，包含值有 0、1，但 SOP 中只出現 0，所以得到的輸入資料為$\overline{Z}$。

如第二列裡，包含值有 2、3，且 SOP 中出現 2、3，所以得到的輸入資料為 1。

其餘依此類推。

W	X	Y	輸入數目	包含之值	輸入
0	0	0	0	0，1	$\overline{Z}$
0	0	1	1	2，3	$Z+\overline{Z}=1$
0	1	0	2	4，5	0
0	1	1	3	6，7	$\overline{Z}$
1	0	0	4	8，9	Z
1	0	1	5	10，11	$\overline{Z}$
1	1	0	6	12，13	0
1	1	1	7	14，15	1

(a)

圖 5-19

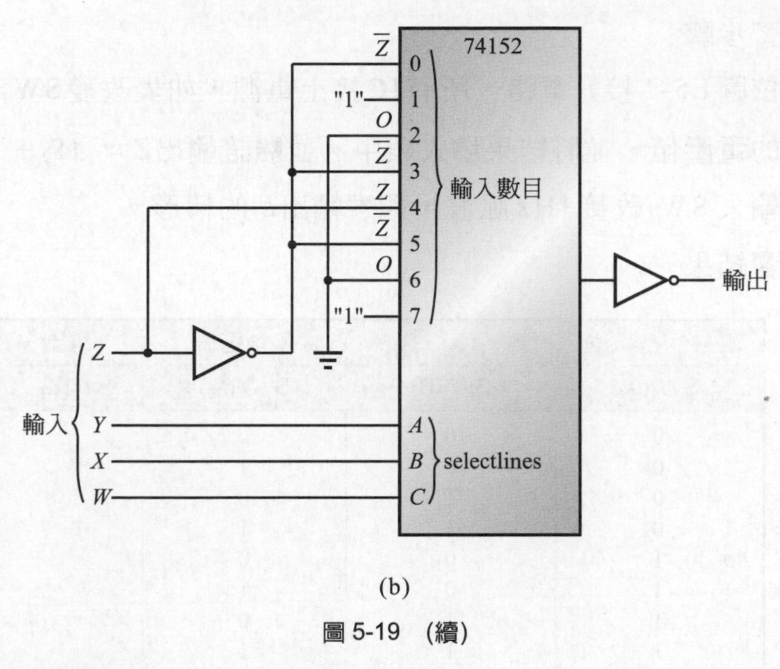

(b)

圖 5-19 (續)

三 實習項目

(一) 多工器

1. 利用基本邏輯閘組成多工器

⑴ 材料表

7400×1，7404×1，7432×1，LED×1，220Ω×1，DIP switch×1

⑵ 電路圖

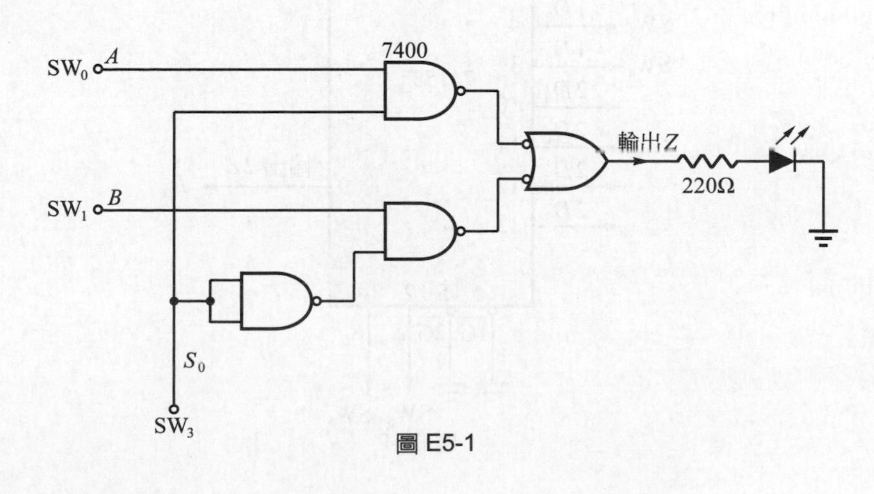

圖 E5-1

⑶ 實習步驟

① 依圖E5-1接好電路，所有IC接上電源，如表改變SW_1、SW_2、SW_3的電壓值，並將結果填入表中，並驗證輸出$Z = AS_0 + B\overline{S_0}$。

② 輸入SW_1改接1Hz脈波，觀察輸出L_1的情形。

⑷ 實習結果

輸入資料		位址選擇	輸出
SW_1(A)	SW_2(B)	SW_3 (S_0)	L_1(Z)
0	0	0	
0	0	1	
0	1	0	
0	1	1	
1	0	0	
1	0	1	
1	1	0	
1	1	1	

2. IC多工器

⑴ 材料表

74153×1，LED×1，220Ω×1，DIP SWITCH×1

⑵ 電路圖

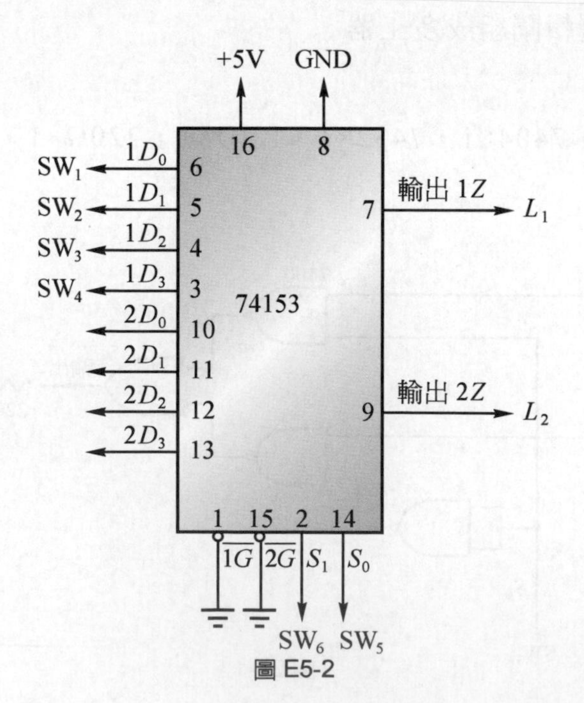

圖 E5-2

(3) 實習步驟

① 依圖E5-2接好電路，所有IC接上電源，如表改變 $1D_0$、$1D_1$、$1D_2$、$1D_3$、S_0、S_1、1G的電壓值，並將結果填入表中。

② 重複①步驟，觀察 $2D_0$、$2D_1$、$2D_2$、$2D_3$、S_0、S_1、2G 的多工器是否相同？

(4) 實習結果

輸入資料				位址選擇		致能	輸出
$1D_0$	$1D_1$	$1D_2$	$1D_3$	S_1	S_0	1G	1Z
0	X	X	X	0	0	0	
1	X	X	X	0	0	0	
X	0	X	X	0	1	0	
X	1	X	X	0	1	0	
X	X	0	X	1	0	0	
X	X	1	X	1	0	0	
X	X	X	0	1	1	0	
X	X	X	1	1	1	0	
X	X	X	X	X	X	1	

(二) 解多工器

1. IC解多工器

(1) 材料表

74155×1，LED×8，220Ω×8，DIP SWITCH×1

(2) 電路圖

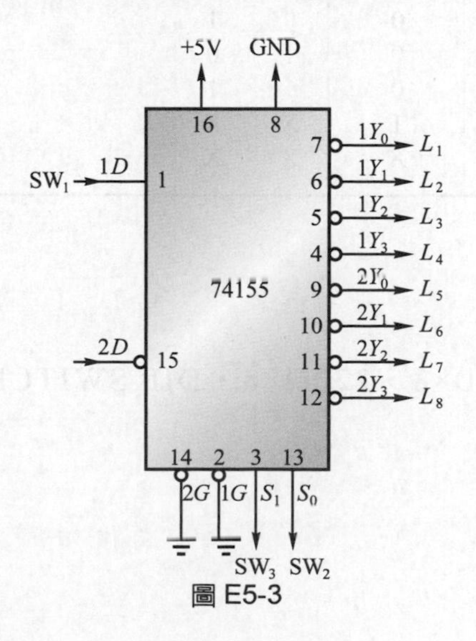

圖 E5-3

(3) 實習步驟

① 依圖 E5-3 接好電路，所有 IC 接上電源，依表 1 改變S_0、S_1的各種不同組合，並將結果填入表中。

② 依表 2 改變S_0、S_1的各種不同組合，並將結果填入表中。

③ 說明兩個解多工器有何不同？

(4) 實習結果

表 1

資料輸入	激勵輸入	位址選擇		輸出			
1D	1G	S_1	S_0	$1Y_0$	$1Y_1$	$1Y_2$	$1Y_3$
1	0	0	0				
1	0	0	1				
1	0	1	0				
1	0	1	1				
X	1	X	X				
0	X	X	X				

表 2

資料輸入	激勵輸入	位址選擇		輸出			
2D	2G	S_1	S_0	$2Y_0$	$2Y_1$	$2Y_2$	$2Y_3$
0	0	0	0				
0	0	0	1				
0	0	1	0				
0	0	1	1				
X	1	X	X				
1	X	X	X				

2. 解多工器之應用

(1) 材料表

74155×1，LED×8，220Ω×8，DIP SWITCH×1

⑵ 電路圖

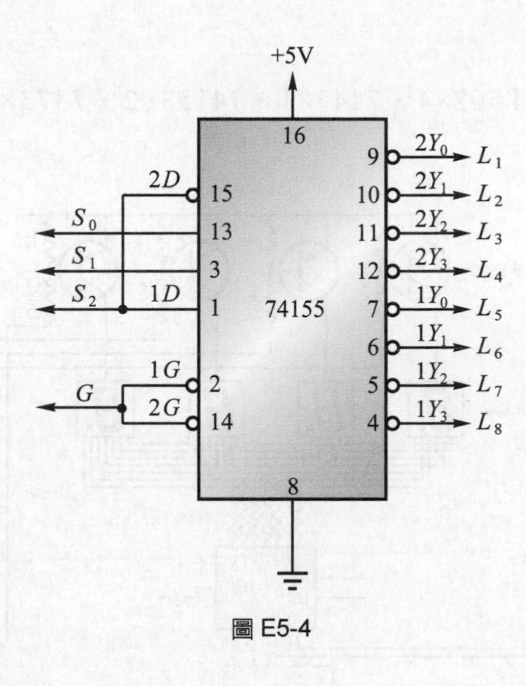

圖 E5-4

⑶ 實習步驟

① 依圖E5-4接好電路，所有IC接上電源，依表中改變S_0、S_1、S_2的各種不同組合，並將結果填入表中。

② 觀察此電路的結果，是否為一個3對8線的解碼器？

⑷ 實習結果

輸入			激勵	輸出							
S_2	S_1	S_0	G	L_1	L_2	L_3	L_4	L_5	L_6	L_7	L_8
0	0	0	0								
0	0	1	0								
0	1	0	0								
0	1	1	0								
1	0	0	0								
1	0	1	0								
1	1	0	0								
1	1	1	0								
X	X	X	1								

3. 多工器數位顯示

⑴ 材料表

560Ω×4，LT502×4，7447×1，74153×2，7473×1，74155×1，7490×4

⑵ 電路圖

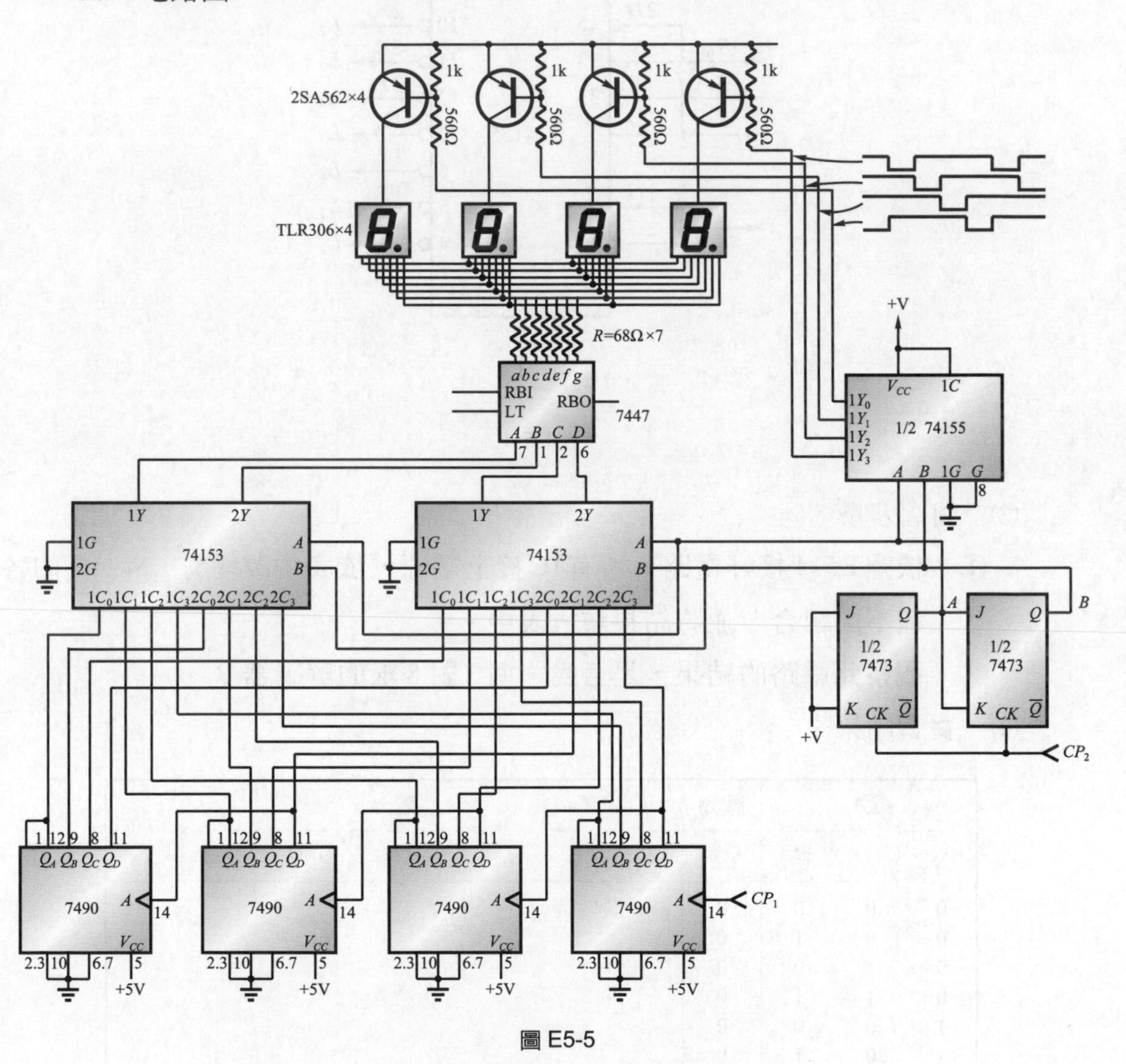

圖 E5-5

⑶ 實習步驟

① 依圖 E5-5 接好電路，所有 IC 接上電源，加入時脈 CP_1、CP_2觀察電路工作情形。

② 改變 CP_2觀察電路工作情形。

③ 電路原理請參閱附錄 A。

四 問題與討論

1 說明多工器與解多工器。

2 解多工器與解碼器有何不同？爲何解多工器常與解碼器並稱？

3 多工器與解多工器在電路設計上有何用途。

4 12 對 1 多工器需有多少選擇線？試說明其理由。

5 利用 4 對 1 線的多工器來完成一個全加器。

6 利用 8 對 1 線的多工器來完成一個 8421 轉 excess-3 碼的電路。

7 試利用 74138 解碼器設計一個 8 對 1 的多工器。

8 試利用 8 對 1 線的多工器或 16 對 1 線的多工器來完成。

$$f(A,B,C,D)=\Sigma(2,4,7,10,12,14)$$

CHAPTER 6

比較器

一 實習目的

1、瞭解比較器的基本邏輯電路

2、瞭解同位產生器的原理及應用

3、瞭解比較器與同位產生器 IC 元件的特性

4、瞭解葛雷碼至二進位碼的轉換

二 相關知識

在數位信號處理過程中，有時候，當輸出為某一個值，或是小於、大於某一個值時，會產生一特別的輸出信號。尤其是電腦的中央處理器(CPU)更是如此。在CPU裡，算術、邏輯運算則是基本的功能。因此若能處理信號的大於、等於、小於的電路則稱之為比較電路。

另外，於數位系統中，資料的傳送及儲存過程當中，常需要檢查各個位元的資料是否正確，因此必須設計出適當的電路來執行此項功能，同位核對／產生器則是執行此項錯誤偵測功能的MSI元件。

1. 比較器

比較器是一種組合邏輯電路，它可以用來執行一個數值大於、等於、或小於另一個值。

⑴ 位元比較器

利用XOR gate可用來比較兩個二進位數之大小。圖6-1為XOR gate的電路符號、基本的等效電路、真值表。由真值表可以得知，它的輸入兩端若是相同的邏輯準位，那麼它的輸出為「0」；反之，兩輸入信號不同邏輯準位，那麼它的輸出為「1」。

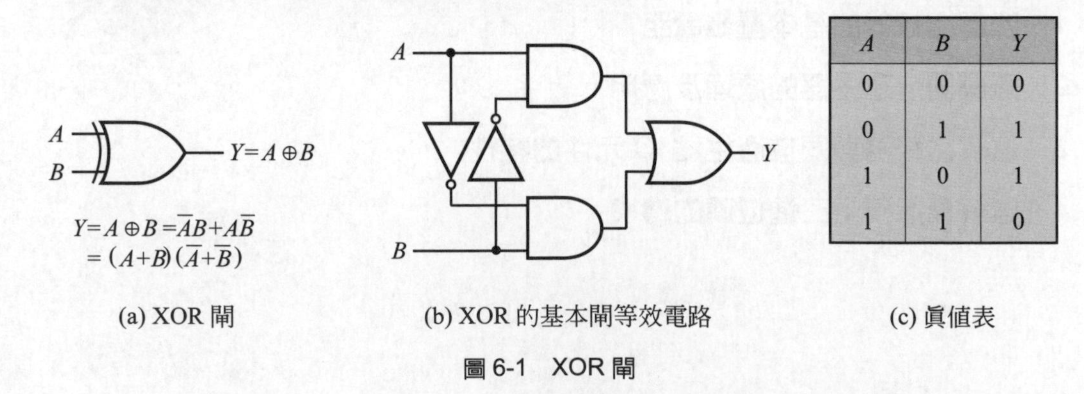

A	B	Y
0	0	0
0	1	1
1	0	1
1	1	0

(a) XOR 閘　(b) XOR 的基本閘等效電路　(c) 真值表

圖 6-1　XOR 閘

圖6-2為XNOR gate的電路符號、基本的等效電路、真值表。由真值表可以得知，它的輸入兩端若是相同的邏輯準位，那麼它的輸出為「1」；反之，兩輸入信號不同邏輯準位，那麼它的輸出為「0」。

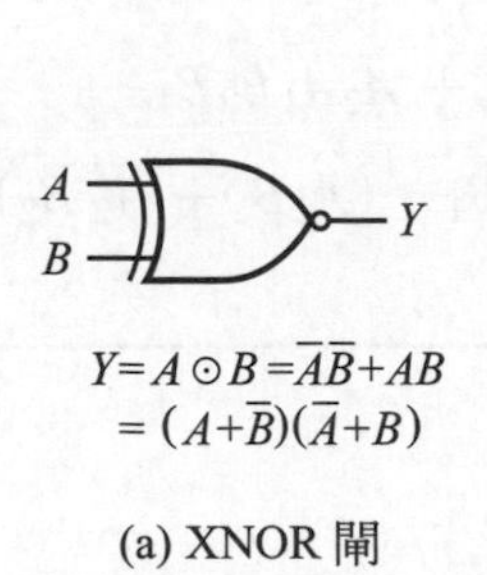

(a) XNOR 閘

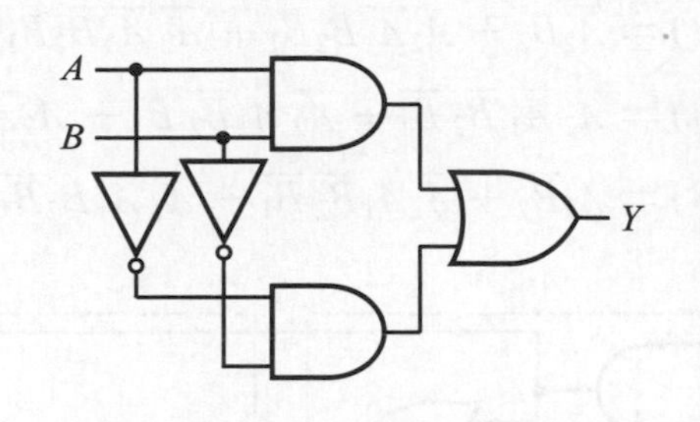

(b) XNOR 的基本閘等效電路

A	B	Y
0	0	1
0	1	0
1	0	0
1	1	1

(c) 眞值表

圖 6-2　XNOR 閘

因XOR gate僅能得知兩數是否相等，無法得之大於或小於的結果。故無法滿足數値比較器之要求。圖 6-3 利用組合邏輯電路來比較兩個二進位數A、B之大小。此電路有兩個輸入A、B。此兩數値比較的結果為一數值是否大於、等於或小於另一個數値，所以此電路有三個輸出，分別標示爲「A ＞ B」、「A ＝ B」及「A＜B」。

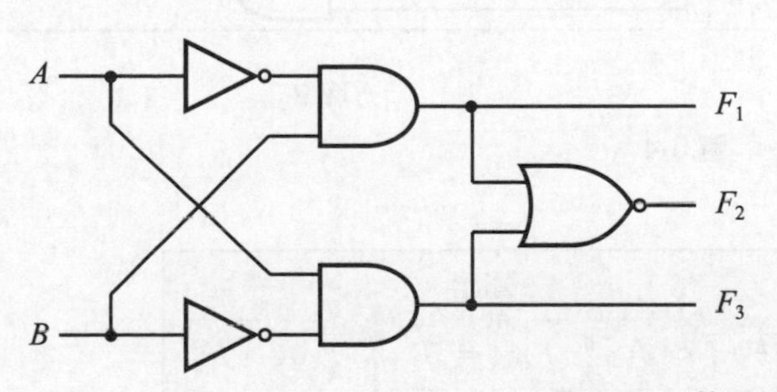

輸	入	輸		出
A	B	$A>B$	$A=B$	$A<B$
0	0	0	1	0
0	1	0	0	1
1	0	1	0	0
1	1	0	1	0

圖 6-3　1 位元比較器

從它的眞値表中，可以看出輸入與輸出的關係。而三個輸出的布林函數可以表示成：

$$F_1(A < B) = \bar{A}B$$

$$F_2(A = B) = AB + \bar{A}\,\bar{B} = \overline{\bar{A}B + A\bar{B}}$$

$$F_3(A > B) = A\bar{B}$$

⑵　2 位元比較器

兩個二位元比較器的組合邏輯電路如圖 6-4。從它的眞値表中，可以看出輸入與輸出的關係。而三個輸出的布林函數可以表示成：

$$F_1(A < B) = \overline{A_2}B_2 + A_2\overline{A_1}B_2B_1 + \overline{A_2}\,\overline{A_1}\overline{B_2}B_1 = \overline{A_1}B_1(A_2B_2 + \overline{A_2}\overline{B_2}) + \overline{A_2}B_2$$

$$F_2(A = B) = \overline{A_2}\,\overline{A_1}\,\overline{B_2}\,\overline{B_1} + \overline{A_2}\,A_1\overline{B_2}\,B_1 + A_2\overline{A_1}B_2\overline{B_1} + A_2A_1B_2B_1$$

$$F_3(A > B) = A_2\overline{B_2} + \overline{A_2}A_1\overline{B_2}\,\overline{B_1} + A_2\,A_1B_2\overline{B_1} = A_1\overline{B_1}\cdot(A_2B_2 + \overline{A_2}\,\overline{B_2}) + A_2\overline{B_2}$$

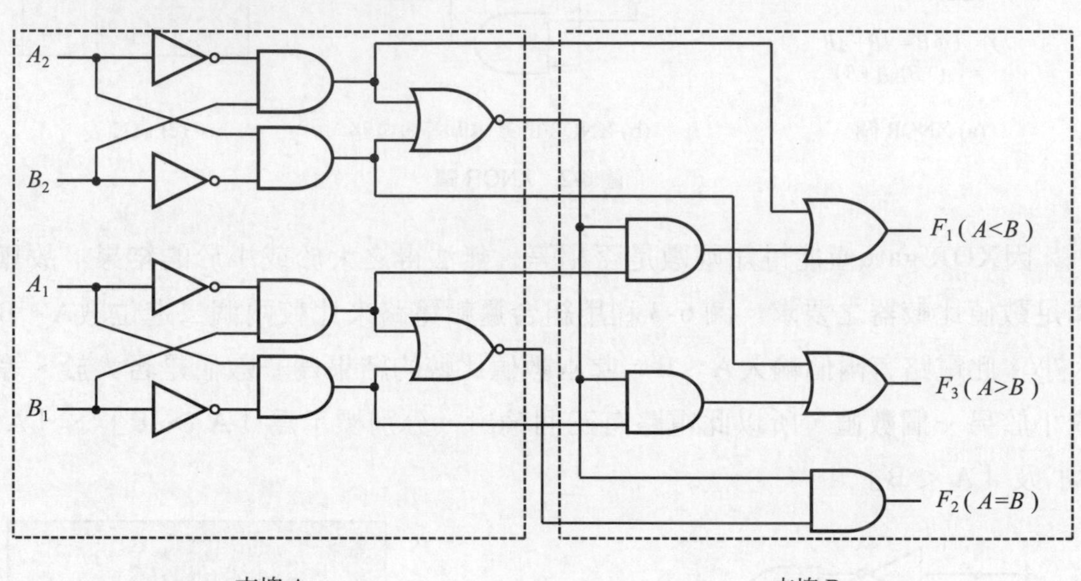

圖 6-4

輸入				輸出		
A_2	A_1	B_2	B_1	$F_1(A < B)$	$F_2(A = B)$	$F_3(A > B)$
0	0	0	0	0	1	0
0	0	0	1	1	0	0
0	0	1	0	1	0	0
0	0	1	1	1	0	0
0	1	0	0	0	0	1
0	1	0	1	0	1	0
0	1	1	0	1	0	0
0	1	1	1	1	0	0
1	0	0	0	0	0	1
1	0	0	1	0	0	1
1	0	1	0	0	1	0
1	0	1	1	1	0	0
1	1	0	0	0	0	1
1	1	0	1	0	0	1
1	1	1	0	0	0	1
1	1	1	1	0	1	0

由上例可知，如果位元數越多，則電路圖及眞值表就會變得十分複雜。因此，若欲比較兩個n位元比較器，則其眞值表就有2^{2n}種組合，所以用傳統的組合邏輯設計方法就會變得相當不實用。因此用「演算法」(Algorithm)來解決此問題是一種最直接、有效的方法。而所謂的「演算法」則是一種解決問題的程序(Procedure)。接下來用一個4位元比較器來說明如何使用「演算法」來設計此電路。

(3) 4位元比較器

設此4位元二進位數分別爲A、B，其值分別爲：

$A = A_3A_2A_1A_0$

$B = B_3B_2B_1B_0$

眞值表如圖6-5，表中有三欄輸出，分別爲$A > B$、$A = B$、$A < B$，因兩數比較大小僅能有一個輸出成立，也就是有一個輸出爲「1」，另兩個輸出必爲「0」。而比較兩數大小的原則，則是先由兩個數的最高位元(MSB)A_3、B_3開始，若這兩個位元不相等，則數值之大小即可決定。若這兩個位元相等，則再比較下一對位元A_2、B_2，依序類推，一直到有一對有效位元不相等爲止，若四個位元皆相等，則A、B兩數相等。

輸入				輸出		
A_3、B_3	A_2、B_2	A_1、B_1	A_0、B_0	$A > B$	$A = B$	$A < B$
$A_3 > B_3$	×	×	×	1	0	0
$A_3 < B_3$	×	×	×	0	0	1
$A_3 = B_3$	$A_2 > B_2$	×	×	1	0	0
$A_3 = B_3$	$A_2 < B_2$	×	×	0	0	1
$A_3 = B_3$	$A_2 = B_2$	$A_1 > B_1$	×	1	0	0
$A_3 = B_3$	$A_2 = B_2$	$A_1 < B_1$	×	0	0	1
$A_3 = B_3$	$A_2 = B_2$	$A_1 = B_1$	$A_0 > B_0$	1	0	0
$A_3 = B_3$	$A_2 = B_2$	$A_1 = B_1$	$A_0 < B_0$	0	0	1
$A_3 = B_3$	$A_2 = B_2$	$A_1 = B_1$	$A_0 = B_0$	0	1	0

圖6-5

從眞值表中可以歸類如以下的結論：

(1) 若$A=B$時，只有一種情形：

即$A_3=B_3$，$A_2=B_2$，$A_1=B_1$，$A_0=B_0$。於二進制中，其値可爲「0」或「1」。每一對位元相等關係則可以用布林函數來表示：

$X_i=A_iB_i+\overline{A}_i\overline{B}_i \quad i=0，1，2，3$

由上式函數得知，若A_i與B_i都是 0 或 1，那麼$X_i=1$，例如：$A_2=B_2$，那麼$X_i=1$。

因此，若$A=B$，則X_i變數都必須爲1，也就是說，X_3，X_2，X_1，X_0。都必須爲1，所以$A=B$的布林函數如下：

$(A=B)=X_3\cdot X_2\cdot X_1\cdot X_0$

(2) 若$A>B$時，則有四種情形發生：

① 若$A_3>B_3$：

此時與$A_2A_1A_0$，$B_2B_1B_0$的值爲何都沒有關係。所以$A_3>B_3$的情形必須是$A_3=1$，$B_3=0$，即$(A>B)=A_3\overline{B}_3=X_3=1$

②若$A_3=B_3$，$A_2>B_2$：

$A_3>B_3$的情形必須是$X_3=1$，$A_2=1$，$B_2=0$，即$(A>B)=X_3A_2\overline{B}_2=X_3X_2=1$

③ 若$A_3=B_3$，$A_2=B_2$，$A_1>B_1$：

$A_3>B_3$的情形必須是$X_3=1$，$X_2=1$，$A_1=1$，$B_1=0$，即$(A>B)=X_3X_2A_1\overline{B}_1=X_3X_2X_1=1$

④ 若$A_3=B_3$，$A_2=B_2$，$A_1=B_1$，$A_0>B_0$：

$A_3>B_3$的情形必須是$X_3=1$，$X_2=1$，$X_1=1$，$A_0=1$，$B_0=0$，即$(A>B)=X_3X_2X_1A_0\overline{B}_0=X_3X_2X_1X_0=1$

(3) 若$A<B$時，則有四種情形發生：

① 若$A_3<B_3$：

此時與$A_2A_1A_0$，$B_2B_1B_0$的值爲何都沒有關係。所以$A_3<B_3$的情形必須是$A_3=0$，$B_3=1$，即$(A<B)=\overline{A}_3B_3=X_3=1$

② 若$A_3 = B_3$，$A_2 < B_2$：

$A_3 < B_3$的情形必須是$X_3 = 1$，$A_2 = 0$，$B_2 = 1$，即$(A < B) = X_3\overline{A}_2B_2 = X_3X_2 = 1$

③ 若$A_3 = B_3$，$A_2 = B_2$，$A_1 < B_1$：

$A_2 < B_3$的情形必須是$X_3 = 1$，$X_2 = 1$，$A_1 = 0$，$B_1 = 1$，即$(A < B) = X_3X_2\overline{A}_1B_1 = X_3X_2X_1 = 1$

④ 若$A_3 = B_3$，$A_2 = B_2$，$A_1 = B_1$，$A_0 < B_0$：

$A_3 < B_3$的情形必須是$X_3 = 1$，$X_2 = 1$，$X_1 = 1$，$A_0 = 0$，$B_0 = 1$，即$(A < B) = X_3X_2X_1\overline{A}_0B_0 = X_3X_2X_1X_0 = 1$

根據以上之推導，可得其邏輯電路圖如圖 6-6。

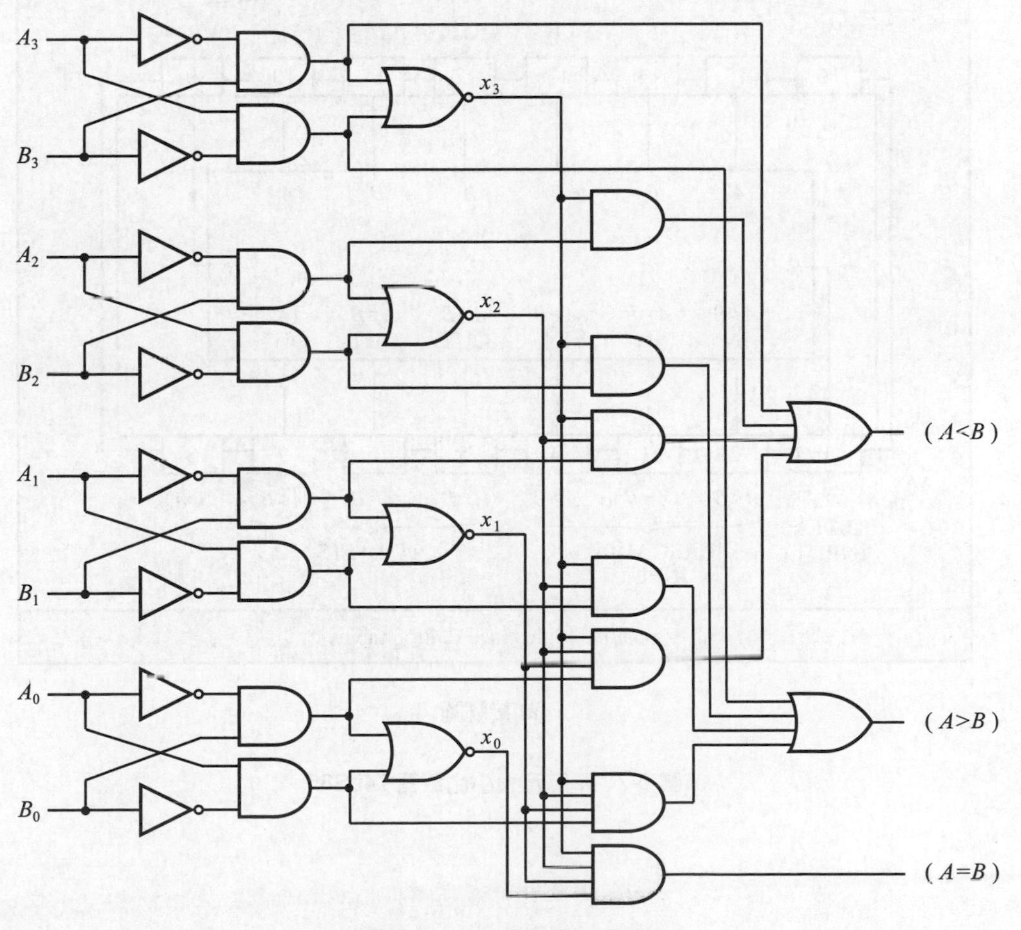

圖 6-6　4 位元數值比較器

上圖中為四個位元的比較器，四個x輸出利用相當於 XOR gate 的線路來完成，此四個x輸出經過一個 AND gate 可得到$A = B$的輸出。至於$A > B$，$A < B$的這兩個輸出，也是由此四個x輸出再加上其他的邏輯閘所完成的。此線路為多層線路，它具有規則的式樣。如果數字大於四位元，也可以利用上述的方式，推導出數值比較器，當然線路也就更複雜。

圖 6-6 之「四位元數值比較器」因其電路太過複雜，如果使用基本邏輯閘來連接此電路，於實際應用上並不適當。一般市面上也已有完成此電路的 IC 出現，如 TTL 族的 7485 及 CMOS 族的 4585 這兩種。圖 6-7 及圖 6-8 分別為其真值表與接腳圖。

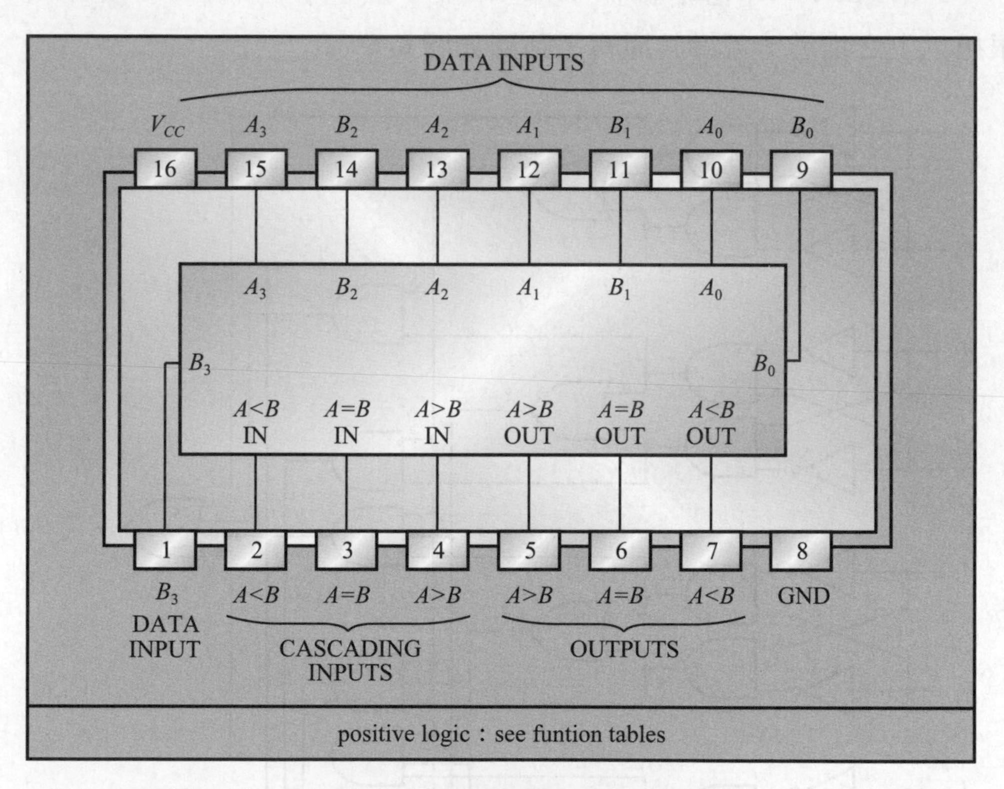

(a) 接腳圖

圖 6-7　4 位元大小比較器 74LS85

INPUTS							OUTPUTS		
COMPATING				CASCADING					
A_3，B_3	A_2，B_2	A_1，B_1	A_0，B_0	$A>B$	$A<B$	$A=B$	$A>B$	$A<B$	$A=B$
$A_3>B_3$	×	×	×	×	×	×	H	L	L
$A_3<B_3$	×	×	×	×	×	×	L	H	L
$A_3=B_3$	$A_2>B_2$	×	×	×	×	×	H	L	L
$A_3=B_3$	$A_2<B_2$	×	×	×	×	×	L	H	L
$A_3=B_3$	$A_2=B_2$	$A_1>B_1$	×	×	×	×	H	L	L
$A_3=B_3$	$A_2=B_2$	$A_1<B_1$	×	×	×	×	L	H	L
$A_3=B_3$	$A_2=B_2$	$A_1=B_1$	$A_0>B_0$	×	×	×	H	L	L
$A_3=B_3$	$A_2=B_2$	$A_1=B_1$	$A_0<B_0$	×	×	×	L	H	L
$A_3=B_3$	$A_2=B_2$	$A_1=B_1$	$A_0=B_0$	H	L	L	H	L	L
$A_3=B_3$	$A_2=B_2$	$A_1=B_1$	$A_0=B_0$	L	H	L	L	H	L
$A_3=B_3$	$A_2=B_2$	$A_1=B_1$	$A_0=B_0$	L	L	H	L	L	H
$A_3=B_3$	$A_2=B_2$	$A_1=B_1$	$A_0=B_0$	×	×	H	L	L	H
$A_3=B_3$	$A_2=B_2$	$A_1=B_1$	$A_0=B_0$	H	H	L	L	L	L
$A_3=B_3$	$A_2=B_2$	$A_1=B_1$	$A_0=B_0$	L	L	L	H	H	L

(b)功能表

圖 6-7　4 位元大小比較器 74LS85 (續)

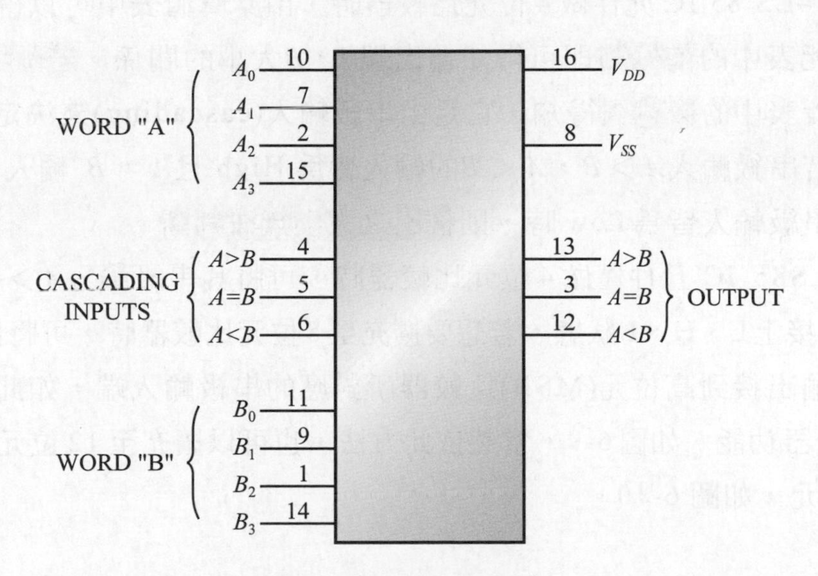

(a) 接腳圖

圖 6-8

INPUTS							OUTPUTS		
COMPATING				CASCADING					
A_3，B_3	A_2，B_2	A_1，B_1	A_0，B_0	$A<B$	$A=B$	$A>B$	$A<B$	$A=B$	$A>B$
$A_3>B_3$	×	×	×	×	×	1	0	0	1
$A_3=B_3$	$A_2>B_2$	×	×	×	×	1	0	0	1
$A_3=B_3$	$A_2=B_2$	$A_1>B_1$	×	×	×	1	0	0	1
$A_3=B_3$	$A_2=B_2$	$A_1=B_1$	$A_0>B_0$	×	×	1	0	0	1
$A_3=B_3$	$A_2=B_2$	$A_1=B_1$	$A_0=B_0$	0	0	1	0	0	1
$A_3=B_3$	$A_2=B_2$	$A_1=B_1$	$A_0=B_0$	0	1	×	0	1	0
$A_3=B_3$	$A_2=B_2$	$A_1=B_1$	$A_0=B_0$	1	0	×	1	0	0
$A_3=B_3$	$A_2=B_2$	$A_1=B_1$	$A_0<B_0$	×	×	×	1	0	0
$A_3=B_3$	$A_2=B_2$	$A_1<B_1$	×	×	×	×	1	0	0
$A_3=B_3$	$A_2<B_2$	×	×	×	×	×	1	0	0
$A_3<B_3$	×	×	×	×	×	×	1	0	0

(b)眞值表

圖 6-8 (續)

使用 74LS 85 IC 元件做 4 位元比較器時，由其眞值表中可以得知，若$A \neq B$時，由功能表中的前八列即可得知輸出端A，B大小的關係。若$A=B$時，輸出將可由功能表中的後六列得知，它是由串級輸入(cascading)來決定。最後兩列中指出，若串級輸入$A>B$，$A<B$的輸入皆爲 High 且$A=B$ 輸入爲 Low 時；或是三個串級輸入皆爲 Low 時，則輸出之大小無法判斷。

若 74LS85 IC 元件僅做 4 位元比較器時，可將其串級輸入$A>B$，$A=B$，$A<B$分別接上L、H、L狀態。若想要擴充至8位元比較器時，可將低位元(LSB)比較器的輸出接到高位元(MSB)比較器所對應的串級輸入端，如此即可擴充至8位元比較器功能。如圖 6-9。當然依此方法，也可以擴充至 12 位元，16 位元，甚至 24 位元，如圖 6-10。

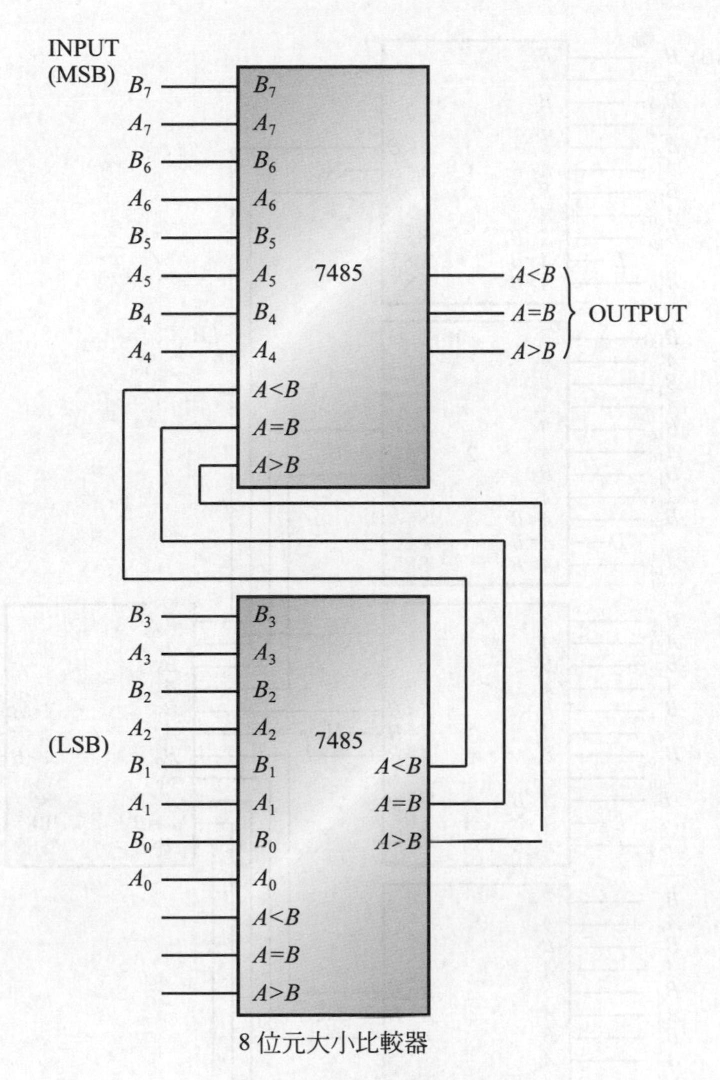

圖 6-9　8 位元大小比較器

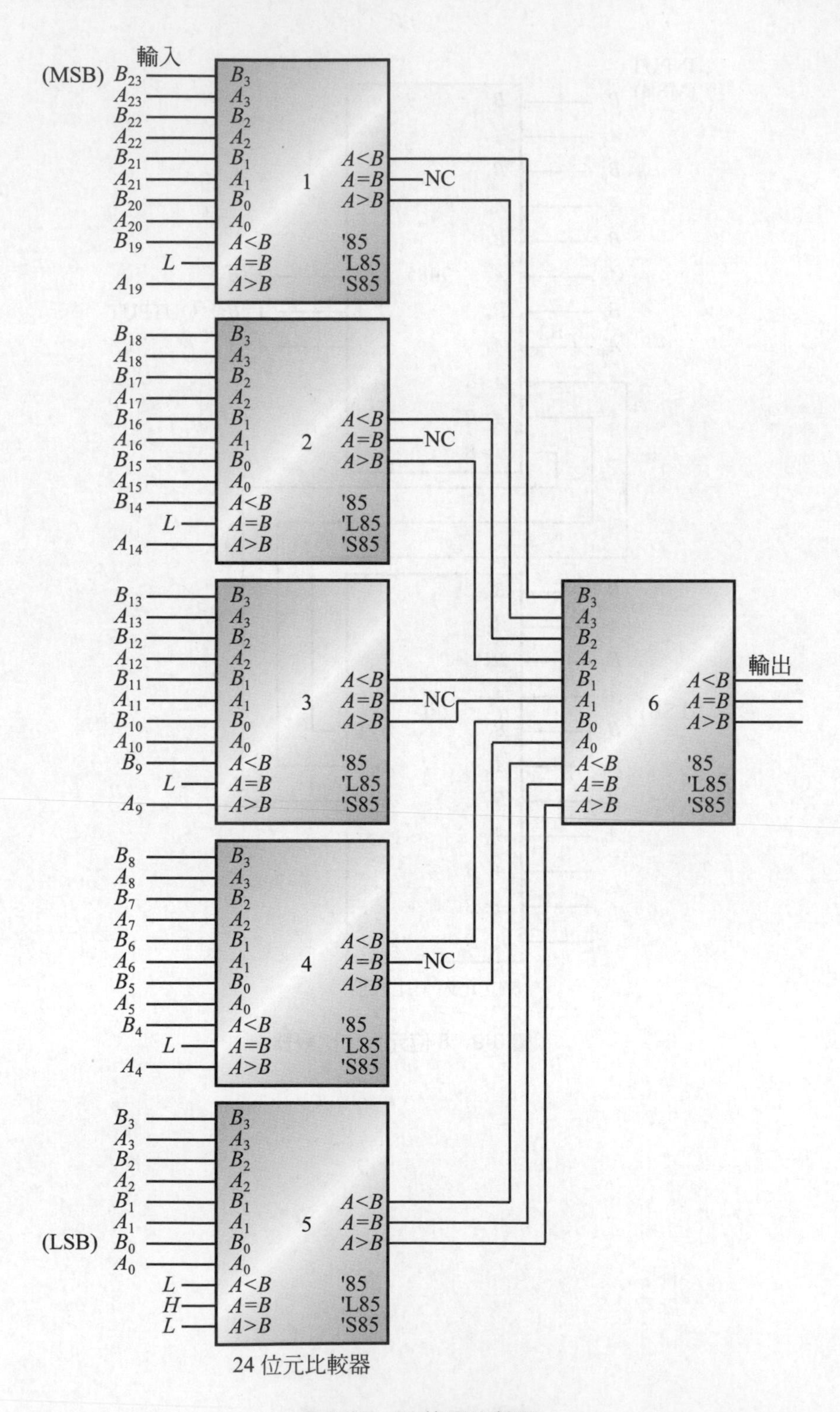

圖 6-10　24 位元比較器

2. 同位產生／核對器

在數位系統應用中，通常需要作資料的傳送及儲存，因此，傳送端和接收端即規定以某種方式傳送和接收。通常，雙方會事先約定所傳送的資料其中「1」的個數總和爲偶數個(even)或是奇數個(odd)。此時若傳送資料中含有奇數個「1」，則在資料傳送之前會加上一個「1」，使其 1 的總和爲偶數個，我們稱之爲偶同位(even parity)。而接收者於接收到資料後，必檢查所收到的資料「1」的個數總和是否爲偶數個，若不是，則代表資料在傳送的過程當中有了錯誤。若收到的資料爲偶數個「1」，則代表資料是正確的。如果約定以「1」的個數總和爲奇數，則稱之爲奇同位(odd parity)。換句話說，在資料送出去之前，必須先加上一個同位位元(parity bit)使「1」的個數總和爲奇數。

在資料送出前所產生的同位位元(parity bit)電路稱之爲同位產生器(parity generator)，若爲偶同位(even parity)則有偶同位產生器(even -parity generator)；若爲奇同位(odd parity)則有奇同位產生器(odd -parity generator)。

而於接收端就必須對所收到的資料做核對，以確定在傳輸的過程當中是否有錯誤出現。同樣的，判斷「1」的個數總和爲偶數者稱爲偶同位核對器(even-parity detector)，若判斷「1」的個數總和爲奇數者稱爲奇同位核對器(odd-parity detector)。

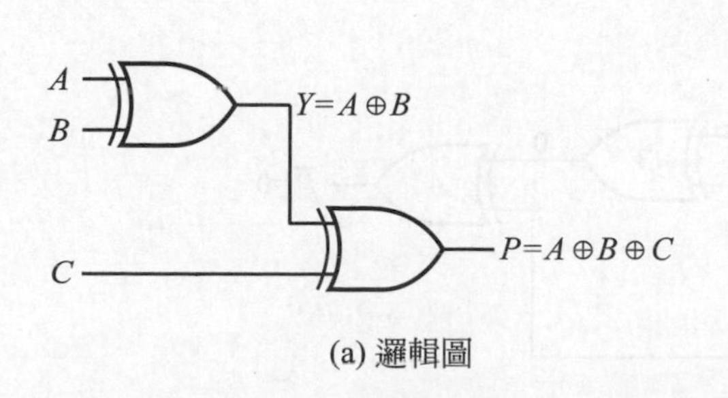

(a) 邏輯圖

A	B	C	$P=A\oplus B\oplus C$
0	0	0	0
0	0	1	1
0	1	0	1
0	1	1	0
1	0	0	1
1	0	1	0
1	1	0	0
1	1	1	1

(b) 眞值表

圖 6-11　三個輸入的 XOR 函數

同位產生/核對器，若使用邏輯電路來執行，可用 XOR 或 XNOR 閘邏輯電路來執行此種功能。就以三個輸入的 XOR 閘爲例，如圖 6-11 所示。

由電路圖得知，若輸入有奇數個1，則輸出爲「1」；否則輸出爲「0」。若以XNOR閘邏輯電路來執行三個輸入函數，若輸入有偶數個0，則輸出爲「1」；否則輸出爲「0」。由眞值表得知，$P = A \oplus B \oplus C$，使得單一輸出爲奇數同位。

如圖 6-12 所示，由三個XOR閘組成的四位元同位產生器，若$ABCD=(1010)$則$P=0$爲偶數同位，$\overline{P}=0$爲奇數同位。一旦產生同位位元P後，通常P與輸入資料一起傳輸。

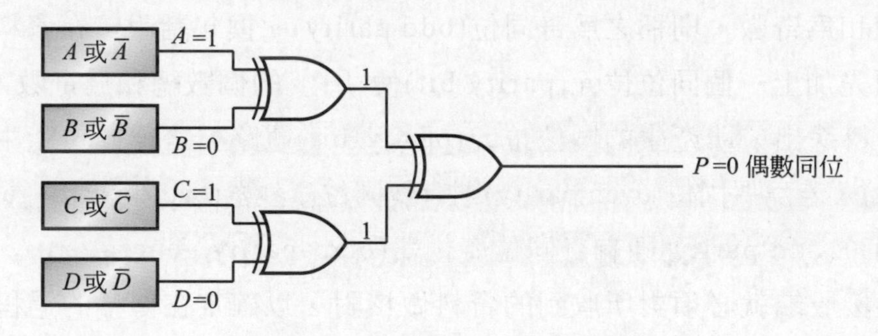

圖 6-12　4 位元同位產生器邏輯電路

4 位元核對器則包含上述的四位元同位產生器，這個同位產生器檢查所接收的資料，此外再產生一個同位位元，此位元再與資料中的同位元相比較，此功能是由另一個 XOR 閘來完成。如圖 6-13，標示 1、2、3 的 XOR 閘，爲上述的四位元同位產生器$ABCD=(1010)$，而標示 4 的 XOR 閘，將同位位元產生器的輸出與接收到的同位元P相比較。

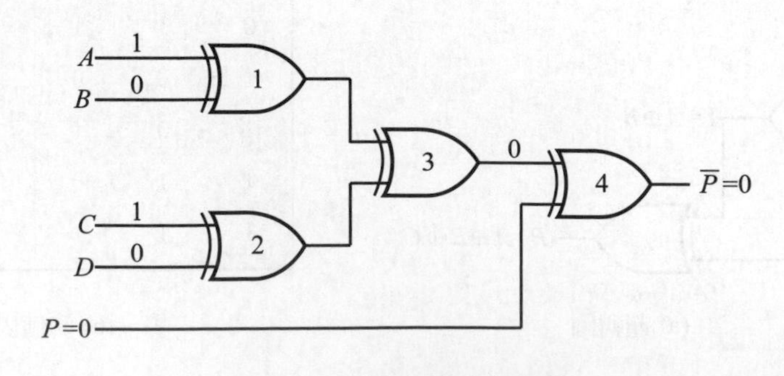

圖 6-13　4 位元同位核對器

於接收端進行資料核對時，可依傳送前雙方協定每筆資料中「1」的個數總和爲奇數或偶數，即所謂的「同位」。圖6-11、圖6-12即是使用偶同位。如果內部所產生的同位位元與接收到的同位位元相同時，則XOR閘的輸出爲「0」，即$P=\overline{P}$，此時表示沒有錯誤。如果產生的同位位元與接收到的同位位元不相同時，則XOR閘的輸出爲「1」，表示同位錯誤。

例如：有一字元資料A，它的ASCII碼爲1000010，利用偶同位位元產生器／核對器，則於同位位元產生器應產生一同位位元附加於原始資料之後，而形成8位元資料。其「1」的個數總和爲偶數。至於核對器先判斷此8位元資料中「1」的個數總和，若爲偶數，則資料正確；否則資料有誤。

如圖6-14所示，若標示13的XOR閘的輸出爲0，表示8位元資料中有偶數個「1」，此爲正確的資料。若標示13的XOR閘的輸出爲1，表示8位元資料中有奇數個「1」，此爲不正確的資料。

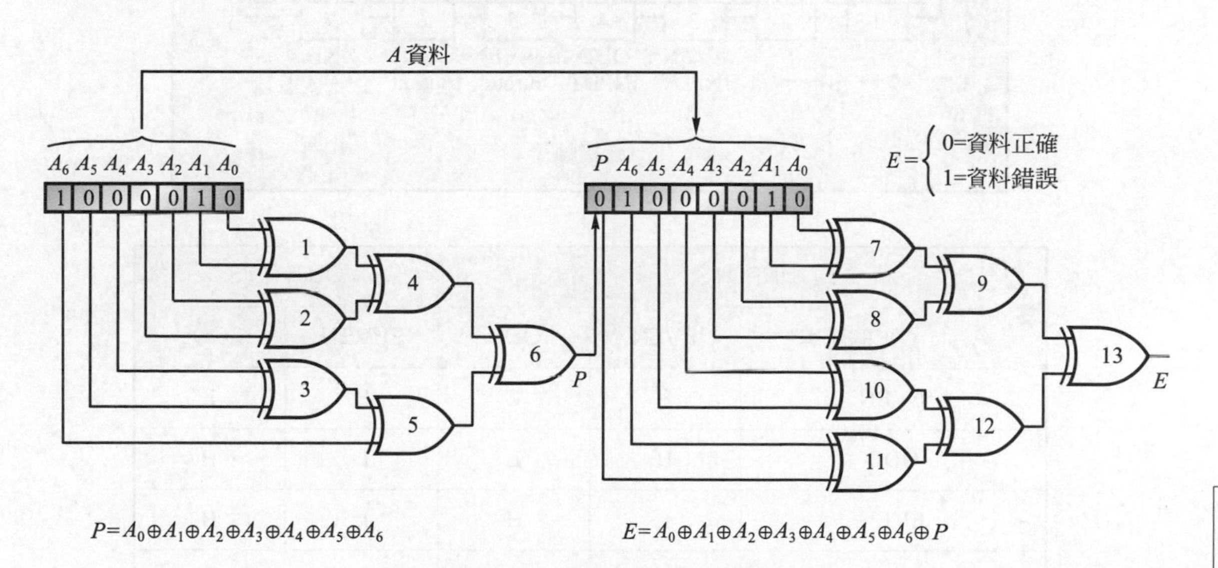

圖6-14　偶數同位的產生與核對

同位產生／核對器的MSI元件，TTL74180爲9位元(8位元資料，1個同位位元)的同位產生／核對器，可以用來產生第10個同位位元或是核對9個位元資料中爲「1」的總數偶數或是奇數個。如圖6-15爲74180的接腳圖、功能表及邏輯電路。它有 8 個輸入(A~H)，另有偶數輸入(even input)或奇數輸入(odd input)可作為同位輸入或第 9 位元輸入，以便測知是奇數或偶數同位。而Σ EVEN、ΣODD 兩輸出，作為告知外界，該輸入信號是奇數或偶數同位。

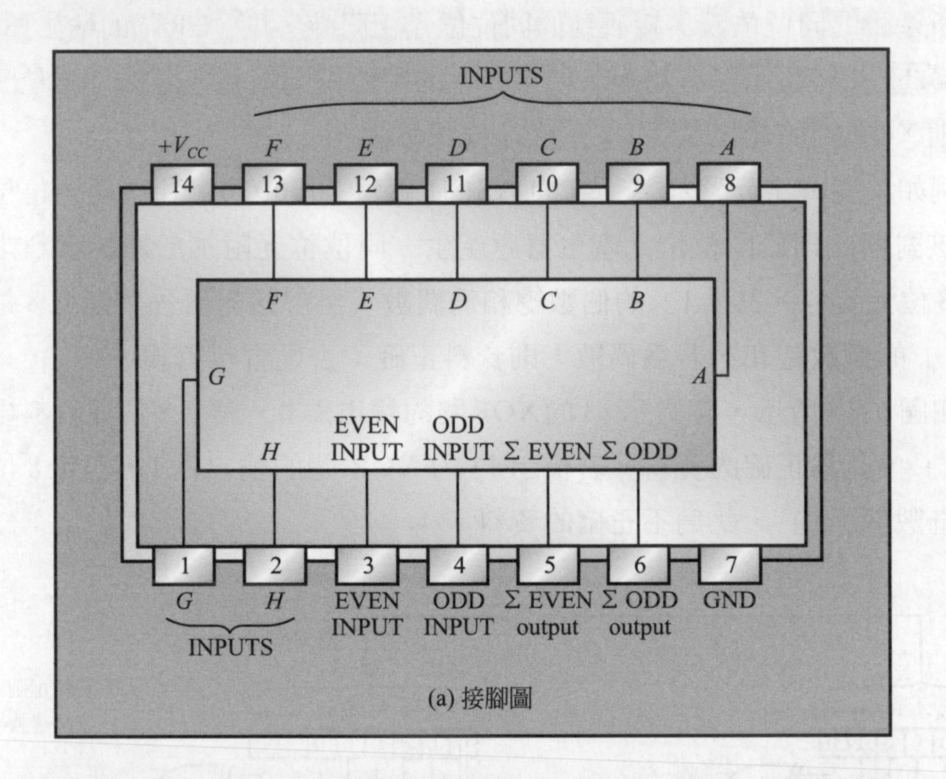

(a) 接腳圖

INPUTS			OUTPUTS	
A~H，"1"的總數	EVEN	ODD	ΣEVEN	ΣODD
EVEN	H	L	H	L
ODD	H	L	L	H
EVEN	L	H	L	H
ODD	L	H	H	L
X	H	H	L	L
X	L	L	H	H

H : High level L : Low level X : irrelevant

(b)功能表

圖 6-15 74180 的接腳圖與功能表

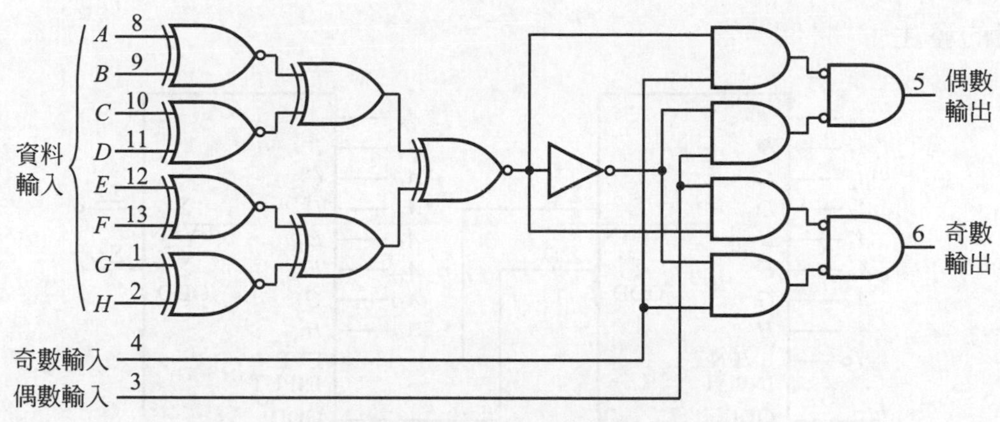

(c) 74180 之邏輯線路圖

圖 6-15　74180 的接腳圖與功能表 (續)

圖 6-16，爲偶數同位產生/核對器，若將同位產生器的ΣEVEN 輸出線改接至ΣODD，即成爲奇數同位產生／核對器。

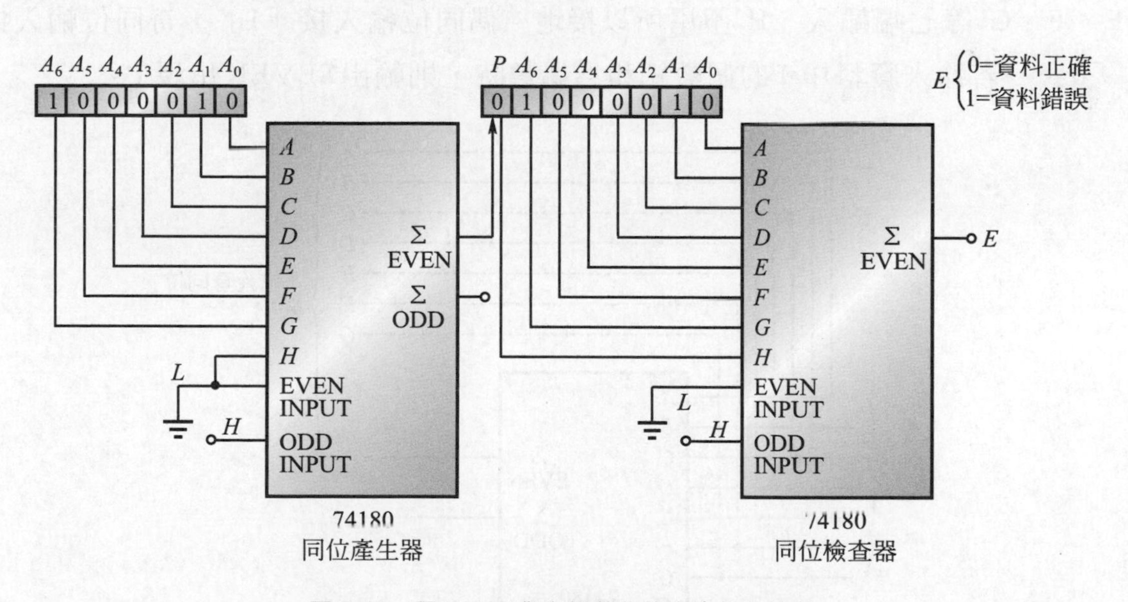

圖 6-16　用 74180 作為偶數同位之產生及核對

若將兩個 74180 串接可擴充爲 16 位元的同位核對器，如圖 6-17 所示。對偶數同位而言，若字元資料(A_0～A_{15})中「1」的總數爲偶數時，則ΣEVEN 的輸出爲 1，ΣODD 的輸出爲 0，此爲正確的輸出狀態；若字元資料(A_0～A_{15})中「1」

的總數為奇數時，若ΣEVEN 的輸出為 0，ΣODD 的輸出為 1，此即表示偶同位錯誤的發生。

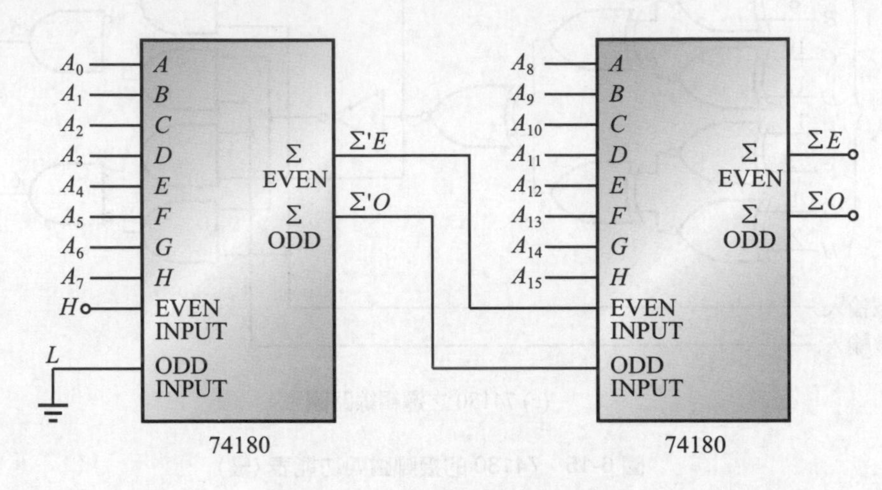

圖 6-17　16 位元之同位核對器

圖 6-18 為利用 74180 來產生 7 位元同位核對器，其信號由 A、B、C、D、E、F、G 等七端輸入，H 不用所以接地。偶同位輸入接「1」，奇同位輸入接「0」。若輸入資料中 1 的個數總和為偶數時，則輸出ΣEVEN 出現 1。

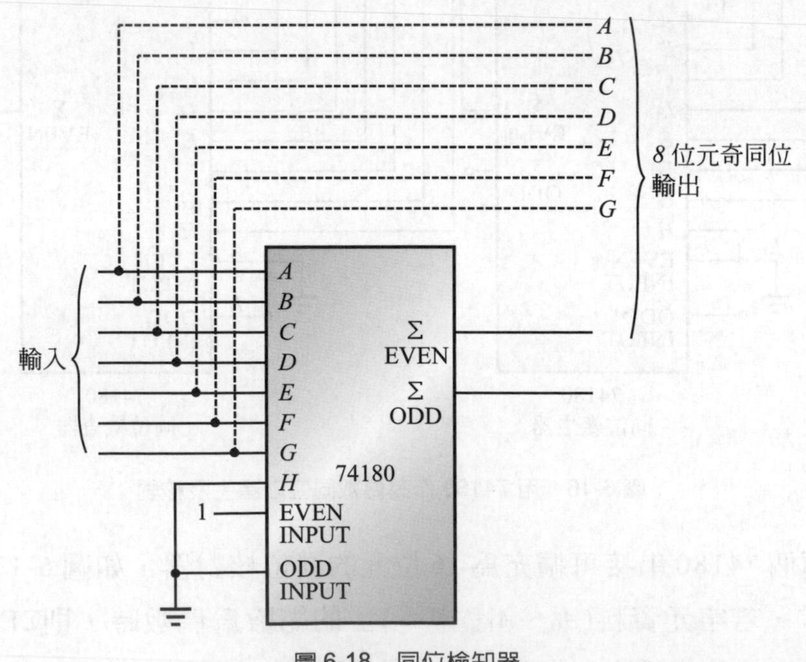

圖 6-18　同位檢知器

3. 葛雷碼(Gray code)轉二進制

葛雷碼也是一種數字碼，它通常被用在類比-數位轉換器。它的優點是每一相鄰數字所對應的葛雷碼，它們只改變其中一個位元而已，如圖 6-19 所示。由圖中我們可以歸納出下列幾點：

(1) G_0先有 0，再來連續兩個 1，接著連續兩個 0，依序類推。

(2) G_1先有連續兩個 0，再來連續四個 1，接著連續四個 0，依序類推。

(3) G_n先有連續2^n個 0，再來連續2^{n+1}個 1，2^{n+1}個 0，依序類推。

圖中我們也可以知道，二進制相鄰兩數變化多，而葛雷碼只有一個位元有變化。因此，葛雷碼的缺點就是不容易對其作算術運算。所以通常都先將葛雷碼轉換成二進制，再作其他運算。在這種轉換過程中，XOR閘就顯得很重要了。

十進值	二進制碼				葛雷碼			
	B_3	B_2	B_1	B_0	G_3	G_2	G_1	G_0
0	0	0	0	0	0	0	0	0
1	0	0	0	1	0	0	0	1
2	0	0	1	0	0	0	1	1
3	0	0	1	1	0	0	1	0
4	0	1	0	0	0	1	1	1
5	0	1	0	1	0	1	1	0
6	0	1	1	0	0	1	0	0
7	0	1	1	1	0	1	0	1
8	1	0	0	0	1	1	1	1
9	1	0	0	1	1	1	1	0
10	1	0	1	0	1	1	0	0
11	1	0	1	1	1	1	0	1
12	1	1	0	0	1	0	0	0
13	1	1	0	1	1	0	0	1
14	1	1	1	0	1	0	1	1
15	1	1	1	1	1	0	1	0

圖 6-19

由圖 6-20 可以看出葛雷碼轉換成二進位碼的整個電路都是由 XOR 閘所完成的。由眞值表可得：

$B_0 = \Sigma(1,2,4,7,8,11,13,14)$

$B_1 = \Sigma(2,3,4,5,8,9,14,15)$

$B_2 = \Sigma(4,5,6,7,8,9,10,11)$

$B_3 = \Sigma(8,9,10,11,12,13,14,15)$

經卡諾圖化簡得到

$B_3 = G_3$

$B_2 = G_3 \oplus G_2$

$B_1 = G_3 \oplus G_2 \oplus G_1$

$B_0 = G_3 \oplus G_2 \oplus G_1 \oplus G_0$

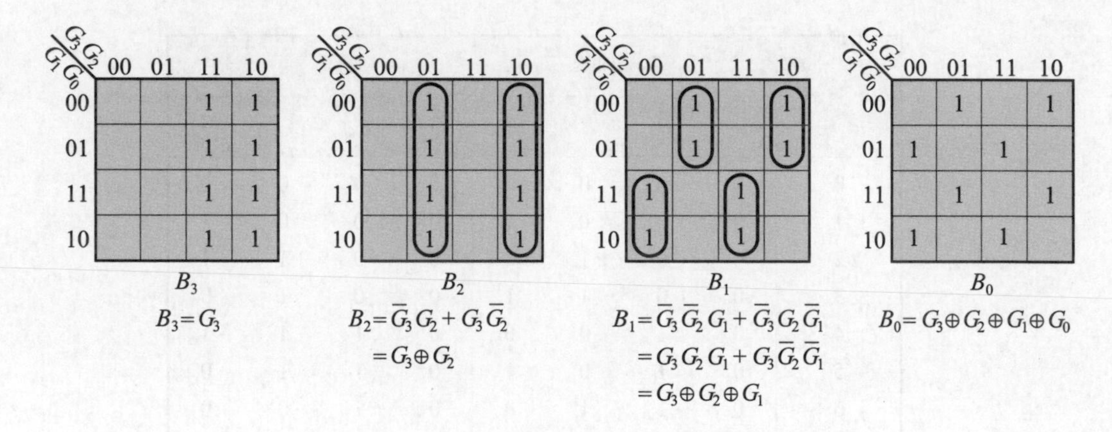

(a) 卡諾圖

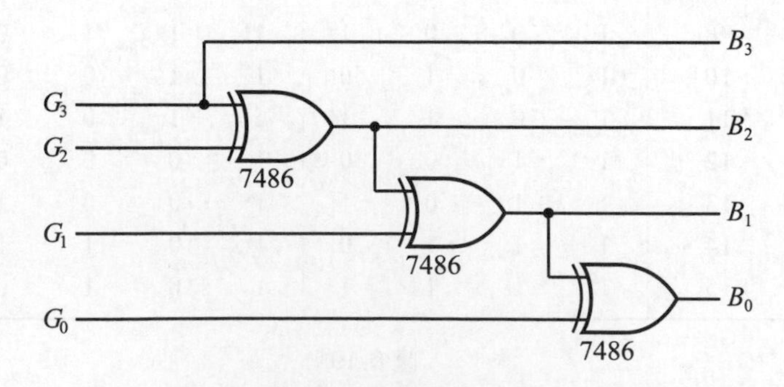

(b) 電路

圖 6-20　葛雷碼轉成二進制碼

三 實習項目

(一) 比較器

1. 1位元比較器

⑴ 材料表

7408×1，7404×1，7432×1，220Ω×3，LED×3

⑵ 電路圖(圖 E6-1)

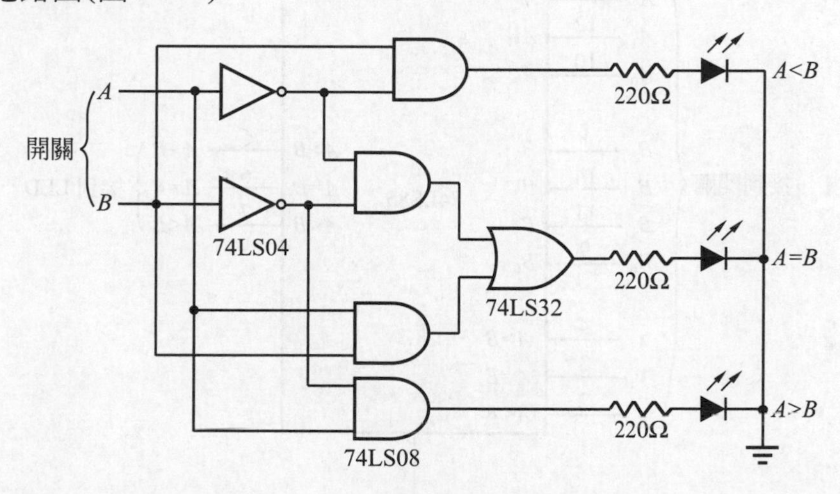

圖 E6-1

⑶ 實習步驟

① 依圖 E6-1 接好線路，所有 IC 接上電源。

② 依實習結果表格設定好A、B的輸入。

③ 觀察並記錄於表中。

⑷ 實習結果

輸入		輸出		
A	B	$A > B$	$A = B$	$A < B$
0	0			
0	1			
1	0			
1	1			

2. 4位元比較器

⑴ 材料表

7485×1，220Ω×3，LED×3，DIP switch

⑵ 電路圖(圖E6-2)

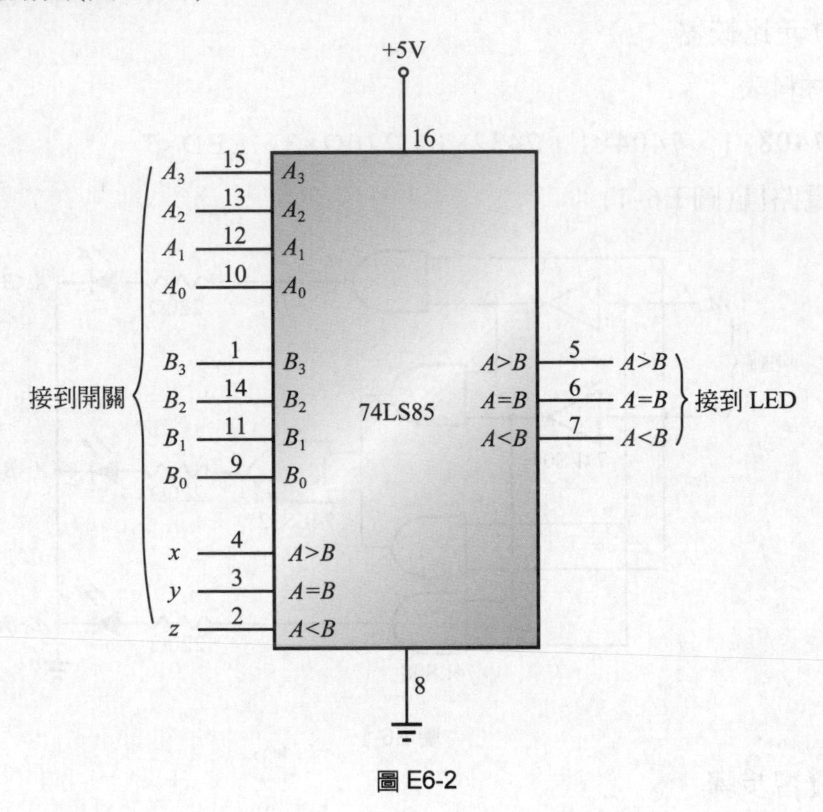

圖 E6-2

⑶ 實習步驟

① 依圖E6-2接好線路，所有IC接上電源。

② 分別給予「$A_0 \sim A_3$」、「$B_0 \sim B_3$」不同值，並設定好X、Y、Z的輸入狀態。

③ 觀察並記錄於表中。

(4) 實習結果

$X = 1$，$Y = 0$，$Z = 0$(即前一級為$A > B$)

A_3	A_2	A_1	A_0	B_3	B_2	B_1	B_0	$A > B$	$A = B$	$A < B$
0	0	0	0	0	0	0	0			
1	0	0	0	0	0	1	0			
1	1	0	0	1	1	0	0			
0	0	0	0	0	1	0	0			
0	1	1	0	1	0	0	1			
0	1	0	0	0	0	1	0			
0	1	0	1	0	1	0	1			
1	0	1	0	1	1	0	0			

$X = 0$，$Y = 0$，$Z = 1$(即前一級為$A < B$)

A_3	A_2	A_1	A_0	B_3	B_2	B_1	B_0	$A > B$	$A = B$	$A < B$
0	0	0	0	0	0	0	0			
1	0	0	0	0	0	1	0			
1	1	0	0	1	1	0	0			
0	0	0	0	0	1	0	0			
0	1	1	0	1	0	0	1			
0	1	0	0	0	0	1	0			
0	1	0	1	0	1	0	1			
1	0	1	0	1	1	0	0			

$X=0$，$Y=1$，$Z=1$(即前一級為$A=B$)

A_3	A_2	A_1	A_0	B_3	B_2	B_1	B_0	$A>B$	$A=B$	$A<B$
0	0	0	0	0	0	0	0			
1	0	0	0	0	0	1	0			
1	1	0	0	1	1	0	0			
0	0	0	0	0	1	0	0			
0	1	1	0	1	0	0	1			
0	1	0	0	0	0	1	0			
0	1	0	1	0	1	0	1			
1	0	1	0	1	1	0	0			

(二) 同位位元產生器

1. 以XOR閘作為同位位元產生器

(1) 材料表

7486×2，220Ω×1，LED×1

(2) 電路圖(圖 E6-3、圖 E6-4、圖 E6-5)

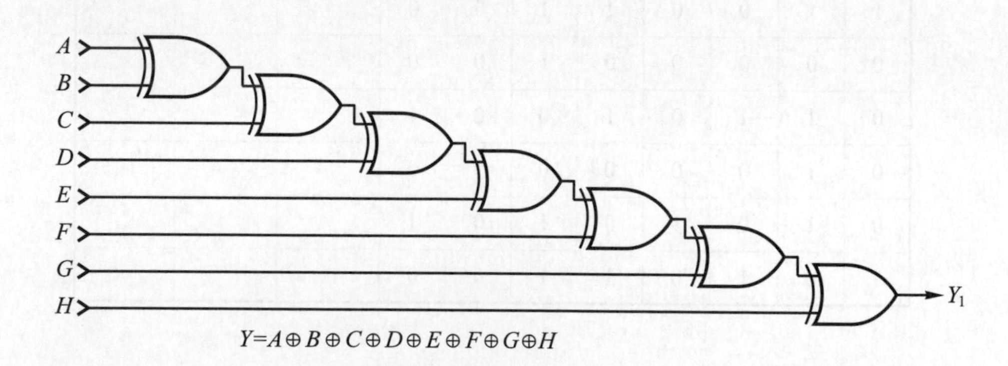

圖 E6-3

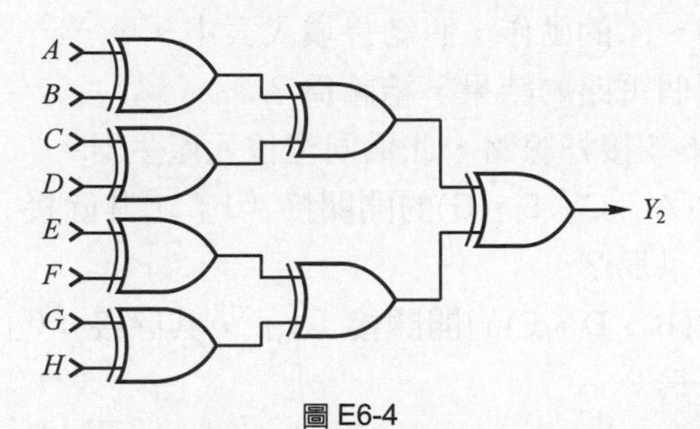

圖 E6-4

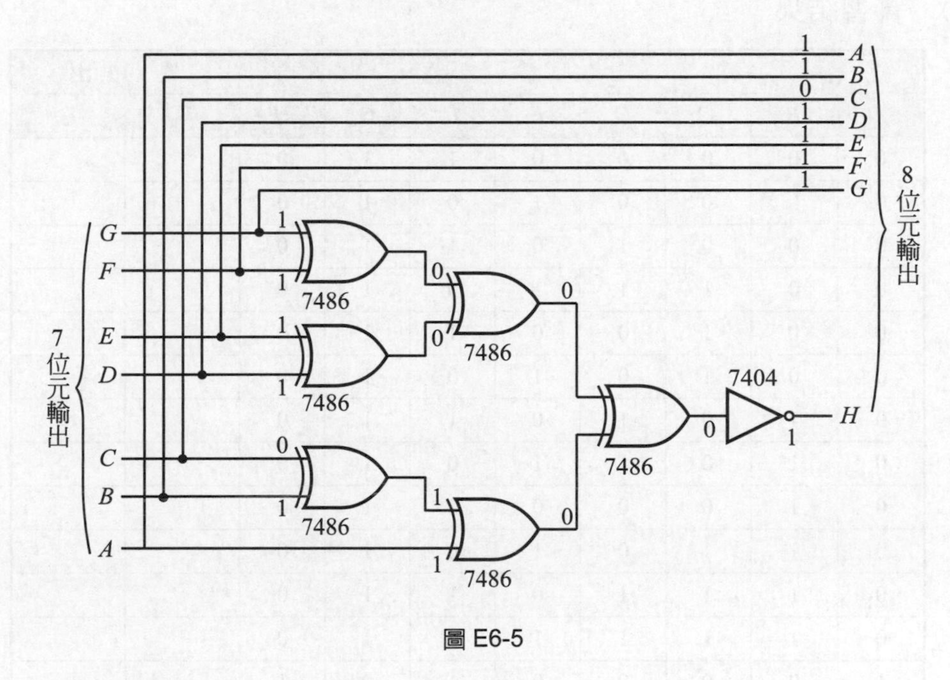

圖 E6-5

(3) 實習步驟

① 依圖 E6-3 接好線路，所有 IC 接上電源。

② 將奇數(A、C、E、G)的開關接「1」，其餘接「0」看輸出Y的LED顯示結果爲？

③ 將偶數(B、D、F、H)的開關接「1」，其餘接「0」看輸出Y的LED顯示結果爲？

④ 重複不同的輸入組合，看輸出 Y 的 LED 顯示結果爲？

⑤ 將結果填入表中。

⑥ 依圖 E6-4 接好線路，所有 IC 接上電源。

⑦ 重複②～④的動作，將結果塡入表中。

⑧ 比較兩個電路的結果，結論爲？

⑨ 依圖 E6-5 接好線路，此爲同位位元產生器。

⑩ 將奇數(A、C、E、G)的開關接「1」，其餘接「0」看輸出H的LED顯示結果爲？

⑪ 將偶數(B、D、F)的開關接「1」，其餘接「0」看輸出 H 的 LED 顯示結果爲？

(4) 實習結果

輸入								輸出	
A	B	C	D	E	F	G	H	Y_1	Y_2
0	0	0	0	0	1	1	0		
0	0	0	0	1	0	1	0		
0	0	0	1	0	1	1	0		
0	0	1	1	1	0	1	0		
0	0	1	0	0	1	1	0		
0	0	1	0	1	0	1	0		
0	1	0	1	0	1	1	0		
0	1	0	1	1	0	1	0		
0	1	0	0	0	1	1	0		
0	1	1	0	1	0	1	0		
0	1	1	1	0	1	1	0		
0	1	1	1	1	0	1	0		
1	0	0	0	0	1	0	1		
1	0	0	0	1	0	0	1		
1	0	0	1	0	1	0	1		
1	0	1	1	1	0	0	1		
1	0	1	0	0	1	0	1		
1	0	1	0	1	0	0	1		
1	1	0	1	0	1	0	1		
1	1	0	1	1	0	0	1		
1	1	0	0	0	1	0	1		
1	1	1	0	1	0	0	1		
1	1	1	1	0	1	0	1		
1	1	1	1	1	0	0	1		

2. 以74180作爲同位位元產生器

⑴ 材料表

74180×2，220Ω×2，LED×2

⑵ 電路圖(圖 E6-6、圖 E6-7)

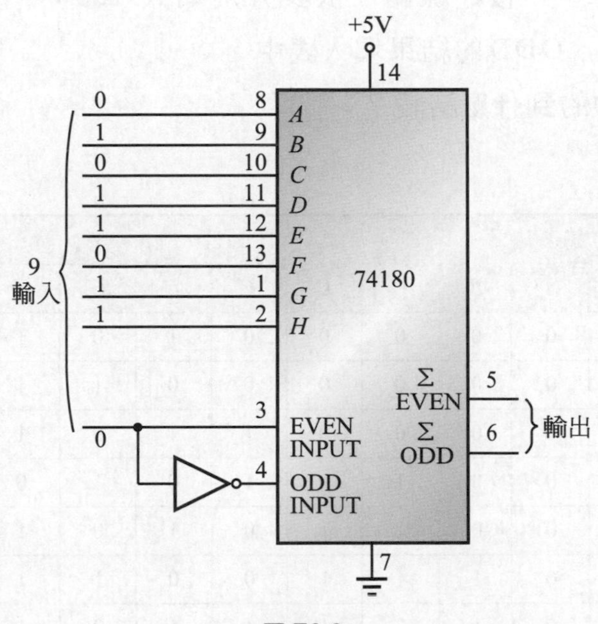

圖 E6-6

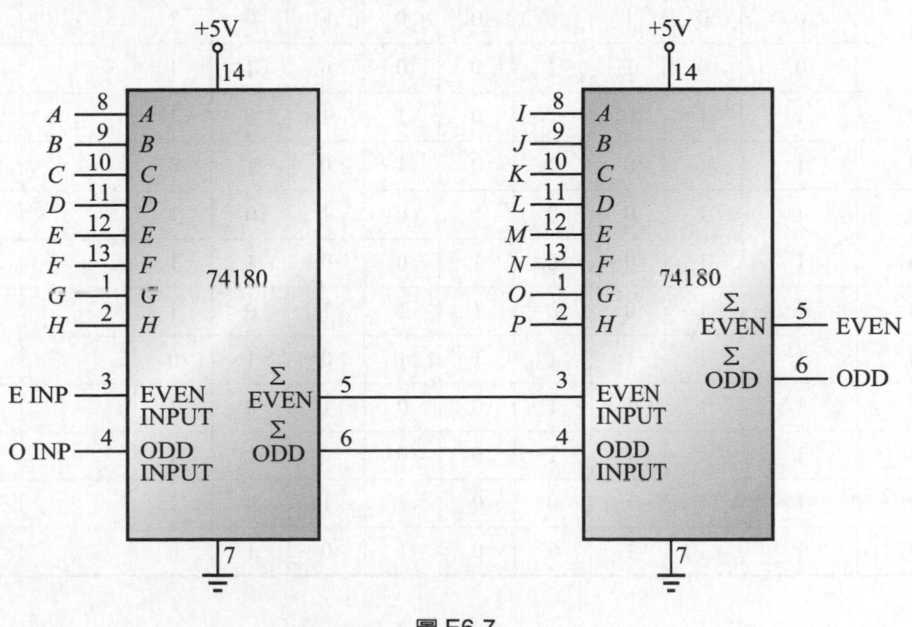

圖 E6-7

(3) 實習步驟

① 依圖 E6-6 接好線路，所有 IC 接上電源。

② 比較眞值表與實驗值是否相同？並記錄於表中。說明本實驗主要之目的。

③ 依圖 E6-7 接好線路，依表分別輸入 A～P、EINP、OINP，並將 EVEN、ODD 的結果填入表中。

④ 由表中的到什麼結論？

(4) 實習結果

輸					入					輸　出	
EINP	OINP	*A*	*B*	*C*	*D*	*E*	*F*	*G*	*H*	EVEN	ODD
1	0	0	0	0	0	0	1	0	1		
1	0	0	0	0	0	0	0	1	1		
1	0	0	0	0	0	1	1	0	1		
1	0	0	0	1	0	1	0	1	0		
1	0	0	0	1	1	0	1	0	1		
1	0	0	1	1	1	0	0	1	1		
1	0	0	1	0	1	1	1	0	1		
1	0	0	1	0	1	1	0	1	0		
1	0	0	1	0	0	0	1	0	1		
1	0	0	1	1	0	0	0	1	1		
0	1	1	0	1	0	1	1	0	1		
0	1	1	0	1	0	1	0	1	0		
0	1	1	0	0	1	0	1	0	1		
0	1	1	0	0	1	0	0	1	1		
0	1	1	0	0	1	1	1	0	1		
0	1	1	1	1	1	1	0	1	0		
0	1	1	1	1	0	0	1	0	1		
0	1	1	1	1	0	0	0	1	1		
0	1	1	1	0	0	1	1	0	1		
0	1	1	1	0	0	1	0	1	0		

輸											入							輸　出	
EINP	OINP	A	B	C	D	E	F	G	H	I	J	K	L	M	N	O	P	EVEN	ODD
1	0	1	1	1	0	0	0	0	0	0	1	1	1	1	1	1	0		
1	0	1	1	1	0	0	1	0	0	0	1	1	1	1	0	1	0		
1	0	1	1	1	0	1	0	0	0	0	1	1	1	1	0	1	0		
1	0	1	1	1	0	1	1	1	1	0	1	1	0	1	0	1	1		
1	0	1	1	0	1	0	0	0	0	1	1	0	0	0	0	0	0		
1	0	1	0	0	1	0	1	0	1	1	1	1	1	0	1	0	1		
1	0	1	0	0	1	1	0	0	1	1	1	1	0	0	1	1	1		
1	1	1	0	0	1	1	1	0	0	0	0	1	0	1	1	0	0		
1	0	1	0	1	0	0	0	0	0	0	0	1	1	1	1	0	1		
1	0	1	0	1	0	0	1	0	0	0	0	1	0	1	1	0	1		
1	0	1	1	1	0	1	0	0	0	0	0	1	0	1	1	0	1		
0	1	0	1	1	0	1	1	0	0	0	0	1	0	1	1	1	0		
0	1	0	1	0	1	0	0	1	0	0	1	1	1	0	1	1	0		
0	1	0	1	0	1	0	1	1	0	0	0	0	0	0	1	1	1		
0	1	0	1	0	1	1	0	0	0	1	0	1	0	0	1	0	0		
0	1	0	1	0	1	1	1	0	1	0	0	0	1	1	1	1	1		
0	1	0	0	1	0	0	0	1	1	0	0	0	0	0	0	0	0		
0	1	0	0	1	0	0	1	1	1	0	0	0	0	0	0	0	0		
0	1	0	0	1	0	1	0	1	0	0	1	1	1	1	1	1	1		
0	1	0	0	1	0	1	1	1	0	0	1	1	1	1	1	1	1		
0	1	0	0	0	1	0	0	1	0	0	0	0	0	0	0	1	1		
0	1	0	0	0	1	0	1	1	0	1	1	1	0	0	1	1	0		

(三) 葛雷碼轉換

1. 二進位碼轉葛雷碼

⑴ 材料表

7486×1，220Ω×4，LED×4

⑵ 電路圖(圖 E6-8)

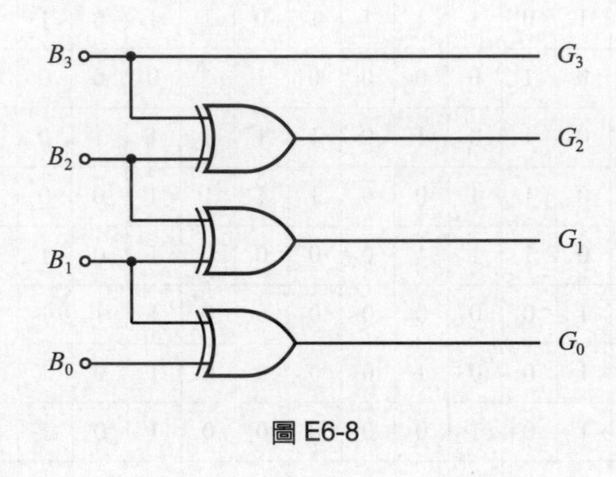

圖 E6-8

⑶ 實習步驟

① 依圖 E6-8 接好線路，所有 IC 接上電源。

② 觀察四個輸入 16 種狀態的結果，並記錄於表中。

③ 利用表中得結果，設計一轉換電路，其對應之方程式依卡諾圖化簡，並畫出電路。

⑷ 實習結果

十進值	二進碼				葛雷碼			
	B_3	B_2	B_1	B_0	G_3	G_2	G_1	G_0
0	0	0	0	0				
1	0	0	0	1				
2	0	0	1	0				
3	0	0	1	1				
4	0	1	0	0				
5	0	1	0	1				
6	0	1	1	0				
7	0	1	1	1				
8	1	0	0	0				
9	1	0	0	1				
10	1	0	1	0				
11	1	0	1	1				
12	1	1	0	0				
13	1	1	0	1				
14	1	1	1	0				
15	1	1	1	1				

2. 葛雷碼轉二進位碼

⑴ 材料表

7486×1，220Ω×4，LED×4

⑵ 電路圖(圖 E6-9)

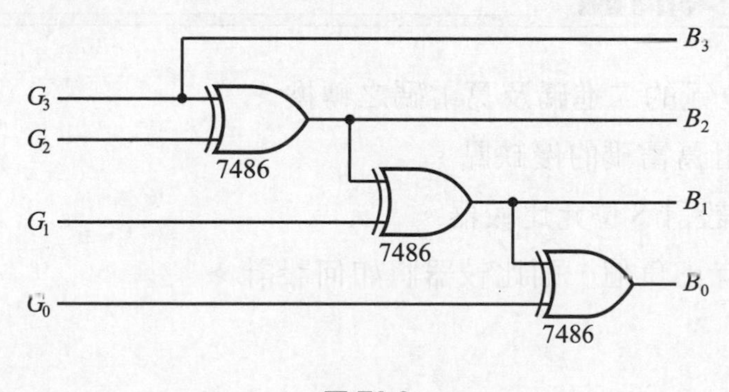

圖 E6-9

⑶ 實習步驟

① 依圖 E6-9 接好線路，所有 IC 接上電源。

② 觀察四個輸入 16 種狀態的結果，並記錄於表中。

③ 利用表中得結果，設計一轉換電路，其對應之方程式依卡諾圖化簡，並畫出電路。

(4) 實習結果

十進值	葛雷碼				二進碼			
	G_3	G_2	G_1	G_0	B_3	B_2	B_1	B_0
0	0	0	0	0				
1	0	0	0	1				
2	0	0	1	0				
3	0	0	1	1				
4	0	1	0	0				
5	0	1	0	1				
6	0	1	1	0				
7	0	1	1	1				
8	1	0	0	0				
9	1	0	0	1				
10	1	0	1	0				
11	1	0	1	1				
12	1	1	0	0				
13	1	1	0	1				
14	1	1	1	0				
15	1	1	1	1				

四 問題與討論

1. 設計 5 位元的二進碼及葛雷碼之轉換。
2. 說明使用葛雷碼的優缺點。
3. 用 7485 設計 8 位元比較器。
4. 若數值有正負值，則比較器將如何設計。

無穩態多諧振盪電路

一 實習目的

1、瞭解各種無穩態多諧振盪電路之動作原理。

2、瞭解無穩態多諧振盪電路之設計方法。

3、瞭解各種 IC 之使用。

二 相關知識

數位電路中，經常會使用到時脈(clock pulse)，所謂時脈乃是一個具有時間寬度與電壓之連續波形，例如在計數器電路中，時脈可用來作爲計數動作的控制；或是在移位記錄器中，時脈或脈波決定資料在記錄器中被移動一位元的時間。

產生脈波的方式很多，大致上可分爲兩種。一種是自行產生，如信號產生器，一種是外激方式，其脈波由外加信號控制而產生。這兩種方式均可由一般的電晶體電路、積體電路(IC)、或基本邏輯閘電路組成之振盪電路來產生。

而在數位電路中，常用來產生無穩態多諧振盪電路的方式大致上有兩種，第一種是使用邏輯閘元件來組成無穩態多諧振盪電路，這種方式大多使用CMOS邏輯閘或TTL邏輯閘來完成，另一種方式則是採用555 IC，以下將就這兩種不同的方式加以說明。

(一) 使用邏輯閘構成之無穩態多諧振盪電路

使用TTL邏輯閘組成之無穩態多諧振盪電路如圖7-1所示，在NOT gate的輸入與輸出之間加一個 1kΩ電阻，使邏輯閘工作於臨界電壓V_T附近的工作區。兩個反相放大器類似設計工作於飽和區與截止區的射極接地放大器，由電容器C_1與C_2相互交連構成無穩態多諧振盪電路。其振盪頻率主要受制於電容器C_1、C_2與 IC 內部的電阻，並聯在邏輯閘的電阻R對振盪頻率影響不大，也因此其震盪頻率不易推導出來。

另一種方式是使用 CMOS 邏輯閘組成之無穩態多諧振盪電路，如圖 7-2 所示，因爲它的輸入阻抗高，故不需使用較大之電容，即可獲得較長的時間常數，且電路結構簡單，再加上CMOS的一些特性，可以構成比TTL邏輯閘較爲穩定之振盪電路。該電路僅需一個電阻 R 及一個電容 C，藉由交替性的充放電動作達到振盪效果。

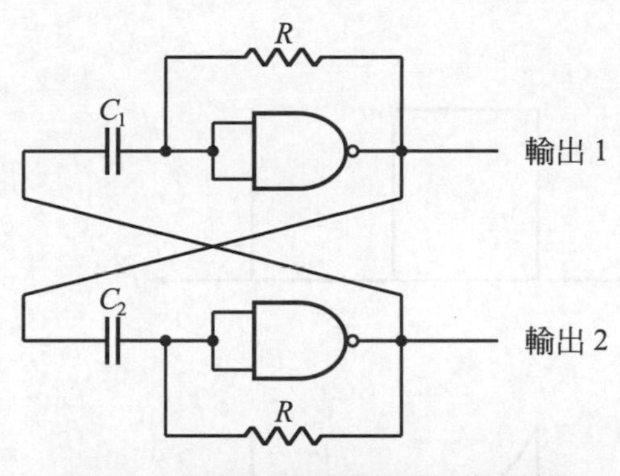

圖 7-1　由 TTL 邏輯閘組成之無穩態多諧振盪電路

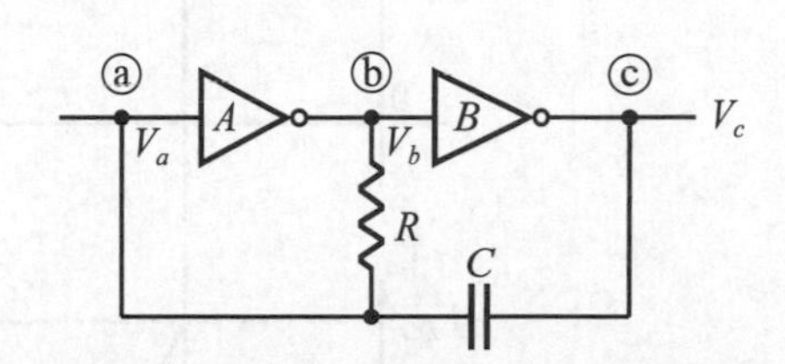

圖 7-2　由 CMOS 邏輯閘組成之無穩態多諧振盪電路

圖 7-2 之無穩態多諧振盪電路，其動作原理分析如下：

1. 首先假設c點之電壓V_c為 0 或低電位(Low)，電容器C上沒有電荷或電壓，使得b點之電壓V_b為$+V_{DD}$(High)，因反相器的動作使得V_a之電壓為Low。
2. 由於V_b之電壓為High，所以此時V_b之電壓經由R對電容器C充電，因此，V_a之電壓以RC充電時間常數呈指數形式增加。
3. 當V_a之電壓上升至$+\frac{1}{2}V_{DD}$時(充電時間約為 $0.7RC$秒)，反相器動作，使得V_b之電壓轉換為 Low，而V_c之電壓轉換為 High。
4. 由於V_a之電壓為High，所以電容器C經由R放電，直到a點之電壓下降至$+\frac{1}{2}V_{DD}$時才停止(放電時間約為 $0.7RC$秒)。也由於反相器動作，使得V_b之電壓為高電位(High)，V_c之電壓為低電位(Low)，如此可週而復始地產生如圖 7-3 的波形，其週期T為

$$T = 0.7RC + 0.7RC = 1.4RC$$

上述所提到的無穩態電路，其線路結構雖然簡單，然而由於 COMS 元件內部的保護阻尼二極體之工作頻率，受到電源電壓的影響，因此在c點的輸出波形的轉角處會有圓角產生。所以在實際的應用上須加以改善，如圖 7-4(a)(b)所示。

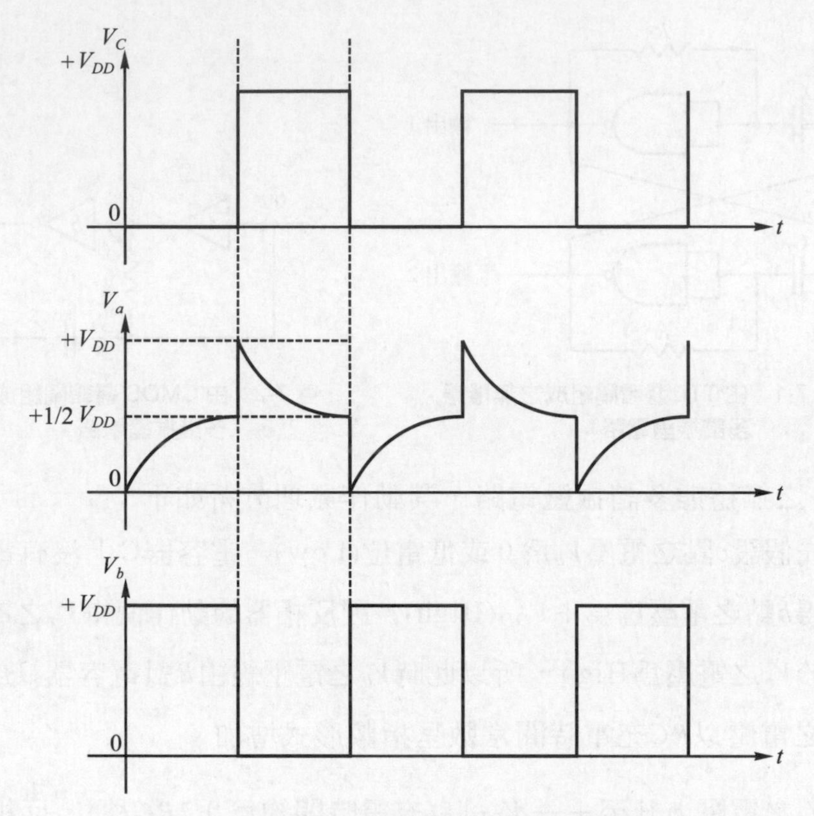

圖 7-3　無穩態多諧振盪電路各輸出點之電壓波形

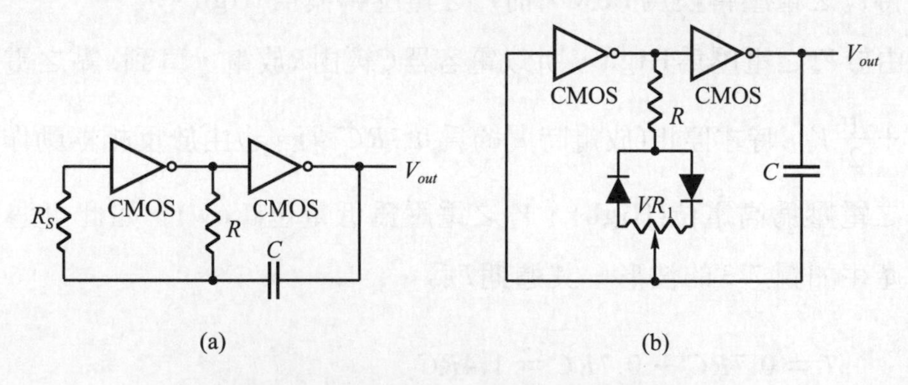

圖 7-4　改良式 CMOS 無穩態多諧振盪電路

於圖 7-4(a)中，R_S值必須大於R值兩倍以上，如此電容器上的電壓可提升到$V = V_{DD} + V_T$，加上R_S的優點有二：使得振盪器的振盪頻率不受電源電壓的影響，其次振盪器的週期因電壓轉換變動所產生的誤差會下降。

於圖 7-4(b)中，二極體D的位置可決定輸出波形的工作週期(duty-cycle)之對稱性及寬度。然而二極體改變位置時，相對地會使工作頻率產生變化，調整可變電阻 VR1 是用來作補償偏移的頻率。

(二) 555 定時積體電路

1. 555 定時積體電路的特性：圖 7-5 為 555 IC 接腳圖，圖 7-6 為經過簡化之 555IC 基本內部結構圖，可分為五個主要部分：

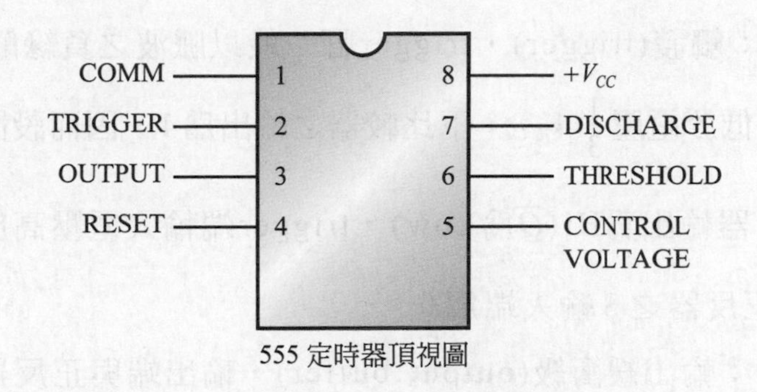

圖 7-5 555 IC 接腳圖

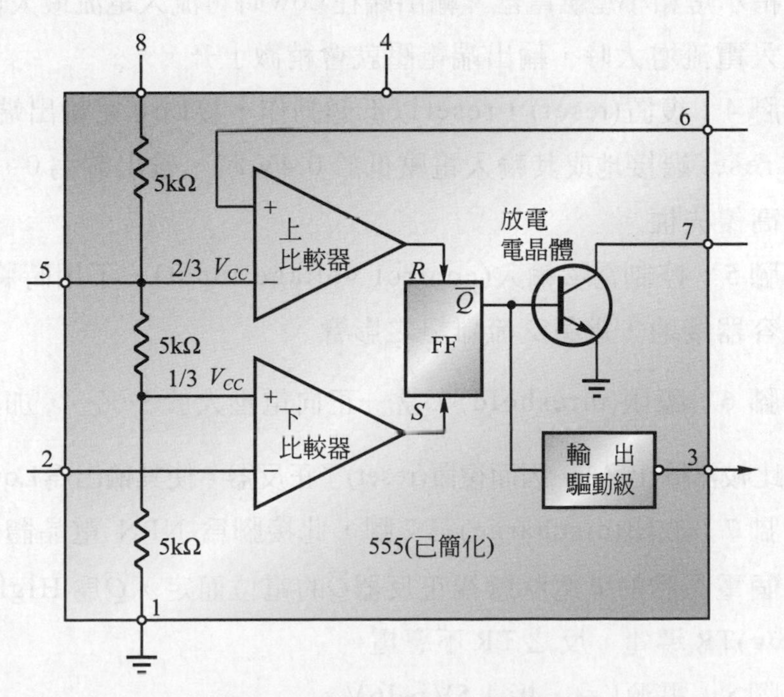

圖 7-6 555 IC 基本內部結構圖

(1) 上比較器(Upper comparator)。

(2) 下比較器(Lower comparator)。

(3) 內部正反器(FF)。

(4) 放電電晶體(discharge transistor)。

(5) 輸出驅動裝置(output driver)。

以下說明555各腳的功能：

(1) 接腳1：接地(ground)。

(2) 接腳2：觸發(trigger)，trigger腳一般以脈波之負緣觸發動作，trigger端電壓低於電壓$\frac{1}{3}V_{CC}$，下比較器之輸出為1，因而設置(set)了正反器，使正反器輸出為Hi($\overline{Q}$為Low)，trigger端輸入電壓高於$\frac{1}{3}V_{CC}$或開路為1，則正反器之S輸入端為0。

(3) 接腳3：輸出緩衝級(output buffer)，輸出端與正反器的$\overline{Q}$是呈反態的關係(經過NOT gate)，輸出端在High時可輸出電流200mA，足於推動指示燈和小型繼電器。輸出端在Low時可流入電流最大值為200mA。流入電流增大時，輸出端電壓就會稍微上升。

(4) 接腳4：復置(reset)，reset以低態動作，接Low使輸出端為0。也就是說reset端接地或其輸入電壓低於0.4V時，輸出端為0，且reset具有最高優先權。

(5) 接腳5：控制電壓輸入(control voltage input)，不用時將此點以0.1μF電容器接地，避免交流雜訊之影響。

(6) 接腳6：臨限(threshold)，當一正向電壓大於$\frac{2}{3}V_{CC}$，加於臨限端時，上比較器輸出為1，因而復置(reset)了正反器，使其輸出為Low($\overline{Q}$為High)。

(7) 接腳7：放電(discharge)第7腳，此接腳為NPN電晶體的開路集極，這個電晶體的導電狀態視正反器$\overline{Q}$的電位而定，$\overline{Q}$為High時(輸出端為Low)TR導電，反之TR不導電。

(8) 接腳8：電源V_{CC}，接4.5V～16V。

其中，接腳 2(trigger)、接腳 4(reset)、接腳 6(threshold)，皆用來控制正反器的輸出狀態$\overline{Q}$。如果動作互相衝突時，其輸出的取捨順序為：reset第一優先，trigger次之、而threshold最後，例如reset和trigger同時動作時則取reset的動作，如果trigger和threshold同時動作則取trigger的動作。

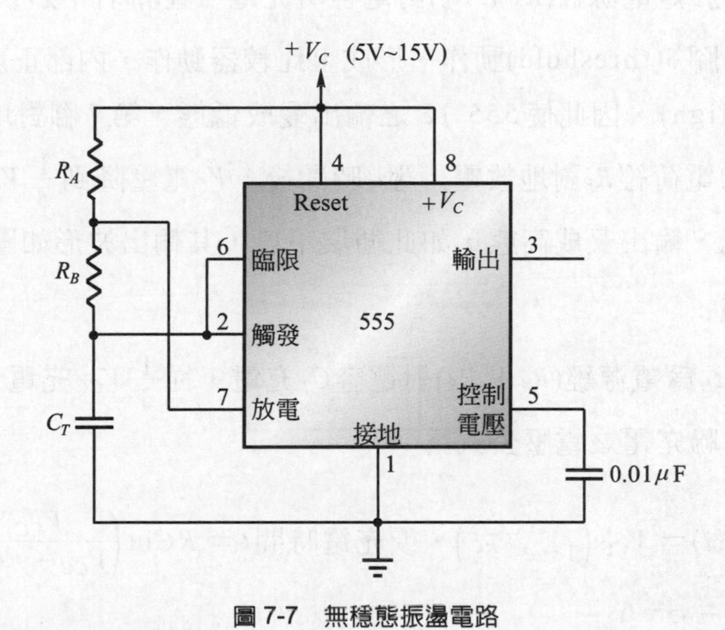

圖 7-7　無穩態振盪電路

充電
放電
V_C
t_1
t_2
2/3 V_{CC}
1/3 V_{CC}
0
≑ V_{CC}
V_o
0
t_H
t_L
T

$t_H = 0.693(R_A+R_B)C_T$

$t_L = 0.693R_BC_T$

$T = 0.693(R_A+2R_B)C_T$

圖 7-8　無穩態振盪波形

2. 無穩態多諧振盪電路

圖 7-7 所示為 555 IC 所組成的無穩態多諧振盪電路，此電路兩個比較器的輸入端(第 2 腳和第 6 腳)，均連接到電容器，假設在電源加入前，電容器尚未充電，所以第 2 腳以 0(Low)觸發，使得正反器的輸出為 High ($\overline{Q}$為 Low)，因而使 555 IC 之輸出為 High，且電晶體無法導通，第 7 腳開路，於是電源經(R_A+R_B)對電容C_T充電，經t_H時間後V_C電壓達$\frac{2}{3}V_{CC}$，於是接腳 6(threshold)動作，形成上比較器動作，內部正反器輸出為 Low ($\overline{Q}$為 High)，因此使 555 IC 之輸出變成低態，第 7 腳對地近乎短路，於是C_T的電荷經R_B對地放電，經t_L時間後，V_C電壓降到$\frac{1}{3}V_{CC}$，於是使第 2 腳觸發，輸出又成高態，如此循環不息，其輸出波形如圖 7-8 所示。

t_H時間之計算：

高態時間t_H為電源經(R_A+R_B)對電容C_T充電，從$\frac{1}{3}V_{CC}$充電至$\frac{2}{3}V_{CC}$所需之時間。電容串聯充電之電壓公式為

$$v_c(t)=V_{CC}\left(1-e^{-\frac{t}{RC}}\right)，或充電時間 t=RC\ln\left(\frac{V_{CC}}{V_{CC}-v_c(t)}\right)$$

$$t_H=t_2-t_1$$

$$t_1=(R_A+R_B)C_T\ln\left(\frac{V_{CC}}{V_{CC}-\frac{1}{3}V_{CC}}\right)=(R_A+R_B)C_T\ln\frac{3}{2}$$

$$t_2=(R_A+R_B)C_T\ln\left(\frac{V_{CC}}{V_{CC}-\frac{2}{3}V_{CC}}\right)=(R_A+R_B)C_T\ln 3$$

因為 $$t_H=t_2-t_1=(R_A+R_B)C_T\left(\ln 3-\ln\frac{3}{2}\right)$$

所以 $$t_H=(R_A+R_B)C_T\ln 2=0.693(R_A+R_B)C_T$$

t_L 時間之計算：

低態時間t_L為電容C_T經R_B對地放電，由$\frac{2}{3}V_{CC}$放電至$\frac{1}{3}V_{CC}$所需之時間。電容串聯放電公式為$v_c(t)=V_0e^{-\frac{t}{RC}}$，其中$V_0$為電容之初值電壓，故

$$\frac{1}{3}V_{CC}=\frac{2}{3}V_{CC}\,e^{-\frac{t_L}{R_B C_T}}$$

所以 $t_L=R_B C_T \ln 2=0.693 R_B C_T$

整個充放電週期爲T

$$T=t_H+t_L=0.693(R_A+2R_B)C_T$$

故其振盪頻率爲

$$f=\frac{1}{T}=\frac{1}{0.693(R_A+2R_B)C_T}=\frac{1.4}{(R_A+2R_B)C_T}$$

由於充放電的路徑不同，使得t_H與t_L的時間也有所差異。爲使t_H與t_L的時間相同，可將圖 7-7 電路修改成圖 7-9，充電路徑爲R_1、D_1，而放電路徑爲R_2、D_2，令$R=R_1=R_2$，則$t_H=t_L=0.693RC$，其輸出波形如圖 7-10 所示。

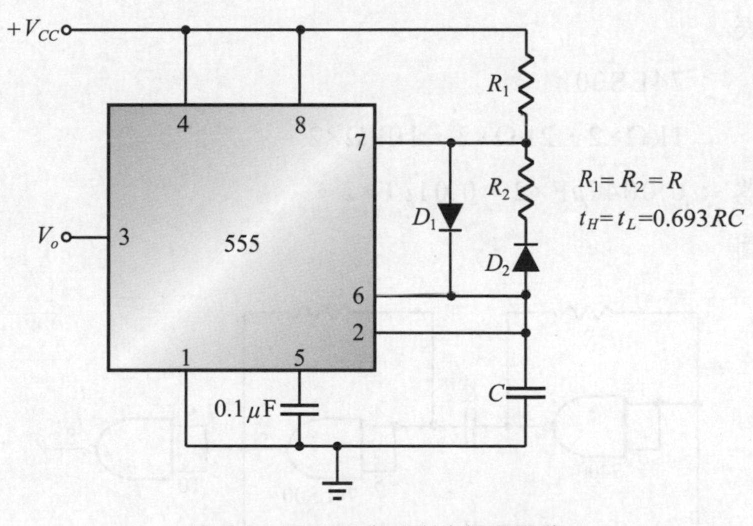

圖 7-9　50 %工作週期之振盪電路

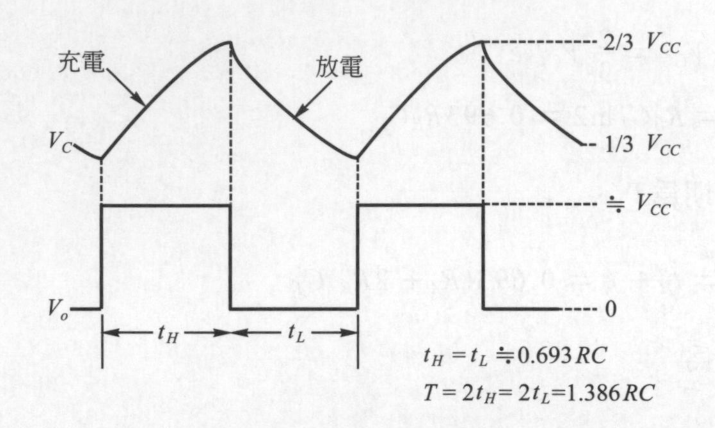

圖 7-10　50 %工作週期之振盪電路輸出波形

三 實習項目

(一) TTL 組成之無穩態振盪電路

1. 材料表

IC　　：74LS00×1。

電阻　：1kΩ×2，2kΩ×2，10kΩ×2。

電容器：0.0047μF×2，0.01μF×2。

2. 電路圖

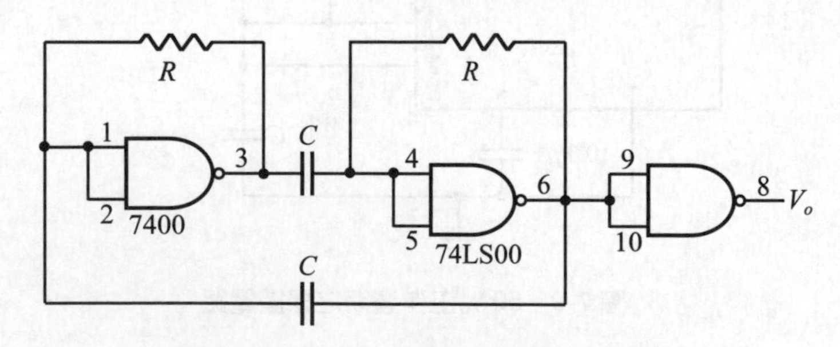

圖 E7-1　TTL 邏輯閘無穩態多諧振盪電路

3. 實習步驟

⑴　依照圖 E7-1 接妥電路。

⑵　更換R、C之數值組合，觀察並記錄輸出 之波形於實習結果中。

(3) 由實驗之結果，您得到哪些結論？

4. 實習結果

	輸出波形
$R=1\text{k}\Omega$ $C=0.0047\mu\text{F}$	
$R=1\text{k}\Omega$ $C=0.01\mu\text{F}$	
$R=2\text{k}\Omega$ $C=0.0047\mu\text{F}$	
$R=2\text{k}\Omega$ $C=0.01\mu\text{F}$	
$R=10\text{k}\Omega$ $C=0.0047\mu\text{F}$	
$R=10\text{k}\Omega$ $C=0.01\mu\text{F}$	

(二) 可控制式 TTL 邏輯閘無穩態振盪電路

1. 材料表

IC　　：74LS00×1。

電阻　：1kΩ×2。

電容器：0.0047μF×2。

2. 電路圖

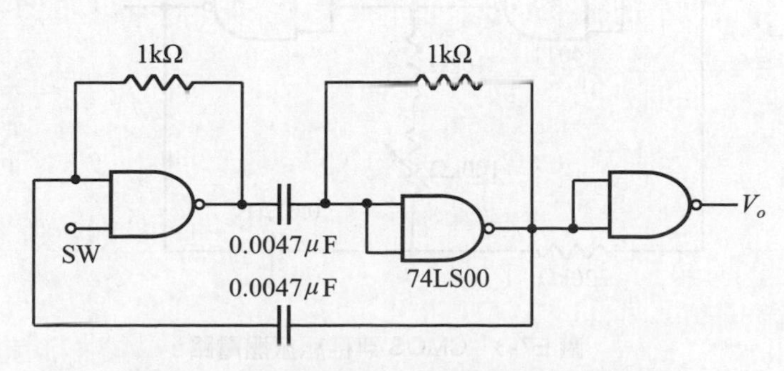

圖 E7-2　可控制式 TTL 邏輯閘無穩態振盪電路

3. 實習步驟：

(1) 依照圖 E7-2 接妥電路。

(2) 當 SW＝Low，則V_o的輸出頻率＝________Hz。

(3) 當 SW＝High，則V_o的輸出頻率＝________Hz。

(4) 由實驗之結果，您得到哪些結論？

4. 實習結果

	V_o 輸出波形
R＝1kΩ C＝0.0047μF SW＝Low	
R＝1kΩ C＝0.0047μF SW＝High	

(三) CMOS 組成之無穩態振盪電路

1. 材料表

IC　　：CD4011×1。

電阻　：10kΩ×1，220kΩ×1。

可變電阻器：100kΩ×1。

電容器：0.01μF×1，0.1μF×1。

2. 電路圖

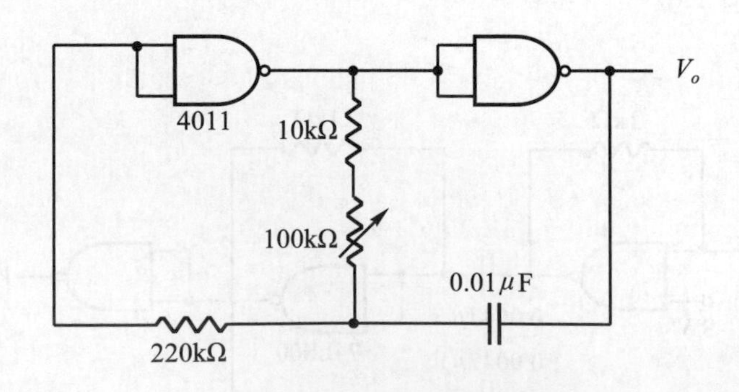

圖 E7-3　CMOS 無穩態振盪電路

3. 實習步驟

(1) 依照圖 E7-3 接妥電路。

(2) 更換電容器 C 之數值，觀察並記錄輸出 之波形於實習結果中。

(3) 分級調整可變電阻器(VR)之數值，對輸出波形有何影響？

(4) 由實驗之結果，您得到哪些結論？

4. 實習結果

	V_o 輸出波形
$VR = 0\text{k}\Omega$ $C = 0.01\mu\text{F}$	
$VR = 50\text{k}\Omega$ $C = 0.01\mu\text{F}$	
$VR = 100\text{k}\Omega$ $C = 0.01\mu\text{F}$	
$VR = 0\text{k}\Omega$ $C = 0.1\mu\text{F}$	
$VR = 50\text{k}\Omega$ $C = 0.1\mu\text{F}$	
$VR = 100\text{k}\Omega$ $C = 0.1\mu\text{F}$	

(四) CMOS 無穩態振盪電路

1. 材料表

IC　　：CD4011×1。

電阻　：10kΩ×1，1MΩ×1。

可變電阻器：500kΩ×1。

電容器：0.01μF×1。

二極體：1N4148×2

2. 電路圖

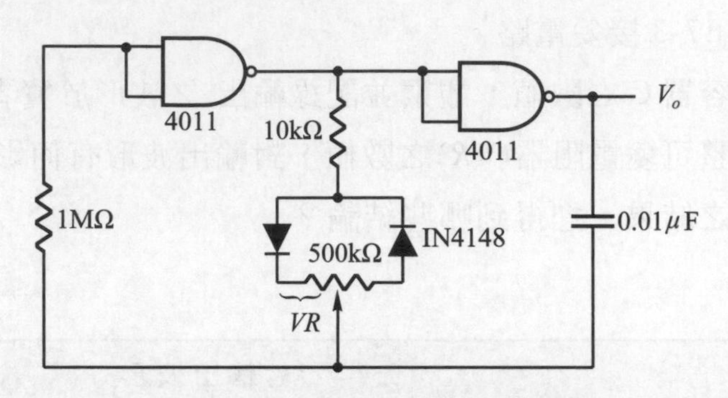

圖 E7-4 CMOS 無穩態振盪電路

3. 實習步驟

(1) 依照圖 E7-4 接妥電路。

(2) 分級調整可變電阻器之數值，當 $VR = 0\Omega$，$VR = 250\text{k}\Omega$，$VR = 500\text{k}\Omega$ 時，分別觀察並記錄輸出 之波形於實習結果中。

(3) 由實驗之結果，您得到哪些結論？

4. 實習結果

	V_o 輸出波形
$VR = 0$ kΩ	
$VR = 250$ kΩ	
$VR = 500$ kΩ	

(五) 可控制式 CMOS 無穩態振盪電路

1. 材料表

IC　　：CD4011×1。

電阻　　：10kΩ×1，1MΩ×1。

可變電阻器：500kΩ×1。

電容器：0.01μF×1。

2. 電路圖

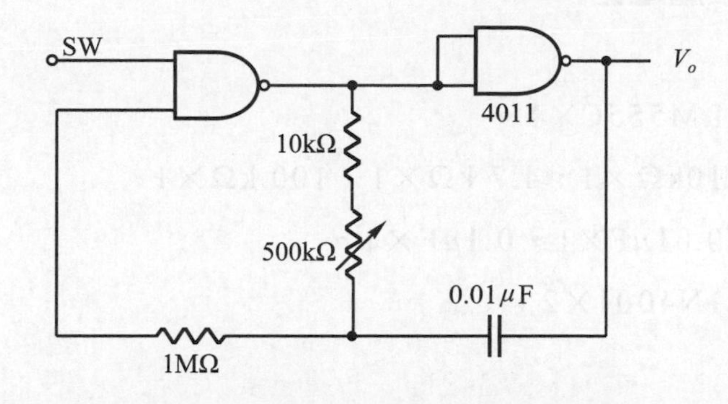

圖 E7-5 可控制式 CMOS 無穩態振盪電路

3. 實習步驟

(1) 依照圖 E7-5 接妥電路。

(2) 當 SW = Low，則V_o的輸出頻率＝________ Hz。

(3) 當 SW = High，則V_o的輸出頻率＝________ Hz。(是否會振盪？)

(4) 改變VR，個別記錄VR= 0kΩ，VR= 250kΩ，VR= 500kΩ之情況下，V_o之振盪頻率，是否可看出振盪頻率與 VR 之關係。

(5) 由實驗之結果，您得到哪些結論？

4. 實習結果

	V_o 輸出波形
VR= 0kΩ SW = Low	
VR= 250 kΩ SW = Low	
VR= 500 kΩ SW = Low	
VR= 0 kΩ SW = High	
VR= 250 kΩ SW = High	
VR= 500 kΩ SW = High	

(六) 555 無穩態振盪電路

1. 材料表

IC　　：LM555C×1。

電阻　：10kΩ×1，4.7 kΩ×1，100 kΩ×1。

電容器：0.01μF×1，0.1μF×1。

二極體：1N4001×2。

2. 電路圖

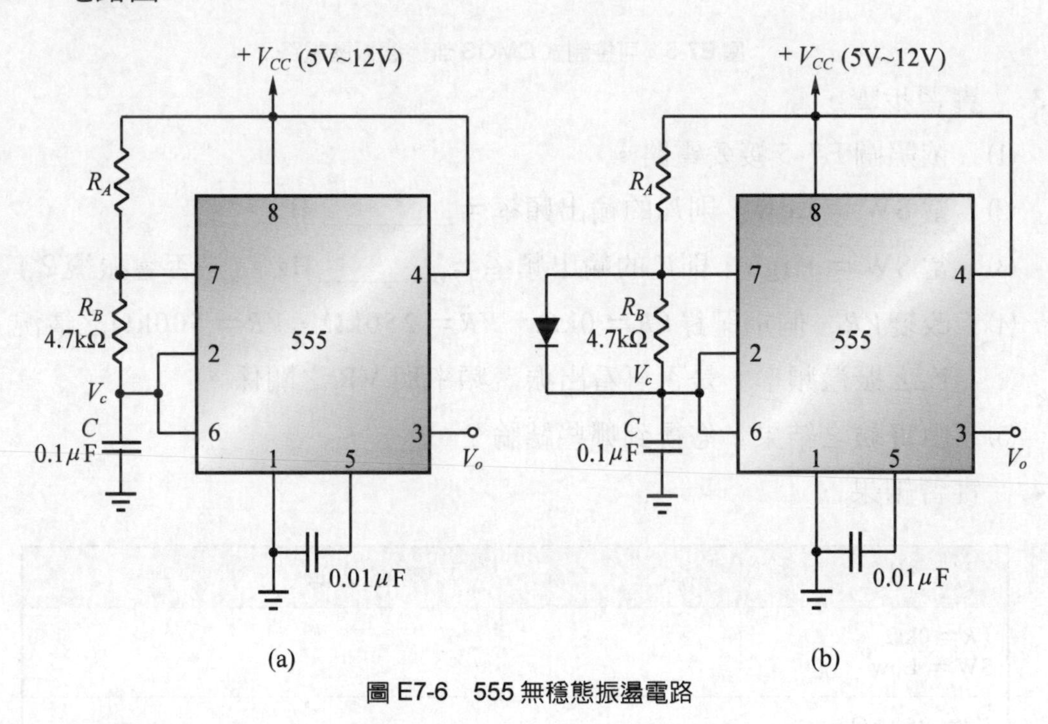

圖 E7-6　555 無穩態振盪電路

3. 實習步驟

⑴　依照圖 E7-6(a)接妥電路。

⑵　由公式可知，$t_H = 0.693\ (R_A + R_B)C$，而$t_L = 0.693R_BC$，週期$T = t_H + t_L = 0.693\ (R_A + 2R_B)C$，而頻率$f = \frac{1}{T} = \frac{1.44}{(R_A + 2R_B)C}$，計算其理論值可得，週期$T=$________msec，$f = \frac{1}{T} =$________kHz，而由示波器量測所得之週期$T=$________msec，$f = \frac{1}{T} =$________kHz，並將電容器$C$與輸出

波形記錄於實習結果。

(3) 依照圖E7-6(b)接妥電路。

(4) 由示波器量測所得之週期$T=$＿＿＿＿msec，$f=\frac{1}{T}=$＿＿＿＿kHz，

並將電容器C與輸出波形記錄於實習結果。

(5) 上述所測得之工作週期＝＿＿＿＿%，其原因爲何？

(6) 由實驗之結果，您得到哪些結論？

4. 實習結果

	$V_c(t)$ 波形	V_o 輸出波形
$R_A=10\text{k}\Omega$ $R_B=4.7\text{k}\Omega$		
$R_A=10\text{k}\Omega$ $R_B=100\text{k}\Omega$		

圖E7-6　(a)電路之實習結果

	$V_c(t)$ 波形	V_o 輸出波形
$R_A=10\text{k}\Omega$ $R_B=4.7\text{k}\Omega$		
$R_A=10\text{k}\Omega$ $R_B=100\text{k}\Omega$		

圖E7-6　(b)電路之實習結果

(七) 555無穩態振盪電路

1. 材料表

IC　　：LM555C×1。

電阻　：1 kΩ×2。

可變電阻器：100kΩ×1。

電容器：0.01μF×1,0.05μF×1。

二極體：1N4001×2。

2. 電路圖

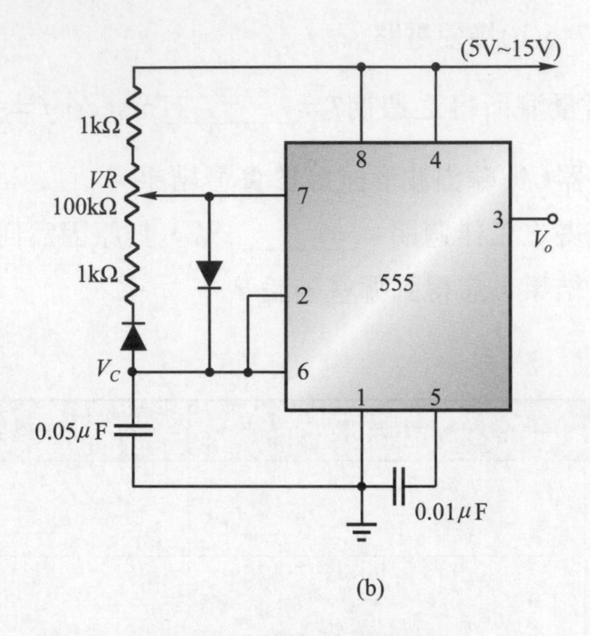

圖 E7-7　555 無穩態振盪電路

3. 實習步驟

(1) 依照圖 E7-7 接妥電路。

(2) 改變可變電阻VR的數值，觀察其對輸出波形之影響，記錄電容器之電壓波形與輸出電壓波形。

(3) 由實驗之結果，您得到哪些結論？

4. 實習結果

	$V_c(t)$ 波形	V_o 輸出波形
$R_A=1\text{k}\Omega$ $R_B=1\text{k}\Omega$ $VR=10\text{k}\Omega$		
$R_A=1\text{k}\Omega$ $R_B=1\text{k}\Omega$ $VR=50\text{k}\Omega$		
$R_A=1\text{k}\Omega$ $R_B=1\text{k}\Omega$ $VR=90\text{k}\Omega$		

CHAPTER 8

單穩態多諧振盪電路

一 實習目的

1、瞭解各種單穩態多諧振盪電路之動作原理。

2、瞭解各種單穩態多諧振盪電路之設計方法。

3、瞭解各種 IC 之使用。

二 相關知識

單穩態多諧振盪電路(monostable multivibrator)又稱爲單一觸發(single shot)電路或單擊(one-shot)電路，電路本身僅具有一穩定狀態，而且需要一個觸發脈波才能達成完整週期的工作(採邊緣觸發方式)。假設電路具有一個穩定的狀態(如Low狀態)，當觸發脈波觸發時，電路在一固定週期內有高位準(High狀態)輸出，而經過此段週期後，電路又回到原來的Low狀態。此電路常被應用在延遲電路、脈波成型電路、定時電路、脈波波幅變換，順序控制，頻率計。

(一) TTL 邏輯閘組成之單穩態多諧振盪電路

圖 8-1 電路爲一由NOR gate 組成之單穩態多諧振盪電路，在此電路中，高電位(High)輸出爲不穩定狀態，而低電位(Low)輸出爲穩定狀態。當 NOR gate B 的輸出爲低電位狀態(Low)時，若 NOR gate A 的輸入端加入一個激發正脈波，則V_1爲低電位，此時V_2也轉變爲低電位，進而造成NOR gate B的輸出V_o變成高電位。即使此時的V_o高電位回授至NOR gate A的輸入端，仍然使NOR gate A 的輸出爲低電位。此時V_{CC}經由電阻R對電容器C充電，經過一段時間之後，V_2變成高電位，這個轉變會使得 NOR gate B 的輸出 變成低電位。而這段時間即爲不穩定狀態持續的時間。NOR gate B的輸出V_o變成低電位後再回授至NOR gate A 的輸入端，因爲此時之觸發脈波已回復至低電位，使得 NOR gate A 的輸出爲高電位，而輸出V_o仍維持低電位不變。

圖 8-2 電路爲一由 NAND gate 及 NOT gate 組成之單穩態多諧振盪電路，電路的工作原理與圖 8-1 類似，不同的是，此電路之穩定狀態爲高電位(High)，而低電位(Low)反而是不穩定狀態。假設輸出V_o爲 High，當V_{in}一負脈波 輸入時，則NAND gate 之輸出爲High，使得NOT gate之輸出轉變爲Low，NAND gate 之輸出電壓經由C，R充電，使得NOT gate之輸入電壓隨時間之增加而減少。當電壓降至Low時，則輸出V_o又轉變爲High。各點之波形如圖 8-3(a)，若輸入脈波寬度超過$\tau = 0.693RC$輸出脈波寬度，則各點之波形如圖 8-3(b)。

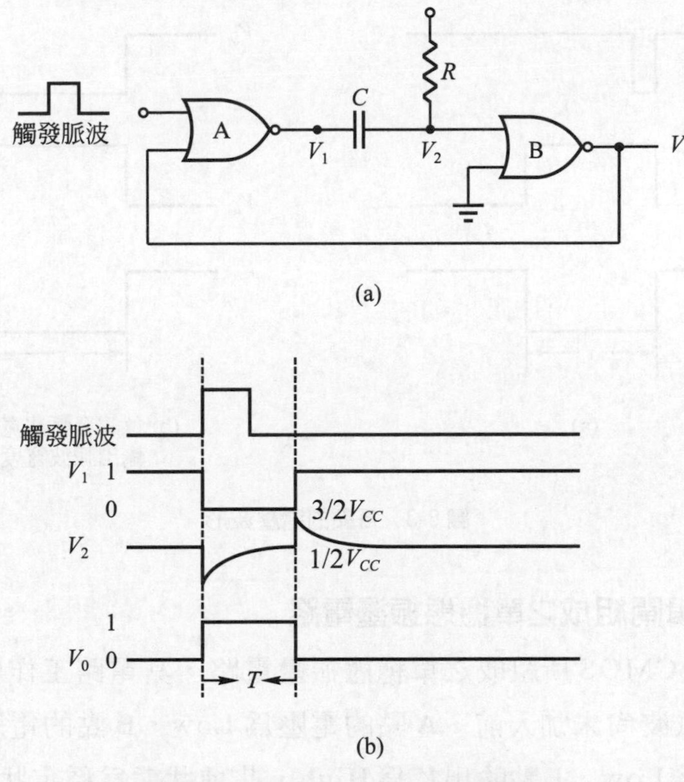

圖 8-1　NOR gate 組成單穩態振盪電路

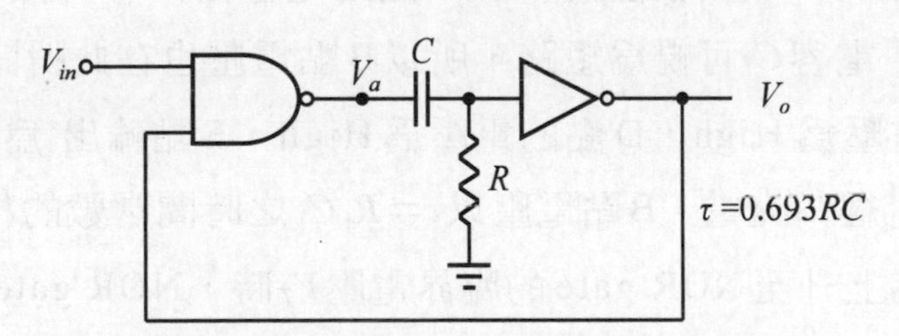

圖 8-2　NAND gate 組成之單穩態振盪電路

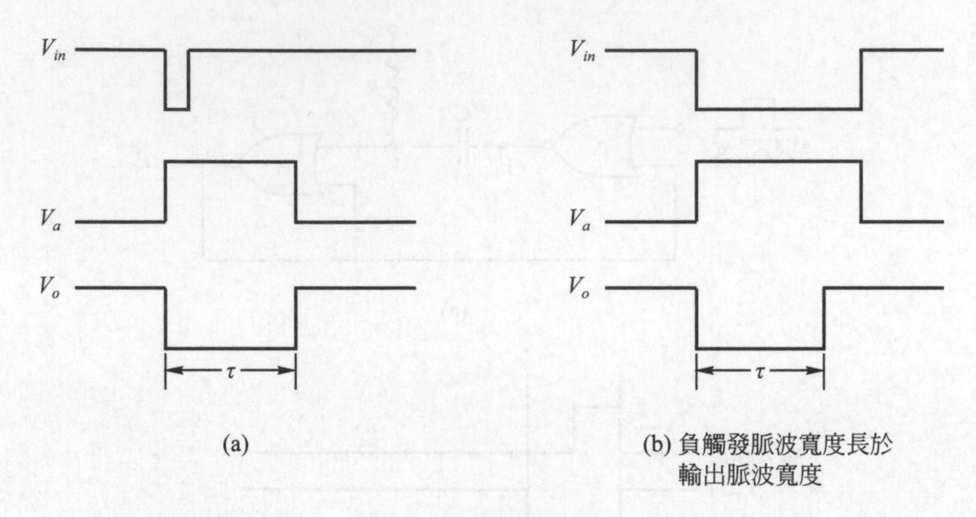

(a)

(b) 負觸發脈波寬度長於輸出脈波寬度

圖 8-3 各點的電壓波形

(二) CMOS 邏輯閘組成之單穩態振盪電路

圖 8-4(a)爲 CMOS 所組成之單穩態振盪電路，其電路工作原理分析如下：

1. 當觸發脈波尚未加入前，A 點的電壓爲 Low，B 點的電壓爲 High，C 點的電壓爲 Low，E 點輸出V_o爲 High，此種狀態爲穩定狀態。
2. 由 A 點輸入一觸發脈波後，當 A 點的電壓由 High 轉換爲 Low 狀態，在該瞬間，電容C_1可視爲短路，所以B點電壓也在此瞬間形成Low狀態，C 點的電壓爲 High，D 點的電壓爲 High，E 點輸出 爲 Low。
3. 電容器C_1經R_1充電。B點電壓以$\tau = R_1C_1$之時間常數的指數速率上升，當B點電壓上升至NOR gate的臨界電壓V_T時，NOR gate之輸出電壓 轉變爲Low狀態，其脈波寬度T_2由$\tau = R_1C_1$之時間常數來決定，如圖 8-4(b)所示。
4. V_C在High狀態時，其電壓經二極體對C充電至High狀態，於T_2時間後，C_2開始對R_2放電，這時 D 點電壓由 High 狀態呈$\tau = R_2C_2$時間常數指數速率下降，直到下降至NAND gate的臨界電壓V_T值時，NAND gate的輸出V_o即轉態，由 Low 狀態轉變爲 High 狀態。由圖 8-4(b)可知，在輸入脈波由High轉變爲Low時，E點將產生一脈波寬度爲T_3的輸出脈波。

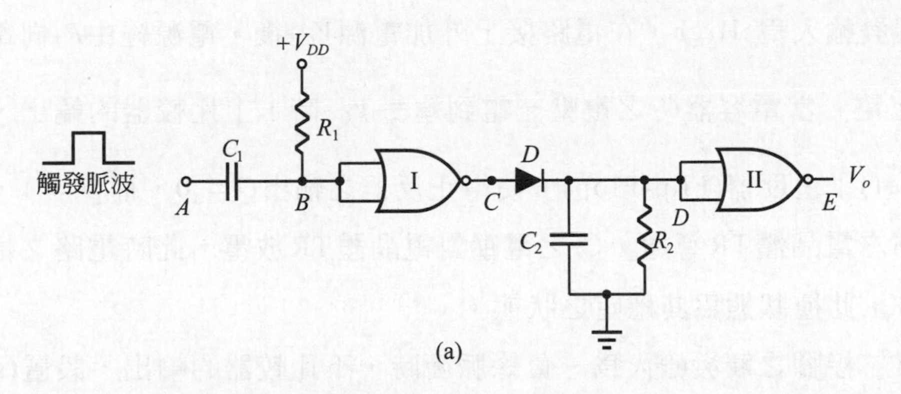

(a)

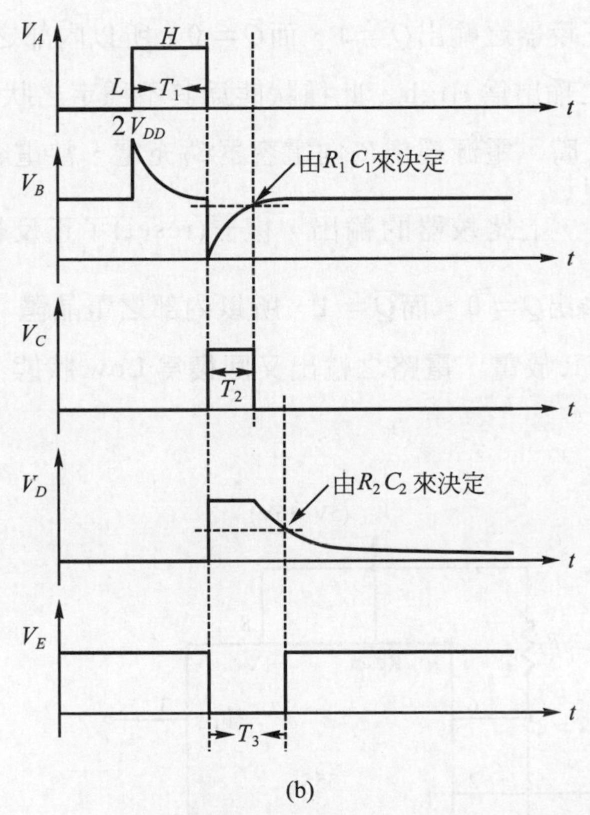

(b)

圖 8-4　CMOS 邏輯閘組成之單穩態振盪電路

(三) 555 IC 組成之單穩態振盪電路

圖 8-5 係利用 555 IC 組成之單穩態振盪電路，其動作原理說明如下：

1. 若觸發輸入爲 High，在電路接上外加電源V_{CC}後，電源經由R_T向電容器C_T充電，當電容器C_T之電壓充電到達$\frac{2}{3}V_{CC}$時，上比較器的輸出，復置(reset)了正反器(Flip-Flop)，使得正反器之輸出$Q=0$，而$\overline{Q}=1$，所以內部之電晶體TR導通，C_T之電壓對電晶體TR放電，此時電路之輸出爲Low，此種狀態爲其穩定之狀態。
2. 當第二接腳之觸發輸入爲一負緣脈衝時，下比較器的輸出，設置(set)了正反器，使得正反器之輸出$Q=1$，而$\overline{Q}=0$，所以內部之電晶體TR不導通，此時電路之輸出爲High，此種狀態爲其不穩定之狀態。
3. 當負緣觸發輸入時，電源經由R_T向電容器C_T充電，當電容器C_T之電壓充電到達$\frac{2}{3}V_{CC}$時，上比較器的輸出，復置(reset)了正反器(Flip-Flop)，使得正反器之輸出$Q=0$，而$\overline{Q}=1$，所以內部之電晶體 TR 導通，C_T之電壓對電晶體 TR 放電，電路之輸出又回復爲Low 狀態。其輸出波形如圖 8-6 所示。

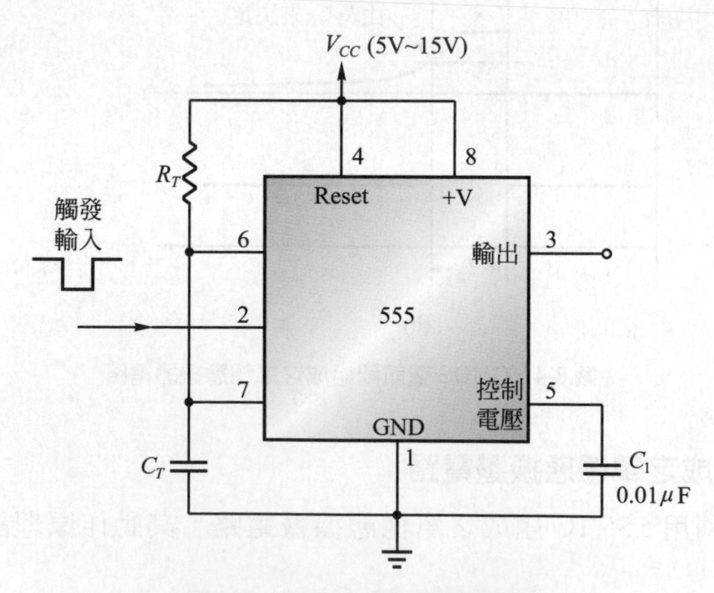

圖 8-5　555 IC 單穩態振盪電路

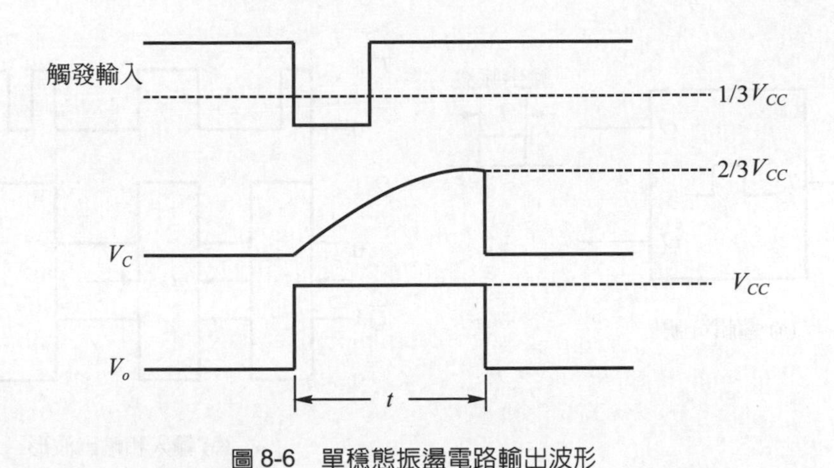

圖 8-6　單穩態振盪電路輸出波形

計算輸出脈波時間寬度T：

T爲電容由 0V 充電至$\frac{2}{3}V_{CC}$所需之時間，電容充電的電壓公式爲

$$v_c(t)=V_{CC}\left(1-e^{-\frac{t}{R_T C_T}}\right)$$

當$t=T$時，$v_c(T)=\frac{2}{3}V_{CC}$，亦即

$$\frac{2}{3}V_{CC}=V_{CC}\left(1-e^{-\frac{T}{R_T C_T}}\right)$$

$$\therefore\ T=R_T C_T \ln 3=1.1\,R_T C_T$$

(四) 單穩態 IC74121 之原理與應用

單穩態電路有兩個輸出Q、$\overline{Q}$，每個輸出都有兩個狀態，一種是穩定狀態($Q=0$，$\overline{Q}=1$)，另一種是暫態($Q=1$，$\overline{Q}=0$)，它的輸出通常是維持在穩定狀態，而在觸發脈波輸入時轉爲暫態，經過暫態時間後又自動回復至穩定狀態，如圖 8-7 所示。當單穩態電路進入不穩定狀態後，即使再出現另一個觸發脈波，其對輸出是不會有所影響，除非是屬於可再觸發的單穩態電路。

單穩態振盪器，就其輸入信號而言可分爲下列兩種：

(1) 正向觸發式：亦即輸入信號由低態轉爲高態時，對電路產生觸發信號而使輸出轉態。

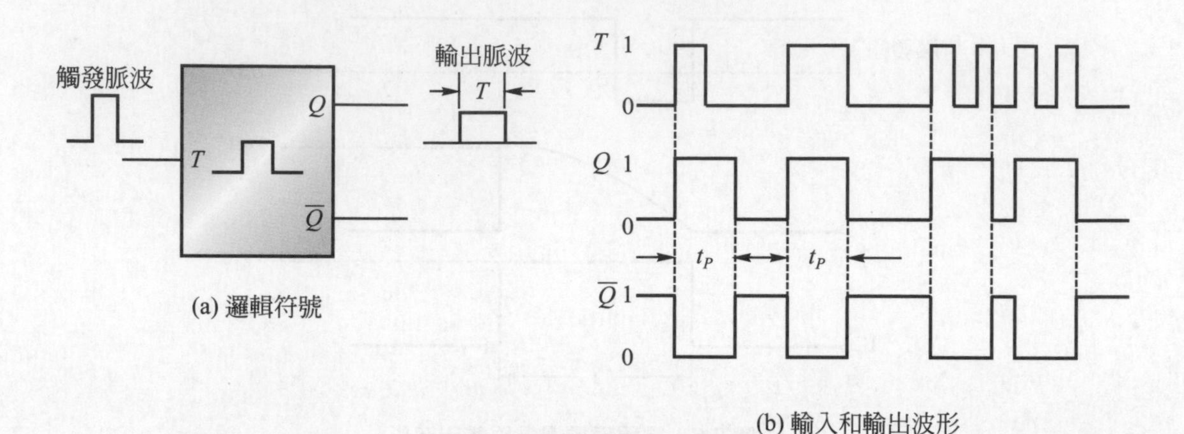

圖 8-7　單穩態振盪器

⑵　負向觸發式：亦即輸入信號由高態轉為低態時，對電路產生觸發信號而使輸出轉態。

另外，就其輸出信號而言，亦可區分為兩種：

⑴　不可再激發式：74121 即屬此型，由圖 8-8 中比較其輸入與輸出之波形，圖中的T_1與T_2分別代表不同的輸出轉態時間T，則可知當其輸出受輸入激發轉態後，即使輸入觸發信號，也不會對輸出有所影響，必須等到輸出恢復至原來狀態時，輸入信號才有效。

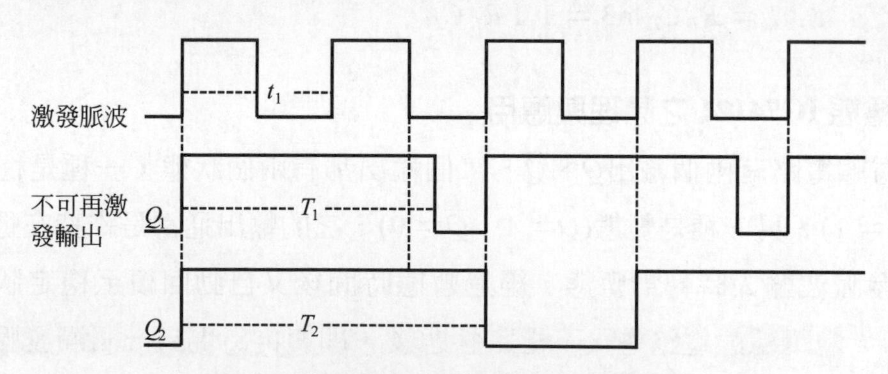

圖 8-8　不可再激發式之兩種可能的激發波形

⑵　可再激發式：74122、74123 即屬此型，如圖 8-9 所示，圖中的T_1與T_2分別代表不同的輸出轉態時間T，當T_1小於輸入脈波寬度(t_1)時，(如Q_1輸出波形)，不具有再激發的特性。但是當T_2大於輸入脈波寬度時，(如

Q_2輸出波形)，則具有再激發的特性。在圖 8-9 的底部有箭頭所示者，爲再激發的時間。

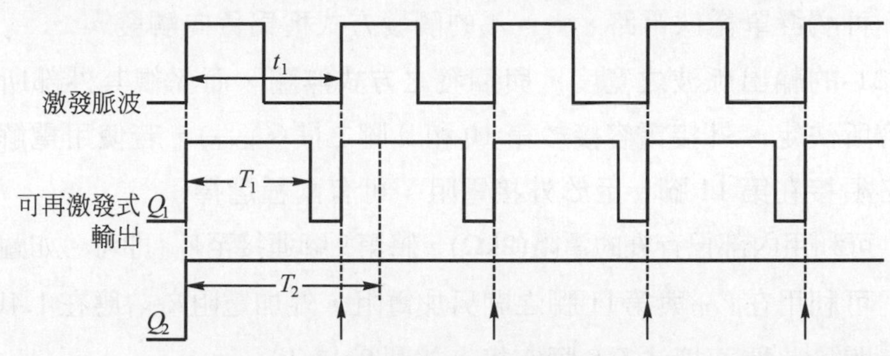

圖 8-9　可再激發式之兩種可能的激發波形

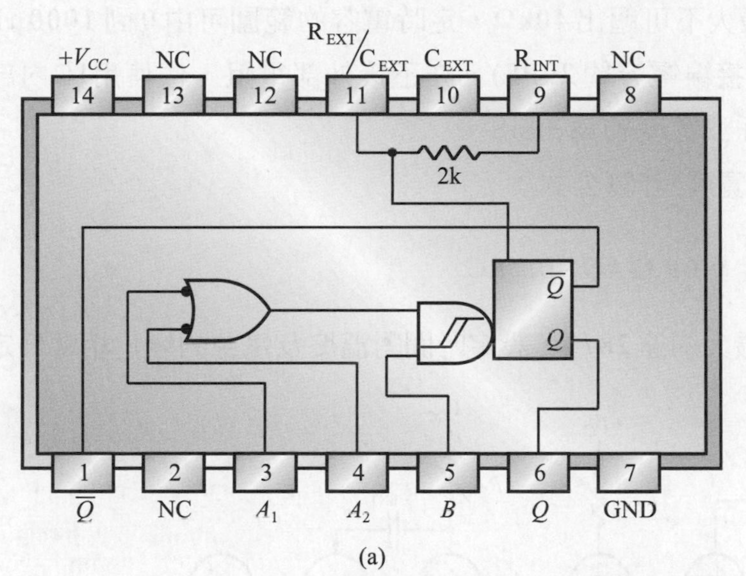

(a)

輸	入		輸	入
A_1	A_2	B	Q	$\overline{Q}$
L	X	H	L	H
X	L	H	L	H
X	X	L	L	H
H	H	X	L	H
H	↓	H	⊓	⊔
↓	H	H	⊓	⊔
↓	↓	H	⊓	⊔
L	X	↑	⊓	⊔
X	L	↑	⊓	⊔

(b) 功能表

圖 8-10　74121 IC 之結構與功能表

而在 TTL 數位 IC 中，最常用的單穩態 IC 即爲 74121，其結構與功能表如圖 8-10 所示，在圖 8-10(a)中，NAND gate(由一負輸入的 NOR gate 表示)和 AND gate 史密特觸發器爲單穩態電路的一部份，並非外加的邏輯閘。要使 74121 觸發產生脈波信號，則須在史密特觸發器輸出端，產生一個正向的邊緣脈衝，但在 74121 內無法利用到，所以 74121 的觸發可以利用下面二種方法之一來觸發：

(1)　B 輸入的觸發：當A_1和A_2任一以上爲 0，則當B輸入由低態上升成高態時觸發。而且B的輸入需經過史密特觸發電路，所以很緩慢的電壓上升

(如 1 伏/秒)也能觸發，B的觸發是正向觸發。

⑵ A_1、A_2輸入的觸發：當B、A_1、A_2均為高態時，若A_1或A_2變成低態時，可觸發單穩態電路，A_1、A_2的觸發方式稱為負向觸發。

74121 的輸出脈波之寬度，與觸發之方式無關，而係視其外部所連接的電阻和電容所決定，外接電容接於第 10 和 11 腳之間(C_{EXT})，若使用電解質電容，則正端必須接在第 11 腳。至於外接電阻，可有兩種選擇：

⑴ 可利用內部已存在的電阻(2kΩ)，將第 9 腳連接至V_{CC}即可。如圖 8-11(a)。

⑵ 可利用在V_{CC}與第 11 腳之間另加電阻，外加電阻R_{EXT}應在 1.4k 至 40k 之間，此種連接法第 9 腳空接。如圖 8-11(b)。

74121 的定時電阻最大不可超出 40kΩ，定時電容的範圍可由 0 到 1000μF，當不接外部電容時(利用接線電容約 20PF)，亦不接外部電阻，僅使用IC內部電阻$R_{INT}=2\text{k}\Omega$，則輸出脈波寬度約為 30nS。

設定時間(輸出脈波寬度)計算公式：

$$T=RC\ln 2=0.6931RC\cong 0.7RC$$

所以設定時間最小 30ns 最大約達 28 秒，設定時間對溫度及電源的變化相當穩定。

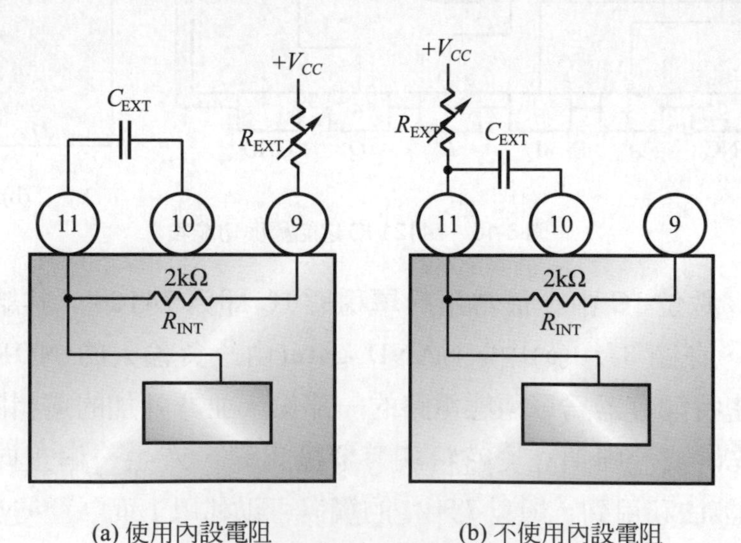

(a) 使用內設電阻 (b) 不使用內設電阻

圖 8-11 74121 外部元件接線圖

不可再觸發的 74121 單穩態電路，在受觸發之後需要一段時間來恢復，因此觸發脈衝不可加得太快，而使單穩態電路導通($Q=1$)的時間超過規定的 75% 工作週期(duty cycles)，duty cycle 的定義如下：

$$\text{Duty cycle} = \frac{T_{ON}}{T_{ON}+T_{OFF}} \times 100\ \%$$

其中T_{ON}是指$Q=1$所經歷的時間，T_{OFF}是指$Q=0$所經歷的時間。

三 實習項目

(一) TTL 邏輯閘組成之單穩態多諧振盪電路

1. 材料表

IC　　　：74LS00×1。

電阻　　：1kΩ×1，5kΩ×1，10kΩ×1。

電容器　：0.1μF×1，0.01μF×1。

2. 電路圖

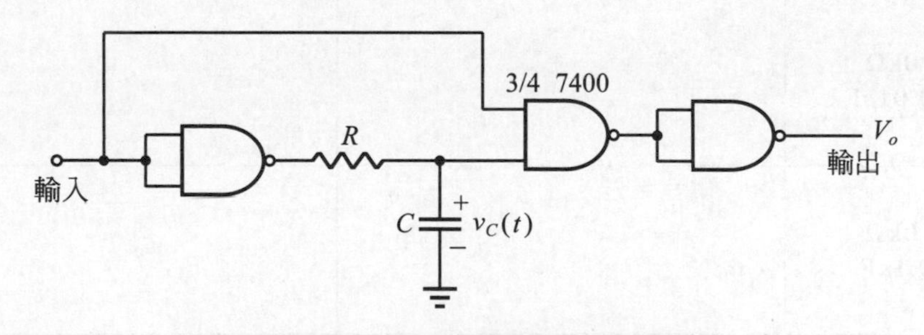

圖 E8-1　TTL 邏輯閘單穩態多諧振盪電路

3. 實習步驟

(1) 依照圖 E8-1 接妥電路。

(2) 輸入端 接至可調式脈波產生器之輸出端。

(3) 使用雙軌跡示波器量測各點電壓波形。

(4) 調整脈波的頻率，重複步驟 2。並注意不同頻率下，各點的輸出波形之變化。

(5) 更換R、C之數值組合，觀察並記錄輸出V_o之波形於實習結果中。

(6) 由實驗之結果，您得到哪些結論？

4. 實習結果

	$v_c(t)$	V_o 輸出波形
$R = 1\text{k}\Omega$ $C = 0.01\mu\text{F}$		
$R = 1\text{k}\Omega$ $C = 0.1\mu\text{F}$		
$R = 5\text{k}\Omega$ $C = 0.01\mu\text{F}$		
$R = 5\text{k}\Omega$ $C = 0.1\mu\text{F}$		
$R = 10\text{k}\Omega$ $C = 0.01\mu\text{F}$		
$R = 10\text{k}\Omega$ $C = 0.1\mu\text{F}$		

(二) 使用 CMOS 邏輯閘組成之單穩態振盪電路

1. 材料表

IC　：CD4011×1。

電阻　：10kΩ×1，220kΩ×1。

可變電阻　：100 kΩ×1。

電容器　：0.001μF×1，0.01μF×1，0.1μF×1。

2. 電路圖

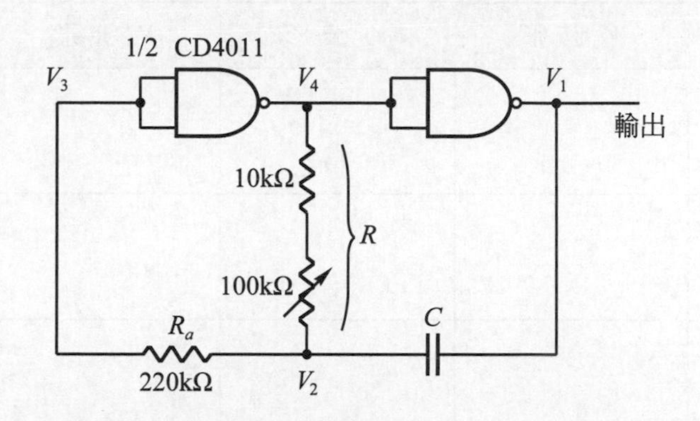

圖 E8-2　使用 CMOS 邏輯閘組成之單穩態振盪電路

3 實習步驟

(1) 依照圖 E8-2 接妥電路。

(2) 電路之振盪週期$T \cong 1.4RC$，振盪頻率 $f = \frac{1}{T}$。

(3) 使用示波器觀察各點的波形，並記錄於實習結果中。

(4) 改變R、C之數值組合，重複步驟 3.。

(5) 由實驗之結果，您得到哪些結論？

4. 實習結果

	V_1 波形	V_2 波形	V_3 波形	V_4 波形
$V_R = 10\text{k}\Omega$ $C = 0.001\mu\text{F}$				
$V_R = 50\text{k}\Omega$ $C = 0.001\mu\text{F}$				
$V_R = 100\text{k}\Omega$ $C = 0.001\mu\text{F}$				
$V_R = 10\text{k}\Omega$ $C = 0.01\mu\text{F}$				

(續前表)

	V_1 波形	V_2 波形	V_3 波形	V_4 波形
$V_R = 50\text{k}\Omega$ $C = 0.01\mu\text{F}$				
$V_R = 100\text{k}\Omega$ $C = 0.01\mu\text{F}$				
$V_R = 10\text{k}\Omega$ $C = 0.1\mu\text{F}$				
$V_R = 50\text{k}\Omega$ $C = 0.1\mu\text{F}$				
$V_R = 100\text{k}\Omega$ $C = 0.1\mu\text{F}$				

(三) 可控式 CMOS 單穩態振盪電路

1. 材料表

IC：CD4011×1。

電阻：10kΩ×1，220kΩ×1。

可變電阻：100 kΩ×1。

電容器：0.001μF×1，0.01μF×1，0.1μF×1。

2. 電路圖

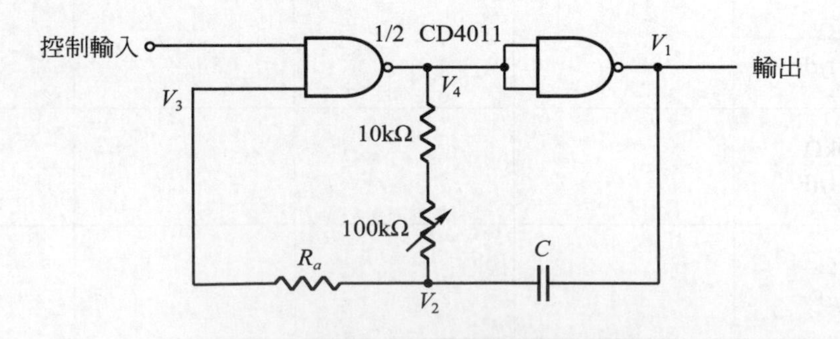

圖 E8-3 可控式 CMOS 單穩態振盪電路

3. 實習步驟

(1) 依照圖 E8-3 接妥電路。

(2) 當控制輸入＝High 時，電路會有正常的振盪輸出。反之，當控制輸入＝Low 時，電路的振盪現象即停止。

(3) 觀察並記錄輸出 之波形於實習結果中。

(4) 由實驗之結果，您得到哪些結論？

4. 實習結果

	V_1 波形	V_2 波形	V_3 波形	V_4 波形
控制輸入＝High $V_R = 50\text{k}\Omega$ $C = 0.01\mu\text{F}$				
控制輸入＝High $V_R = 100\text{k}\Omega$ $C = 0.01\mu\text{F}$				
控制輸入＝Low $V_R = 100\text{k}\Omega$ $C = 0.01\mu\text{F}$				

(四) 可調式 CMOS 單穩態振盪電路

1. 材料表

IC ：CD4011×1。

電阻 ：1MΩ×1，10kΩ×1。

可變電阻 ：1M kΩ×2。

電容器 ：0.001μF×1，0.01μF×1，0.1μF×1。

二極體 ：1N4001×2。

2. 電路圖

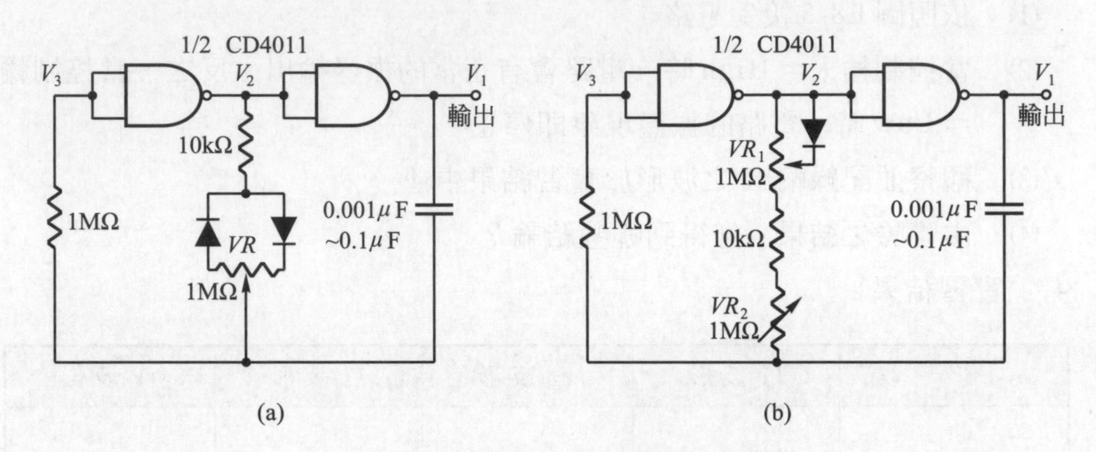

圖 E8-4 (a)(b)可調式 CMOS 單穩態振盪電路

3. 實習步驟

(1) 依照圖 E8-4(a)(b)接妥電路。

(2) 電路之振盪週期$T \cong 1.4RC$，振盪頻率 $f = \frac{1}{T}$。

(3) 調整VR可改變輸出脈波的寬度。

(4) 改變R、C之數值組合，觀察並記錄輸出V_o之波形於實習結果中。

(5) 由實驗之結果，您得到哪些結論？

4. 實習結果

圖 E8-4(a)之實習結果

	V_1 波形	V_2 波形	V_3 波形
$VR = 100\text{k}\Omega$ $C = 0.001\mu\text{F}$			
$VR = 500\text{k}\Omega$ $C = 0.001\mu\text{F}$			
$VR = 1\text{M}\Omega$ $C = 0.001\mu\text{F}$			
$VR = 100\text{k}\Omega$ $C = 0.01\mu\text{F}$			

(續前表)

	V_1 波形	V_2 波形	V_3 波形
$VR = 500\text{k}\Omega$ $C = 0.01\mu\text{F}$			
$VR = 1\text{M}\Omega$ $C = 0.01\mu\text{F}$			
$VR = 100\text{k}\Omega$ $C = 0.1\mu\text{F}$			
$VR = 500\text{k}\Omega$ $C = 0.1\mu\text{F}$			
$VR = 1\text{M}\Omega$ $C = 0.1\mu\text{F}$			

圖 E8-4(b)之實習結果

	V_1 波形	V_2 波形	V_3 波形
$VR_1 = 100\text{k}\Omega$ $C = 0.001\mu\text{F}$			
$VR_1 = 500\text{k}\Omega$ $C = 0.001\mu\text{F}$			
$VR_1 = 1\text{M}\Omega$ $C = 0.001\mu\text{F}$			
$VR_1 = 100\text{k}\Omega$ $C = 0.01\mu\text{F}$			
$VR_1 = 500\text{k}\Omega$ $C = 0.01\mu\text{F}$			
$VR_1 = 1\text{M}\Omega$ $C = 0.01\mu\text{F}$			
$VR_1 = 100\text{k}\Omega$ $C = 0.1\mu\text{F}$			
$VR_1 = 500\text{k}\Omega$ $C = 0.1\mu\text{F}$			
$VR_1 = 1\text{M}\Omega$ $C = 0.1\mu\text{F}$			

(五) 可調式 CMOS 單穩態振盪電路

1. 材料表

IC ：CD4011×1。

電阻 ：1kΩ×3。

可變電阻 ：10 kΩ×3。

電容器 ：0.01μF×2，0.0047μF×1。

二極體 ：1N4001×1。

2. 電路圖

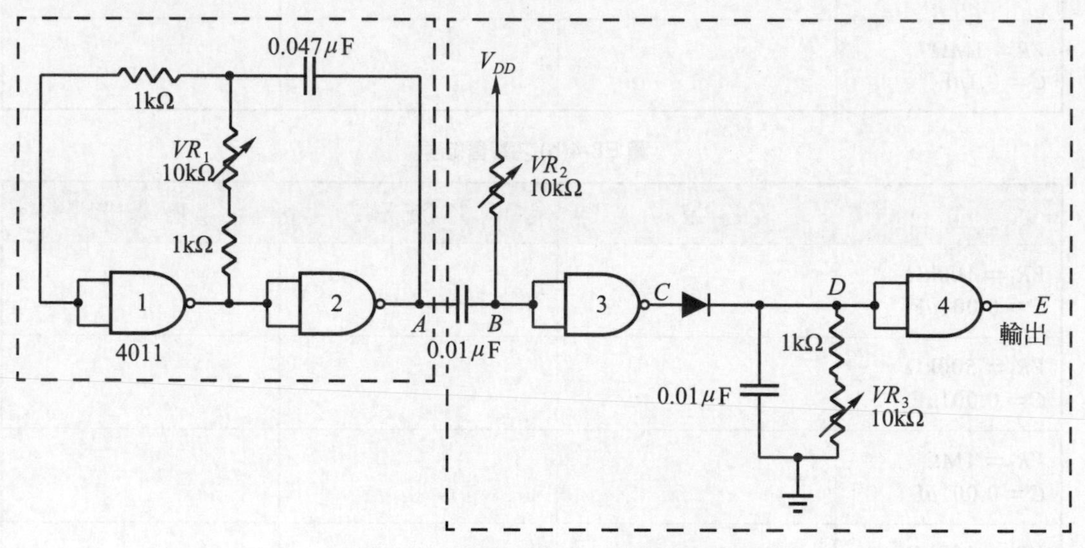

圖 E8-5 可調式 CMOS 單穩態振盪電路

3. 實習步驟

(1) 依照圖 E8-5 接妥電路。

(2) 採用CMOS gate連接，由gate1、2組成無穩態多諧振盪電路，用來產生適當週期的方波輸出。

(3) 使用雙軌跡示波器觀察 A 點、B 點 D 點與 E 點的電壓波形。

(4) 改變VR_1可改變 A 點的方波週期，若可變電阻值不足，可使用500 kΩ取代。

(5) VR_2、VR_3係用來調整單穩態電路的輸出脈波寬度，調整VR_2、VR_3可使E點的波形接近A點的波形。

(6) 觀察並記錄各點之波形於實習結果中。

(7) 由實驗之結果，您得到哪些結論？

4. 實習結果

	V_A 波形	V_B 波形	V_D 波形	V_E 波形
$VR_1 = 1\ k\Omega$ $VR_2 = 1\ k\Omega$ $VR_3 = 1\ k\Omega$				
$VR_1 = 1\ k\Omega$ $VR_2 = 5\ k\Omega$ $VR_3 = 5\ k\Omega$				
$VR_1 = 1\ k\Omega$ $VR_2 = 10\ k\Omega$ $VR_3 = 10\ k\Omega$				
$VR_1 = 5\ k\Omega$ $VR_2 = 1\ k\Omega$ $VR_3 = 1\ k\Omega$				
$VR_1 = 5\ k\Omega$ $VR_2 = 5\ k\Omega$ $VR_3 = 5\ k\Omega$				
$VR_1 = 5\ k\Omega$ $VR_2 = 10\ k\Omega$ $VR_3 = 10\ k\Omega$				
$VR_1 = 10\ k\Omega$ $VR_2 = 1\ k\Omega$ $VR_3 = 1\ k\Omega$				
$VR_1 = 10\ k\Omega$ $VR_2 = 5\ k\Omega$ $VR_3 = 5\ k\Omega$				
$VR_1 = 10\ k\Omega$ $VR_2 = 10\ k\Omega$ $VR_3 = 10\ k\Omega$				

(六) 555 IC 組成之單穩態振盪電路

1. 材料表

IC ：LM555×1。

電阻 ：1MΩ×1。

可變電阻 ：5MΩ×1。

電容器 ：0.1μF×2，1μF×1，10μF×1。

2. 電路圖

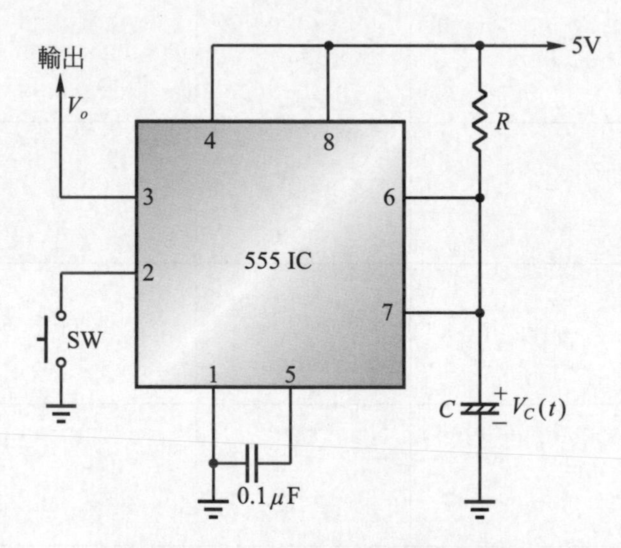

圖 E8-6　555 IC 組成單穩態振盪電路

3. 實習步驟

⑴ 依照圖 E8-6 接妥電路。

⑵ 取$R=1\text{M}\Omega$，$C=10\mu\text{F}$，當一負向脈衝(採負緣觸發)加到 555 的第 2 腳，第 3 腳輸出由 Low 轉變為 High，此時電容器C開始充電，當電容器C上的電壓達到$\frac{2}{3}V_{CC}$時，則輸出由High轉變為Low。$t_H=1.1RC$。

⑶ 按下SW(用一條導線觸地也可以)，記錄輸出電壓停留在High的時間及其波形。

⑷ 第2腳改接時脈產生器的輸出，脈波頻率調整在500Hz左右，$T=2\text{ms}$，$0.8T\geqq t_H=1.1RC$。

(5) 改變不同的R、C數值組合，觀察輸出之波形於實習結果中。

(6) 由實驗之結果，您得到哪些結論？

4. 實習結果

	$v_c(t)$	輸出波形 V_o
$R = 1\text{M}\Omega$ $C = 0.1\mu\text{F}$		
$R = 1\text{M}\Omega$ $C = 1\mu\text{F}$		
$R = 1\text{M}\Omega$ $C = 10\mu\text{F}$		
$R = 5\text{M}\Omega$ $C = 0.1\mu\text{F}$		
$R = 5\text{M}\Omega$ $C = 1\mu\text{F}$		
$R = 5\text{M}\Omega$ $C = 10\mu\text{F}$		

(七) 74121 IC 組成之單穩態振盪電路

1. 材料表

IC　：74121×2。

電阻　：1kΩ×1，10 kΩ×1。

電容器　：0.1μF×2，0.01μF×1，0.0047μF×1。

2. 電路圖

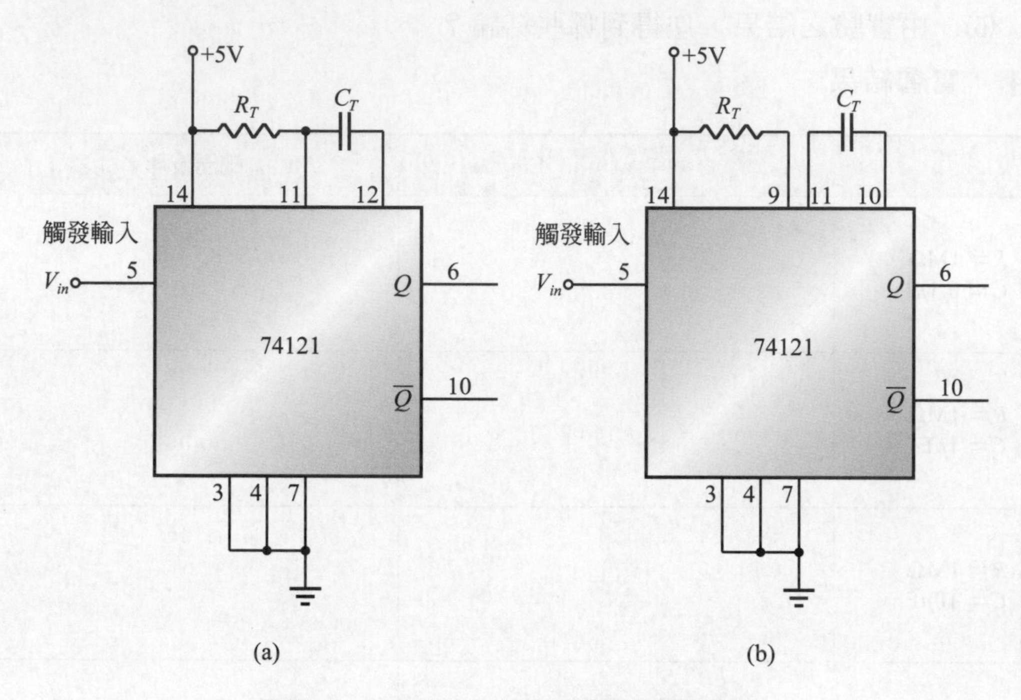

圖 E8-7 (a)(b)74121 IC 組成單穩態振盪電路

3. 實習步驟

(1) 依照圖 E8-7(a) 接妥電路，74121 第 14 腳接 V_{CC}，第 7 腳接地。

(2) 觸發輸入 $V_{\text{in}} = 1\text{kHz}$ 方波，輸出脈波寬度 $T = 0.7R_TC_T$。

(3) 改變不同的 R_T 與 C_T 之數值組合，觀察記錄輸出之波形，比較實際值與理論值之差異。

(4) 依照圖 E8-7(b)接妥電路。

(5) 觸發輸入 $V_{\text{in}} = 1\text{kHz}$ 方波，輸出脈波寬度 $T = 0.7\,(R_T + 2\text{k})C_T$。

(6) 改變不同的 R_T 與 C_T 之數值組合，觀察輸出之波形，比較實際值與理論值之差異。觀察記錄輸出之波形於實習結果中。

(7) 由實驗之結果，您得到哪些結論？

4. 實習結果：

圖 E8-7(a)之實習結果

	$T = 0.7R_TC_T$	Q點脈波寬度
$R_T = 1\text{k}\Omega$ $C_T = 0.0047\mu\text{F}$		
$R_T = 1\text{k}\Omega$ $C_T = 0.01\mu\text{F}$		
$R_T = 1\text{k}\Omega$ $C_T = 0.1\mu\text{F}$		
$R_T = 10\text{k}\Omega$ $C_T = 0.0047\mu\text{F}$		
$R_T = 10\text{k}\Omega$ $C_T = 0.01\mu\text{F}$		
$R_T = 10\text{k}\Omega$ $C_T = 0.1\mu\text{F}$		

圖 E8-7(b)之實習結果

	$T = 0.7R_TC_T$	Q點脈波寬度
$R_T = 1\text{k}\Omega$ $C_T = 0.0047\mu\text{F}$		
$R_T = 1\text{k}\Omega$ $C_T = 0.01\mu\text{F}$		
$R_T = 1\text{k}\Omega$ $C_T = 0.1\mu\text{F}$		
$R_T = 10\text{k}\Omega$ $C_T = 0.0047\mu\text{F}$		
$R_T = 10\text{k}\Omega$ $C_T = 0.01\mu\text{F}$		
$R_T = 10\text{k}\Omega$ $C_T = 0.1\mu\text{F}$		

(八) 74121 IC 組成之單穩態振盪電路

1. 材料表

IC　：74121×1，7476×1。

電阻　：1kΩ×1， 10 kΩ×1。

電容器　：0.1μF×2，0.01μF×1，0.0047μF×1。

2. 電路圖

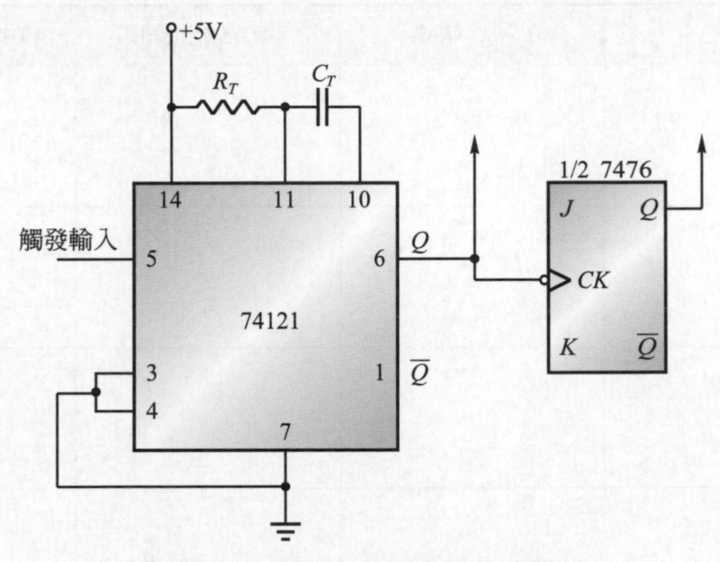

圖 E8-8　74121 IC 組成單穩態振盪電路

3. 實習步驟

⑴ 依照圖 E8-8 接妥電路，74121 第 14 腳接 V_{CC}，第 7 腳接地。

⑵ 觸發輸入 $V_{in} = 1\text{kHz}$ 方波，輸出脈波寬度 $T = 0.7R_TC_T$。

⑶ 改變不同的 R_T 與 C_T 之數值組合，觀察記錄 74121 輸出波形與 7476 輸出波形之對應關係。

⑷ 輸出脈波寬度與觸發輸入信號的頻率無關，僅與 R_T 與 C_T 之值有關。

⑸ 由實驗之結果，您得到哪些結論？

4. 實習結果

	$T = 0.7R_TC_T$	7476 輸出波形	74121 輸出波形
$R_T = 1\text{k}\Omega$ $C_T = 0.0047\mu\text{F}$			
$R_T = 1\text{k}\Omega$ $C_T = 0.01\mu\text{F}$			
$R_T = 1\text{k}\Omega$ $C_T = 0.1\mu\text{F}$			
$R_T = 10\text{k}\Omega$ $C_T = 0.0047\mu\text{F}$			
$R_T = 10\text{k}\Omega$ $C_T = 0.01\mu\text{F}$			
$R_T = 10\text{k}\Omega$ $C_T = 0.1\mu\text{F}$			

正反器

一 實習目的

1、瞭解各種閂鎖器之特性。

2、瞭解各種正反器之特性。

3、瞭解各種正反器之邏輯功能。

4、瞭解正反器之應用。

二 相關知識

振盪器可分為無穩態、單穩態和雙穩態多諧振盪器。前兩者已在前兩章加以詳述，本章將介紹雙穩態多諧振盪器及各種正反器的原理及其應用。雙穩態元件有兩個穩定狀態：設定(set)和復置(reset)，它們一直保持任一狀態，這個功能使它們適宜做記憶體元件，雙穩態元件的兩個基本類別是閂鎖器(latch)和正反器(flip-flop)。閂鎖器和正反器的基本不同是：它們從一種狀態變為另一種狀態的方法不同。簡單地說，閂鎖器的輸出會隨著時脈準位(clock level)的改變而改變，若時脈持續停留在邏輯 1，則當閂鎖器的輸入變時，在控制輸入端的正準位響應(positive level response)將允許輸出改變，如圖 9-1 所示。而對正反器的正確操作而言，其重點在於只需要在信號轉換時去觸發它。一個時脈信號會經過兩種轉變：一種是由 0 轉變為 1，另一種是由 1 轉變為 0。前者被定義為正緣(positive-edge)觸發，而後者則被定義為負緣(negative-edge)觸發。

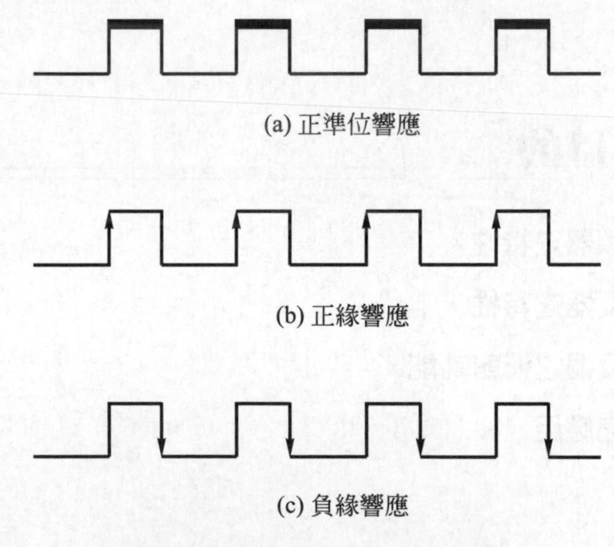

圖 9-1　閂鎖器和正反器之時脈響應

正反器是計數器、暫存器及其它時序控制邏輯的基本標準方塊。我們已學習過各種邏輯閘(gate)，而這些邏輯閘都需要有一輸入，一旦輸入信號中斷或者中途改變，輸出之狀況亦隨之改變。然而有些邏輯電路需要在它的輸入移去時，輸出仍需維持不變。因此在許多數位系統電路中，必須將信號(signal)和資料(data)加以保留以便處理，因此也就需要有記憶作用的電路元件。所謂記憶裝置，就是在輸入變更而輸出仍可維持不變的一種裝置。在這種裝置中，以正反器電路最爲普遍。

正反器又稱爲雙穩態多諧振盪器(bistable-multivibrator)，一般包括兩個輸入和兩個輸出，以及一個以上的控制信號輸入圖 9-2 所示，它的兩個輸出彼此互補(complemented)，當Q爲 1 時，$\overline{Q}$就爲 0；反之，當Q爲 0 時，$\overline{Q}$就爲 1，前者稱爲正反器的1狀態，後者稱爲正反器的 0 狀態。正反器的狀態由輸入情形和控制信號共同決定，一旦決定之後它就繼續保持此一狀態，直到它又接到另外一個使它改變狀態的指令時爲止。

將多個正反器連接起來，可以做成記錄器(register)，以便儲存資訊，也可以做成計數器(counter)，執行計數功能。

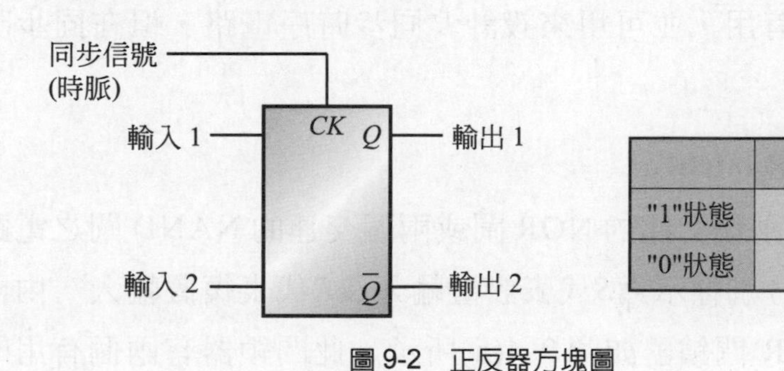

	Q	$\overline{Q}$
"1"狀態	1	0
"0"狀態	0	1

圖 9-2 正反器方塊圖

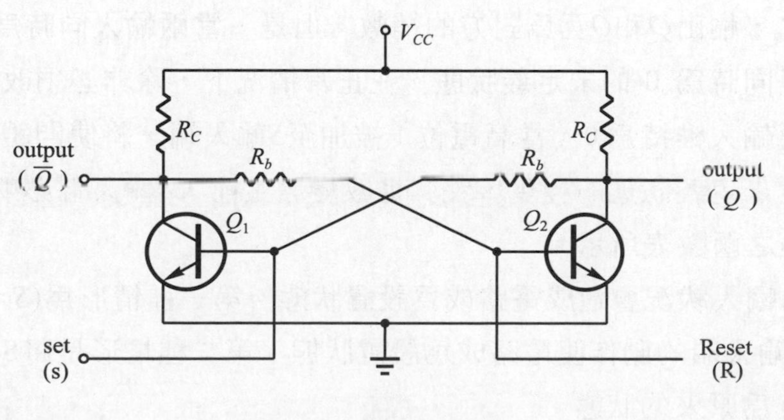

圖 9-3 觸發式正反器

圖 9-3 為基本形式之雙穩態多諧振盪器，由兩個電晶體及 4 個電阻器所組成。當Q_1的基極加上一個正電壓時，Q_1導通且呈飽和狀態，則Q_1的集極-射極電壓保持在0.2～0.4V之間，故其輸出為低電位。又因Q_1的集極與Q_2的基極連接，而使得Q_2呈現截止(不導通)的狀態，因此Q_2的集極電壓幾乎可達V_{CC}的電壓，故其輸出為高電位。若將加於Q_1基極上的正電壓移開時，Q_1及Q_2之輸出仍然保持原來的狀態，亦即有保存記憶的作用。若將正電壓加在Q_2的基極上時，則產生與上述相反的情況，變成Q_2導通，而Q_1不通的狀態；Q_1的集極電壓升至V_{CC}，而Q_2的集極電壓反而降至飽和電壓0.2～0.4V 之間。加於Q_1及Q_2基極上之電壓一個稱為設定(set)，以S表示之，另一個稱為復置(reset)，以R表示之。當S為高電位(High)時，輸出Q亦為高電位。反之，若R為高電位時，則Q變成了低電位(Low)。因為此電路具有保持作用，故此電路稱為閂鎖器。

具有信號準位操作之正反器，其最基本形式稱為閂鎖器。雖然閂鎖器用於記憶二元資訊相當有用，並可用來設計非同步時序電路，但在同步時序電路方面並不實用。

(一) S-R 閂鎖器(S-R latch)

SR 閂鎖器是由兩個交連的 NOR 閘或兩個交連的 NAND 閘之電路所組成。它有兩個輸入端，分別標示為S代表設置輸入及R代表復置輸入。由兩個交連的 NOR 閘所構成之 SR 閂鎖器如圖 9-4(a)所示。此閂鎖器有兩個有用的狀態，當輸出$Q=1$且$\overline{Q}=0$時，被稱為設置狀態，當輸出$Q=0$而$\overline{Q}=1$時，被稱為復置狀態。通常，輸出Q和$\overline{Q}$互為對方的補數。但是，當兩輸入同時為1時，則兩輸出端將出現同時為 0 的未定義狀態。在正常情況下，除非必須改變狀態，否則閂鎖器的兩輸入維持為0。當高電位 1 被加至S輸入端，將使閂鎖器進入設置狀態。為避免未定義狀態的發生，在其他改變發生前，S輸入端必須先回復到0，如圖 9-4(b)之函數表所示。

有兩種輸入狀況會造成電路成為設置狀態。第一種情形為($S=1$，$R=0$)，這是依據S輸入端的動作使電路成為設置狀態。第二種情形是將S端輸入移開，使電路回復為原來的狀態。

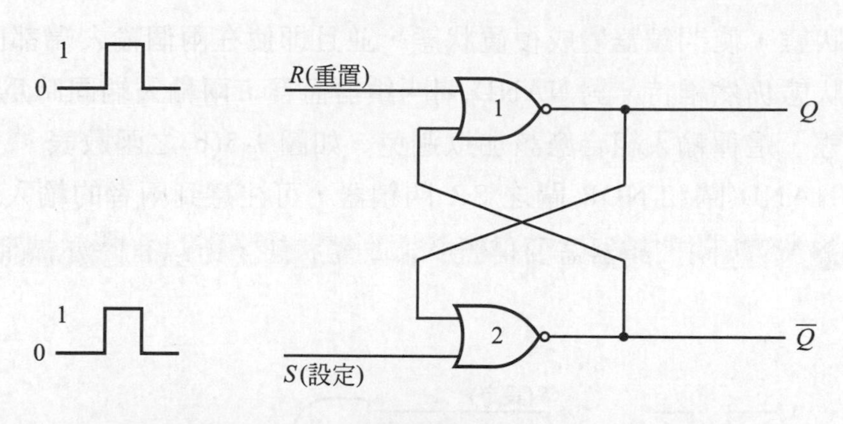

(a) 邏輯電路

S	R	Q	$\overline{Q}$	說　　明
1	0	1	0	(設定狀態)
0	0	1	0	(在S=1，R=0 之後的結果，沒有改變)
0	1	0	1	(復置狀態)
0	0	0	1	(在S=0，R=1 之後的結果，沒有改變)
1	1	0	0	鎖住(不允許，Q=$\overline{Q}$)

(b) 函數表

圖 9-4　由 NOR 閘所構成的 SR 閂鎖器

在兩輸入端的輸入回復爲 0 之後，當R輸入端在加入高電位 1 時，閂鎖器會變成復置狀態。然後將 1 從R輸入端移開，電路仍然維持復置狀態。因此，當S和R的輸入端同時爲 0 時，閂鎖器的輸出可能是設置狀態也可能是復置狀態，它取決於哪一個輸入端最先成爲 1。

若將 1 同時加入閂鎖器的S和R的輸入端，則兩輸出端同時爲 0，這將形成一個未定義狀態(undefined state)，因爲當兩輸入端同時回復爲 0 時，它將會造成一個不可預期的次一狀態，並且破壞了兩個輸出互爲補數的需求。在正常操作下，應確認避免將 1 同時加入兩輸入端的情況發生。

圖 9-5(a)是一組由兩個交連的 NAND 閘所構成的閂鎖器，除非要改變閂鎖器的狀態，否則它的兩個輸入端通常會操作在 1 的情況下。當S輸入端加上 0 時會造成Q輸出端變成1，使閂鎖器成爲設置狀態。當S輸入端回復爲1時，電路仍然維持設置狀態。在兩個輸入端都回復爲1之後，若將 0 加在R輸入端則將改變

閂鎖器的狀態，使閂鎖器變成復置狀態，並且即使在兩個輸入端都回復為 1 之後，這個狀態仍然維持。對 NAND 閘閂鎖器而言，兩輸入端同時為 0 的情形是未定義狀態．這種輸入組合應該加以避免，如圖 9-5(b)之函數表。

比較 NAND 閘和 NOR 閘之 SR 閂鎖器，可注意到兩者的輸入信號互為補數。因為 NAND 閘閂鎖器需要信號 0 來改變狀態，所以有時亦被稱為$S'-R'$閂鎖器。

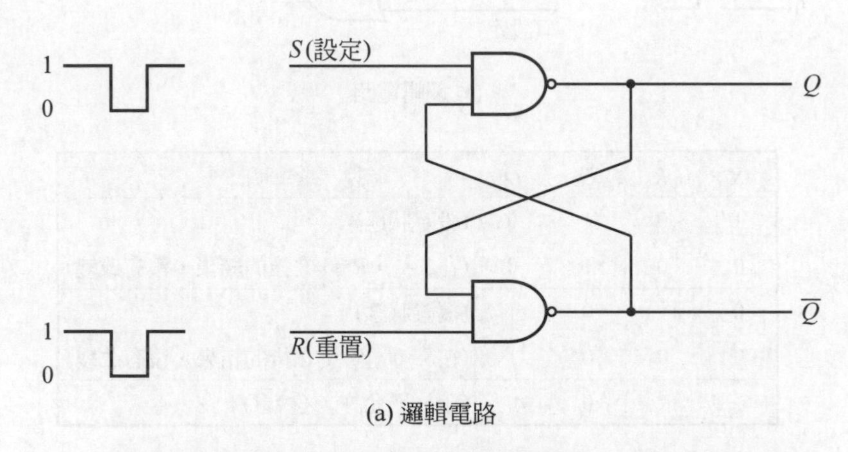

(a) 邏輯電路

S	R	Q	$\overline{Q}$	說　　明
1	0	0	1	(復置狀態)
1	1	0	1	(在S=1，R=0 之後的結果，沒有改變)
0	1	1	0	(設定狀態)
1	1	1	0	(在S=0，R=1 之後的結果，沒有改變)
0	0	1	1	鎖住(不允許，Q=$\overline{Q}$)

(b) 函數表

圖 9-5　由 NAND 閘構成之 SR 閂鎖器

(二) 具有控制輸入之 S-R 閂鎖器(S-R latch)

利用一個控制輸入可以修正SR閂鎖器的基本操作。它將可決定閂鎖器的狀態何時可改變。具有控制輸入的閂鎖器如圖 9-6(a)所示。它由基本的SR閂鎖器和兩個額外的 NAND 閘所組成。對其他兩個輸入而言，控制輸入C扮演一個致能(enable)信號的角色。只要控制輸入維持為 0 則 NAND 閘的輸出就會持續為邏輯1信號。對SR閂鎖器來說，這是一種靜止狀態。當控制輸入變成1時，S或R輸入的資料才會影響到SR閂鎖器。當$S=1$，$R=0$，及$C=1$時，就成為設置狀態；反之，當$S=0$，$R=1$及$C=1$時，就變成復置狀態。在上述任何一種狀況下，若C回復為0，則此電路將維持它現在的狀態。控制輸入C加入0時，將使電路變成禁能(disable)，不管S和R之值為何，此時輸出狀態將不會有任何改變。此外，當$C=1$且輸入端S和R的值均為0時，電路的狀態不會改變。這些情況如圖9-6(b)之函數表所示。

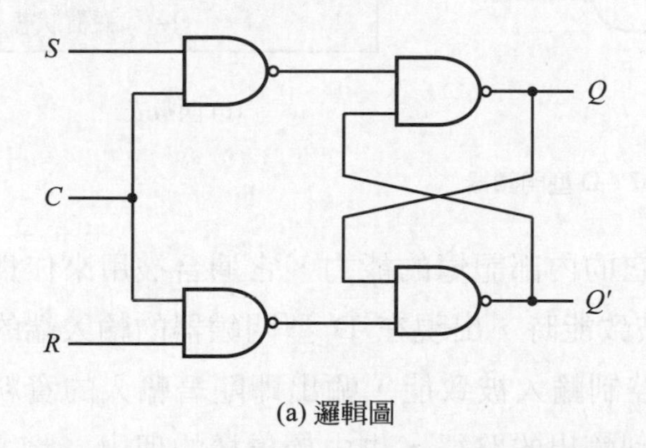

(a) 邏輯圖

C	S	R	Q 的次一狀態
0	X	X	未改變
1	0	0	未改變
1	0	1	Q=0；重置狀態
1	1	0	Q=1；重置狀態
1	1	1	未決定狀態

(b) 函數表

圖 9-6　具有控制輸入之 SR 閂鎖器

若將1同時加入三個輸入端，將形成一個未定義狀態。這與將0信號同時加於基本SR閂鎖器兩輸入端之情況相同。當控制輸入回復為0時，不管S或R誰先回復為0，我們也無法確實判斷出下一個狀態。這種不確定情形造成電路處理上的困難以致很少被實用。雖然如此，它仍是一個重要電路，因為其他的閂鎖器和正反器都由它組成。

(三) D 型閂鎖器(D latch)

一種排除 SR 閂鎖器發生不確定狀態的方法，亦即確保S和R的輸入絕不可同時為1，可由圖9-7的D型閂鎖器來完成。此閂鎖器只有兩個輸入：D(資料)和C(控制)。D輸入直接加入S輸入端而且它的補數被加到R輸入端。不管D的值為何，只要控制輸入為0，這個交連(cross-coupled)的SR閂鎖器的兩個輸入均為1且電路狀態不會改變。D輸入端在$C=1$時被加以取樣(sampled)，若$D=1$，則Q輸出變成1，使電路成為設置狀態；若$D=0$，則Q輸出變成0，使電路成為復置狀態。

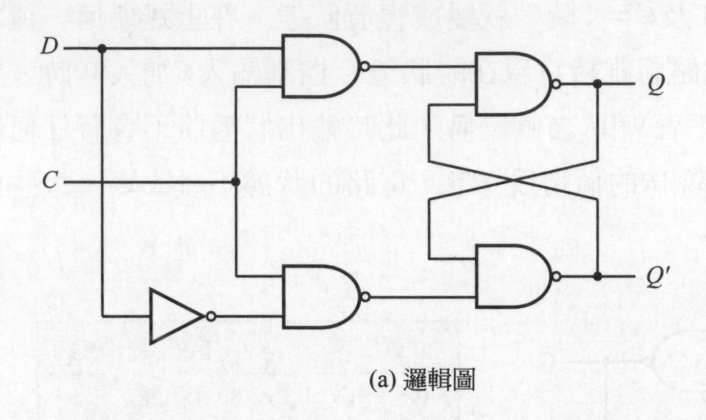

(a) 邏輯圖

C	D	Q 的次一狀態
0	X	未改變
1	0	Q=0；重置狀態
1	1	Q=1；設置狀態

(b) 函數表

圖 9-7　D 型閂鎖器

D 型閂鎖器具有將資料保存在它的內部記憶的能力，它適合被用來作為二元資料的暫時儲存。當控制輸入C被致能時，出現在 D 型閂鎖器的輸入端的二元資料即被傳送到Q輸出端。只要控制輸入被致能，輸出即隨著輸入的資料而改變。這種情形如同直接提供輸入到輸出的路徑，也由於這樣的理由，此電路也被稱為透明的閂鎖器。當控制輸入C禁能時，出現在資料輸入端的二元資料會被保留在Q輸出端，直到控制輸入C再度被致能時，才會有所轉變。

前述所提的閂鎖器與正反器之差異，在於時脈(clock)控制輸入，當閂鎖器的時脈輸入採正緣觸發或負緣觸發時，則稱之為正反器。

(四) 邊緣觸發 D 型正反器(D Flip-Flop)

由兩個D型閂鎖器和一個反向器(inverter)所組成的D型正反器之結構如圖 9-8 所示。第一個閂鎖器稱為主閂鎖器(master)，第二個閂鎖器稱為僕閂鎖器(slave)。此電路只有在控制時脈CK的負緣才會取樣D輸入以及改變Q輸出。當時脈是$CK=0$時，反向器的輸出為1，僕閂鎖器被致能並且它的輸出等於主閂鎖器的輸出Y，而主閂鎖器是禁能的，因為$CK=0$。

當輸入脈衝改變為邏輯 1 準位，從外部D輸入的資料就會被傳送到主閂鎖器。但是，只要時脈持續維持在邏輯1準位，則僕閂鎖器即處禁能狀態，因為它的C輸入等於 0。在輸入端的任何轉變會改變主門鎖器的輸出Y，但無法影響僕門鎖器的輸出。當時脈回復到0，則主門鎖器爲禁能且和輸入D隔離。同一時間的僕門鎖器卻是致能且Y值被傳送到正反器的Q輸出端。因此，只有在時脈由1轉變爲0時，正反器的輸出才會改變。

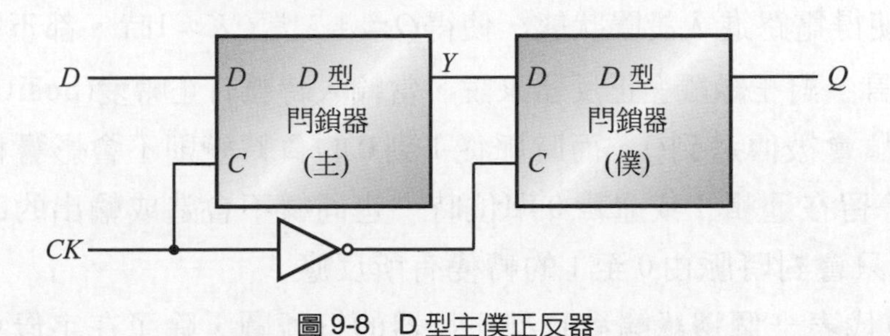

圖 9-8　D 型主僕正反器

前述之主僕正反器的動作指出僅在時脈負緣輸出才會改變。我們也可以設計一個電路，使得正反器的輸出在時脈的正緣時改變。在主門鎖器的輸入C和其他反向器之間的接合點及與CK端點之間外加一個反向器，如此，正反器被負時脈觸發，時脈的負緣影響到主門鎖器而且正緣影響到僕門鎖器及其輸出端。

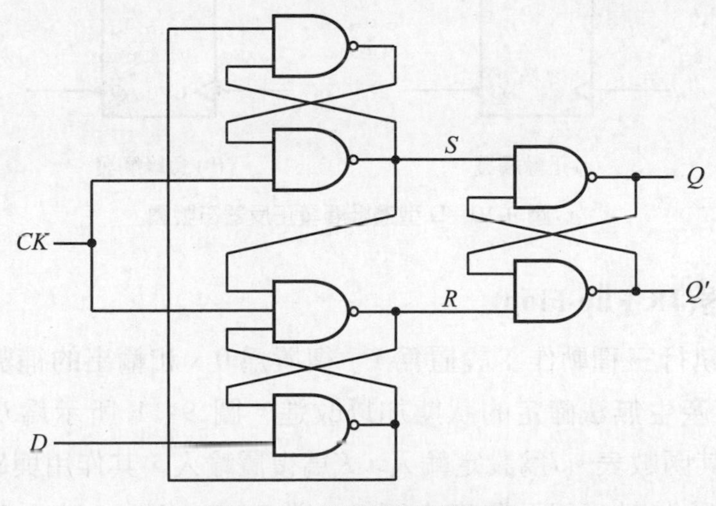

圖 9-9　D 型正緣觸發正反器

另一種更有效率的負緣觸發D型正反器使用三組SR門鎖器，其結構如圖 9-9 所示，有兩組門鎖器對外加輸入D和CK輸入有所反應。第三組門鎖器則提供正反器的輸出。當CK＝0，輸出門鎖器的輸入S和R則維持爲邏輯1準位，這將使輸出維持目前狀態。輸入D可能等於0或1，若$D=0$,且CK變成1，則R轉變為0，這將使正反器進入復置狀態，使得$Q=0$。當$CK=1$，而輸入D有所轉變時，R仍然為0。因此，正反器被鎖住，不會對輸入有所反應。當時脈回復到0，R變成1，輸出閂鎖器將不會產生變化。同樣的，若$D=1$，當CK由0轉為1時，則S變為0。這使得電路進入設置狀態，使得$Q=1$。當$CK=1$時，都不會影響輸出。

概略而言，對正緣觸發正反器來說，當輸入時脈有正轉變(positive transition)時，則D的值會被傳送到Q。而時脈從1到0的負轉變則不會影響輸出。除此之外，當CK停留在邏輯1或邏輯0準位時，也同樣不會造成輸出的改變。這種形式的正反器只會對時脈由0至1的轉變有所反應。

圖9-10代表一個邊緣觸發D型正反器的符號圖，除了在字母C前面的箭頭符號代表動態輸入外，其餘部分與D型閂鎖器類似。這個動態標誌代表正反器採邊緣觸發方式。動態標誌前面若有小圓圈符號則代表時脈負緣觸發，若無小圓圈符號則代表時脈正緣觸發。

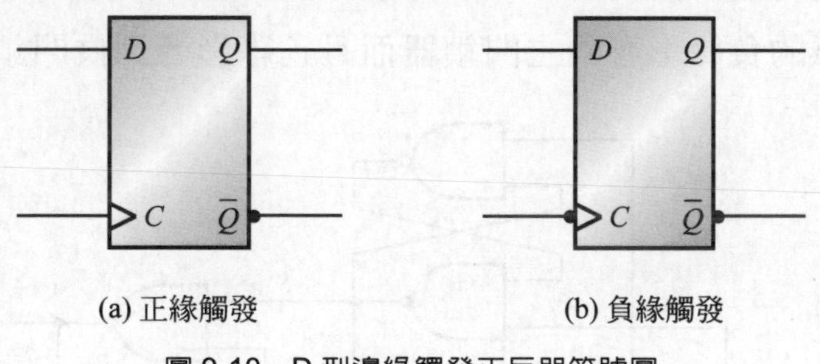

(a) 正緣觸發　　(b) 負緣觸發

圖 9-10　D型邊緣觸發正反器符號圖

(五) JK 正反器(JK Flip-Flop)

正反器可執行三種動作：設置為1、復置為0、和輸出的補數。JK正反器是將SR正反器會產生無法確定的狀態加以改進。圖 9-11 所示為JK正反器之邏輯圖、特性表及其函數表。J為設定輸入，K為復置輸入，其作用與S、R輸入相同。

由圖9-11之特性表與函數表中可知，當$J=0$，$K=0$時，JK正反器的輸出將維持為原來輸出的狀態($Q_{n+1}=Q_n$)。當$J=0$，$K=1$時，JK正反器的輸出將轉變為0狀態($Q_{n+1}=0$)。當$J=1$，$K=0$時，JK正反器的輸出將轉變為1狀態($Q_{n+1}=1$)。當$J=1$，$K=1$時，JK正反器的輸出將轉變為原來輸出的補數狀態($Q_{n+1}=\overline{Q_n}$)，亦即，若現態$Q_n=0$且輸入$J=1$，$K=1$，則正緣觸發後的輸出將轉態爲 1 ($Q_{n+1}=1$)。反之，若現態$Q_n=1$且輸入$J=1$，$K=1$，則正緣觸發後的輸出將轉態爲 0 ($Q_{n+1}=0$)。

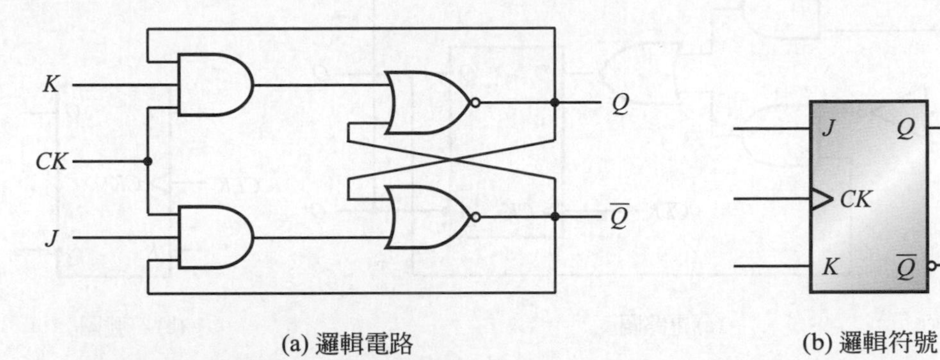

(a) 邏輯電路　　(b) 邏輯符號

Q_n	J	K	CK	Q_{n+1}
0	X	X	0	0
1	X	X	↑	1
0	0	0	↑	0
0	0	1	↑	0
0	1	0	↑	1
0	1	1	↑	1
1	0	0	↑	1
1	0	1	↑	0
1	1	0	↑	1
1	1	1	↑	0

(c) 特性表

輸入		輸出
J	K	Q_{n+1}
0	0	Q_n
0	1	0
1	0	1
1	1	$\overline{Q_n}$

(d) 函數表

圖 9-11　JK正反器

圖 9-12 爲另一形式之JK正反器，D輸入端之電路方程式爲：

$$D=JQ'+K'Q$$

當$J=1$且$K=0$時，$D=Q'+Q=1$，所以下一個時脈邊緣會將輸出設置爲 1。
當$J=0$且$K=1$時，則$D=0$，所以下一個時脈邊緣會將輸出復置爲 0。
當$J=K=0$時，$D=Q$，所以下一個時脈邊緣會將輸出狀態維持不變。
當$J=K=1$時，$D=Q'$，所以下一個時脈邊緣將會產生補數狀態輸出。

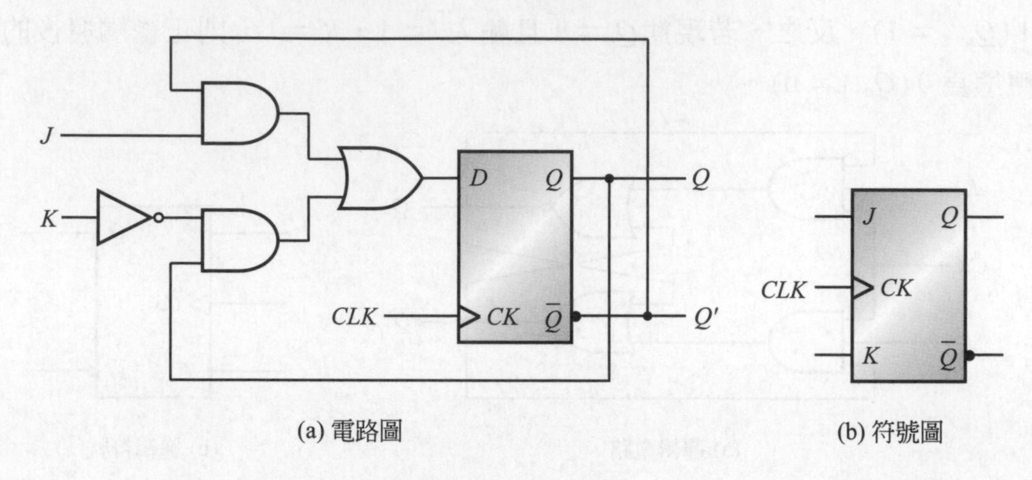

(a) 電路圖　　(b) 符號圖

圖 9-12　*JK*正反器

(六) 主僕式 JK 正反器(M/S JK Flip-Flop)

前述已說明過主僕式D型正反器之原理，接下來要介紹主僕式*JK*正反器。圖 9-13 所示為主僕式*JK*正反器，圖 9-14 為其符號與真值表。其動作原理與主僕式D型正反器大致相似，分析如下：

1. 輸入閘只在$CK=1$時才開啓，因為反向器之故，使得傳送閘的$CK=0$，因此，主閂鎖器的輸出無法傳送至僕閂鎖器。

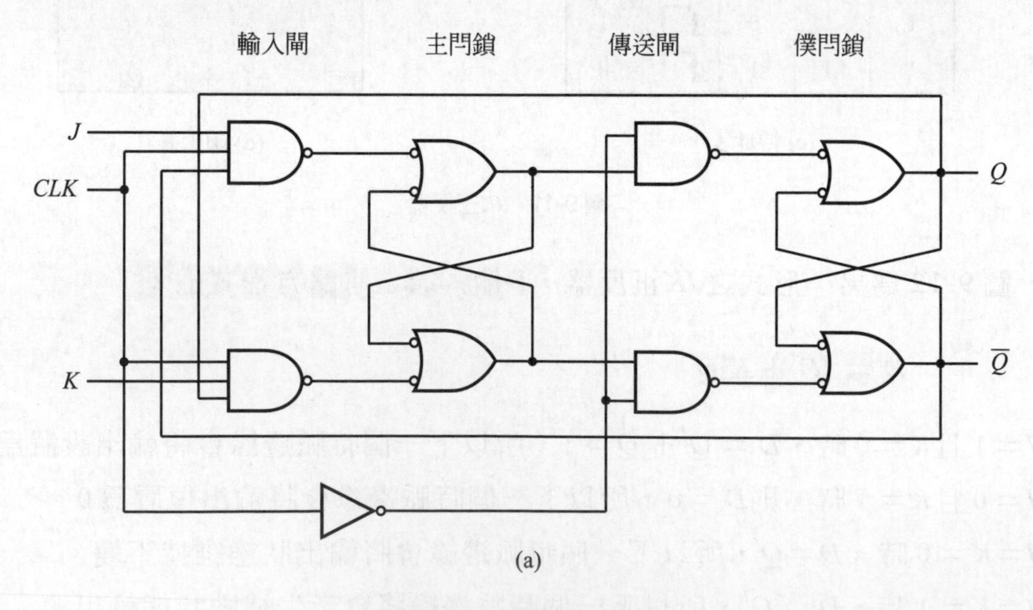

(a)

圖 9-13　主僕式 JK 正反器

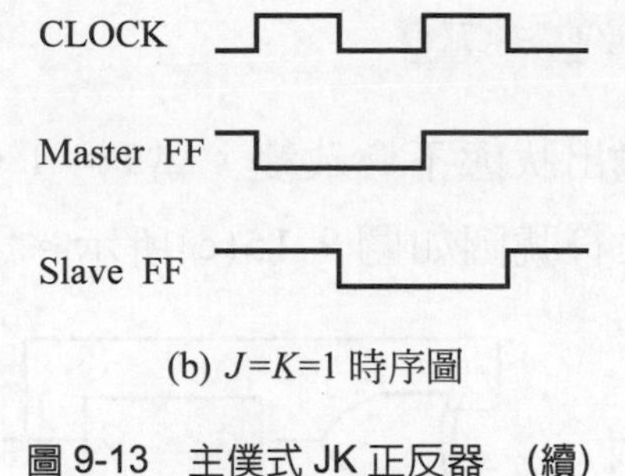

(b) J=K=1 時序圖

圖 9-13　主僕式 JK 正反器　(續)

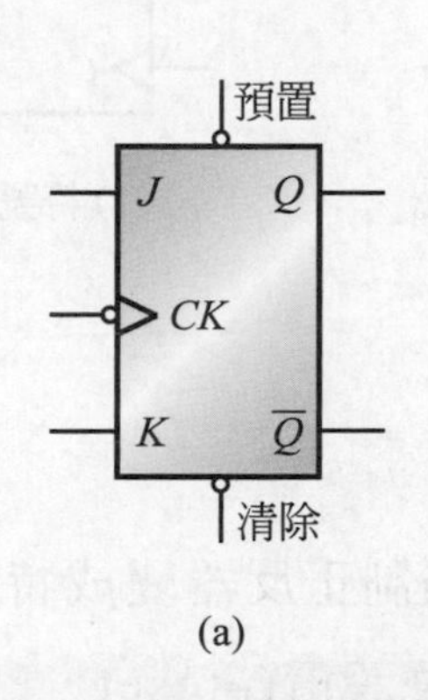

(a)

預置	清除	J	K	CK	Q_{n+1}
0	1	X	X	X	1
1	0	X	X	X	0
1	1	1	0	⎍↓	1
1	1	0	1	⎍↓	0
1	1	0	0	⎍↓	Q_n
1	1	1	1	⎍↓	$\overline{Q}_n$

(b)

圖 9-14　M/S JK FF 符號與真值表

2. 當CK由High轉變為Low時，主閂鎖器無法動作，反而開啓了傳送閘，此時僕閂鎖器可將步驟1.中主閂鎖器的輸出傳送至僕閂鎖器的輸出。
3. 正反器的輸出轉換僅發生在CK脈衝的負向邊緣(即負緣觸發)，當CK在High準位或Low準位時皆不動作。

(七) T 型正反器(T Flip-Flop)

T 型(toggle)正反器是一種互補式的正反器，如圖 9-15(a)所示。將JK正反器的兩個輸入端連結在一起，即構成 T 型正反器。當$T=0$ ($J=K=0$)，則下一個時脈邊緣將會維持輸出狀態不變；當$T=1$ ($J=K=1$)，則下一個時脈邊緣將會產生補數狀態輸出。這種互補式正反器對設計二進位計數器相當有用。

T型正反器可由一組D型正反器和一個互斥或閘(exclusive-OR gate)組成，如圖 9-15(b)所示。D輸入之電路方程式為

$D = T \oplus Q = TQ' + T'Q$

當$T = 0$，則$D = Q$，且輸出狀態不會改變；當$T = 1$，則$D = Q'$，將會產生補數狀態輸出。T 型正反器之符號圖如圖 9-15(c)所示。

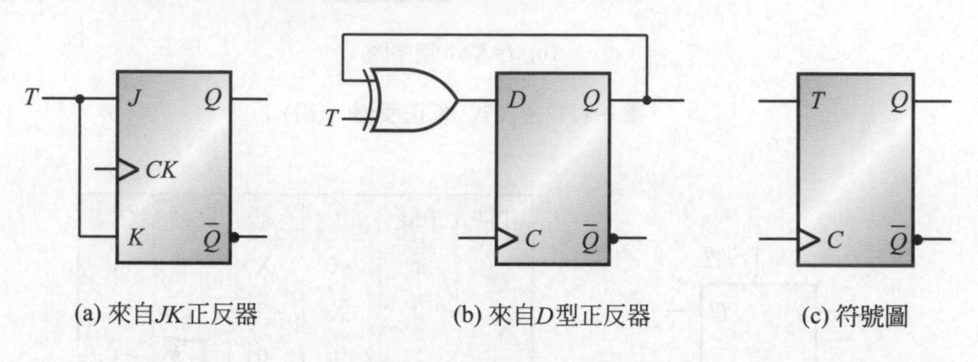

(a) 來自JK正反器　(b) 來自D型正反器　(c) 符號圖

圖 9-15　T 型正反器

(八) 非同步控制正反器(直接輸入正反器)

有一些正反器，本身擁有非同步輸入可用來強制正反器變成特殊的狀態且與時脈無關。可將正反器設置爲1的輸入，稱爲預先設置(preset，PR)或直接設置；另外可將正反器清除爲 0 的輸入，稱爲清除(clear，CLR)或直接復置。當數位系統加上電源後‧其正反器的狀態無法確定，這些直接輸入可將系統中的正反器設置成一個已知的起始狀態而無需時脈動作。

圖 9-16 表示一個具有非同步復置功能的正緣觸發 D 型正反器。當復置輸入爲 0 時，將使輸出Q'停留在 1，清除輸出Q爲 0，因此，復置了這個正反器。從復置輸入端的連接方式，可知當復置輸入爲 0 時，確信了第三個 SR 閂鎖器的S輸入停留在邏輯1，而無視時脈和D的輸入值。

具有復置輸入之D型正反器，其符號圖有R的標示。輸入端的圓圈表示正反器在邏輯 0 準位執行復置。具有直接設置之正反器，其符號圖有S的標示來表示其設置輸入。

函數表(function table)敘述電路的功能，當$R = 0$，輸出被復置爲 0。此狀態與D和C無關。正常的時脈操作只能在復置輸入端變成邏輯 1 後始得進行。具有一個向上箭頭標示的時脈C代表此正反器屬正緣時脈觸發。當$R=1$之情況下，在每一個正緣時脈信號時，D值將被傳送至Q輸出。

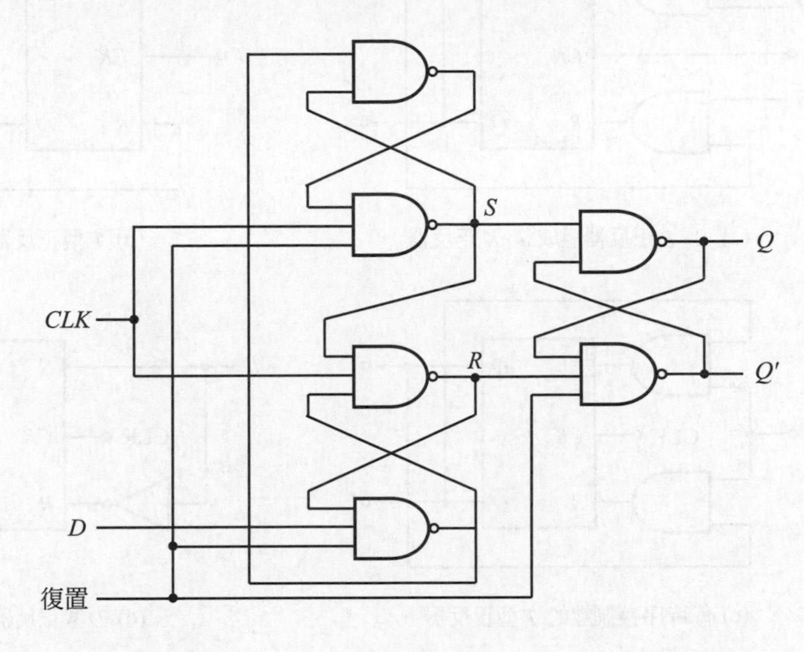

(a) 電路圖

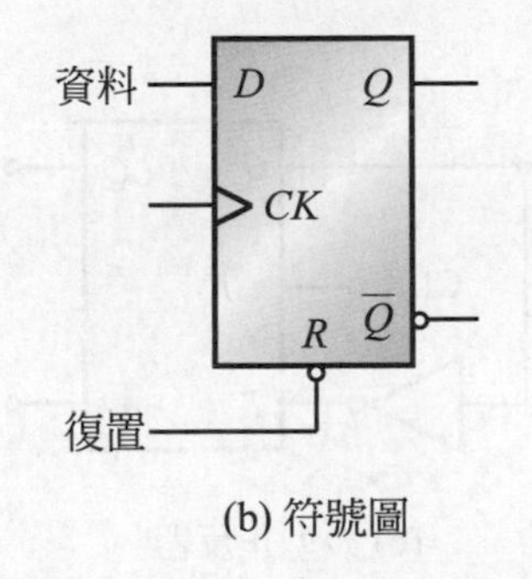

(b) 符號圖

R	C	D	Q	Q'
0	X	X	0	1
1	↑	0	0	1
1	↑	1	1	0

(c) 函數表

圖 9-16　具有非同步復置輸入之 D 型正反器

(九) 正反器之互化

有些正反器的外部接線經過適當連接後，可轉變成另一種正反器的功能，列舉如下：

1. S-R正反器可改成J-K正反器，T型正反器及D型正反器，如圖 9-17 所示。
2. J-K正反器可改成 T 型正反器及 D 型正反器，如圖 9-18 所示。

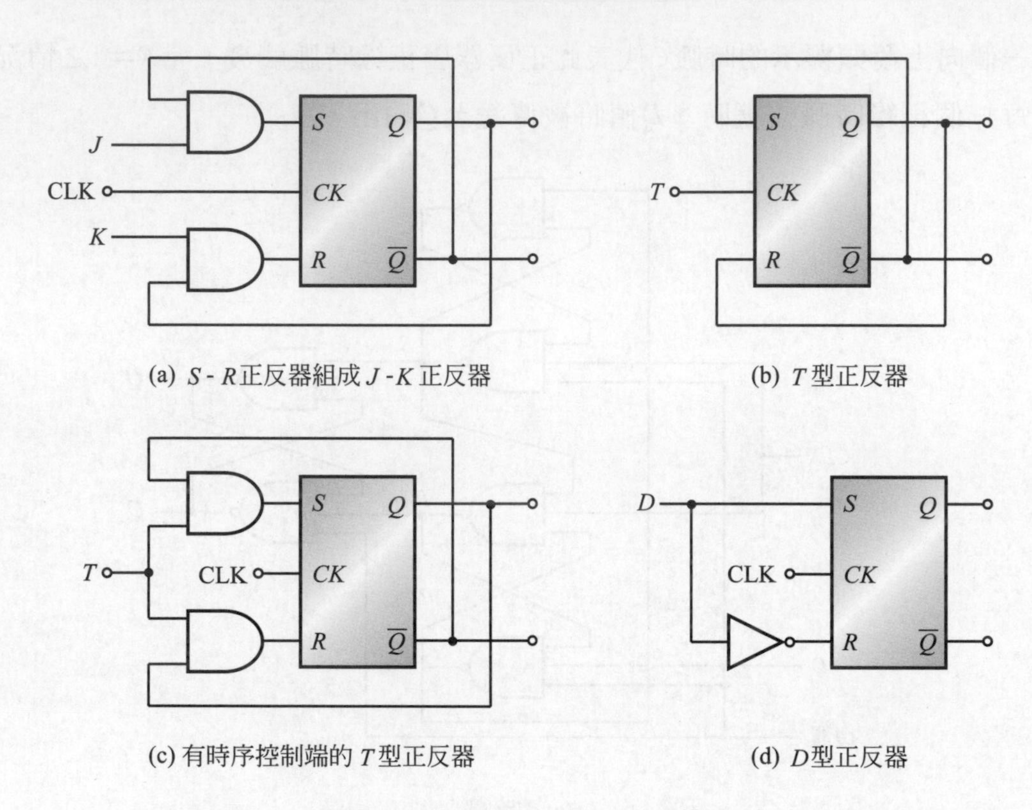

(a) *S*-*R*正反器組成 *J*-*K* 正反器 (b) *T*型正反器

(c) 有時序控制端的 *T*型正反器 (d) *D*型正反器

圖 9-17 *S*-*R*正反器化成其他正反器

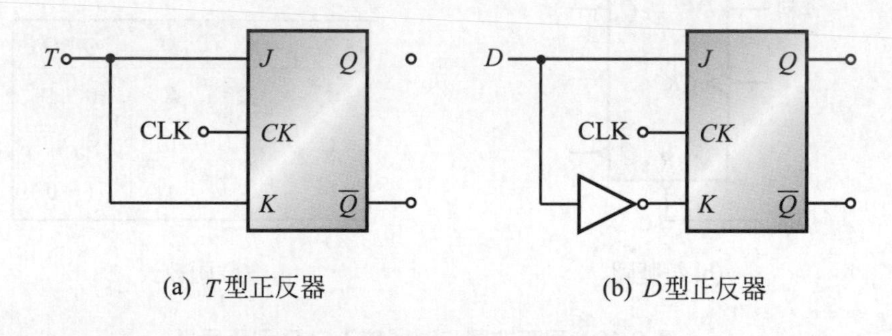

(a) *T*型正反器 (b) *D*型正反器

圖 9-18 *J*-*K*正反器化成其他正反器

(十) 正反器之應用

由於正反器具有記憶儲存的能力，所以可將正反器應用於數位系統電路中，作爲除頻器、計數器(counter)及移位記錄器(shift register)等。

1. 除頻器

在數位系統中有時須對時脈做適當的除法，以取得較低頻率的時脈，利用正反器來作為除頻器，可達成這種效果。圖 9-19 所示，即為利用兩個JK正反器作成一個除以 4 之除頻器。

由於JK正反器的輸入端皆為 1，所以第一個正反器的輸出Q_1在負緣觸發時，其輸出狀態轉變為補數輸出。且Q_1又當作第二個正反器的時脈輸入。由圖(b)之時序波可知，Q_1的頻率為時脈頻率的 1/2，Q_2的頻率為Q_1的頻率的 1/2，亦即Q_2的頻率為時脈頻率的 1/4。

圖 9-20 為使用 D 型正反器作除以 2 的除頻器之邏輯電路。

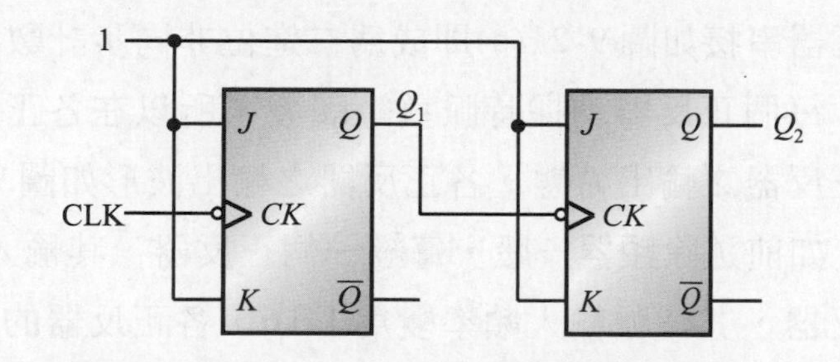

(a) 邏輯電路

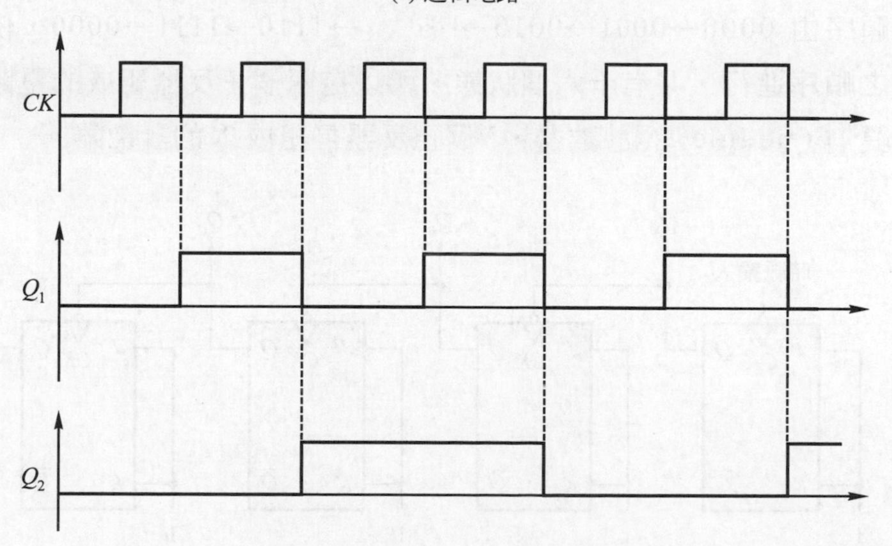

(b) 輸入與輸出時序波形(負緣觸發)

圖 9-19 使用JK正反器作除以 4 的除頻器

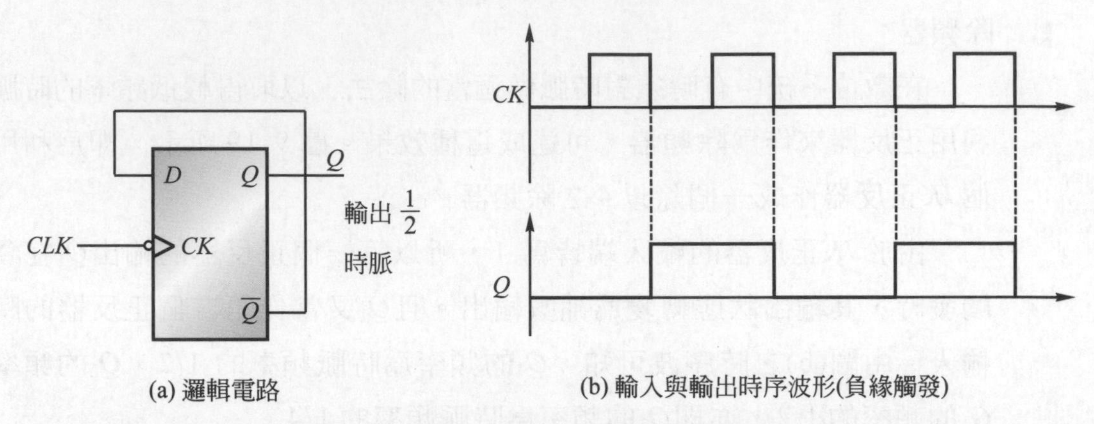

(a) 邏輯電路　　(b) 輸入與輸出時序波形(負緣觸發)

圖 9-20　使用 D 型正反器作除以 2 的除頻器

2. 計數器

將正反器串接如圖 9-21(a)即成爲二進位非同步計數器，圖中*JK*輸入均接至 1，每個正反器均採時脈負緣觸發，所以在各正反器之時脈下降時，使該正反器之輸出轉態。各正反器之輸出波形如圖 9-21(b)所示。由圖中可知，如前述除頻器一般，每經一個正反器，其輸入頻率即除以2，經四個正反器，其時脈輸入頻率變爲 1/16，各正反器的輸出與輸入時脈的關係如圖 9-21(c)之狀態表。由狀態表可知：*D*、*C*、*B*、*A*之狀態變化順序由 0000→0001→0010→……..→1110→1111→0000，依照二進位之順序進行，共有十六個狀態，所以這四個正反器組成的電路，可視爲模 16(module 16)計數器，*N*個正反器可組成 2^N 的計數器。

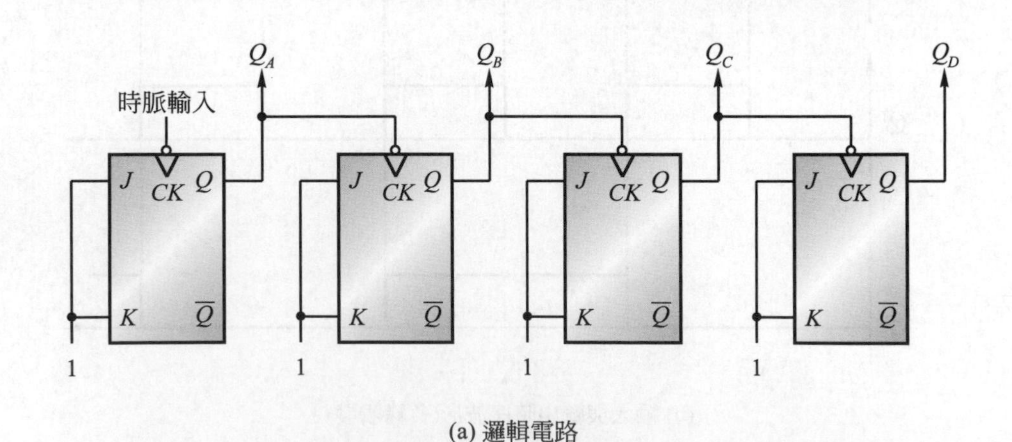

(a) 邏輯電路

圖 9-21　四級二進制漣波計數器

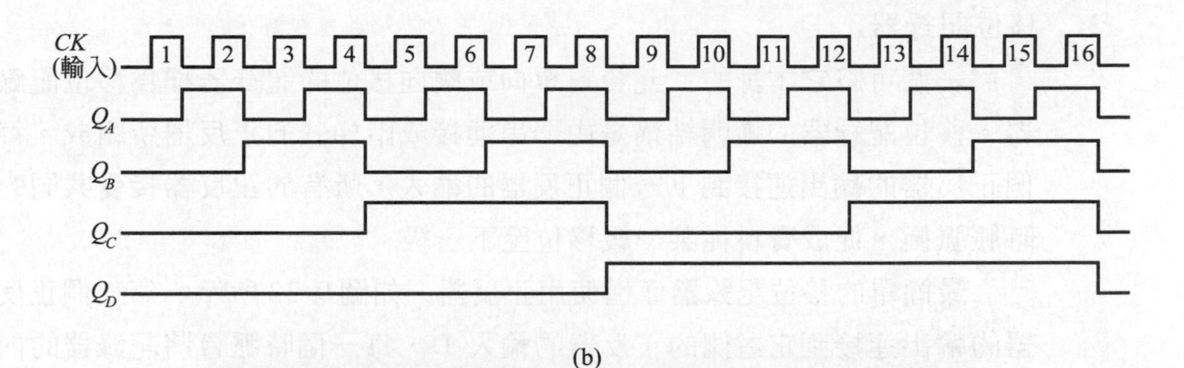

(b)

時脈輸入	Q_D	Q_C	Q_B	Q_A
0	0	0	0	0
1	0	0	0	1
2	0	0	1	0
3	0	0	1	1
4	0	1	0	0
5	0	1	0	1
6	0	1	1	0
7	0	1	1	1
8	1	0	0	0
9	1	0	0	1
10	1	0	1	0
11	1	0	1	1
12	1	1	0	0
13	1	1	0	1
14	1	1	1	0
15	1	1	1	1
0	0	0	0	0

(c) 狀態表

圖 9-21　四級二進制漣波計數器(續)

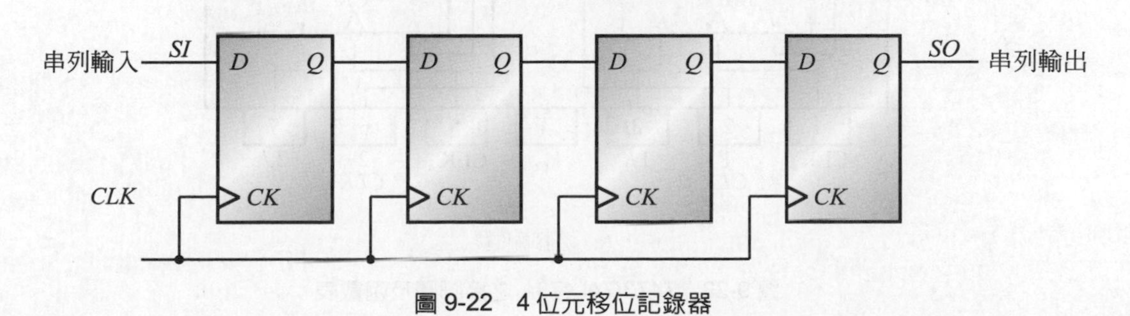

圖 9-22　4 位元移位記錄器

3. 移位記錄器

一個可將它本身的二元資料單向或雙向移位的記錄器稱爲移位記錄器。移位記錄器的邏輯結構是由一串連接成階梯式的正反器所組成。每個正反器的輸出連接到下一個正反器的輸入，所有的正反器接受共同的時脈脈衝，促成資料從某一級移位至下一級。

最簡單的移位記錄器僅僅使用正反器，如圖 9-22 所示。每一個正反器的輸出連接到它右側的正反器的輸入 D，每一個時脈會將記錄器的內容向右移位一個位元。串列輸入(serial input)決定在移位期間進入最左邊正反器的值，串列輸出(serial output)則是在最右邊的正反器的輸出值。有時必須控制記錄器在特定時脈時產生移位而在其他時脈則不會，這可藉由隔離記錄器輸入端的時脈來完成。

(十一) 常用之正反器 IC 元件

以下介紹常用正反器IC元件，以利讀者能更加熟悉IC之接腳、功能、特性及使用方法。

1. TTL7473 —— 雙 JK 型正反器

TTL7473 包含有兩個 JK 型正反器，且具有清除控制的功能，本身屬主僕式 JK 正反器。其接腳圖及其函數表如圖 9-23 所示。74LS73A 爲負緣觸發，與 7473 相同。

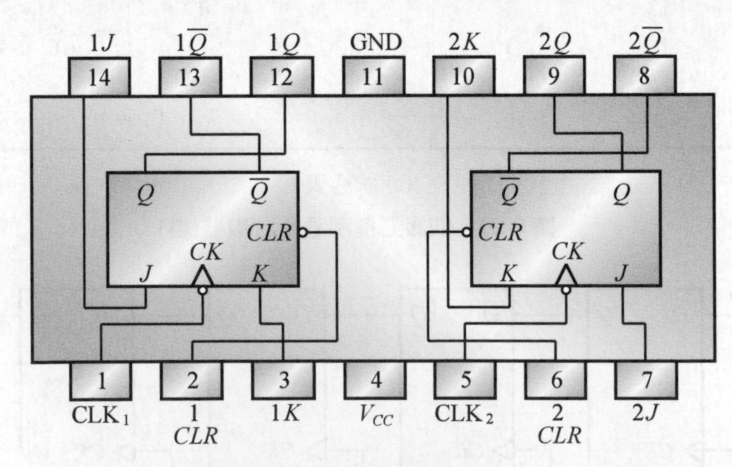

(a) 接腳配置

圖 9-23　7473/74Ls73A 之接腳圖及函數表

INPUTS				OUTPUTS	
CLR	*CK*	*J*	*K*	Q_{nH}	$\overline{Q}_{nH}$
0	X	X	X	0	1
1	↓	0	0	Q_n	$\overline{Q}_n$
1	↓	1	0	1	0
1	↓	0	1	0	1
1	↓	1	1	$\overline{Q}_n$	Q_n

(b) 7473 函數表

INPUTS				OUTPUTS	
CLR	*CK*	*J*	*K*	Q_{nH}	$\overline{Q}_{nH}$
0	X	X	X	0	1
1	↓	0	0	Q_n	$\overline{Q}_n$
1	↓	1	0	1	0
1	↓	0	1	0	1
1	↓	1	1	$\overline{Q}_n$	Q_n
1	1	X	X	Q_n	$\overline{Q}_n$

(c) 74LS73A 函數表

圖 9-23　7473/74Ls73A 之接腳圖及函數表 (續)

2. TTL7476 ── 雙 JK 型正反器

TTL 7476內含兩個JK型正反器，且具有直接預置及清除控制功能，其接腳圖如圖 9-24(a)所示。至於 74LS76A 則爲負緣觸發型正反器，其功能與 74LS73A 相似，但比它多了預置的功能，其函數表如圖 9-24(b)(c)所示。

3. CD4027 ─ 雙 JK 型正反器

CD4027包含兩個主僕式*JK*正反器，具有直接預置(PR)及清除(CLR)的控制功能，其時脈採正緣觸發方式，接腳圖如圖 9-25(a)，函數表如圖 9-25(b)所示。

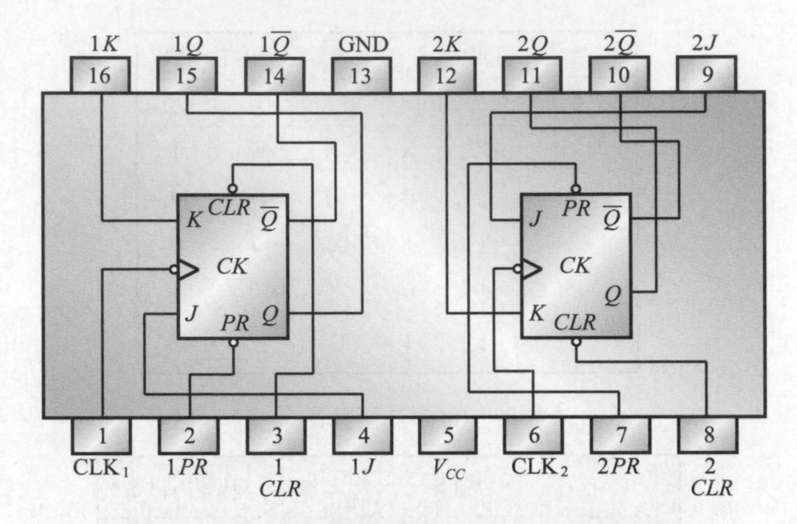

(a) 接腳配置

INPUTS					OUTPUTS	
PR	*CLR*	*CK*	*J*	*K*	*Q*	$\overline{Q}$
L	H	X	X	X	H	L
H	L	X	X	X	L	H
L	L	X	X	X	H	H*
H	H	↓	L	L	Q_0	$\overline{Q}_0$
H	H	↓	H	L	H	L
H	H	↓	L	H	L	H
H	H	↓	H	H	TOGGLE	

(b) 7476 函數表

INPUTS					OUTPUTS	
PR	*CLR*	*CK*	*J*	*K*	*Q*	$\overline{Q}$
L	H	X	X	X	H	L
H	L	X	X	X	L	H
L	L	X	X	X	H	H*
H	H	↓	L	L	Q_0	$\overline{Q}_0$
H	H	↓	H	L	H	L
H	H	↓	L	H	L	H
H	H	↓	H	H	TOGGLE	
H	H	H	X	X	Q_0	$\overline{Q}_0$

(c) 74LS76A 函數表

圖 9-24　TTL 7476/74LS76 接腳圖及函數表

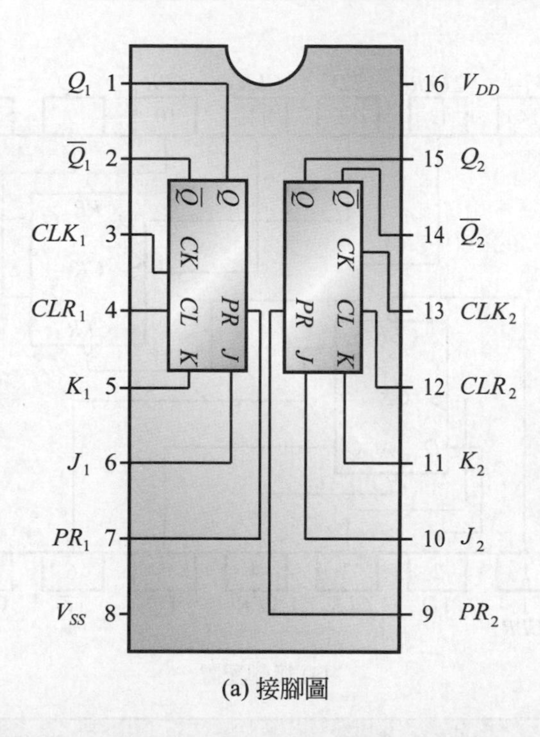

(a) 接腳圖

PRESENT STATE					CK	NEXT STATE	
INPUTS				OUTPUTS			
J	*K*	*PR*	*CLR*	*Q*		*Q*	$\overline{Q}$
1	X	0	0	0	↑	1	0
X	0	0	0	1	↑	1	0
0	X	0	0	0	↑	0	1
X	1	0	0	1	↑	0	1
X	X	0	0	X	↓	未改變	
X	X	1	0	X	X	1	0
X	X	0	1	X	X	0	1
X	X	1	1	X	X	1	1

(b) 函數表

圖 9-25　CD4027 接腳圖及函數表

4.　TTL7474 —— 雙 D 型正反器

TTL 7474 IC 由兩個 D 型正反器所組成，具有直接預置(PR)及清除(CLR)控制功能，其時脈採正緣觸發方式，接腳圖及函數表如圖 9-26 所示。

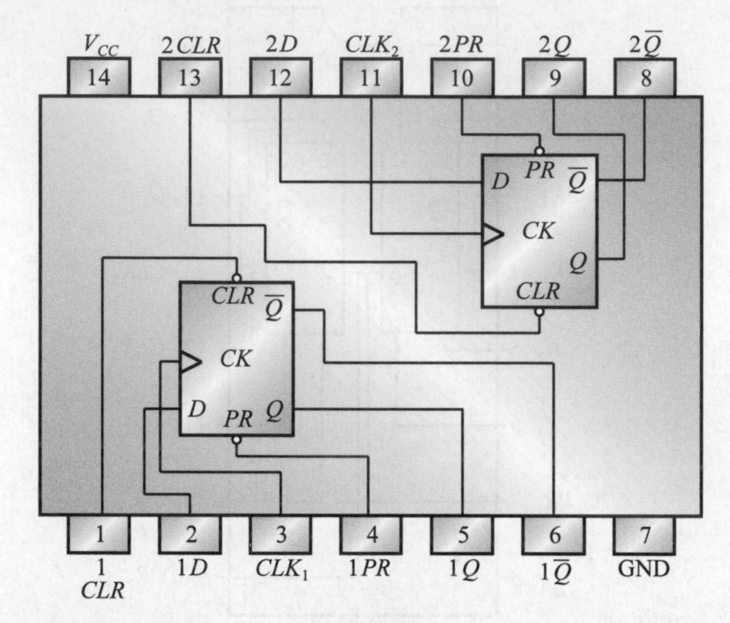

(a) 接腳配置

INPUTS				OUTPUTS	
PR	*CLR*	*CK*	*D*	*Q*	$\overline{Q}$
L	*H*	X	X	*H*	*L*
H	*L*	X	X	*L*	*H*
L	*L*	X	X	*H**	*H**
H	*H*	↑	*H*	*H*	*L*
H	*H*	↑	*L*	*L*	*H*
H	*H*	*L*	X	Q_0	$\overline{Q_0}$

Q_0＝觸發前狀態；*：避免發生的狀態

(b) 函數表

圖 9-26　TTL7474 接腳圖及函數表

5. CD4013 —— 雙 D 型正反器

CD4013 IC 是由兩個 D 型正反器所組成，具有直接預置(PR)及清除(CLR)控制功能，其時脈採正緣觸發方式，接腳圖及函數表如圖 9-27 所示。

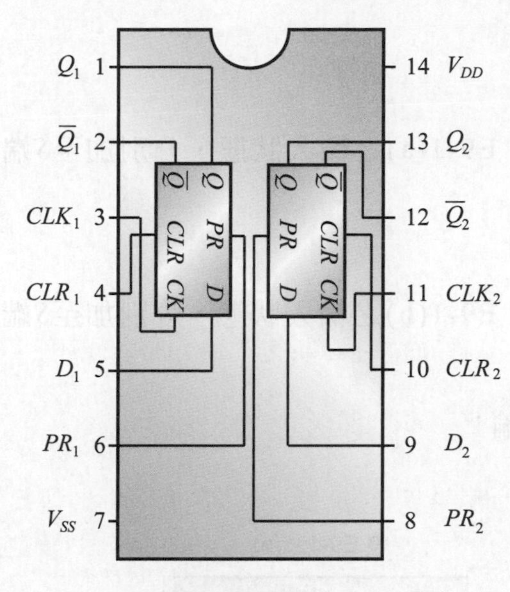

(a) 接腳圖

INPUTS				OUTPUTS	
CLK	*D*	*CLR*	*PR*	*Q*	$\overline{Q}$
↑	0	0	0	0	1
↑	1	0	0	1	0
↓	X	0	0	*Q*	$\overline{Q}$
X	X	1	0	0	1
X	X	0	1	1	0
X	X	1	1	1	1

(b) 函數表

圖 9-27　CD4013 接腳圖及函數表

三 實習項目

(一) 基本 S-R 閂鎖器(S-R latch)

1. 材料表

IC：74LS00×1，74LS02×1。

2. 電路圖

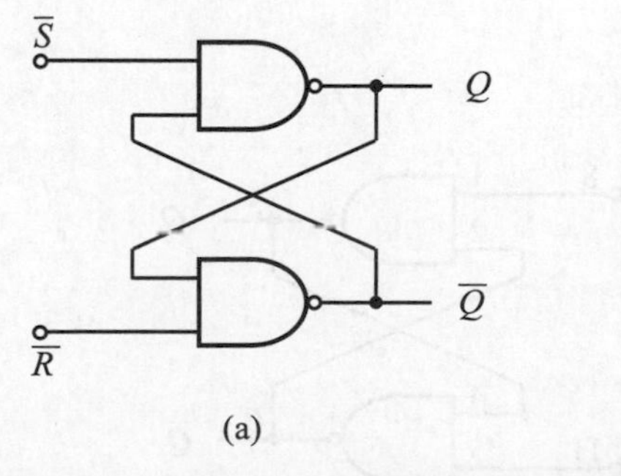

(a)

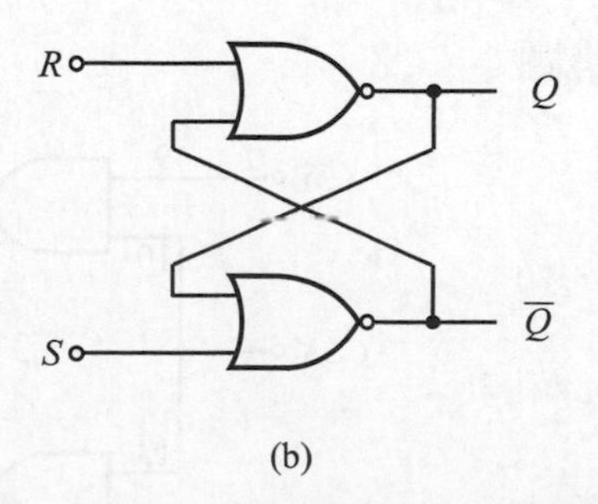

(b)

圖 E9-1　(a)使用 NAND 閘構成之*SR*閂鎖器；(b)使用 NOR 閘構成之*SR*閂鎖器

3. 實習步驟

(1) 依照圖 E9-1(a)接妥電路。

(2) 將S、R接到指撥開關，依照表 E9-1(a)之輸入狀態，分別加至S端及R端，並記錄Q與$\overline{Q}$的輸出狀態。

(3) 依照圖 E9-1(b)接妥電路。

(4) 將S、R接到指撥開關，依照表 E9-1(b)之輸入狀態，分別加至S端及R端，並記錄Q與$\overline{Q}$的輸出狀態。

(5) 由實驗之結果，您得到哪些結論？

4. 實習結果

表 E9-1 (a)

輸入		輸出	
$\overline{S}$	$\overline{R}$	Q	$\overline{Q}$
0	0		
0	1		
1	0		
1	1		

表 E9-1 (b)

輸入		輸出	
S	R	Q	$\overline{Q}$
0	0		
0	1		
1	0		
1	1		

(二) 具有控制輸入之 S-R 閂鎖器

1. 材料表

IC：74LS00×1。

2. 電路圖

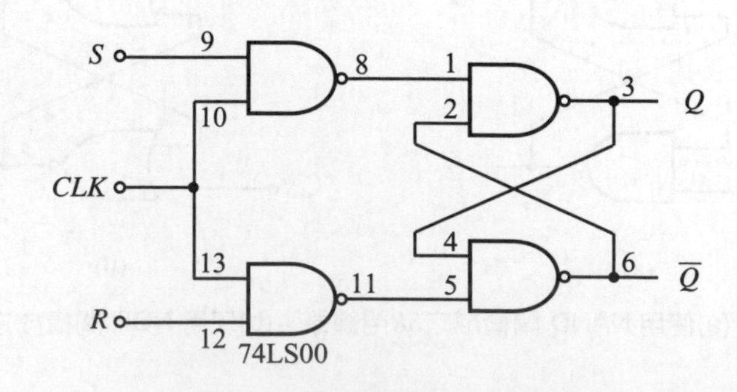

圖 E9-2 具有控制輸入之S-R閂鎖器

3. 實習步驟

(1) 依照圖 E9-2 接妥電路。

(2) 將S、R、CLK接到指撥開關，依照表E9-2之輸入狀態，分別加至CLK端、S端及R端，並記錄Q與$\overline{Q}$的輸出狀態。

(3) 觀察各點的波形，並記錄於實習結果中。

(4) 由實驗之結果，您得到哪些結論？

4. 實習結果

表 E9-2

輸入			輸出	
CLK	S	R	Q	$\overline{Q}$
0	0	0		
1	0	0		
0	0	0		
0	0	1		
1	0	1		
0	0	1		
0	1	0		
1	1	0		
0	1	0		

(三) 74279 S-R IC 閂鎖器

1. 材料表

IC：74LS279×1。

2. 電路圖

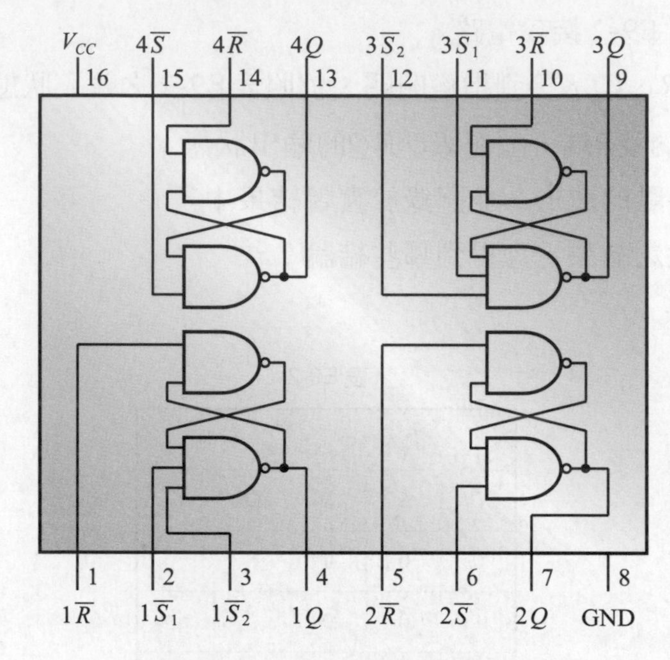

圖 E9-3　74279 $\overline{S}$-$\overline{R}$ IC 閂鎖器

3. 實習步驟

⑴ 將 74279 之第八腳接地，第十六腳接V_{CC}。

⑵ 將$\overline{S}$、$\overline{R}$接到指撥開關，依照表E9-3之輸入狀態，分別加至$\overline{S}$端及$\overline{R}$端，並記錄Q與$\overline{Q}$的輸出狀態於表 E9-3。

⑶ $\overline{S}$、$\overline{R}$皆為 Low，使Q與$\overline{Q}$都為 High，此狀況乃不允許狀態。

⑷ 由實驗之結果，$\overline{Q}$您得到哪些結論？

4. 實習結果

表 E9-3

輸入		輸出	
$\overline{S}$	$\overline{R}$	Q	$\overline{Q}$
0	1		
1	1		
1	0		
1	1		
0	0		

(四) D 型門鎖器

1. 材料表

IC：74LS00×1。

2. 電路圖

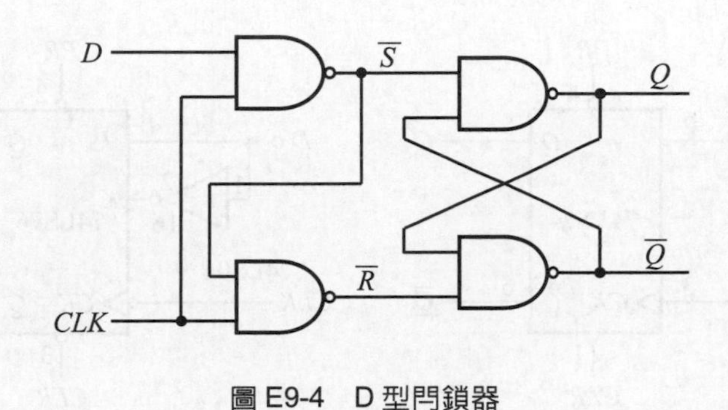

圖 E9-4　D 型門鎖器

3. 實習步驟

⑴ 依照圖 E9-4 接妥電路。

⑵ 將D、CLK輸入端接到指撥開關，依照表 E9-4 之輸入狀態，分別加至D端、及CLK端，並記錄Q與$\overline{Q}$的輸出狀態。

⑶ 觀察各點的波形，並記錄於實習結果中。

⑷ 由實驗之結果，您得到哪些結論？

4 實習結果

表 E9-4

輸入		輸出	
D	CLK	Q	$\overline{Q}$
1	1		
1	0		
0	0		
0	1		
0	0		
1	0		
1	1		

(五) D 型正反器

1. 材料表

IC：74LS74×1。

2. 電路圖

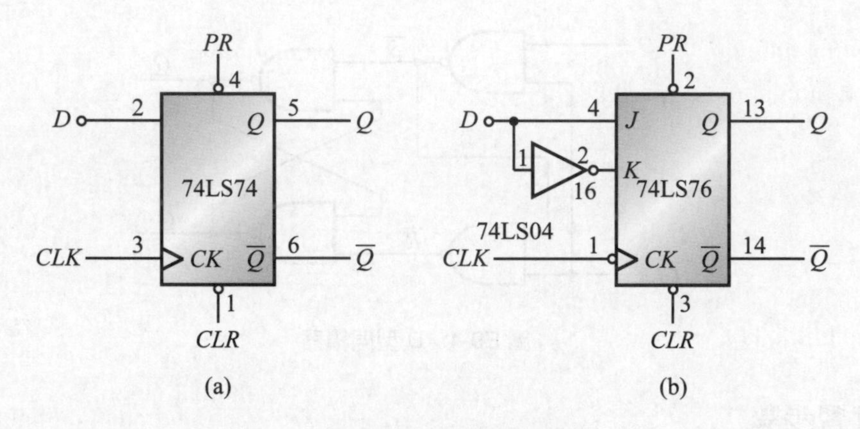

圖 E9-5　D 型正反器

3. 實習步驟

⑴ 依照圖 E9-5(a)(b)接妥電路。

⑵ 7474 IC爲時脈正緣觸發，所以在*CLK*輸入端應接至脈波信號。欲使IC正常動作，PR 與 CLR 應同時接 1。

⑶ 將 D 輸入端接到指撥開關，依照表 E9-5(a)(b)之輸入狀態，記錄Q與$\overline{Q}$的輸出狀態。

⑷ 觀察各點的波形，並將各信號之時序圖記錄於實習結果中。

⑸ 將上述結果加以歸納，完成表 E9-5(c)的眞值表內容。

⑹ 由實驗之結果，您得到哪些結論？

4. 實習結果

表 E9-5 (a)

輸入		輸出	
D	CLK	Q	$\overline{Q}$
0	↑		
1	↑		
0	↓		
1	↓		

表 E9-5 (b)

輸入		輸出	
D	CLK	Q	$\overline{Q}$
0	↑		
1	↑		
0	↓		
1	↓		

表 E9-5(c)

輸入		輸出	
D	CLK	Q	$\overline{Q}$
0	↑		
1	↑		
×	0		
×	1		

時序圖：

	時　　序　　圖
CLK	
D	
Q	
$\overline{Q}$	

圖 9-5 (a)時序圖

	時　　序　　圖
CLK	
D	
Q	
$\overline{Q}$	

圖 9-5 (b)時序圖

(六) 74LS73 JK 型正反器

1. 材料表

IC：74LS73×1。

2. 電路圖

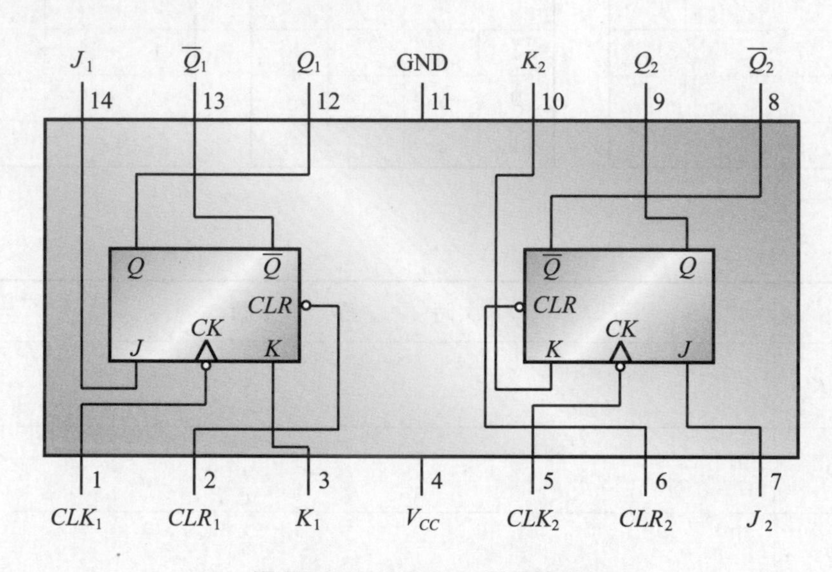

圖 E9-6　74LS73 JK 型正反器

3. 實習步驟

(1) 依照圖 E9-6 接妥電路。

(2) 7473 IC 為時脈負緣觸發，所以在CK輸入端應接至脈波信號。欲使 IC 正常動作，CLR 應接 1。

(3) 將J、K輸入端接到指撥開關，依照表E9-6(a)之輸入狀態，記錄Q與 的輸出狀態。

(4) 觀察各點的波形，並將各信號之時序圖記錄於實習結果中。

(5) 將上述結果加以歸納，完成表 E9-6(b)的眞值表內容。

(6) 由實驗之結果，您得到哪些結論？

4. 實習結果

表 E9-6 (a)

輸入				輸出	
CLR	*CLK*	*J*	*K*	*Q*	$\overline{Q}$
0	×	×	×		
1	↓	0	0		
1	↓	0	1		
1	↓	1	1		
1	↓	1	0		
1	↓	1	1		
1	↓	0	1		
1	↓	0	0		

表 E9-6 (b)

CLR	*CLK*	*J*	*K*	Q_{n+1}
0	×	×	×	
1	↓	0	0	
1	↓	0	1	
1	↓	1	0	
1	↓	1	1	

時序圖：

	時　　序　　圖
CLK	
J	
K	
Q	
$\overline{Q}$	

(七) 74LS76 JK 型正反器

1. 材料表

IC：74LS76×1。

2. 電路圖

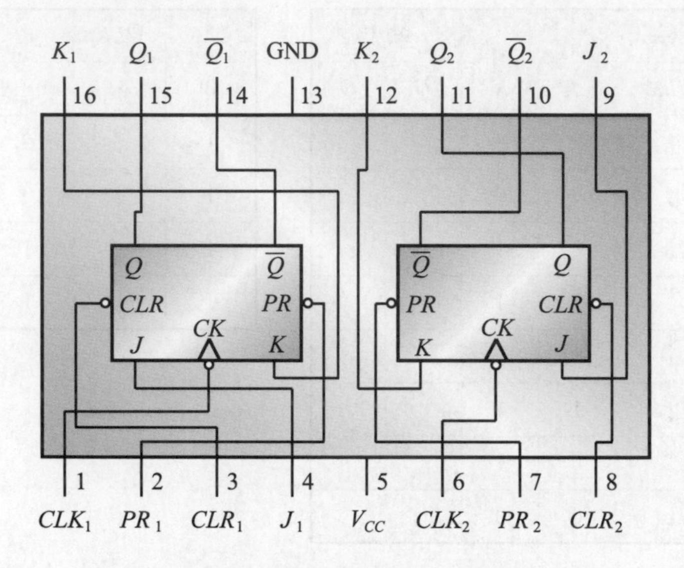

圖 E9-7 74LS76 JK 型正反器

3. 實習步驟

(1) 根據圖 E9-7 IC 接腳接妥電路。

(2) 74LS76 IC 爲主僕式正反器，並具有 PR 及 CLR 的功能。欲使 IC 正常動作，PR 及 CLR 應接 1。*CK*輸入端應接至脈波信號。

(3) 將*J*、*K*輸入端接到指撥開關，依照表 E9-7(a)之輸入狀態，記錄Q與 的輸出狀態。

(4) 觀察各點的波形，並將各信號之時序圖記錄於實習結果中。

(5) 將上述結果加以歸納，完成表 E9-7(b)的眞值表內容。

(6) 由實驗之結果，您得到哪些結論？

4. 實習結果

表 E9-7 (a)

輸入					輸出	
PR	*CLR*	*CLK*	*J*	*K*	*Q*	$\overline{Q}$
0	1	×	×	×		
1	0	×	×	×		
1	1	↓	0	0		
1	1	↓	0	1		
1	1	↓	1	1		
1	1	↓	1	0		
1	1	↓	1	1		
1	1	↓	0	1		
1	1	↓	0	0		

表 E9-7 (b)

CLR	*CLK*	*J*	*K*	Q_{n+1}
0	×	×	×	
1	↓	0	0	
1	↓	0	1	
1	↓	1	0	
1	↓	1	1	

時序圖：

	時 序 圖
CLK	
J	
K	
Q	
$\overline{Q}$	

(八) T 型正反器

1. 材料表

IC：74LS74×1，74LS76×1。

2. 電路圖

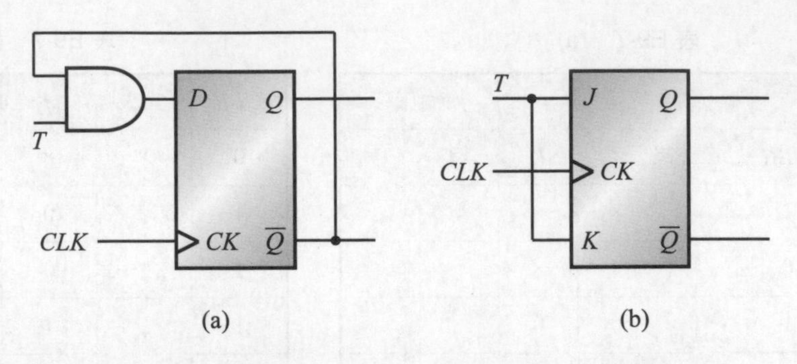

圖 E9-8　(a)(b)T 型正反器

3. 實習步驟

(1) 採用 74LS74 IC，根據圖E9-8(a)接妥電路。*CK*輸入端接至脈波信號，注意 74LS74 採正緣觸發。

(2) 當 PR＝CLR＝1時可使 74LS74 IC 正常動作，依照表 E9-8(a)之輸入狀態，記錄Q與$\overline{Q}$的輸出狀態。

(3) 觀察各點的波形，並將各信號之時序圖記錄於實習結果中。

(4) 採用 74LS76 IC，根據圖E9-8(b)接妥電路。CK輸入端接至脈波信號，注意 74LS76 採負緣觸發。

(5) 當 PR＝CLR＝1時可使 74LS76 IC 正常動作，依照表 E9-8(b)之輸入狀態，記錄Q與$\overline{Q}$的輸出狀態。

(6) 觀察各點的波形，並將各信號之時序圖記錄於實習結果中。

(7) 將上述結果加以歸納，完成表 E9-8(c)的眞值表內容。

(8) 由實驗之結果，您得到哪些結論？

4. 實習結果

表 E9-8 (a)

輸入		輸出	
T	CLK	D	Q
0	↑		
0	↑		
1	↑		
1	↑		

表 E9-8 (b)

輸入		輸出	
T	CLK	$J=K$	Q
0	↓		
0	↓		
1	↓		
1	↓		

表 E9-8 (c)

T	CLK	Q_{n+1}
0	↓	
1	↓	

時序圖：

	時　　序　　圖
CK	
T	
Q	
$\overline{Q}$	

(九) 分頻器之應用

1. 材料表

IC：74LS76×1。

2. 電路圖

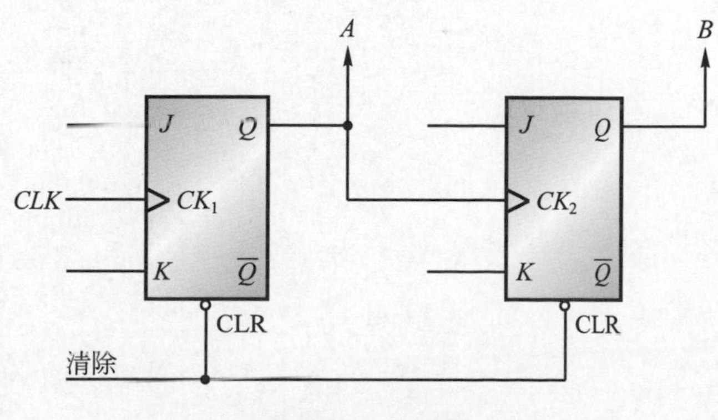

圖 E9-9　分頻器

3. 實習步驟

⑴ 採用 74LS76 IC，根據圖E9-9 接妥電路。CK輸入端接至脈波信號，注意 74LS76 採負緣觸發。

⑵ 當 PR = CLR = 1時可使 74LS76 IC 正常動作。

⑶ 觀察各點的波形，記錄$CK1$、A與B的輸出狀態及頻率，並將各信號之時序圖記錄於實習結果中。

⑷ 注意輸出A及輸出B與輸入$CK1$之頻率關係。

⑸ $CK1$的輸入波形寬度是否影響到輸出頻率及其波形？

⑹ 由實驗之結果，您得到哪些結論？

4. 實習結果

時序圖：

	時　序　圖
CLK	
A	
B	

計數器

一 實習目的

1、瞭解二進制計數器的原理。

2、瞭解同步計數器、非同步計數器之差異及其使用方式。

3、瞭解 N 模數計數器的設計。

4、利用 TTL、CMOS 計數器 IC 設計計數器。

二 相關知識

計數器(counter)是由一些正反器配合邏輯閘電路所組成，其主要原理是利用前一章分頻器的應用觀念衍生而來。其輸入時脈可能是定時脈衝，或是從一些外在來源所產生，這些脈衝有的是固定的時間間隔，但也有的是任意時間的方式。而狀態的順序可能依照二進位數字順序，或者是任何其他的狀態順序。依照二進位數字順序的計數器，稱為二進位計數器。一個N位元的二進位計數器是由N個正反器所組成，並且可從0計數至2^N-1。

一般計數器可分為兩種：漣波計數器(非同步計數器)與同步計數器兩種。在漣波計數器中，正反器的輸出轉變被當作是其他正反器的時脈觸發來源；換句話說，全部(或其中一些)正反器的時脈輸入 CK，不是由共同的定時脈衝所觸發，而是由其他正反器的輸出轉變來觸發，所以也稱為非同步計數器。而在同步計數器中，所有正反器的時脈輸入 CK 接受共同的輸入信號。

以下將介紹各種形式的計數器並說明其動作。

(一) 二進位漣波計數器

二進位漣波計數器是由一連串的正反器連接而成，每個正反器的輸出端連接至下一個較高階正反器的時脈輸入CK，而最低有效位元正反器的時脈輸入則接受外來的計數脈衝。正反器在計數脈衝加入CK時，會將其目前的輸出狀態轉變為補數形式。這種互補式的正反器可將JK正反器的兩輸入端連接在一起而得，或是使用 T 型正反器。第三種可能就是使用 D 型正反器，並將其輸出補數連接至輸入D。若採用這種方式，則輸入D總是為目前狀態的補數，且在下一個時脈時產生輸出轉變。圖 10-1 是兩個 4 位元的二進位漣波計數器，圖(a)部分是由 T 型的互補式正反器所組成的計數器。圖(b)部分則是由D型的互補式正反器所組成。每一個正反器的輸出依序連接至下一個正反器的 CK 輸入，而最低有效位元的正反器則接受外來的計數脈衝。圖(a)部分中所有的正反器的輸入連接至固定的邏輯 1，當輸入CK的信號通過負緣轉變時，會造成第一個正反器的輸出轉變。輸入CK前面的小圓圈表示正反器採負緣觸發方式。若前一個正反器的輸出由1轉變為0，則其連接至下一個正反器的輸入CK即產生負緣轉變。

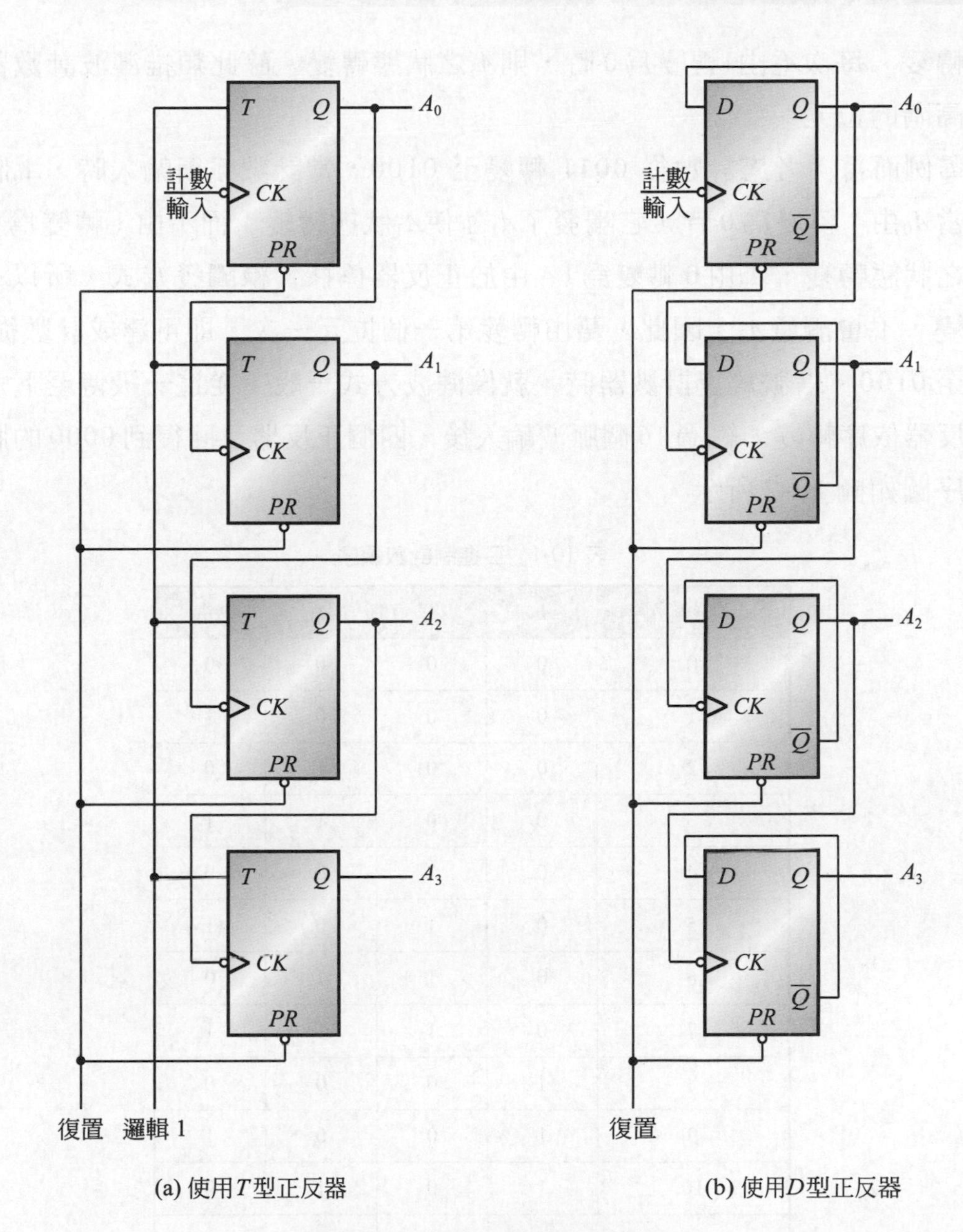

(a) 使用T型正反器　　(b) 使用D型正反器

圖 10 1　4 位元二進制漣波計數器

為了解該 4 位元的二進位漣波計數器的動作，可參考表 10-1，從 0 開始計數，依照每一個計數脈衝輸入逐次加 1。在 15 次計數之後，計數器回復為 0 以便重新計數。每一個計數脈衝輸入時，最低有效位元A_0狀態轉變。而每次A_0由1轉變為 0 時，A_1之狀態轉變(成為原來之補數)。每次A_1由 1 轉變為 0 時，則A_2之

狀態轉變。每次A_2由1轉變為0時，則A_3之狀態轉變。餘此類推漣波計數器的其他更高階的位元。

舉例而言，考慮計數從 0011 轉變至 0100，當計數脈衝輸入時，A_0狀態轉變，當A_0由1轉變為0時，它觸發了A_1並使A_1狀態轉變；而A_1由1轉變為0時，使A_2之狀態轉變，A_2由0轉變為1。由於正反器係採負緣觸發方式，所以A_2的正緣轉變，不會觸發A_3。因此，藉由轉變第一個位元一次，即可達成計數從0011轉變至0100。信號經過計數器時，就像漣波方式一般，從這一級傳至下一級，使正反器依序轉變，經過16個脈波輸入後，四個正反器又回復到0000的狀態，其時序圖如圖 10-2 所示。

表 10-1　二進制計數順序

時脈輸入	A_3	A_2	A_1	A_0
0	0	0	0	0
1	0	0	0	1
2	0	0	1	0
3	0	0	1	1
4	0	1	0	0
5	0	1	0	1
6	0	1	1	0
7	0	1	1	1
8	1	0	0	0
9	1	0	0	1
10	1	0	1	0
11	1	0	1	1
12	1	1	0	0
13	1	1	0	1
14	1	1	1	0
15	1	1	1	1
16	0	0	0	0

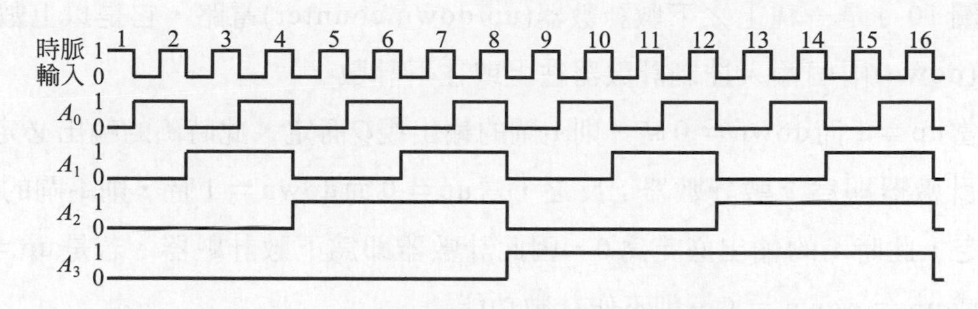

圖 10-2　輸入脈波與各正反器輸出的時序關係

(二) 二進制遞減計數器

一個反向計數的二進制計數器稱為二進制遞減計數器，在遞減計數器中，每一個計數脈衝輸入時，二進位計數即減 1。圖 10-3(a)是一個 3 位元遞減計數器電路圖，遞減計數器從 7 開始計數，持續二進位遞減計數 6，5，…，0 然後回復至 7，其輸出時序圖如圖 10-3(b)所示。請注意：電路圖中係將前級正反器的$\overline{Q}$輸出當作後級正反器的時脈輸入，如此，便可滿足向下計數的需求。

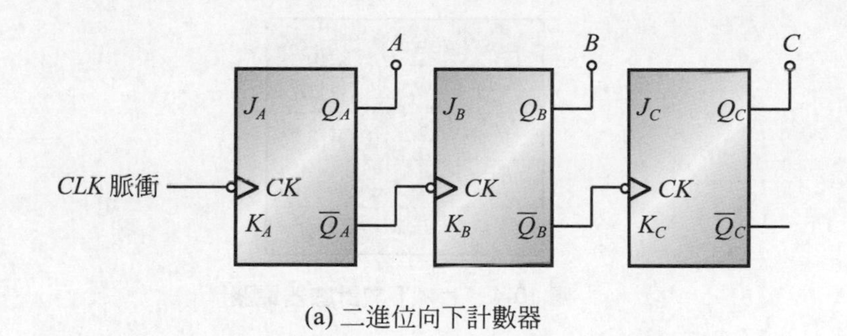

(a) 二進位向下計數器

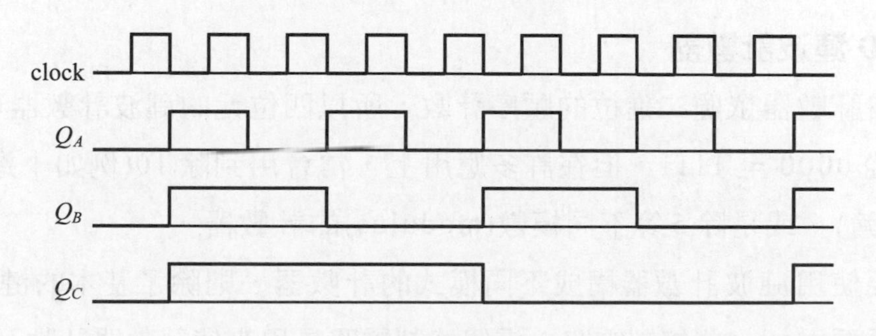

(b) 時序圖

圖 10-3　MOD-8 下數計數器

圖 10-4 是一種上／下數計數器(up/down counter)電路，它是以上數(up)和下數(down)兩個輸入控制計數器往上或往下計數。

當 up＝1 而 down＝0 時，則A_1閘的輸出視Q而定，此時A_2的輸出必定為 0，因此計數器即為上數計數器；反之，當 up＝0 而 down＝1 時，則A_2閘的輸出視$\overline{Q}$而定，此時A_1的輸出必定為 0，因此計數器即為下數計數器。若是 up＝down＝1 或 up＝down＝0，則不作計數功能。

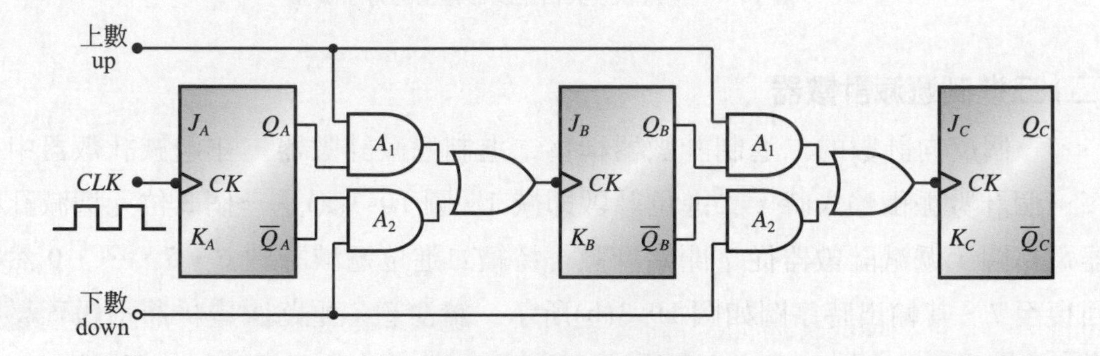

up	down	功能
0	0	不計數
0	1	向下計數
1	0	向上計數
1	1	不計數

圖 10-4　上／下數計數器電路

(三) BCD 漣波計數器

漣波計數器依照二進位的順序計數，所以四位元的漣波計數器可計數 16 個狀態，從 0000 至 1111。但在許多應用上，常會用到除 10(例如十進制)、除 12(例如時鐘)、或是除 5 等不同模數(modulus)的計數器。

若要使用漣波計數器構成不同模式的計數器，則除了基本的漣波計數器之外，還需要增加一些控制電路。這個控制電路是用來使計數器計數至該模數時，強迫計數器回復至起始狀態，再重新計數。這個控制電路視使用正反器的控制輸入而定，例如 PRESET 和 CLEAR 都是正反器常用的控制輸入，前者可預置正反器的輸出爲 1，而後者則使正反器的輸出爲 0。一般的 J-K 正反器都有 PR 和 CLR 裝置，至於選擇何種方式就見仁見智了。

BCD 計數器爲一除 10 的計數器，十進制的狀態從 0～9，以二進位表示則從 0000 至 1001，其順序依照二進位方式進行。計數至 1001 後再回復至 0000 重新開始計數。亦即它是用二進位來表示十進制，所以才稱之爲BCD(Binary Code to Decimal)。

1. 使用(PR)控制輸入設計 BCD 計數器

⑴ 由於模數 N 與正反器的級數 n 的關係爲：$2^{n-1} < N < 2^n$，所以至少必須使用 4 個正反器來表示一個十進位數字。

⑵ 當計數至 1001 時，利用控制電路在第 10 個時脈正緣來臨時，將全部正反器輸出預置爲 1111，而當負緣來臨時，就將所有的正反器回復至 0，於是計數器又重新開始計數。

⑶ 圖 10-5 是一個使用JK正反器所形成的 BCD 漣波計數器邏輯圖及其狀態表，每個正反器的輸入J與K都接到 1 的信號。

2. 使用(CLR)控制輸入設計 BCD 計數器

⑴ 由於模數 N 與正反器的級數 n 的關係爲：$2^{n-1} < N < 2^n$，所以至少必須使用 4 個正反器來表示一個十進位數字。

⑵ 當計數至 1001 時，則下一個數目爲 1010 須清除爲 0000。利用控制電路在第 10 個時脈來臨時，將全部正反器輸出清除爲 0000，於是計數器又重新開始計數。

⑶ 圖 10-6 是一個使用(CLR)控制輸入設計的BCD計數器之邏輯圖及其狀態表，每個正反器的輸入 J 與 K 都接到 1 的信號。

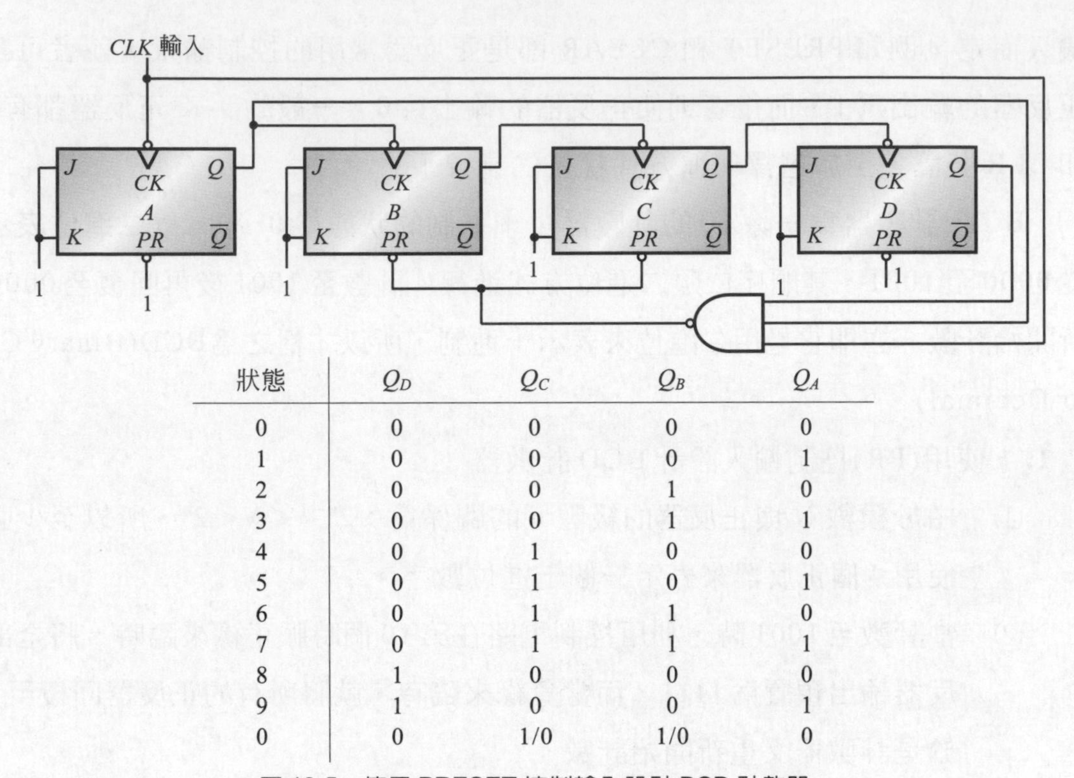

狀態	Q_D	Q_C	Q_B	Q_A
0	0	0	0	0
1	0	0	0	1
2	0	0	1	0
3	0	0	1	1
4	0	1	0	0
5	0	1	0	1
6	0	1	1	0
7	0	1	1	1
8	1	0	0	0
9	1	0	0	1
0	0	1/0	1/0	0

圖 10-5　使用 PRESET 控制輸入設計 BCD 計數器

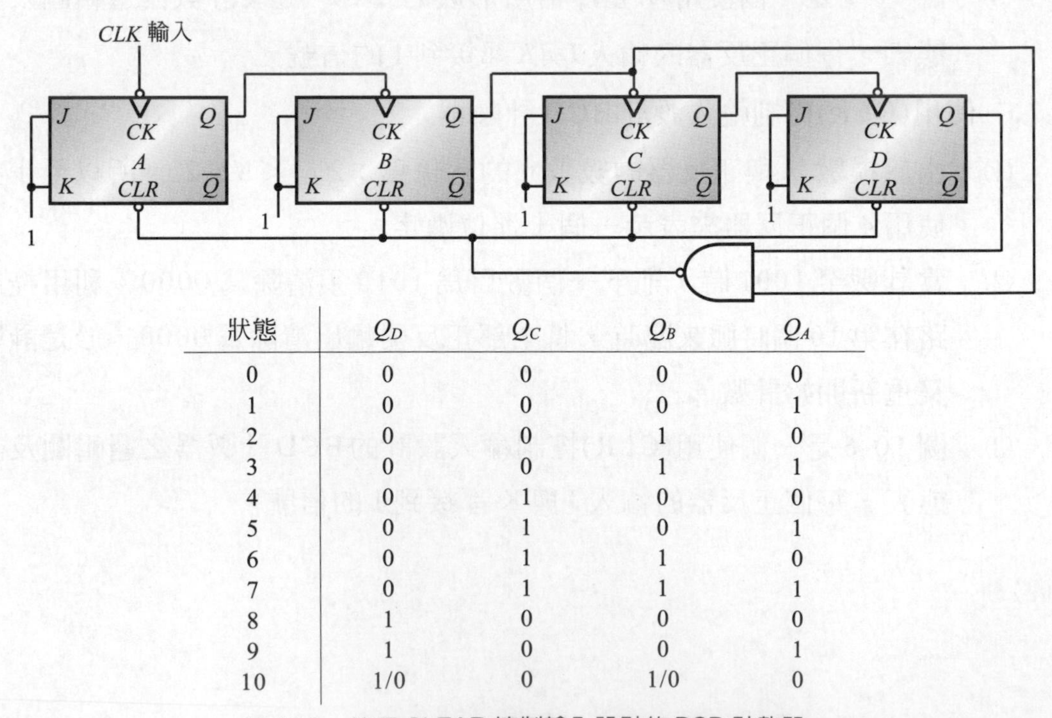

狀態	Q_D	Q_C	Q_B	Q_A
0	0	0	0	0
1	0	0	0	1
2	0	0	1	0
3	0	0	1	1
4	0	1	0	0
5	0	1	0	1
6	0	1	1	0
7	0	1	1	1
8	1	0	0	0
9	1	0	0	1
10	1/0	0	1/0	0

圖 10-6　使用 CLEAR 控制輸入設計的 BCD 計數器

(四) 同步計數器

同步計數器與漣波計數器不同，同步計數器的定時脈衝同時加至全部正反器的時脈輸入CK，同時觸發所有的正反器。但漣波計數器的定時脈衝一次只能觸發一個正反器。在時脈邊緣時，T或J與K的資料輸入值，決定了一個正反器是否轉變爲補數輸出。若$T=0$或$J=K=0$，則正反器不會改變狀態。若$T=1$或$J=K=1$，則正反器變爲補數輸出。

此外，漣波計數器是由一級推動另一級，至最後一級輸出，才完成狀態的變化。但每一級正反器都有傳遞延遲時間，因此，串聯越多級的漣波計數器，其傳遞延遲時間越長，當傳遞延遲時間超過脈衝間隔時間，將會產生錯誤動作。所以，漣波計數器的最大缺點就是不適用於高頻電路。

相反的，由於同步計數器的定時脈衝同時加至全部正反器的時脈輸入CK，同時觸發所有的正反器，使得每一級的正反器都在相同的傳遞延遲時間內完成動作，所以完成狀態變化的傳遞延遲時間短，適用於高頻電路。

圖 10-7 爲一同步計數器電路，其傳遞延遲時間是受 AND 閘所限制，因爲正反器是同時動作，故只算是一個延遲時間。

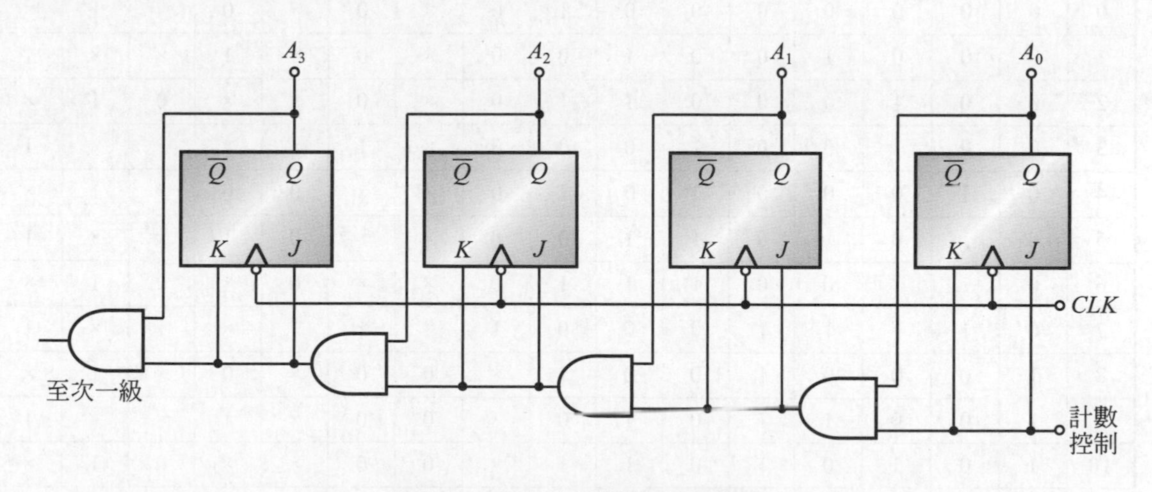

圖 10-7　4 位元二進制同步計數器

若要設計一個除 N 的同步計數器，其設計步驟參考如下：

(1)　依照$2^{n-1}<N<2^{n}$之關係，確定使用正反器數目。

(2)　列出欲使用正反器之眞值表及其激勵表。

(3) 利用卡諾圖化簡各正反器之輸入端方程式。

(4) 綜合各輸入端運算式，繪出實際電路。

舉例而言，若要設計一個除 16 的同步計數器，其程序如下：

(1) 依照$2^{n-1} < N < 2^n$，確定需使用 4 個正反器。

(2) 採用JK正反器來設計，JK正反器之真值表如表 10-2 所示，列出狀態順序及正反器激勵表如表 10-3 所示。

表 10-2 JK正反器真值表

J	K	$Q_n \to Q_{n+1}$
0	0	Q_n
1	0	1
0	1	0
1	1	$\overline{Q_n}$

引伸爲

$Q_n \to Q_{n+1}$		J	K
0	0	0	ϕ
0	1	1	ϕ
1	0	ϕ	1
1	1	ϕ	0

表 10-3 除 16 計數器之狀態順序及正反器激勵表

狀態	Q_n				Q_{n+1}				激勵狀態							
	D	C	B	A	D	C	B	A	J_D	K_D	J_C	K_C	J_B	K_B	J_A	K_A
0	0	0	0	0	0	0	0	1	0	×	0	×	0	×	1	×
1	0	0	0	1	0	0	1	0	0	×	0	×	1	×	×	1
2	0	0	1	0	0	0	1	1	0	×	0	×	×	0	1	×
3	0	0	1	0	0	1	0	0	0	×	1	×	×	1	×	1
4	0	1	0	0	0	1	0	1	0	×	×	0	0	×	1	×
5	0	1	0	1	0	1	1	0	0	×	×	0	1	×	×	1
6	0	1	1	0	0	1	1	1	0	×	×	0	×	0	1	×
7	0	1	1	1	1	0	0	0	1	×	×	1	×	1	×	1
8	1	0	0	0	1	0	0	1	×	0	0	×	0	×	1	×
9	1	0	0	1	1	0	1	0	×	0	0	×	1	×	×	1
10	1	0	1	0	1	0	1	1	×	0	0	×	×	0	1	×
11	1	0	1	1	1	1	0	0	×	0	1	×	×	1	×	1
12	1	1	0	0	1	1	0	1	×	0	×	0	0	×	1	×
13	1	1	0	1	1	1	1	0	×	0	×	0	1	×	×	1
14	1	1	1	0	1	1	1	1	×	0	×	0	×	0	1	×
15	1	1	1	1	0	0	0	0	×	1	×	1	×	1	×	1

⑶ 使用卡諾圖化簡各正反器之輸入端方程式如下：

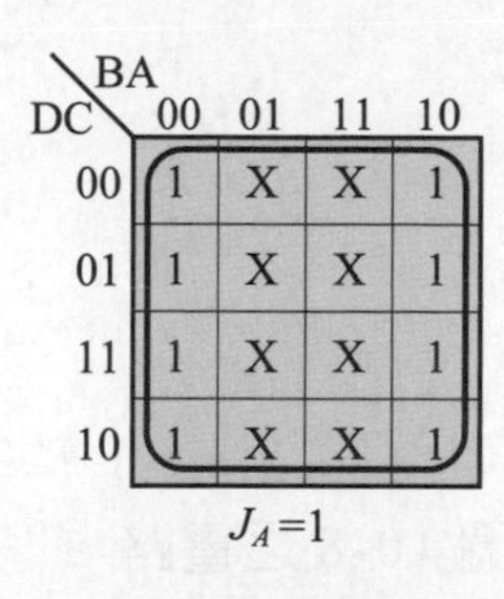

DC \ BA	00	01	11	10
00	1	X	X	1
01	1	X	X	1
11	1	X	X	1
10	1	X	X	1

$J_A=1$

DC \ BA	00	01	11	10
00	X	1	1	X
01	X	1	1	X
11	X	1	1	X
10	X	1	1	X

$K_A=1$

DC \ BA	00	01	11	10
00	0	1	X	X
01	0	1	X	X
11	0	1	X	X
10	0	1	X	X

$J_B=A$

DC \ BA	00	01	11	10
00	X	X	1	0
01	X	X	1	0
11	X	X	1	0
10	X	X	1	0

$K_B=A$

DC \ BA	00	01	11	10
00	0	0	1	0
01	X	X	X	X
11	X	X	X	X
10	0	0	1	0

$J_C=BA$

DC \ BA	00	01	11	10
00	X	X	X	X
01	0	0	1	0
11	0	0	1	0
10	X	X	X	X

$K_C=BA$

DC \ BA	00	01	11	10
00	0	0	0	0
01	0	0	1	0
11	X	X	X	X
10	X	X	X	X

$J_D=CBA$

DC \ BA	00	01	11	10
00	X	X	X	X
01	X	X	X	X
11	0	0	1	0
10	0	0	0	0

$K_D=CBA$

經過整理可得：

$J_A = 1 \quad K_A = 1$

$J_B = A \quad K_B = A$

$J_C = AB \quad K_C = AB$

$J_D = ABC \quad K_D = ABC$

(4) 由上述各輸入方程式，可繪出圖 10-8 之電路。

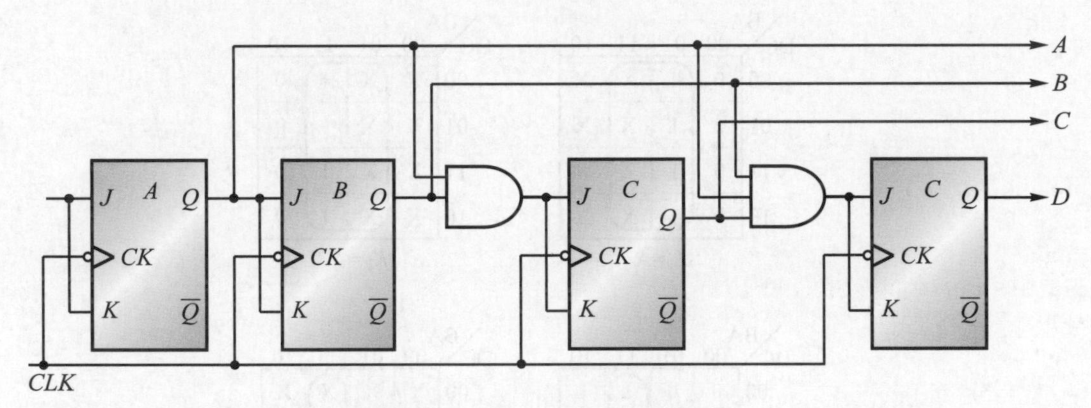

圖 10-8　除 16 同步計數器電路

(五) 計數器 IC 的使用方法

計數器有漣波計數器及同步計數器之分，在前面已討論過使用正反器組成各種模數的計數器，對於計數器的原理及結構有初步的認識。但在較多位元的計數時，電路較為複雜，組成計數器所需用的元件數目較多。因此有必要將常用的計數方式，設計成積體電路計數器，讓使用者能更容易組成所需之計數器電路。

這些具有代表性的積體電路計數器，若能熟悉其特性及用法，那麼有關除頻、計數等問題，都可以應用很簡單的設計方式，運用數顆 IC 即可完成。

下列是一些常用的計數器 IC。

7490　：十進位漣波計數器

7492　：除 12 漣波計數器

7493　：四位元二進位漣波計數器

74160 ：十進位同步計數器

74161 ：四位元二進位同步計數器

74162 ：十進位同步計數器

74163 ：四位元二進位同步計數器

74190 ：上／下數十進位同步計數器(單時脈輸入)

74191 ：上／下數四位元二進位同步計數器(單時脈輸入)

74192 ：上／下數十進位同步計數器(雙時脈輸入)

74193 ：上／下數四位元二進位同步計數器(雙時脈輸入)

4510 ： BCD 上數／下數同步計數器

40192 ：十進位上數／下數同步計數器

4518 ： 兩組除 10 同步計數器，只做上數計數，無預置功能。

4516 ： 除 16 上數／下數同步計數器，可預置數值。

4520 ： 兩組除 16 同步計數器。

40193 ：16 進位上數／下數同步計數器。

1. 7490 IC

7490 IC 是一顆常用計數器 IC，基本上它屬於十進制計數器，但也可以設計成其他模數的計數器。它的內部結構電路如圖 10-9(a)所示，由四級的正反器所組成。其中B、C、D三級組成一個除 5 模數的計數器，而A正反器本身則是獨立的除2計數器。若將第 12 接腳正反器A的輸出接至第1腳B正反器的輸入時，則構成一個BCD計數器，其狀態表如圖 10-9(b)所示。此外，它有四條控制線，分別爲$R_0(1)$、$R_0(2)$及$R_9(1)$、$R_9(2)$。其功能說明如下：

$R_0(1)$、$R_0(2)$功能：$R_0(1)$、$R_0(2)$同時爲 1 時，會使得四個正反器的輸出端復置爲 0(reset)。亦即DCBA的輸出狀態爲 0000，相當於十進位的 0。

$R_9(1)$、$R_9(2)$功能：$R_9(1)$、$R_9(2)$同時爲 1 時，會使得A和D預置爲 1 (preset)，而B和C則清除爲 0(clear)。亦即$DCBA$的輸出狀態 1001，相當於 9 的狀態。

若R_0和R_9同時動作，則以R_9的動作優先，若要使計數器作正常計數動作，則$R_0(1)$、$R_0(2)$中須至少有一輸入為 0，且$R_9(1)$、$R_9(2)$也須至少有一輸入為0，如此才能正常計數。

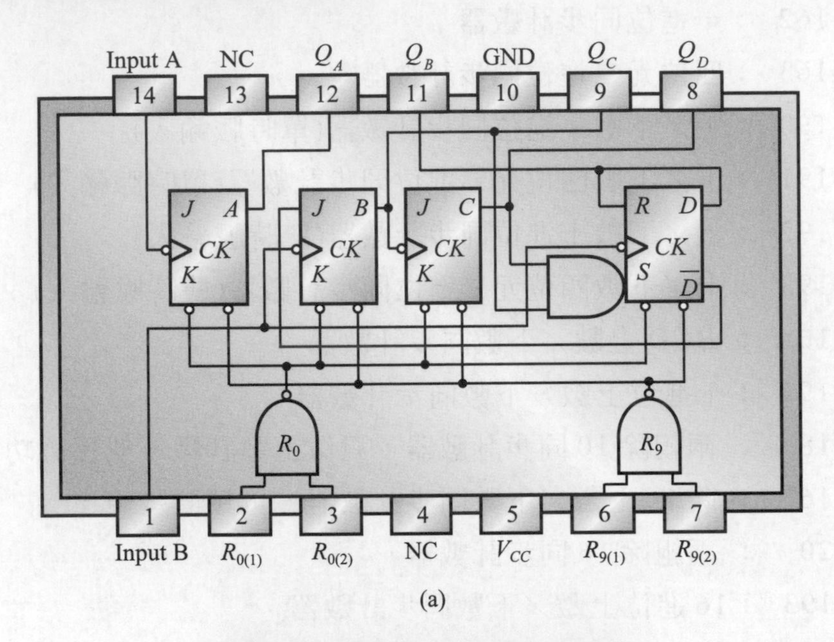

(a)

Mode1 (BCD)				Mode2 (對稱除 10)				Mode3 (除 5)		
D	C	B	A	A	D	C	B	D	C	B
0	0	0	0	0	0	0	0	0	0	0
0	0	0	1	0	0	0	1	0	0	1
0	0	1	0	0	0	1	0	0	1	0
0	0	1	1	0	0	1	1	0	1	1
0	1	0	0	0	1	0	0	1	0	0
0	1	0	1	1	0	0	0			
0	1	1	0	1	0	0	1			
0	1	1	1	1	0	1	0			
1	0	0	0	1	0	1	1			
1	0	0	1	1	1	0	0			

(b)

圖 10-9　7490 IC 接腳及功能表

2. 7492 IC

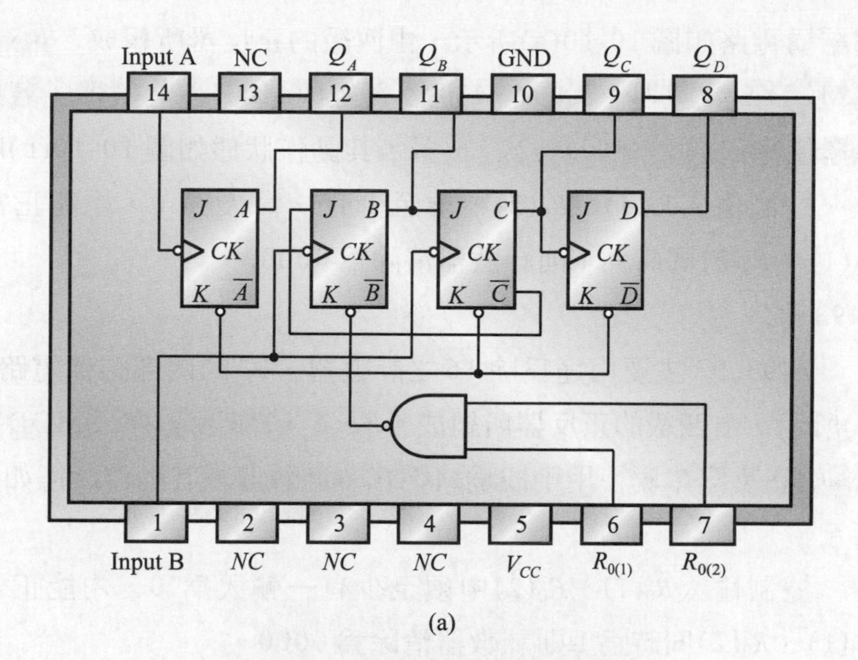

(a)

Mode1 除 12				Mode2 除 12				Mode3 除 6		
D	C	B	A	A	D	C	B	D	C	B
0	0	0	0	0	0	0	0	0	0	0
0	0	0	1	0	0	0	1	0	0	1
0	0	1	0	0	0	1	0	0	1	0
0	0	1	1	0	1	0	0	1	0	0
0	1	0	0	0	1	0	1	1	0	1
0	1	0	1	0	1	1	0	1	1	0
1	0	0	0	1	0	0	0			
1	0	0	1	1	0	1	1			
1	0	1	0	1	0	1	0			
1	0	1	1	1	1	0	0			
1	1	0	0	1	1	0	1			
1	1	0	1	1	1	1	0			

(b)

圖 10-10　7492 IC 接腳及功能表

7492 IC 主要用途爲除 12 及除 6 之計數器，如時鐘的計數，IC 的內部結構電路如圖 10-10(a)所示，由四級的正反器所組成。*B*、*C*正反器組成MOD-3計數器，*B*、*C*、*D*正反器組成MOD-6計數器，若與A正反器串聯使用則成爲MOD-12計數器，其動作狀態如圖 10-10(b)所示。

控制輸入$R_0(1)$、$R_0(2)$中須至少有一輸入爲 0，才能正常計數。若$R_0(1)$、$R_0(2)$同時爲 1 則計數器清除爲 0000。

3. 7493 IC

7493 IC 主要用途爲除 16 之計數器，IC 的內部結構電路如圖 10-11 (a)所示，由四級的正反器所組成。*B*、*C*、*D*正反器組成MOD-8計數器，若與*A*正反器串聯使用則成爲MOD-16計數器，其動作狀態如圖 10-11(b)所示。

控制輸入$R_0(1)$、$R_0(2)$中須至少有一輸入爲 0，才能正常計數。若$R_0(1)$、$R_0(2)$同時爲 1 則計數器清除爲 0000。

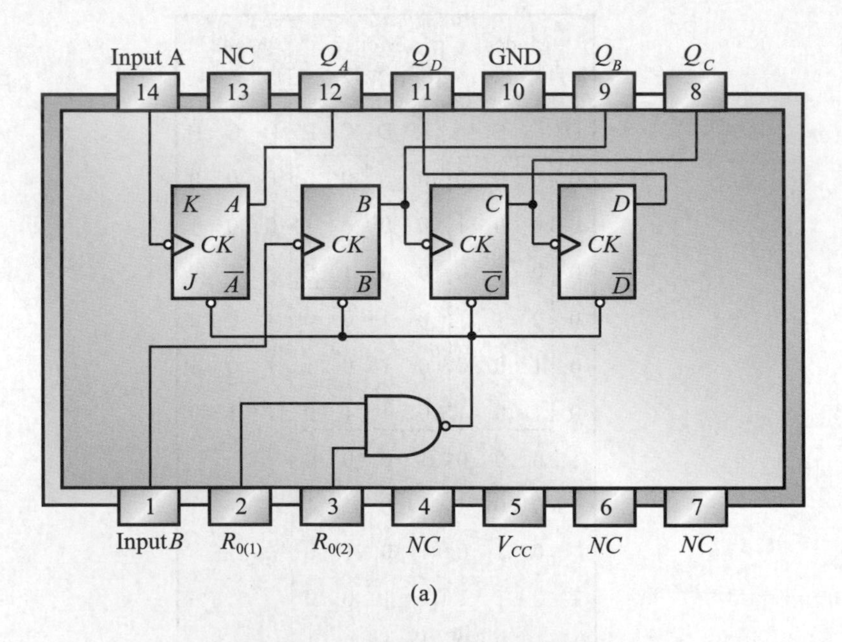

(a)

圖 10-11　7493 IC 接腳及功能表

MOD-1 除 16				MOD-2 除 8		
D	C	B	A	D	C	B
0	0	0	0	0	0	0
0	0	0	1	0	0	1
0	0	1	0	0	1	0
0	0	1	1	0	1	1
0	1	0	0	1	0	0
0	1	0	1	1	0	1
0	1	1	0	1	1	0
0	1	1	1	1	1	1
1	0	0	0			
1	0	0	1			
1	0	1	0			
1	0	1	1			
1	1	0	0			
1	1	0	1			
1	1	1	0			
1	1	1	1			

(b)

圖 10-11　7493 IC 接腳及功能表 (續)

4.　74160、74161、74162、74163 IC

74160、74161、74162、74163 IC均屬同步計數器，圖 10-12 爲IC接腳圖。其中74160、74162爲十進制計數器，74161、74163則爲二進制計數器。74160、74161具有同步預置、非同步清除的功能。而74162、74163則具有同步預置、同步清除的功能。

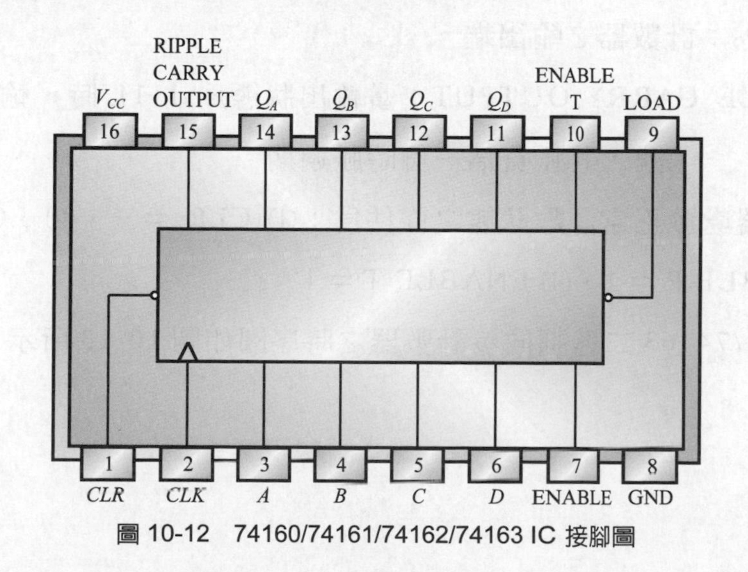

圖 10-12　74160/74161/74162/74163 IC 接腳圖

同步預置：將欲載入至計數器的數值經由DATA input A、B、C、D加以規劃，當控制輸入 LOAD = 0時，在 CLK 的正緣將A、B、C、D的資料載入計數器。

同步清除：當CLR = 0時，在CLK的正緣將計數器的輸出同步清除為0000。

非同步清除：當CLR = 0，即將計數器的輸出清除為0000。

以下介紹74161、74163各接腳之功能：

CLR：74161為非同步清除，當CLR為0時，將輸出清除為0000。74163為同步清除，當CLR為0且CLK為正緣時，將輸出清除為0000。

CLK：時脈採正緣觸發。

A、B、C、D：data input，計數器之資料輸入端。

ENABLE P，ENABLET：計數器的致能輸入，當兩者均為 1 時，計數器才能正常計數。此外，ENABLE T可控制RIPPLE CARRY OUTPUT，提供一個進位信號，當計數器多級串接時，作為下一級計數器的致能信號，使計數器作同步計數。

LOAD：同步載入資料，當LOAD為0時，在CLK的正緣將A、B、C、D的資料載入計數器，此乃同步預置。

$Q_A \sim Q_D$：計數器之輸出端。

RIPPLE CARRY OUTPUT：當輸出狀態為 1111 時，輸出一正電位信號，其脈寬為一個時脈週期。

計數器處於正常計數狀態之條件為：(1) CLR = 1，(2) LOAD = 1，(3) ENABLE P = 1，(4) ENABLE T = 1

74161/74163二進制同步計數器之時序圖如圖 10-13 所示。

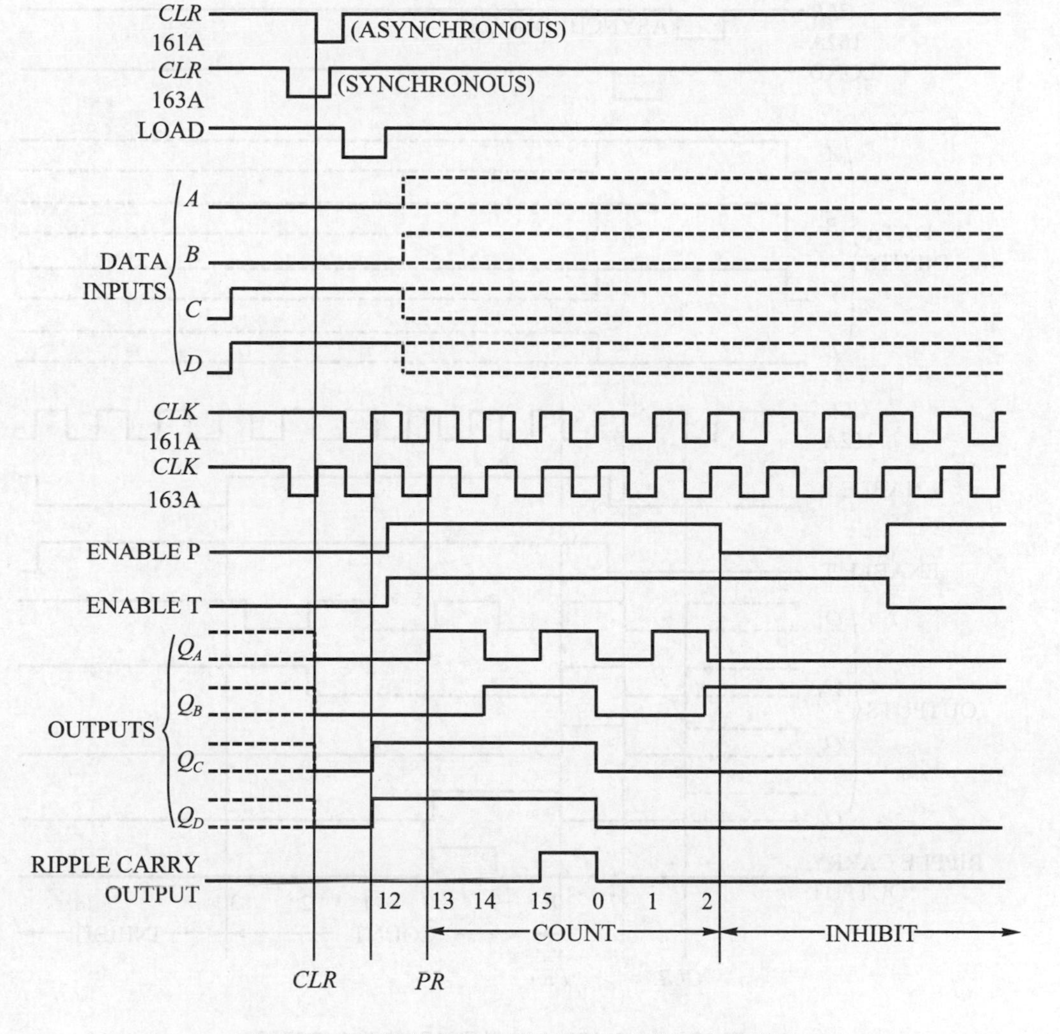

圖 10-13 74161/74163 二進制同步計數器之時序圖

74162 爲十進制同步計數器，各接腳之功能與 74163 大致相同，唯有 RIPPLE CARRY OUTPUT 有所差異，當輸出狀態爲 1001 時，輸出一正電位信號，其脈寬爲一個時脈週期。74162 之時序圖如圖 10-14 所示。

5. 74190/74191 IC

74190/74191 IC 同爲四位元上數／下數同步計數器，74190 IC 爲 BCD 上數／下數同步計數器，其功能較 7490 爲多，而 74191 IC 則是十六進制計數器。其接腳如圖 10-15 所示。

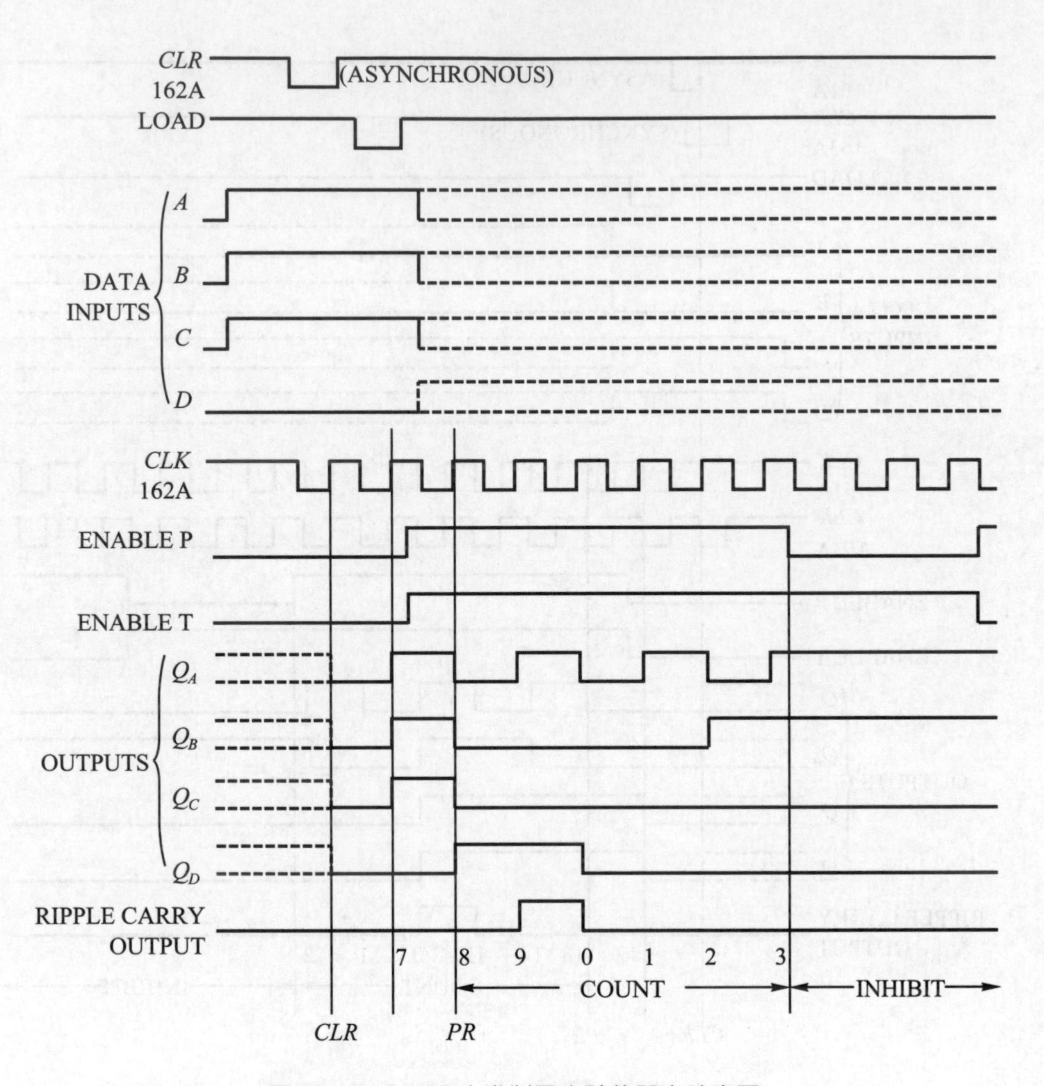

圖 10-14　74162 十進制同步計數器之時序圖

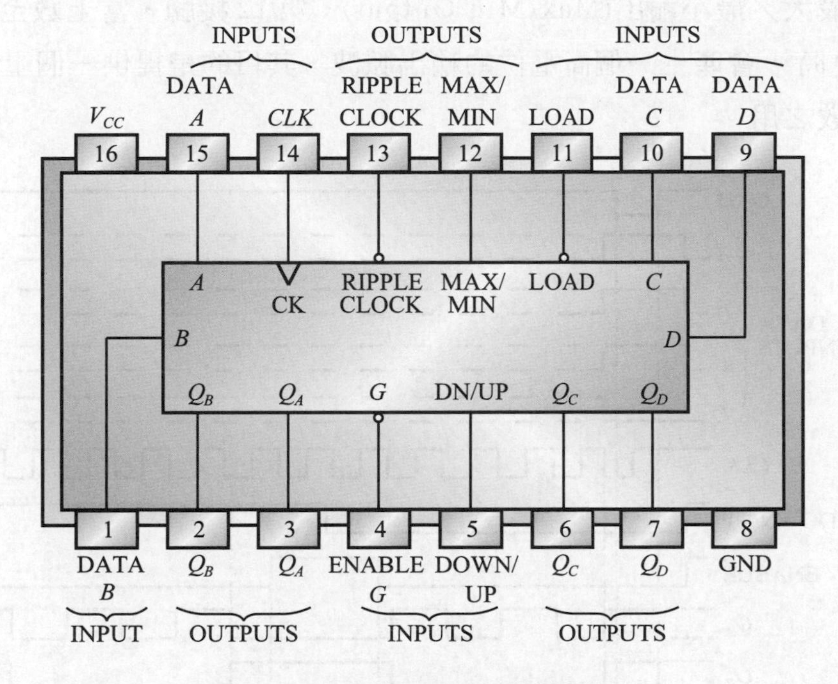

圖 10-15　74190/74191 IC 接腳圖

74190 IC有六個輸出：四個正反器的輸出(Q_A、Q_B、Q_C、Q_D)、漣波時脈輸出(Ripple Clock Output)及最大／最小輸出(Max/Min Output)。而它的輸入包括：並行載入(Parallel Load)、時脈(Clock)、四個資料輸入(data input A、B、C、D)。以下介紹 74190 主要接腳之功能：

(1) 致能(ENABLE G)：第 4 接腳，當ENABLE處於low狀態時才能啓動，若接 high，則輸出被禁止(Inhibit)。
(2) 下／上計數(DN/UP)：第 5 接腳，下數時接 high，上數時接 low。
(3) 並行載入(LOAD)：第 11 接腳，當 LOAD 處於 low 狀態時，可將輸入端(A、B、C、D)的資料載入並傳送至輸出端(無須配合時脈)。
(4) 時序脈波(CLOCK)：第 14 接腳，採正緣觸發方式，由low轉爲high之瞬間計數器計數一次。
(5) 漣波時脈輸出(Ripple Clock Output)：第 13 接腳，在溢位(Overflow)或溢入(Underflow)時，會產生一個低電位的脈波輸出，其脈波寬度爲一個時脈週期。在串級使用時，可將輸出接至下一級之時脈輸入。

(6) 最大／最小輸出(Max/Min Output)：第12接腳，當上數至9或下數至0時，會產生一個高電位的輸出脈波，其目的是提供一個上下連接或計數之用。

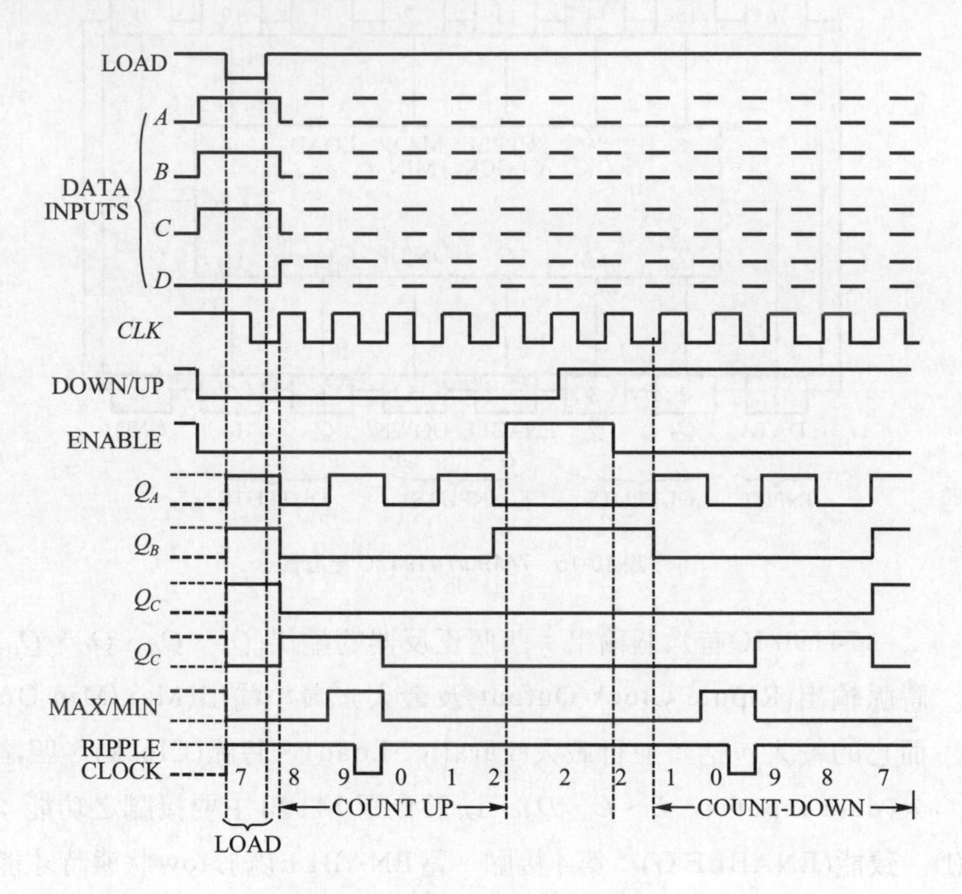

圖 10-16 74190 IC 之動作時序圖

以下所要舉的例子，須配合圖 10-16 之時序圖才能使讀者更容易明瞭。舉例而言，假設要從7上數到9，則可利用載入功能(LOAD)將資料輸入(data input)中的0111載入，此時 LOAD＝0，使Q_A、Q_B、Q_C、Q_D＝0111，當上數至9時，第12接腳的最大／最小輸出(Max/Min Output)就會有脈波產生，此時因為是上數，所以稱為Max，此外，漣波時脈輸出(Ripple Clock Output)也產生一個低電位的脈波輸出。超越9之後繼續0，1，2之上數動作。若數到2時希望暫停並改變為下數時，則須使用致能(ENABLE G＝1)使計數器停止(Inhibit)，停止後須經一個時脈間隔後才能再進行正常計數。欲從 2 向下數，則下／上計數(DN/UP)改接 High，當計數器下數至0時，最大/最小輸出(Max/Min Output)就會有脈波產生，此時因爲是下數，所以稱爲Min。此外， Ripple Clock 也產生一個低電位的脈波輸出。

6. 74192/74193 IC

74192爲上／下數BCD同步計數器，而74193則爲上／下數四位元同步計數器。此IC有六個輸出，分別爲：進位(Carry)，借位(Borrow)，及 Q_D、Q_C、Q_B、Q_A四個輸出。而輸入部分則有：清除(Clear)，載入(Load)，四個資料輸入(Data input ABCD)，上數計數信號輸入(Count-up)，下數計數信號輸入(Count-down)。如圖10-17所示。以下爲其功能說明：

(1) 下數計數(Count-down)：第4接腳，(當第5接腳爲High時)，則當輸入脈波由Low轉High時，將使計數器之值遞減。

(2) 上數計數(Count-up)：第5接腳，(當第4接腳爲High時)，則當輸入脈波由Low轉High時，將使計數器之值遞增。

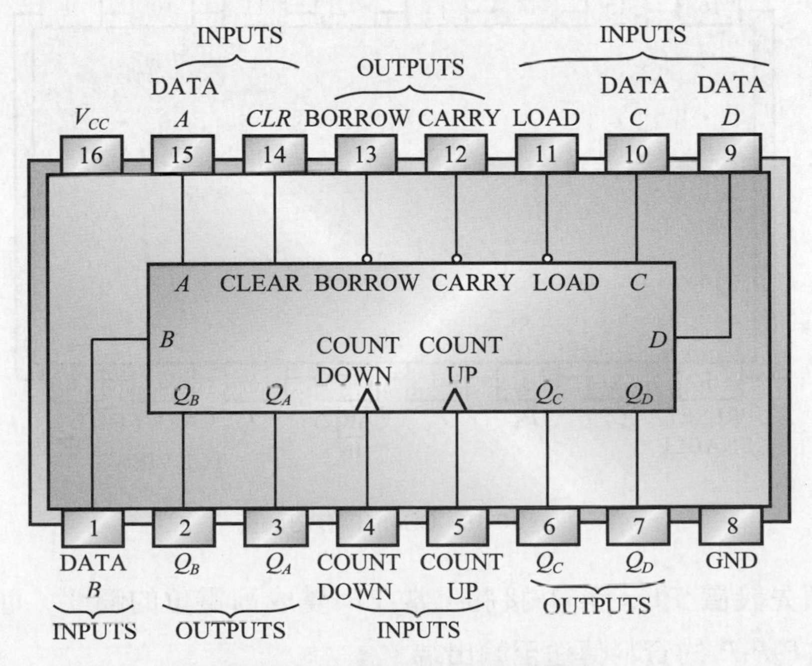

圖 10-17　74192/74193 IC 接腳圖

(3) 載入(Load)：第 11 接腳，當輸入此端之信號爲Low時，會將四個資料輸入(Data input ABCD)的資料載入送至四個輸出端。

(4) 進位(Carry)：第 12 接腳，當計數器數到 15 (Q_D、Q_C、Q_B、$Q_A = 1111$)時，同時第 5 接腳上數計數爲 Low 時，會使進位輸出變成 Low。

(5) 借位(Borrow)：第 13 接腳，當計數器數到 0 (Q_D、Q_C、Q_B、$Q_A = 0000$)時，同時第 4 接腳下數計數爲 Low 時，會使借位輸出變成 Low。

(6) 清除(Clear)：第 14 接腳，當輸入爲 High 時，將使計數器之輸出清除爲 0。不使用時可將該接腳接地。

CMOS 計數器 IC：

使用 CMOS 所製造的計數器 IC，其功能與 TTL IC 類似，以下就不同型號的 IC 概略說明。

7. CD4510 BCD 上數／下數同步計數器：其主要接腳功能說明如下：

(1) 其接腳圖如圖 10-18 所示。

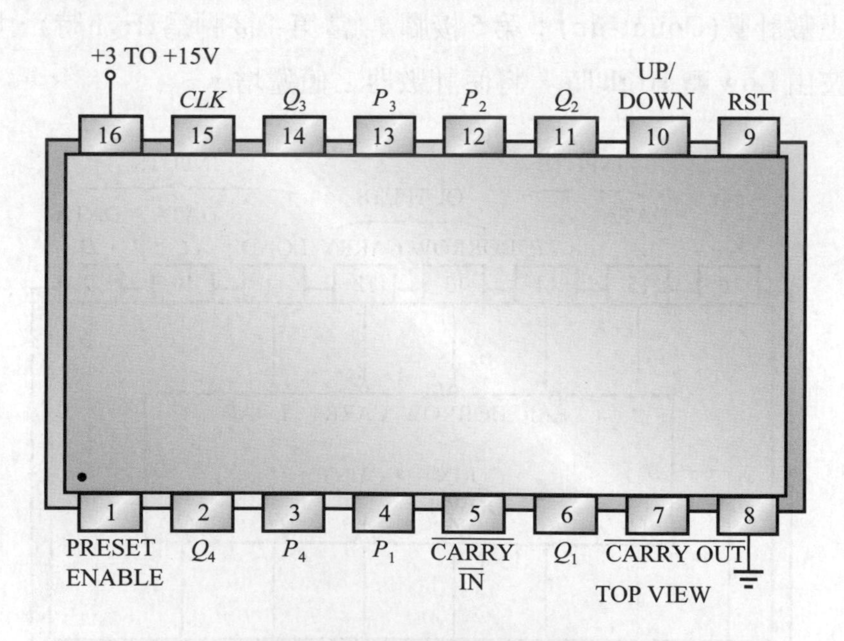

圖 10-18　CD4510 IC 接腳圖

(2) 預先設置 PE：第 1 接腳，當 PE 變成高電位的瞬間，可將預先存於 $P_1P_2P_3P_4$ 的資料傳送至輸出端。

(3) 進位輸入CI：第5接腳，CI＝0則可正常計數，CI＝1則不能計數。

(4) 復置RST：第9接腳，RST＝1時將使計數器輸出為0000。

(5) 上下數U/D(UP/DOWN)：第10接腳，接0時為上數，接1時為下數。Q_4、Q_3、Q_2、Q_1為其輸出。

(6) CLK：第15接腳接時脈。在正常計數時，進位輸入CI(CARRY IN)與復置RST(RESET)及預先設置PE(PRESET ENABLE)須等於0。

8. 40192十進位上數／下數同步計數器：其主要接腳功能說明如下：

(1) 其接腳圖如圖10-19所示。

(2) DOWN CLK：第4接腳，作為上數計數時的時脈輸入。

(3) UP CLK：第5接腳，作為下數計數時的時脈輸入。

(4) 預先設置PE(PRESET ENABLE)：第11接腳，PE＝0，可將預先存於D_1、D_2、D_3、D_4的資料傳送至輸出端。

(5) 串級連接時，第一級的BORROW(13腳)須接至上一級的DOWN CLK(第4腳)；反之，第一級的CARRY(第12腳)須接至上一級(高位數)之UP CLK(第5腳)。

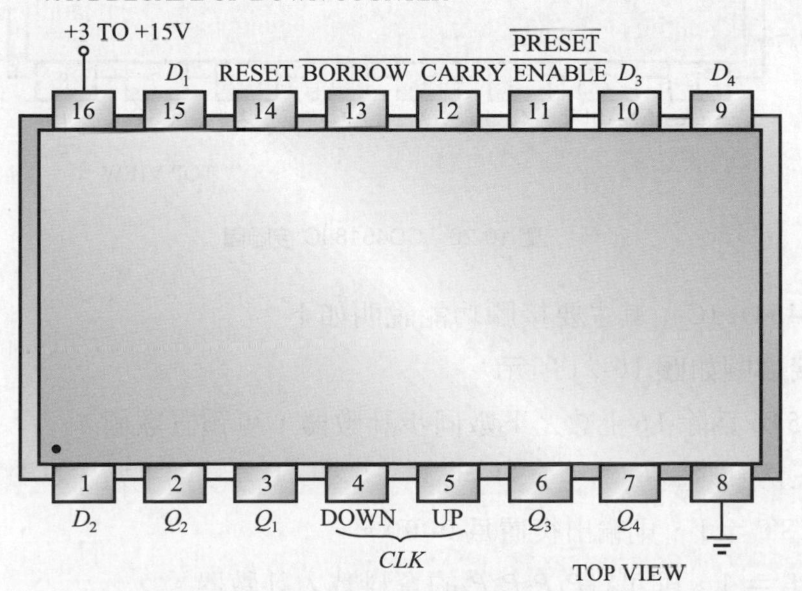

圖10-19 40192十進位上數/下數同步計數器

9. CD4518 IC：其主要接腳功能說明如下：

(1) 接腳圖如圖 10-20 所示。

(2) 4518 爲兩組除 10 同步計數器，只做上數計數，無預置功能。

(3) CK採正緣計數，正常計數時，RST＝0，EN＝1。

(4) 復置 RST＝1 時，則計數器輸出爲 0000。

(5) 作串級連接計數使用時，可將輸出Q_3(第 6 腳)接至下一級的 EN 輸入(此時次級的 RST＝CK＝0)。

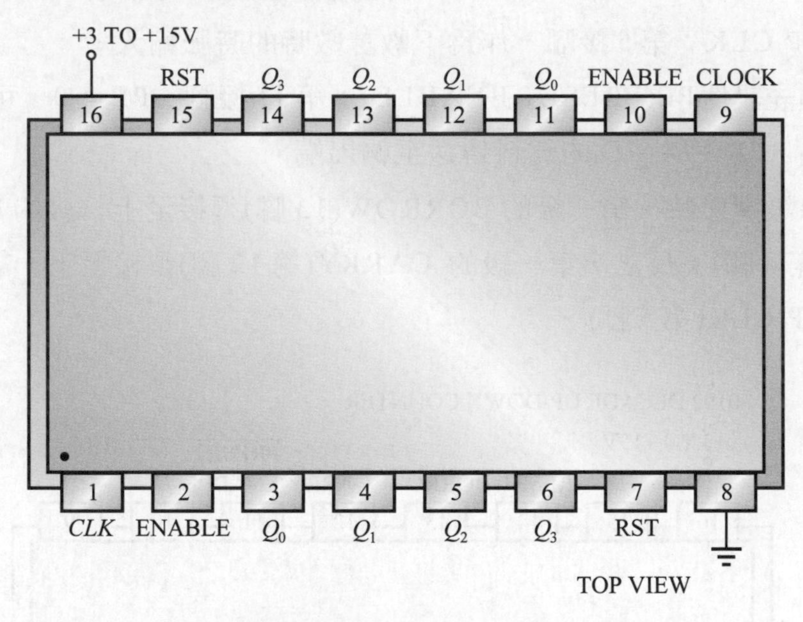

圖 10-20　CD4518 IC 接腳圖

10. CD4516 IC：其主要接腳功能說明如下：

(1) 接腳圖如圖 10-21 所示。

(2) 4516 爲除 16 上數／下數同步計數器，可預置數值。

(3) 正常計數時，CI＝RST＝PE＝0，U/D＝0 則下數，U/D＝1 則上數。

(4) RST＝1，則輸出復置爲 0000。

(5) PE＝1，則可將$P_1P_2P_3P_4$的資料載入計數器。

(6) 作串級連接計數使用時，第一級的CO接第二級的CI，第一級的CI予以接地。

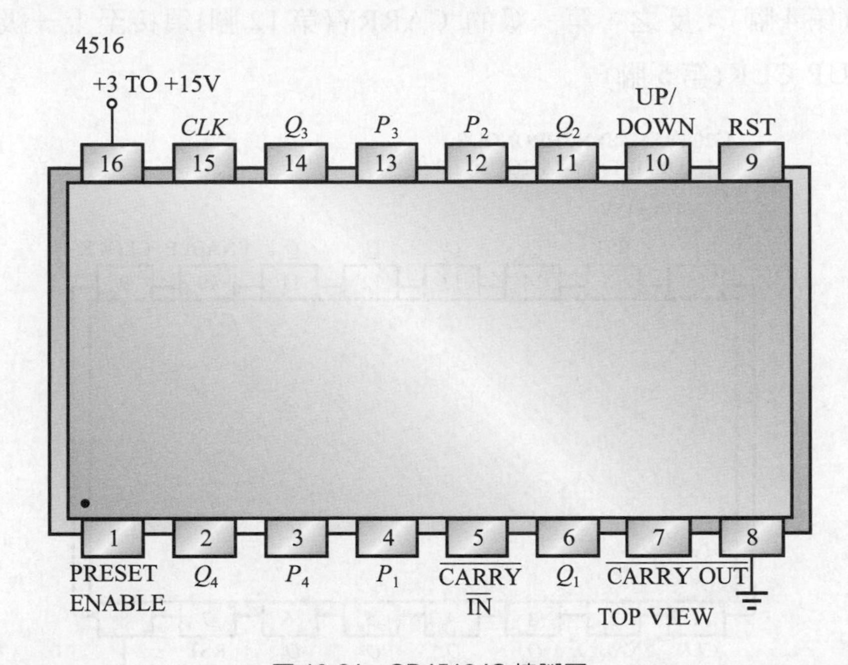

圖 10-21　CD4516 IC 接腳圖

11. CD4520 IC：其主要接腳功能說明如下：

(1) CD4520 IC接腳圖如圖10-22所示，本身由兩組除16同步計數器所組成。

(2) CK採正緣觸發，正常計數時，RST＝0，EN＝1。

(3) 復置RST＝1時，則計數器輸出爲0000。

(4) 作串級連接計數使用時，可將輸出Q_3(第6腳)接至下一級的EN輸入(此時次級的RST＝CK＝0)。

12. 40193 IC：其主要接腳功能說明如下：

(1) 40193 IC接腳圖如圖10-23所示，爲16進位上數／下數同步計數器。

(2) 第4接腳爲下數時脈輸入，採正緣觸發。

(3) 第5接腳爲上數時脈輸入，採正緣觸發。

(4) 正常計數時，RST＝0，PE＝1。

(5) RST＝1時，則計數器之輸出清除0000。

(6) PE＝0時，可將預先存於$D_1D_2D_3D_4$的資料傳送至輸出端。

(7) 串級連接時，第一級的BORROW(13腳)須接至上一級的DOWN CLK (第4腳)；反之，第一級的 CARRY(第12腳)須接至上一級(高位數)之UP CLK(第5腳)。

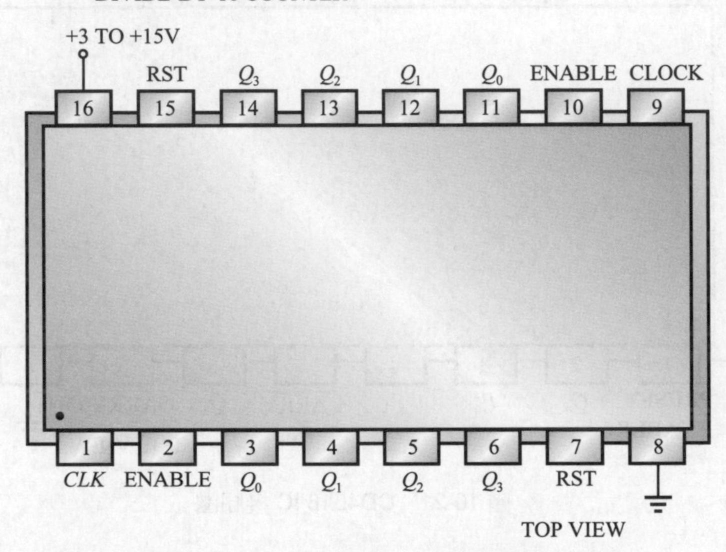

圖 10-22　CD4520 IC 接腳圖

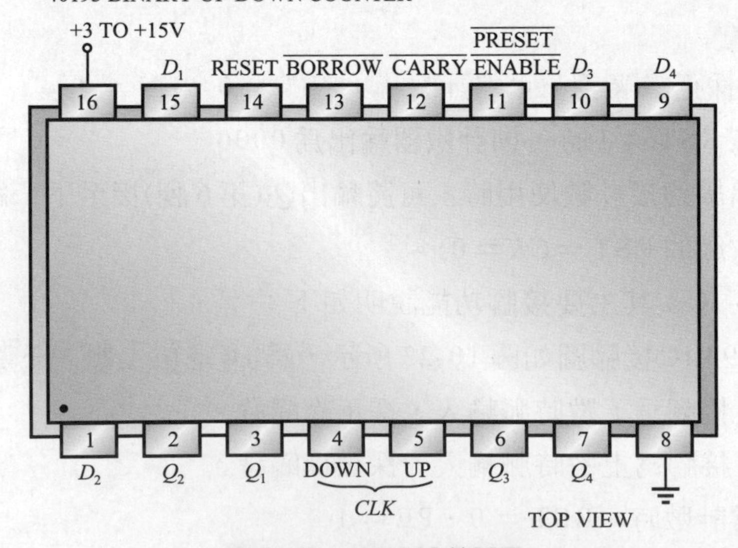

圖 10-23　40193 IC 接腳圖

三 實習項目

(一) 上數漣波計數器

1. 材料表

IC： 7473×2，7476×2。

2. 電路圖

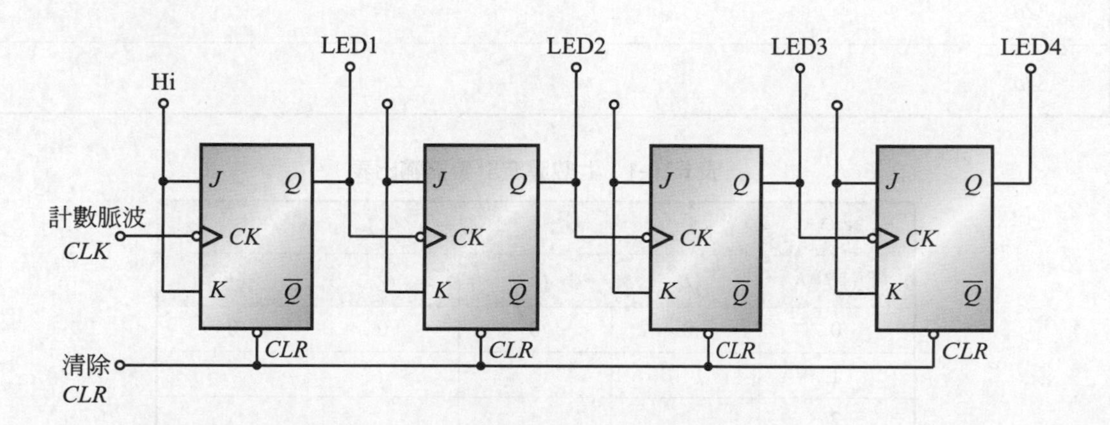

圖 E10-1　使用 JK 正反器組成之上數漣波計數器

3. 實習步驟

(1) 使用兩個 JK 正反器 IC 依照圖 E10-1 接妥電路。

(2) CLR 端接一負脈波，將所有正反器清除。

(3) 將計數脈波依序輸入，記錄每一個脈波輸入時，LED1～LED4 的輸出變化，將結果記錄於表 E10-1。

(4) 依照表 E10-1 之結果，畫出上數漣波計數器之時序圖。

(5) 由實驗之結果，您得到哪些結論？

4. 實習結果

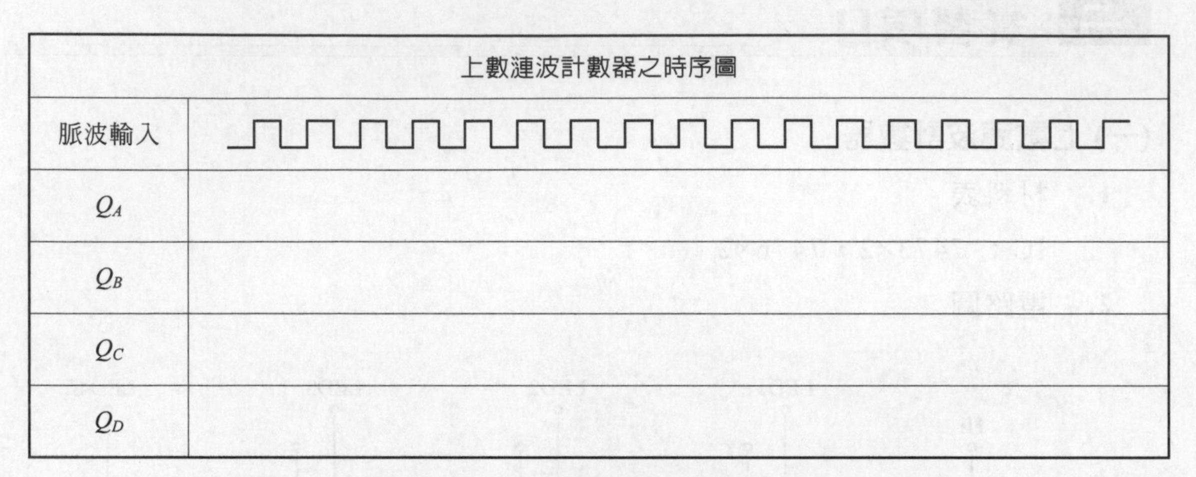

表 E10-1 上數漣波計數器輸出表

輸入	輸出			
脈波數	Q_D	Q_C	Q_B	Q_A
0	0	0	0	0
1				
2				
3				
4				
5				
6				
7				
8				
9				
10				
11				
12				
13				
14				
15				
16				
17				

(二) 下數漣波計數器

1. 材料表

IC：7473×2，7476×2。

2. 電路圖

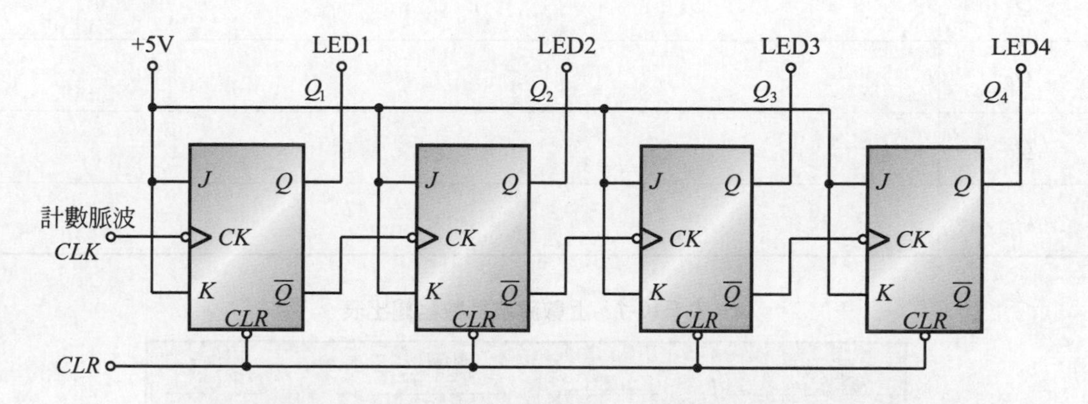

圖 E10-2　使用JK正反器組成之下數漣波計數器

3. 實習步驟

⑴ 使用兩個 JK 正反器 IC 依照圖 E10-2 接妥電路。

⑵ CLR 端接一負脈波，將所有正反器清除。

⑶ 將計數脈波依序輸入，記錄每一個脈波輸入時，$Q_DQ_CQ_BQ_A$的輸出變化，將結果記錄於表 E10-2。

⑷ 依照表 E10-2 之結果，畫出上數漣波計數器之時序圖。

⑸ 由實驗之結果，您得到哪些結論？

4.　實習結果：

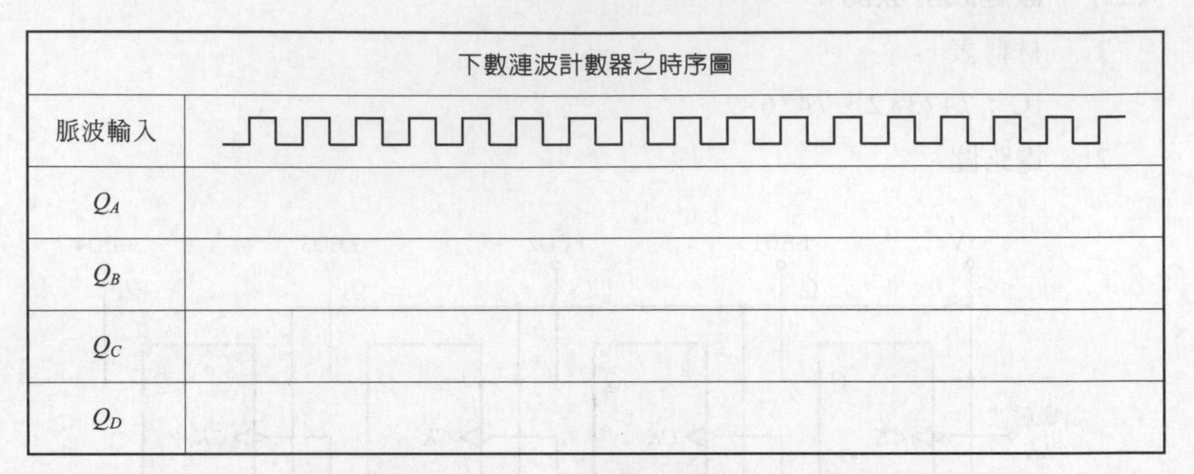

表 E10-1　上數漣波計數器輸出表

輸入	輸出			
脈波數	Q_D	Q_C	Q_B	Q_A
0	0	0	0	0
1				
2				
3				
4				
5				
6				
7				
8				
9				
10				
11				
12				
13				
14				
15				
16				
17				

(三) 使用 PRESET 控制輸入設計 BCD 上數漣波計數器

1. 材料表

IC：7400×2，7408×2，7411×2，7447×2。

其他元件：LED×4，七段顯示器×2(共陽極)。

2. 電路圖

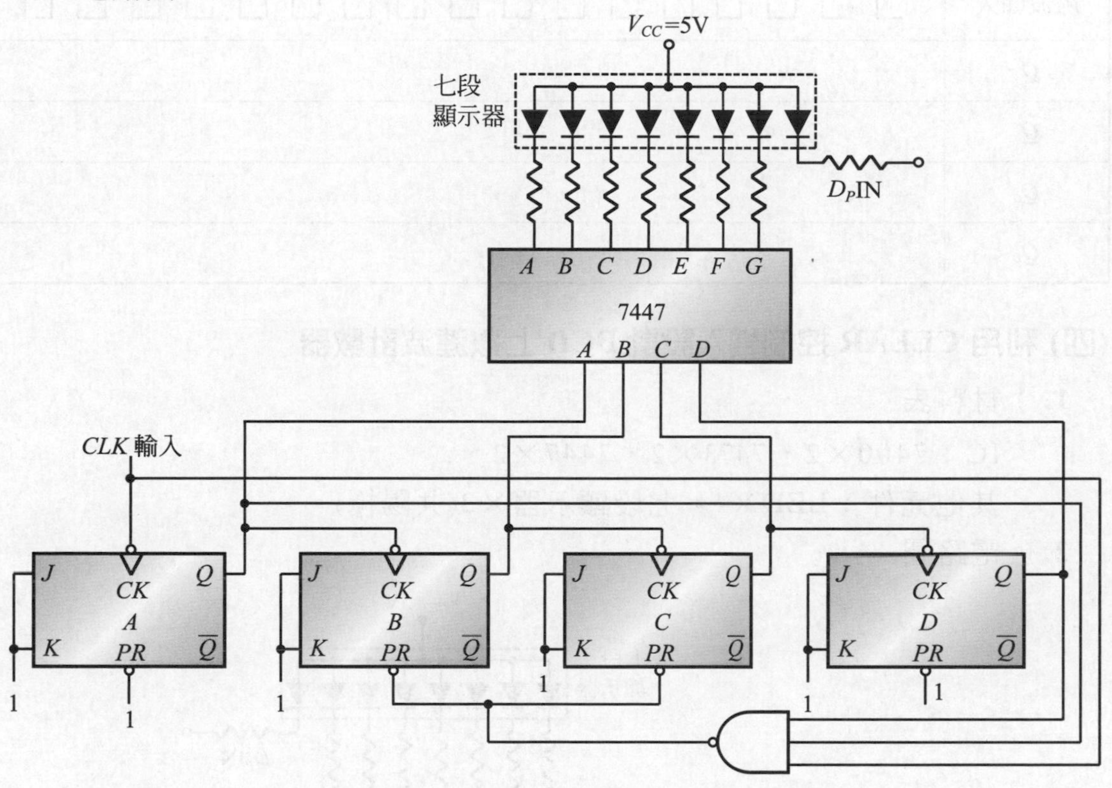

圖 E10-3　使用 PRESET 設計 BCD 上數漣波計數器

3. 實習步驟

⑴ 使用兩個 JK 正反器 IC、7447 IC 及共陽極七段顯示器依照圖 E10-3 接妥電路。

⑵ 七段顯示器將顯示時脈輸入依序增加。

⑶ 當計數至 9(或 1001)時，利用控制電路在第 10 個時脈來臨時，將全部正反器輸出清除爲 0000，於是計數器又重新開始計數。

⑷ 利用雙軌跡示波器記錄輸入脈波及各正反器之輸出脈波，畫出 BCD 上數漣波計數器之時序圖。

(5) 由實驗之結果，您得到哪些結論？

(6) 是否可利用上述結果設計一個 MOD-12 計數器？

4. 實習結果

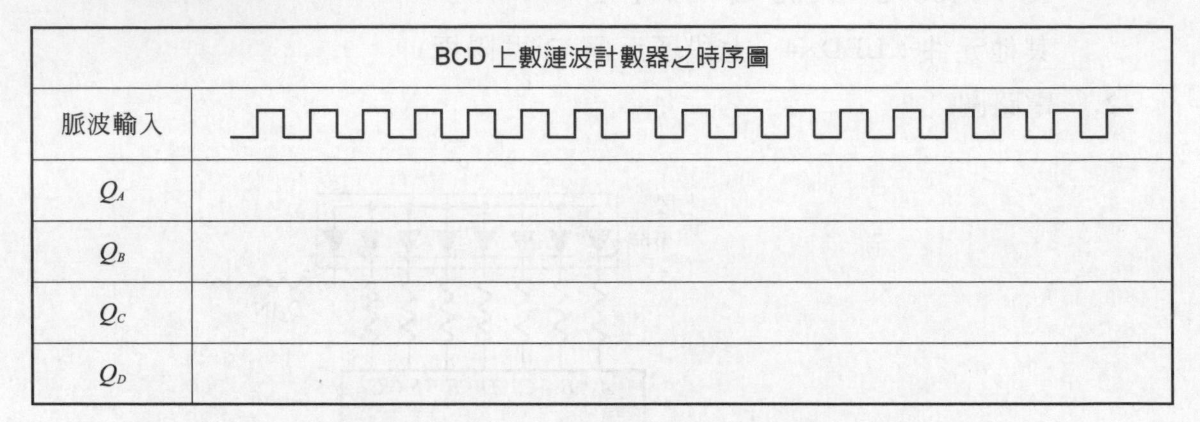

BCD 上數漣波計數器之時序圖	
脈波輸入	
Q_A	
Q_B	
Q_C	
Q_D	

(四) 利用 CLEAR 控制輸入設計 BCD 上數漣波計數器

1. 材料表

IC：7400×2，7473×2，7447×2。

其他元件：LED×4，七段顯示器×2(共陽極)。

2. 電路圖

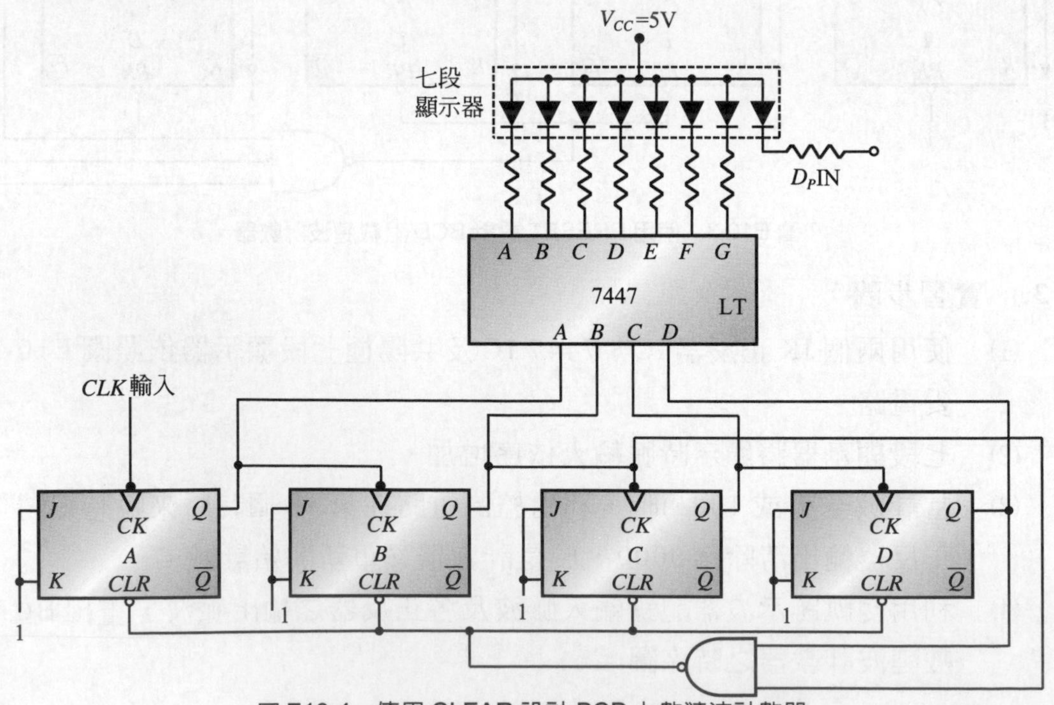

圖 E10-4 使用 CLEAR 設計 BCD 上數漣波計數器

3. 實習步驟

⑴ 使用兩個*JK*正反器IC、7447IC及共陽極七段顯示器依照圖E10-4接妥電路。

⑵ 七段顯示器將顯示時脈輸入依序增加。

⑶ 當計數至9(或1001)時，利用控制電路在第10個時脈來臨時，將全部正反器輸出清除爲0000，於是計數器又重新開始計數。

⑷ 利用雙軌跡示波器記錄輸入脈波及各正反器之輸出脈波，畫出上數漣波計數器之時序圖。

⑸ 由實驗之結果，您得到哪些結論？

⑹ 是否可利用上述結果設計一個MOD-12計數器？

4. 實習結果

BCD上數漣波計數器之時序圖	
脈波輸入	
Q_A	
Q_B	
Q_C	
Q_D	

(五) 環型計數器

1. 材料表

IC：7473×2，7476×2。

其他元件：LED×4。

2. 電路圖

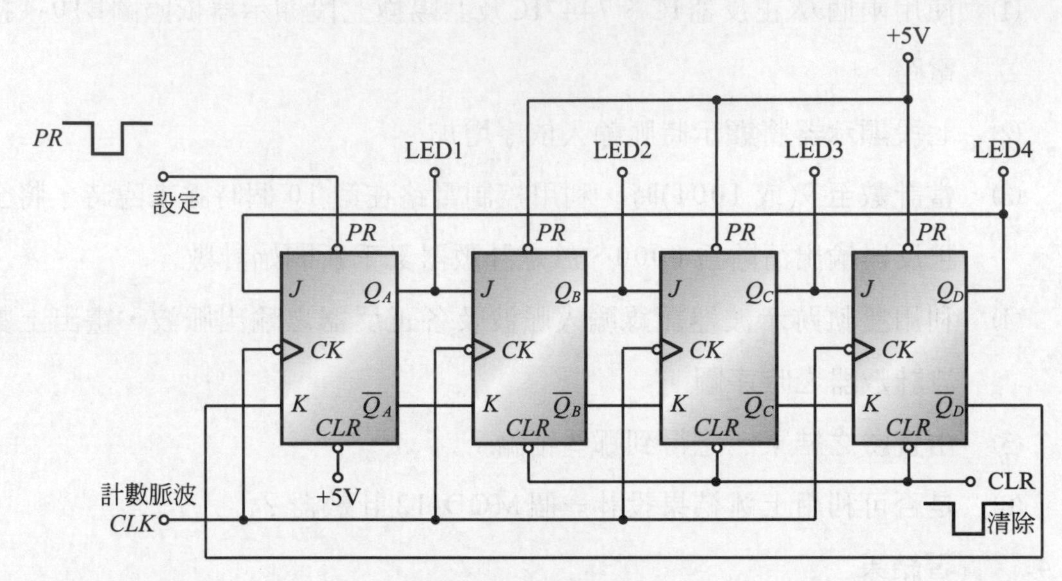

圖 E10-5 環型計數器

3. 實習步驟

(1) 使用兩個*JK*正反器 IC 依照圖 E10-5 接妥電路。

(2) CLR 端接地，將所有正反器清除，然後再預置*A*正反器使$Q_A = 1$。

(3) 將計數脈波依序輸入，記錄每一個脈波輸入時，$Q_DQ_CQ_BQ_A$的輸出變化，並將此結果記錄於計數器之時序圖(a)。

(4) 若將圖 E10-5 中*A*正反器的*J*改接$\overline{Q_D}$，而*K*接Q_D，移去預置(接 High)，然後將所有正反器清除。

(5) 再將計數脈波依序輸入，並重新記錄每一個脈波輸入時，$Q_DQ_CQ_BQ_A$的輸出變化，並將此結果記錄於計數器之時序圖(b)。

(6) 由實驗之結果，您得到哪些結論？

4. 實習結果

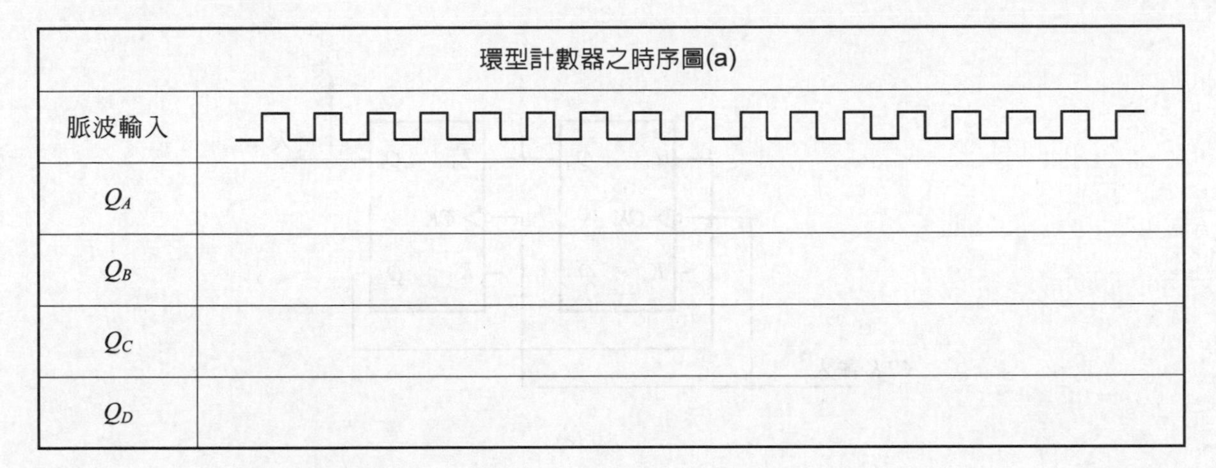

環型計數器之時序圖(b)	
脈波輸入	
Q_A	
Q_B	
Q_C	
Q_D	

(六) 同步計數器

1. 材料表

IC：7473×2，7476×2。

其他元件：LED×4。

2. 電路圖

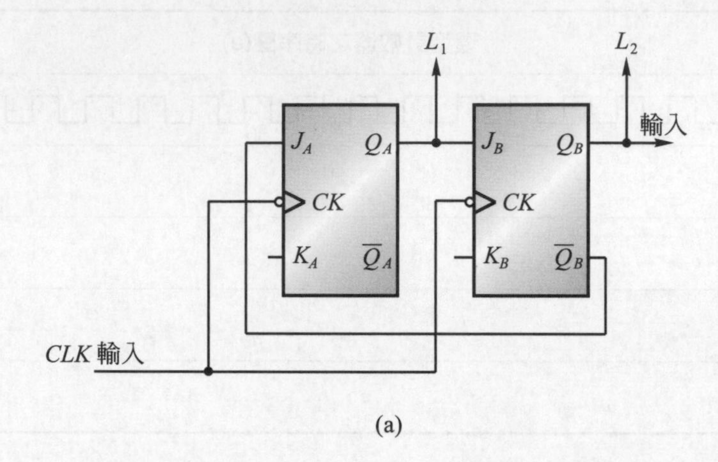

(a)

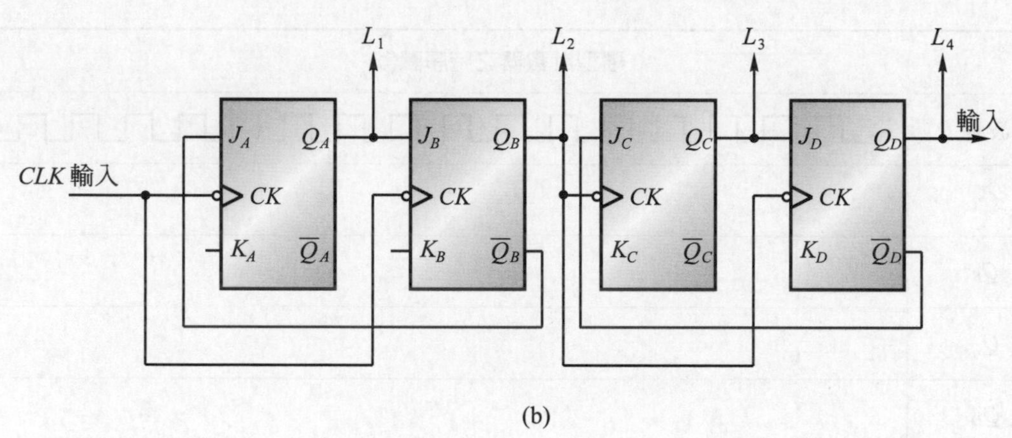

(b)

圖 E10-6 (a)除 3 同步計數器(b)除 9 同步計數器

3. 實習步驟

(1) 使用 JK 正反器 IC 依照圖 E10-6(a)接妥電路。

(2) 將所有正反器清除，使其輸出爲 00。

(3) 將計數脈波依序輸入，記錄每一個脈波輸入時，Q_BQ_A的輸出變化，並將此結果記錄於計數器之時序圖(a)。

(4) 由時序圖中是否可看出輸出脈波Q_B與輸入脈波爲除 3 的關係。

(5) 將兩個除 3 的串接，如圖 E10-6(b)所示，即爲除 9 計數器。

(6) 將所有正反器清除，使其輸出爲 0000。

(7) 計數脈波依序輸入，並重新記錄每一個脈波輸入時，$Q_D Q_C Q_B Q_A$的輸出變化，並將此結果記錄於計數器之時序圖(b)。

(8) 由時序圖中是否可看出輸出脈波Q_D與輸入脈波爲除 9 的關係。

(9) 由實驗之結果，您得到哪些結論？

4. 實習結果

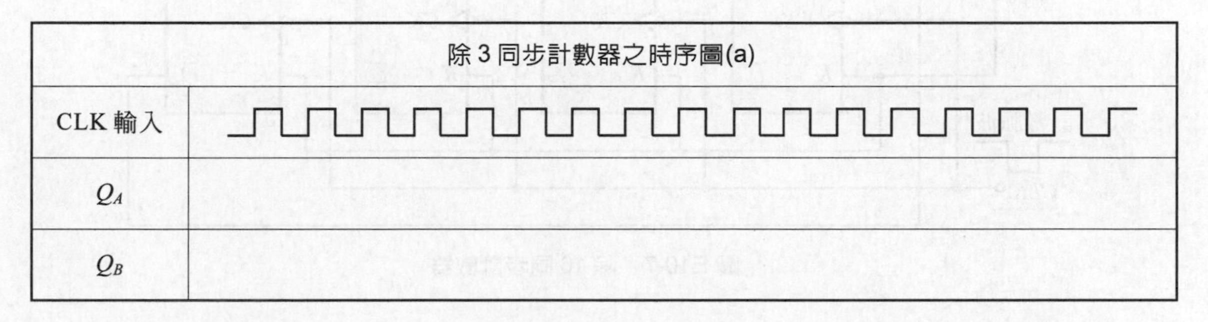

除 3 同步計數器之時序圖(a)	
CLK 輸入	
Q_A	
Q_B	

除 9 同步計數器之時序圖(b)	
CLK 輸入	
Q_A	
Q_B	
Q_C	
Q_D	

(七) 同步計數器

1. 材料表

IC：7473×2，7476×2。

其他元件：LED×4。

2. 電路圖

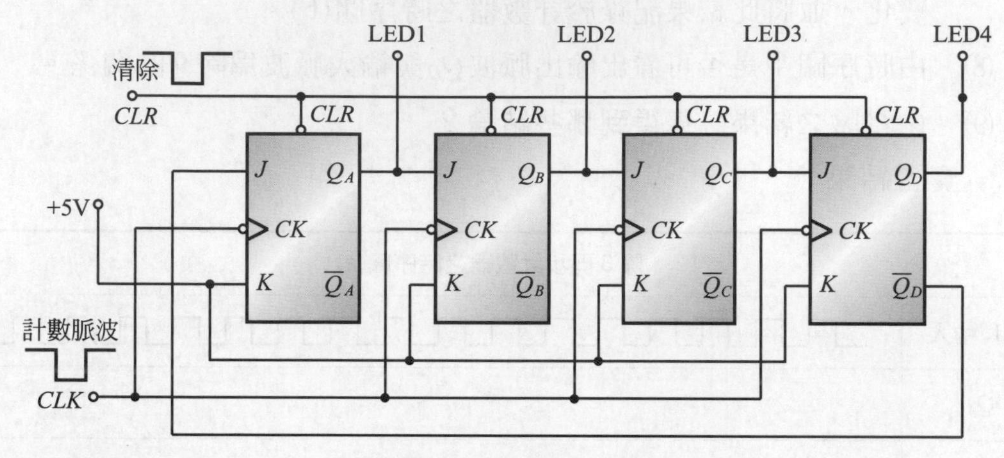

圖 E10-7　除 16 同步計數器

3. 實習步驟

(1) 使用 JK 正反器 IC 依照圖 E10-7 接妥電路。

(2) 將所有正反器清除，使其輸出爲 0000。

(3) 計數脈波依序輸入，並記錄每一個脈波輸入時，$Q_DQ_CQ_BQ_A$ 的輸出變化，並將此結果記錄於計數器之時序圖。

(4) 由時序圖中是否可看出計數器之模數。

(5) 由實驗之結果，您得到哪些結論？

4. 實習結果

除 16 同步計數器之時序圖	
脈波輸入	⊓⊓⊓⊓⊓⊓⊓⊓⊓⊓⊓⊓⊓⊓⊓⊓⊓
Q_A	
Q_B	
Q_C	
Q_D	

(八) 使用 7490IC 計數器

1. 材料表

IC： 7490×2，7447×2。

其他元件：LED×4，七段顯示器×2(共陽極)。

2. 電路圖

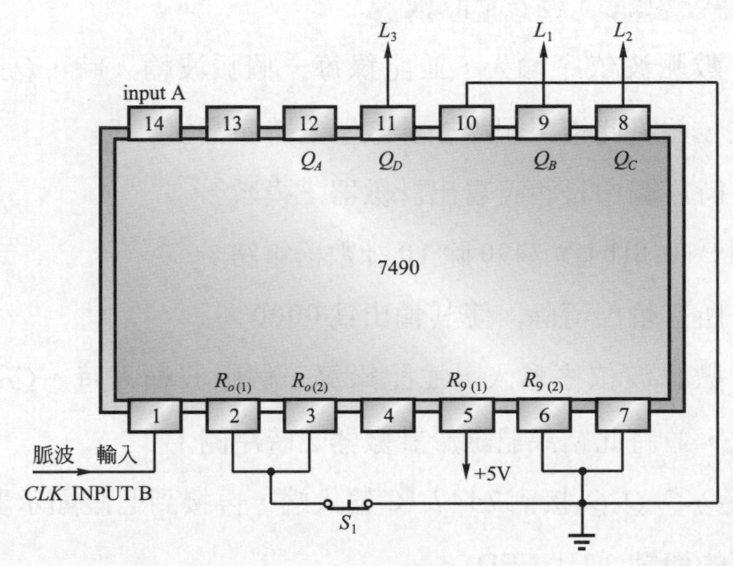

(a)

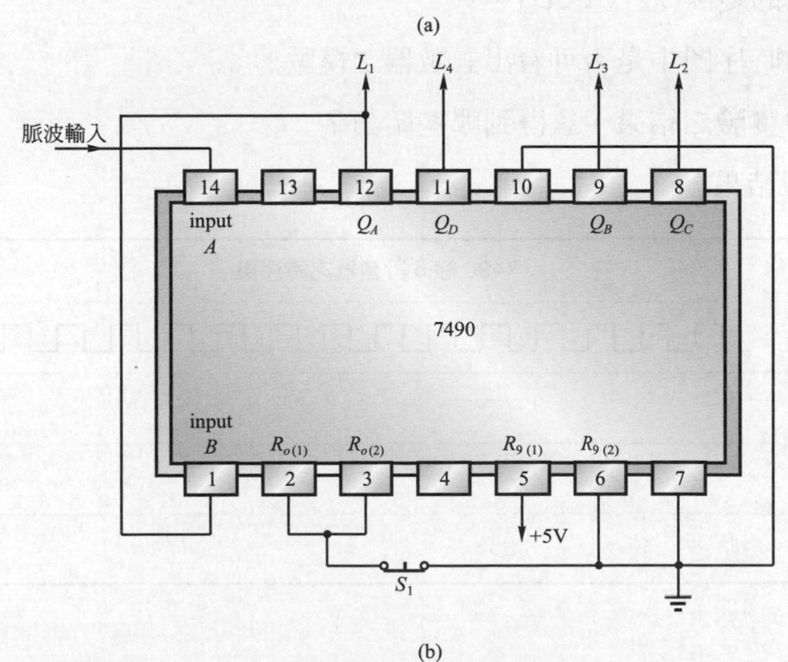

(b)

圖 E10-8 (a)7490 除 5 計數器，(b)7490 除 10 計數器

3. 實習步驟

(1) 圖 E10-8(a)爲 7490 除 5 計數器電路。

(2) 將所有輸出清除，使其輸出爲 0000。

(3) $R_0(1)$、$R_0(2)$中須至少有一輸入爲 0，且$R_0(1)$、$R_0(2)$也須至少有一輸入爲 0，如此才能正常計數。

(4) 計數脈波依序輸入，並記錄每一個脈波輸入時，$Q_DQ_CQ_BQ_A$的輸出變化，並將此結果記錄於計數器之時序圖。

(5) 由時序圖中是否可看出計數器之模數。

(6) 圖 E10-8(b)爲 7490 除 10 計數器電路。

(7) 將所有輸出清除，使其輸出爲 0000。

(8) 計數脈波依序輸入，並記錄每一個脈波輸入時，$Q_DQ_CQ_BQ_A$的輸出變化，並將此結果記錄於計數器之時序圖。

(9) 將$Q_DQ_CQ_BQ_A$接到 7447 IC 輸入端，再接到七段顯示器，可清楚顯示數值的變動(取代 LED)。

(10) 由時序圖中是否可看出計數器之模數。

(11) 由實驗之結果，您得到哪些結論？

4. 實習結果

7490 除 5 計數器之時序圖	
脈波輸入	
Q_B	
Q_C	
Q_D	

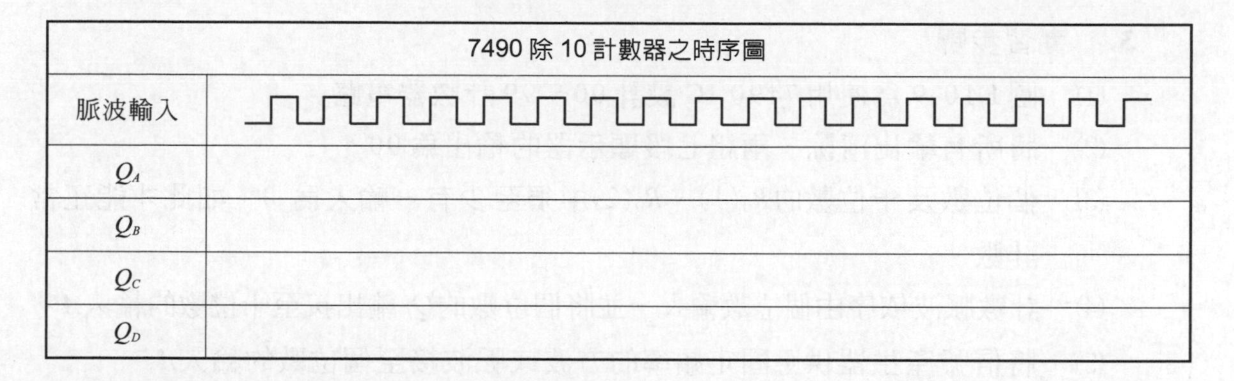

7490 除 10 計數器之時序圖	
脈波輸入	
Q_A	
Q_B	
Q_C	
Q_D	

(九) 使用 7490 IC 設計 00～99 計數器

1. 材料表

IC：7490×2，7447×2。

其他元件：七段顯示器×2(共陽極)。

2. 電路圖

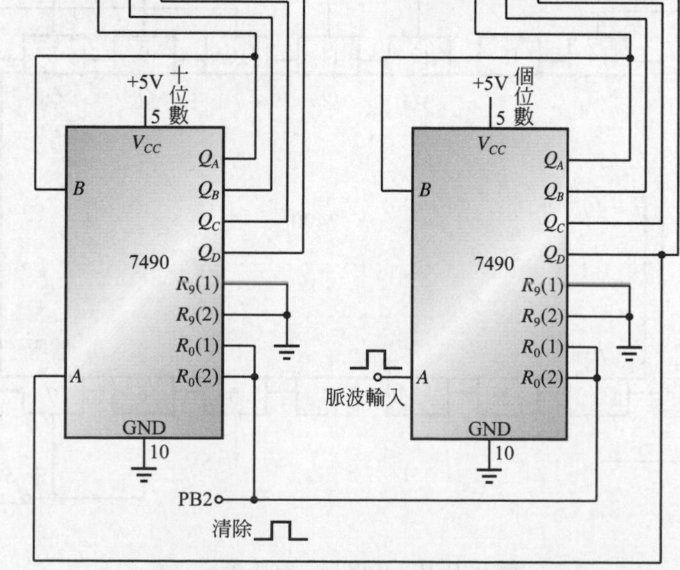

圖 E10-9　使用 7490 IC 設計 00～99 計數器

3. 實習步驟

⑴ 圖 E10-9 爲使用 7490 IC 設計 00～99 計數器電路。

⑵ 將所有輸出清除，兩組七段顯示器的輸出爲 00。

⑶ 個位數及十位數的$R_0(1)$、$R_0(2)$中須至少有一輸入爲 0，如此才能正常計數。

⑷ 計數脈波依序由個位數輸入，並將個位數的Q_D輸出接至十位數的輸入A。

⑸ 將信號產生器供應固定頻率的方波或脈波接至個位數的輸入A。

4. 實習結果

⑴ 觀察兩組七段顯示器的輸出是否爲 00～99 的變化？

⑵ 讀者是否可利用 7490 的 PR 及 CLR 功能設計任意數的計數器？

(十) 7492 IC 計數器

⑴ 材料表

IC：7492×1。

其他元件：LED×4。

2. 電路圖

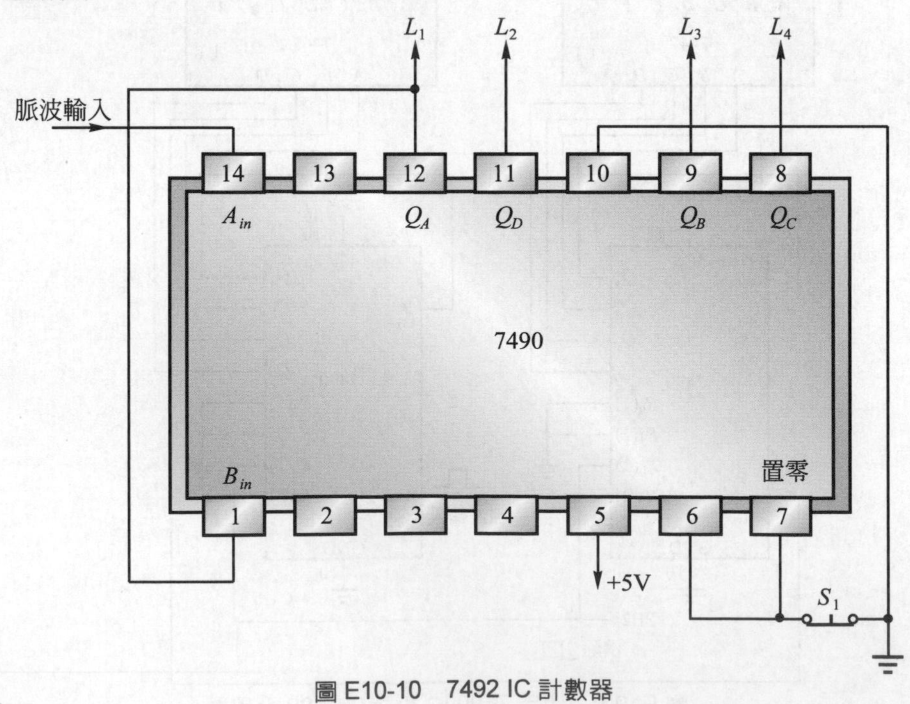

圖 E10-10　7492 IC 計數器

3. 實習步驟

(1) 圖E10-10為使用7492 IC計數器電路。

(2) 7492 IC為除12計數器IC。

(3) 將所有輸出清除，使計數器的輸出為0000。

(4) 控制輸入$R_0(1)$、$R_0(2)$中須至少有一輸入為0，才能正常計數。

(5) 計數脈波依序輸入，並記錄每一個脈波輸入時，$Q_DQ_CQ_BQ_A$的輸出變化，並將此結果記錄於計數器之時序圖。

(6) 由時序圖中是否可看出計數器之模數。

(7) 由實驗之結果，您得到哪些結論？

4. 實習結果

7492除12計數器之時序圖	
脈波輸入	
Q_A	
Q_B	
Q_C	
Q_D	

(十一) 74193 IC計數器

1. 材料表

IC：74193×1。

其他元件：LED×4。

2. 電路圖

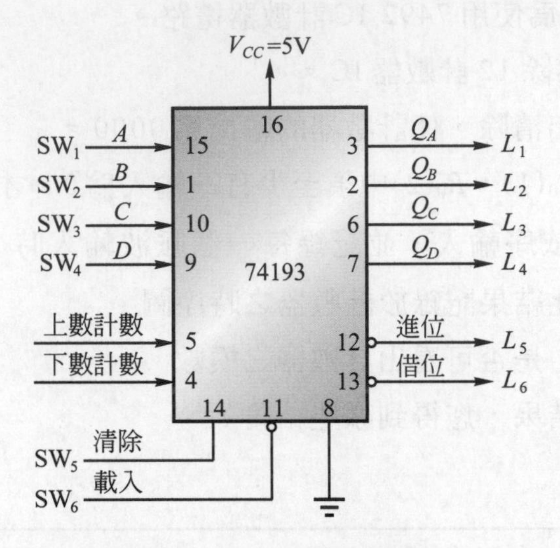

圖 E10-11　74193 IC 計數器

3. 實習步驟

(1) 圖 E10-11 為使用 74193 IC 計數器電路。

(2) 74193 IC 為除 16 上／下數計數器 IC。

(3) 請參閱前述有關 74193 IC 的相關知識。

(4) 將所有輸出清除(第 14 腳接 High)，使計數器的輸出為 0000。

(5) 作為上數計數器時，清除(第 14 腳)接 Low，載入(第 11 腳)接 High，下數計數(第 4 腳)接 High，輸入脈波由上數計數(第 5 接腳)輸入。

(6) 計數脈波依序輸入，並記錄每一個脈波輸入時，$Q_DQ_CQ_BQ_A$、進位及借位的變化，並將此結果記錄表 E10-11 (a)中。

(7) 作為下數計數器時，清除(第 14 腳)接 Low，載入(第 11 接腳)接 High，上數計數(第 5 接腳)接 High，輸入脈波由下數計數(第 4 接腳)輸入。

(8) 將所有輸出清除，使計數器的輸出為 0000。

(9) 計數脈波依序輸入，並記錄每一個脈波輸入時，$Q_DQ_CQ_BQ_A$進位及借位的變化，並將此結果記錄表 E10-11 (b)。

(10) 若欲先載入一數值，則載入(第 11 接腳)接 Low，且載入數值由 data input ABCD 輸入。

⑾ 由實驗之結果，您得到哪些結論？

4. 實習結果

表 E10-11 (a)

脈波輸入	Q_D	Q_C	Q_B	Q_A	進位	借位
0						
1						
2						
3						
4						
5						
6						
7						
8						
9						
10						
11						
12						
13						
14						
15						
16						
17						

表 E10-11 (b)

脈波輸入	Q_D	Q_C	Q_B	Q_A	進位	借位
0						
1						
2						
3						
4						
5						
6						
7						
8						
9						
10						
11						
12						
13						
14						
15						
16						
17						

(十二) 使用 *J-K* 正反器設計一個同步計數器，使得七段顯示器依照下列順序依序顯示 96387452

	現態				次態				J_D	K_D	J_C	K_C	J_B	K_B	J_A	K_A
	D	C	B	A	D	C	B	A								
9	1	0	0	1	0	1	1	0	×	1	1	×	1	×	×	1
6	0	1	1	0	0	0	1	1	0	×	×	1	×	0	1	×
3	0	0	1	1	1	0	0	0	1	×	0	×	×	1	×	1
8	1	0	0	0	0	1	1	1	×	1	1	×	1	×	1	×
7	0	1	1	1	0	1	0	0	0	×	×	0	×	1	×	1
4	0	1	0	0	0	1	0	1	0	×	×	0	0	×	1	×
5	0	1	0	1	0	0	1	0	0	×	×	1	1	×	×	1
2	0	0	1	0	1	0	0	1	1	×	0	×	×	1	1	×

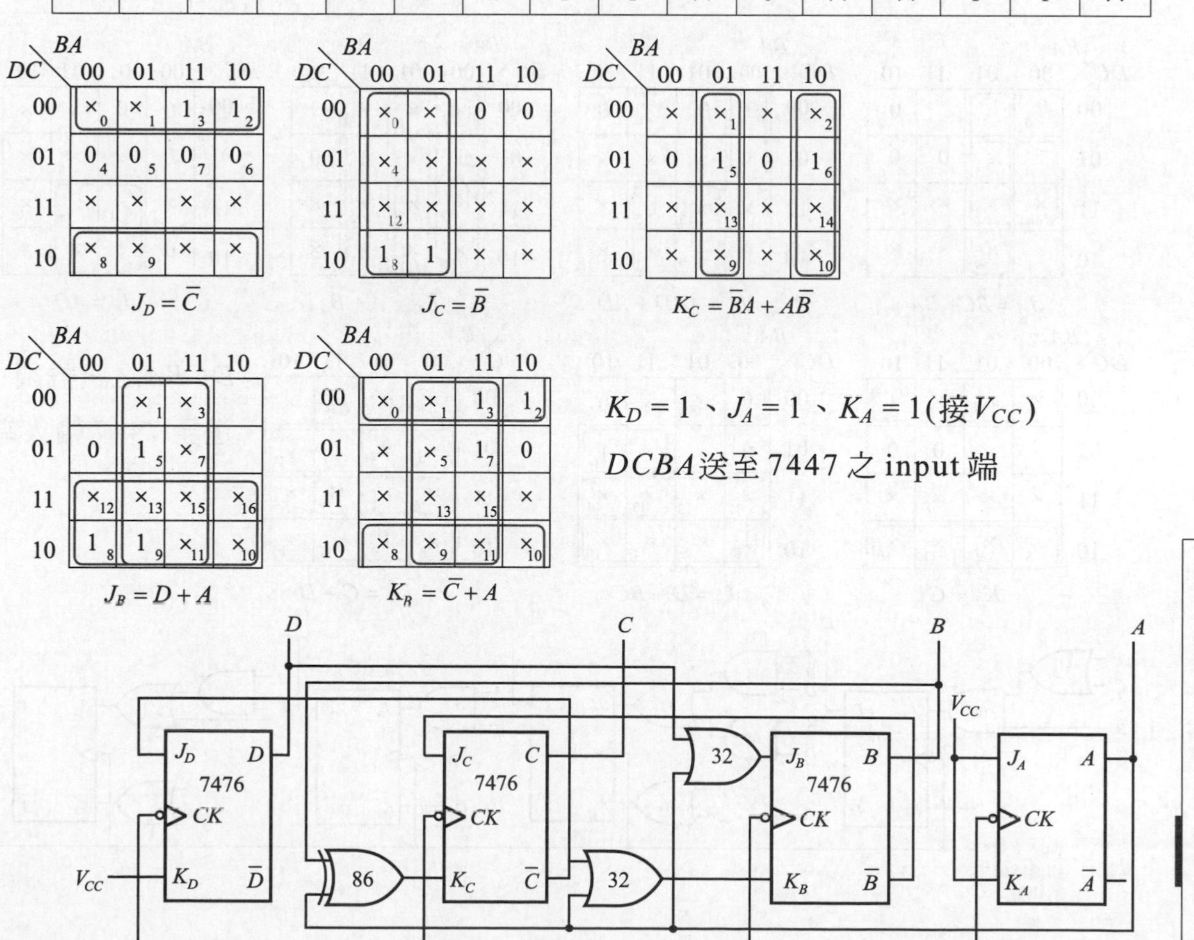

(十三) 使用 *J-K* 正反器設計一個同步計數器，使得七段顯示器依照下列順序依序顯示 20481967

	現態				次態				J_D	K_D	J_C	K_C	J_B	K_B	J_A	K_A
	D	C	B	A	D	C	B	A								
2	0	0	1	0	0	0	0	0	0	×	0	×	×	1	0	×
0	0	0	0	0	0	1	0	0	0	×	1	×	0	×	0	×
4	0	1	0	0	1	0	0	0	1	×	×	1	0	×	0	×
8	1	0	0	0	0	0	0	1	×	1	0	×	0	×	1	×
1	0	0	0	1	1	0	0	1	1	×	0	×	0	×	×	0
9	1	0	0	1	0	1	1	0	×	1	1	×	1	×	×	1
6	0	1	1	0	0	1	1	1	0	×	×	0	×	0	1	×
7	0	1	1	1	0	0	1	0	0	×	×	1	×	0	×	1

DC \ BA	00	01	11	10
00	0	1		0
01	1	×	0	0
11	×	×	×	×
10	×	×	×	×

$J_D = \overline{B}C + \overline{B}A$

DC \ BA	00	01	11	10
00	1	0	×	0
01	×	×	×	×
11	×	×	×	×
10	0	1	×	×

$J_C = \overline{A}\overline{B}\overline{D} + AD$

DC \ BA	00	01	11	10
00	×	×	×	
01	1	×	1	0
11	×	×	×	×
10	×	×	×	×

$K_C = A + \overline{B}$

DC \ BA	00	01	11	10
00	0	0	×	×
01	0	×	×	×
11	×	×	×	×
10	0	1	×	×

$J_B = AD$

DC \ BA	00	01	11	10
00	×	×	×	1
01	×	×	0	0
11	×	×	×	×
10	×	×	×	×

$K_B = \overline{C}$

DC \ BA	00	01	11	10
00	0	×	×	0
01	0	×	×	1
11	×	×	×	×
10	1	×	×	×

$J_A = D + BC$

DC \ BA	00	01	11	10
00	×	0	×	×
01	×	×	1	×
11	×	×	×	×
10	×	1	×	×

$K_A = C + D$

*DCBA*之訊號須送至7447輸入端

A C 32 08 $\overline{B}$ J_D D 7476 CK V_{CC} K_D $\overline{D}$

$\overline{A}$ $\overline{B}$ $\overline{D}$ 11 A 08 $\overline{D}$ 32 A $\overline{B}$ 32 J_C C CK K_C $\overline{C}$

A D J_B B $\overline{C}$ K_B $\overline{B}$

B C J_A A C D K_A $\overline{A}$

連接至555震盪器輸出的訊號

附 錄

附錄A　四位元多工顯示器

本項附錄係針對乙級技術士術科考試題目－－四位元多工顯示器，提供給所有讀者，並將題目中電路的結構及其原理加以說明，使讀者能對數位電路有更深入的了解，也以此作爲本書的一個專題。

在介紹四位元多工顯示器之前，先介紹電晶體驅動電路的相關知識。

電晶體驅動電路

一般的IC爲節省功率消耗，其輸出電流都很小，故在實際的應用上，若需驅動較大型負載，則大多會以電晶體電路作爲緩衝(buffer)，已增加其輸出電流。圖 A-1 所示爲 PNP 電晶體驅動電路。而圖 A-2 所示爲電晶體驅動電路與TTL IC輸出連結之電路。當TTL IC輸出爲High時，電晶體Q_3 ON，而Q_4 OFF，使驅動級電晶體Q_n之I_B(因Q_n電晶體 BE 兩端之電壓均爲V_{CC}，故爲等電位)，因此Q_n之I_C也等於0。反之，當TTL IC輸出爲Low時，電晶體Q_3 OFF，而Q_4 ON，使驅動級電晶體Q_n導通，也因此使得Q_4進入飽和區，其較大量的集極飽和電流係由驅動級電晶體Q_n之I_B所提供，也使得Q_n之$I_C=\beta I_B$相對增加，而此電流即爲電路所提供之負載電流。也就是說，驅動級電晶體已將TTL IC之輸出電流放大了β倍，提昇了供應至負載的電流。

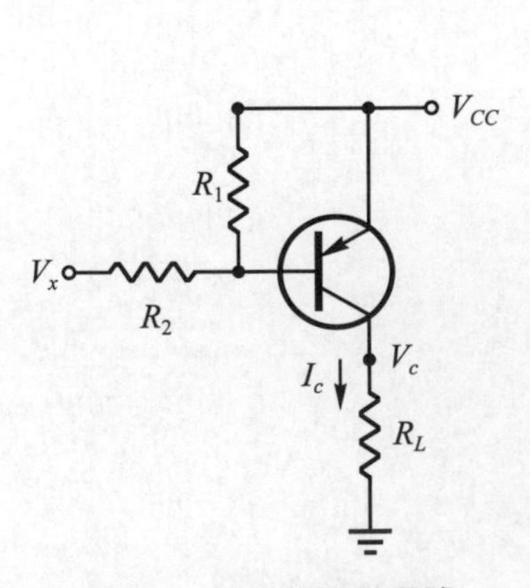

圖 A-1　電晶體驅動電路

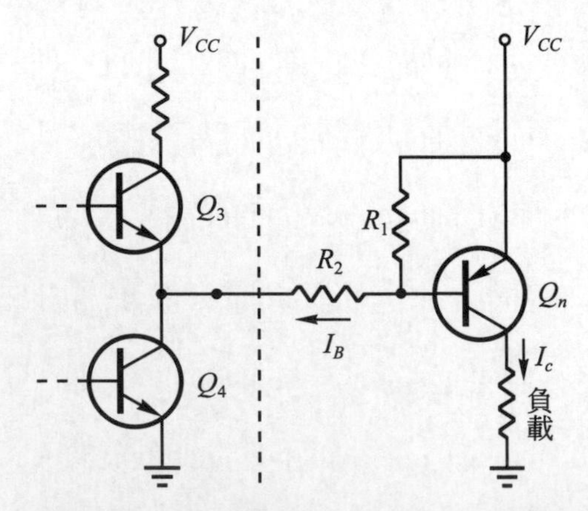

圖 A-2　電晶體驅動與 TTL IC 之連結電路

四位元多工顯示器

四位元多工顯示器係利用時間分割(多工)技巧，僅以一只BCD對七段顯示器的解碼器，來達成對四組BCD資料的解碼，並加以驅動顯示的電路。

一、電路結構

四位元多工顯示器的電路結構如圖A-3所示，其功能說明如下：

1. 計數脈波產生器：採用NE555 振盪IC來產生一連串的脈波，供應計數器計數使用。
2. 計數器：計數器電路包括四組BCD計數器，用以計算由計數脈波產生器所產生的脈波數量，每當計數脈波產生器產生一個脈波，則計數器即增加一次計數，藉以獲得四組計數器的 BCD 資料，亦即$Q_{D3}Q_{C3}Q_{B3}Q_{A3}$，$Q_{D2}Q_{C2}Q_{B2}Q_{A2}$，$Q_{D1}Q_{C1}Q_{B1}Q_{A1}$，$Q_{D0}Q_{C0}Q_{B0}Q_{A0}$，其數值的變化是從十進位的0000至9999不斷的循環。
3. 四通道多工器：本身是一組四個通道的資料選擇器，每個通道的資料皆為四位元，當四組資料同時由 CH3，CH2，CH1及 CH0 輸入時，利用S_1S_0的狀態來選擇將哪一個通道的資料傳送到輸出端，舉例而言，當S_1S_0＝00時，CH0的資料就會被傳送至輸出端，而當S_1S_0＝11時，CH3的資料就會被傳送至輸出端。
4. 掃描脈波產生器：採用NE555 振盪IC來產生一連串的脈波，來作為同步控制信號，應用於資料之選取與顯示。
5. 資料選擇計數器：本身是一組除4的二進位計數器，利用掃描脈波產生器所產生的脈波輸入加以累進計數，其輸出Q_BQ_A只有 00，01，10，11四種狀態，提供四通道多工器的資料選擇，也同時提供顯示位數解碼器，以確認該資料應由哪一個七段顯示器來顯示。
6. BCD對七段顯示器解碼器：係一組BCD碼對共陽極七段顯示器的解碼電路。對七段顯示器而言，其共同點接至高壓，當各段對應點輸入為邏輯1時則該段不亮，反之，若各段對應點輸入為邏輯0時則該段會亮。在本電路中，當DCBA＝0011，相當於十進位的3輸入時，則七段顯示器的abcdefg＝0000110的輸出，此時共陽的高壓將使其電流會流經a、b、c、d、g等段之LED，使其顯示"3"的字型。

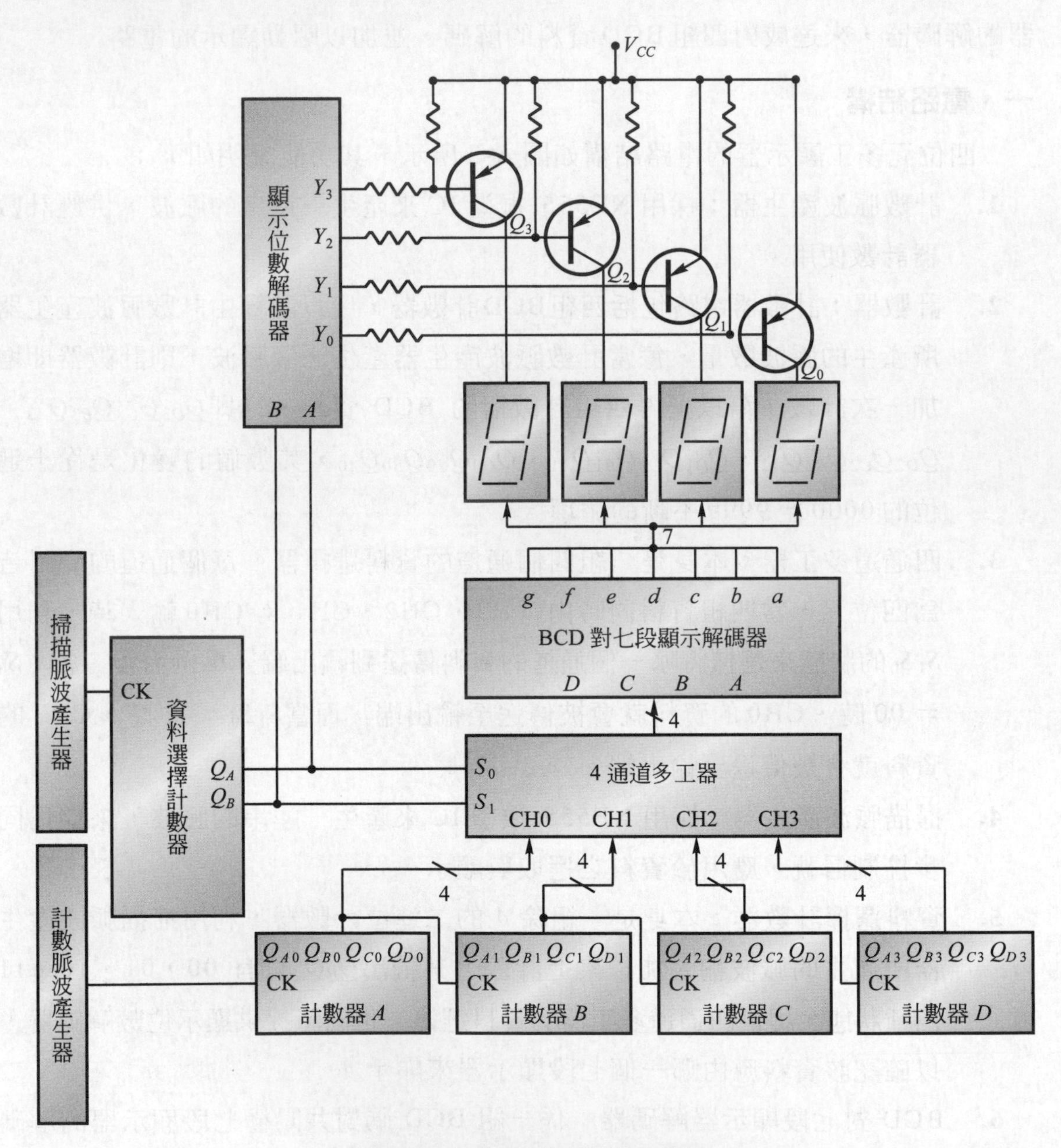

圖 A-3　四位元多工顯示器方塊圖

7. 顯示位數解碼器：本身爲一組 2 對 4 的解碼器，其輸出係依據資料選擇計數器之計數值而定，它有Y_0、Y_1、Y_2、Y_3等四個輸出端，當某一組資料(CH0～CH3)被選上時，則顯示位數解碼器就讓該電晶體導通，使共陽級的電壓加至該組七段顯示器以顯示該組資料。

綜觀上述，四位元多工顯示器電路的主要工作，係利用一組BCD對七段顯示器的解碼器，同時來對四組BCD資料作解碼動作，並加以顯示。舉例而言，當資料選擇計數器之輸出BA＝00時，則多工器即將CH0之$Q_{D0}Q_{C0}Q_{B0}Q_{A0}$的資料傳送至BCD對七段顯示器解碼器解碼；解碼後再將所得之字型資料abcdefg分別送至四個七段顯示器做字型顯示。此時由於資料選擇計數器的Q_BQ_A＝00，所以顯示位數解碼器的BA＝00，亦即顯示位數解碼器的輸出$Y_0\,Y_1\,Y_2\,Y_3$＝0111，只有Q_0電晶體導通，而其餘三個電晶體則開路，因此只有個位數的七段顯示器會顯示CH0之解碼資料，其他三個則不會顯示。同理，當BA＝01則顯示十位數顯示器，BA＝10則顯示百位數顯示器，BA＝11則顯示千位數。

附錄B　簡單測試數位電路的方法

圖 B-1 的電路，是由電源和一個 SPDT 開關來做爲輸入信號，至於輸出指示器則爲一個LED。其中150Ω則是用來限制流過LED的電流在安全的範圍內。當圖 B-1 的開關在 High 的位置時(在上方)時，即＋5V 被加至 LED 的陽極，則 LED 是順向偏壓，電流將流經 LED 且發亮。當開關在 Low 的位置時(在下方)時，LED 的陽極及陰極都接地，此時 LED 是無偏壓，所以 LED 不亮。

圖 B-2 的電路，動作和圖 B-1 相同，當 LED 發亮爲邏輯 High，LED 不亮爲邏輯 Low。但圖中，LED 的驅動是由電晶體而不是直接由開關來驅動，用此方法的目的是使數位電路消耗較少的電流。

圖 B-3 的電路，輸出指示器爲兩個 LED。當輸入爲 High，即+5V 時，上方的 LED 亮而下方的 LED 不亮。當輸入爲 Low，即接地時，上方的 LED 不亮而下方的 LED 亮。若 A 點的輸入信號介於 High 及 Low 之間的「不明狀況」，或未接到電路，則兩個 LED 都會亮。

數位電路的輸出電壓，以 TTL IC 而言，0～0.8V 被認爲是 Low，2～5V 被認爲是 High，至於 0.8～2V 之間的電壓是屬於「不明狀況」，在電路中是錯誤的信號。

圖 B-4 是一個手拿的、可攜帶的邏輯探針，它也可以用來測量 TTL 邏輯位準，其方法如下：

1. 將紅色的電源端連接至欲測量電路的＋5V。
2. 將黑色的電源端連接至欲測量電路的 GND。
3. 滑動開關是用來選擇測試的 IC 是 TTL IC 或 CMOS IC。
4. 把探針的端點接觸電路中的測量點。
5. 圖中兩個指示燈的其中一個應該要亮，若兩個 LED 都會亮，則表示端點沒有接觸到電路中的測量點，或是測試電壓介於 High 及 Low 之間的「不明狀況」。

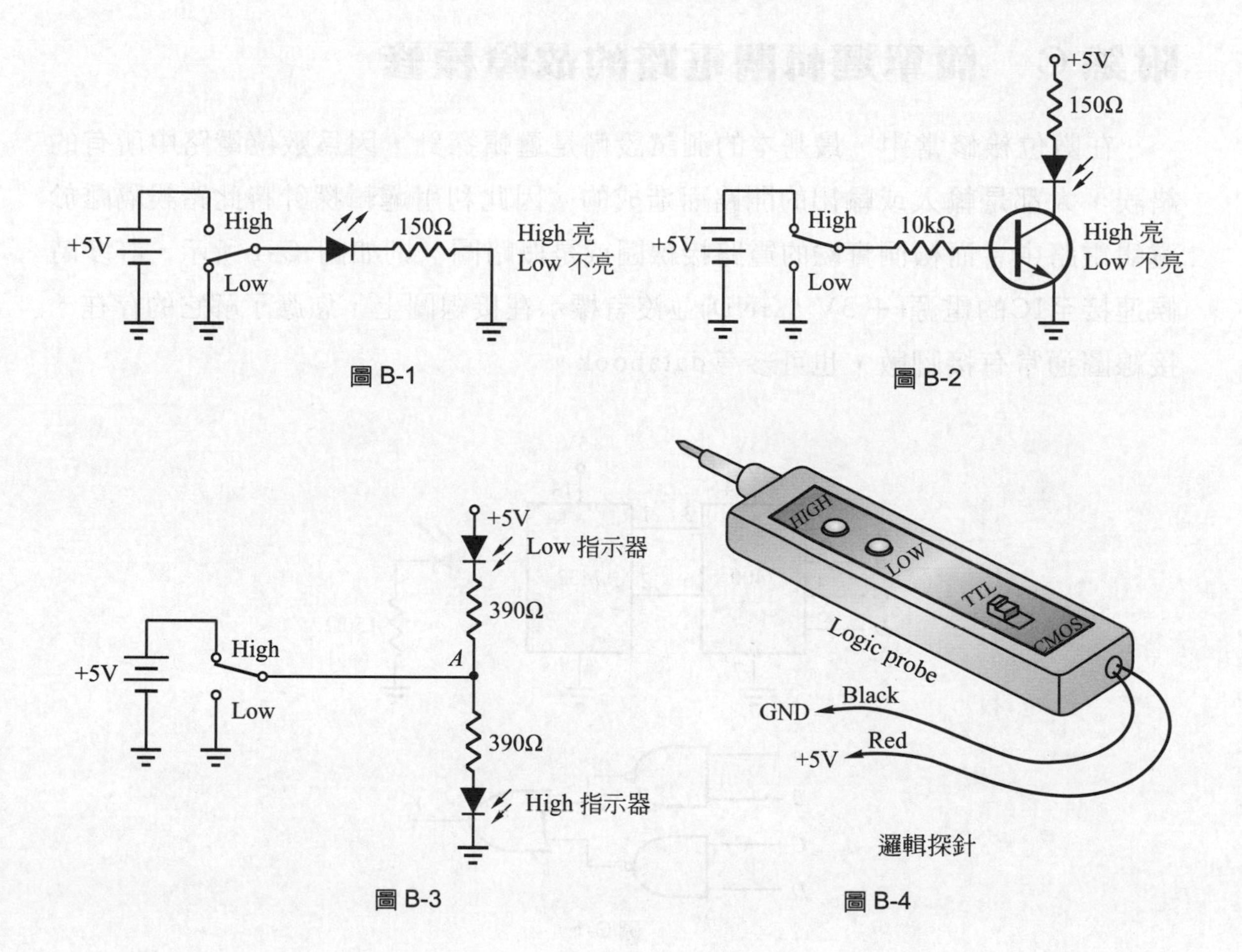

圖 B-1

圖 B-2

圖 B-3

邏輯探針

圖 B-4

附錄 C　簡單邏輯閘電路的故障檢修

在數位檢修當中，最基本的測試設備是邏輯探針，因爲數位電路中所有的錯誤，大都是輸入或輸出的開路而造成的。因此利用邏輯探針將此錯誤隔離於邏輯電路中。而檢測實驗的電路接線圖或是概略圖，則如圖 C-1 所示。許多時候連接至IC的電源(＋5V，GND)並沒有標示在接線圖上，您應了解它的存在。接線圖通常有接腳數，也可參考databook。

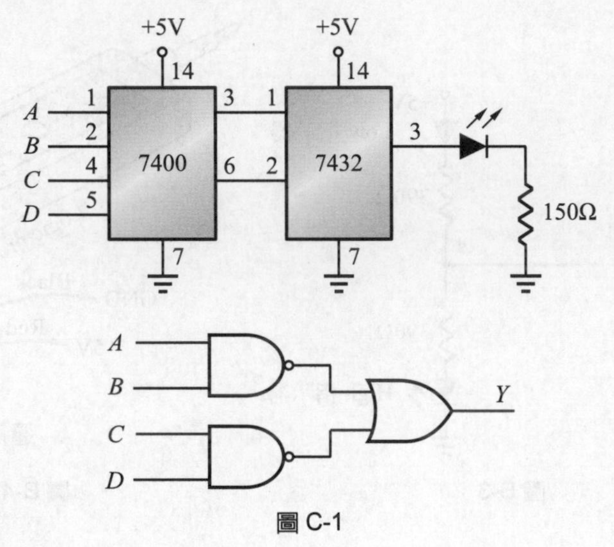

圖 C-1

故障檢修的步驟如下：

1. 使用你的感覺：感覺IC的上方是否過熱，有些IC在操作時是冷的(CMOS IC 永遠是冷的)，有些 IC 在操作時是有點溫的，聞聞看是否過熱，或褪色或燒焦。PC 板上則看有無冷焊、線路破裂、IC 接腳彎曲、連接線斷等情形。
2. 用邏輯探針檢查每一顆 IC 的電源。
3. 決定邏輯閘電路的確實工作和測試的唯一條件：可依照眞値表來追蹤整個電路的邏輯路徑，若未符合輸出要求，則可能焊接不好，或 PC 板上路徑開路、或 IC 接腳彎曲等造成開路或短路。數位 IC 內部也可能開路或短路，那就需更換其他的 IC。

數位電路中所有的錯誤，大都是輸入或輸出的開路而造成的。

附錄D LED及七段顯示器的測試

我們來談談如何用一般常見的指針式三用電表來量測LED(發光二極體)和七段顯示器。由於七段顯示器乃是由數個LED排列而成，所以量測方式和LED有相關性。

量測 LED

如果拿到的 LED 是新品時，應該可以見到二隻腳有長短之分。長端為陽極，短端為陰極。如果是回收舊品時，可就不容易從外觀看出陽、陰極了。這時請用下段描述的量測法測出。

日制指針式三用電表在用電阻檔量測時，會由內部的電池從－端送出電流，由＋端吸入電流。請特別注意，這和一般的＋－習慣恰好相反。至於美制指針式三用電表的使用規則恰和上述相反。本章以下的敘述均以日制為主。由於流經LED的電流需10 mA以上，亮度才會比較明顯，所以需撥至電阻×10Ω檔。如圖D-1的接法，好的LED當可見其亮起，且電表指針會大幅偏轉。如果不是這樣，就試著反接看看。如果還是不亮，那就一定是壞了。

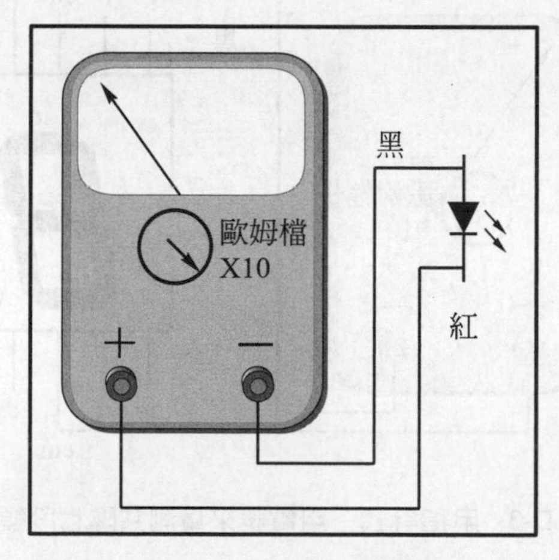

圖 D-1 用指針式三用電表來量測 LED

量測七段顯示器

由於七段顯示器可分為共陽和共陰二種型式，所以首先觀察外殼上是否有標CA(共陽)或CC(共陰)的字樣。若無，就需由下段所述方法量測之。如圖D-2

接法，若LED A會亮起，即是共陽七段顯示器。如圖D-3接法，若LED A會亮起，即是共陰七段顯示器。由於在七段顯示器內部，二個共通腳CM是相通的，所以接共通腳時可任接一腳。

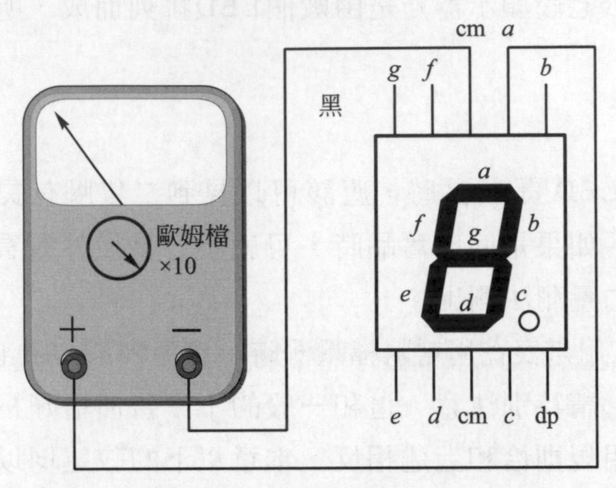

圖D-2　用指針式三用電表來量測共陽七段顯示器

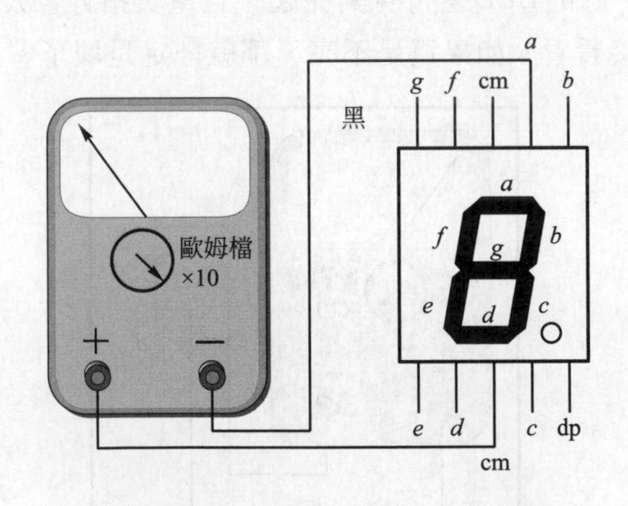

圖D-3　用指針式三用電表來量測共陰七段顯示器

在確定共陽或共陰後，請將A接腳測試棒轉換到其它LED腳上(B～G、DP)，以確實量測到每一個LED。七段顯示器常會有壞一、二個LED的現象，在一般的應用情況下，這會造成顯示的訊息不明顯或錯誤的情形。所以這種七段顯示器只好丟棄不用了。

七段顯示器有其固定的接腳位置，但筆者總是記不住。所以都是用上述方法測出腳位，順便驗證一下所有對應七段的LED是否都是好的。

使用電源供應器量測 LED

由以上敘述可知，我們主要是利用指針式三用電表的歐姆檔是由內部電池提供測試用的電流。現在如果我們直接用電源供應器來測，接法原則和上面所述很類似。只是電源供應器是由紅端負責輸出電壓(電流)，黑端負責吸入電流；所以紅棒接到待測LED陽極，黑棒接到待測LED陰極時，它就會發亮。

特別注意，使用電源供應器量測時必需串接限流電阻，否則 LED 容易燒毀。當電壓爲5V時，限流電阻以200～400歐姆爲宜。

附錄E　本書使用之零件一覽表

零件名稱	規格	單位數量	單價(元)	總價	備註
LED	R、G、Y 5mm	10			
電阻	100Ω	1			
電阻	220Ω	14			
電阻	510Ω	1			
電阻	560Ω	4			
電阻	1kΩ	3			
電阻	2kΩ	2			
電阻	4.7kΩ	1			
電阻	5kΩ	1			
電阻	10kΩ	2			
電阻	33kΩ	4			
電阻	200kΩ	1			
電阻	220kΩ	1			
電阻	1MΩ	1			
電阻	5MΩ	1			
可變電阻	VR5KB	1			
可變電阻	VR10KΩB	3			
可變電阻	VR100KΩB	1			
可變電阻	VR500KΩB	1			
可變電阻	VR1MKΩB	1			
電容	0.00047uF	1			
電容	0.0047uF	2			

零件名稱	規格	單位數量	單價(元)	總價	備註
電容	0.001uF	1			
電容	0.05uF	1			
電容	0.01uF	2			
電容	0.1uF	2			
電容	1uF	1			
電容	10uF	1			
IC	74LS00	1			
IC	74LS02	1			
IC	74LS73	1			
IC	74LS74	1			
IC	74LS76	1			
IC	74LS279	1			
IC	7400	2			
IC	7402	1			
IC	7404	1			
IC	7405	1			
IC	7408	2			
IC	7410	1			
IC	7411	3			
IC	7413	1			
IC	7414	1			
IC	7425	2			
IC	7427	1			
IC	7432	2			

零件名稱	規格	單位數量	單價(元)	總價	備註
IC	7447	2			
IC	7448	1			
IC	7460	1			
IC	7461	1			
IC	7473	2			
IC	7476	2			
IC	7483	2			
IC	7485	1			
IC	7486	2			
IC	7490	4			
IC	7492	1			
IC	74121	2			
IC	74138	1			
IC	74148	1			
IC	74153	2			
IC	74155	1			
IC	74180	2			
IC	74193	1			
IC	CD4001	1			
IC	CD4011	1			
IC	CD4011	1			
IC	CD4081	1			
IC	LM555	1			
積納二極體	10V	1			

零件名稱	規格	單位數量	單價(元)	總價	備註
二極體	1N4001	2			
二極體	1N4007	1			
二極體	1N4148	1			
DIP	共陰	4			
DIP	共陽	4			

（請由此線剪下）

讀者回函卡

掃 QRcode 線上填寫 ▶▶▶

姓名：＿＿＿＿ 生日：西元＿＿年＿＿月＿＿日 性別：□男 □女

電話：（ ）＿＿＿＿ 手機：＿＿＿＿

e-mail：（必填）＿＿＿＿

註：數字零，請用 Φ 表示，數字 1 與英文 L 請另註明並書寫端正，謝謝。

通訊處：□□□□□

學歷：□高中・職 □專科 □大學 □碩士 □博士

職業：□工程師 □教師 □學生 □軍・公 □其他

學校／公司：＿＿＿＿ 科系／部門：＿＿＿＿

・需求書類：

□ A. 電子 □ B. 電機 □ C. 資訊 □ D. 機械 □ E. 汽車 □ F. 工管 □ G. 土木 □ H. 化工 □ I. 設計

□ J. 商管 □ K. 日文 □ L. 美容 □ M. 休閒 □ N. 餐飲 □ O. 其他

・本次購買圖書為：＿＿＿＿ 書號：＿＿＿＿

・您對本書的評價：

封面設計：□非常滿意 □滿意 □尚可 □需改善，請說明＿＿＿＿

內容表達：□非常滿意 □滿意 □尚可 □需改善，請說明＿＿＿＿

版面編排：□非常滿意 □滿意 □尚可 □需改善，請說明＿＿＿＿

印刷品質：□非常滿意 □滿意 □尚可 □需改善，請說明＿＿＿＿

書籍定價：□非常滿意 □滿意 □尚可 □需改善，請說明＿＿＿＿

整體評價：請說明＿＿＿＿

・您在何處購買本書？

□書局 □網路書店 □書展 □團購 □其他＿＿＿＿

・您購買本書的原因？（可複選）

□個人需要 □公司採購 □親友推薦 □老師指定用書 □其他＿＿＿＿

・您希望全華以何種方式提供出版訊息及特惠活動？

□電子報 □ DM □廣告（媒體名稱＿＿＿＿）

・您是否上過全華網路書店？（www.opentech.com.tw）

□是 □否 您的建議＿＿＿＿

・您希望全華出版哪方面書籍？＿＿＿＿

・您希望全華加強哪些服務？＿＿＿＿

感謝您提供寶貴意見，全華將秉持服務的熱忱，出版更多好書，以饗讀者。

填寫日期： / /

2020.09 修訂

親愛的讀者：

感謝您對全華圖書的支持與愛護，雖然我們很慎重的處理每一本書，但恐仍有疏漏之處，若您發現本書有任何錯誤，請填寫於勘誤表內寄回，我們將於再版時修正，您的批評與指教是我們進步的原動力，謝謝！

全華圖書 敬上

勘誤表

書號		書名		作者	
頁數	行數	錯誤或不當之詞句		建議修改之詞句	

我有話要說：（其它之批評與建議，如封面、編排、內容、印刷品質等・・・）